이 책을 펴내면서...

여러분 반갑습니다.

우리가 일상생활에서 가장 신속하고 편리하게 이동을 하고 업무를 수행하는 것 중에 이륜차(오토바이)보다 더 좋은 것은 없을 것입니다.

그것은 사용과 이동에 따른 시간과 비용이 적게 들어가고 유지 관리 비용이 절약되어 가장 효율적이기 때문입니다.

그래서 많은 사람들이 이륜차(오토바이)를 선호하고 사용하고 있습니다.

이번에 발행하는 개정된 이륜차 운전면허 시험문제집은 지난년도에 몇 번의 법규개정에 의해 완전 개정된 이 책을 새로 발행하게 되었습니다.

짧은 시간에 도로교통법과 이 법의 시행령, 시행 규칙등과 같이 또한 이 시험에 관련된 법을 다 공부하여 시험에 합격한다는 것은 결코 쉽지가 않습니다.

바쁜 일상 속에 시간과 비용을 절약하여 쉽고 빠르게 합격할 수 있도록 법령을 핵심만 간략하게 요약하고 도로 교통 공단 문제 은행에 있는 출제 문제를 빠짐없이 수록하여 이해하기 쉽고 암기하기 편리하게 하였으며, 또한 출제문제는 정답을 표시하여 빨리 답을 알 수 있게 하여, 가장 빠른 시간에 이 시험을 합격할 수 있도록 하였습니다.

지난 45년여간 크라운 출판사를 아껴주시고 사랑해주신 고객과 독자 여러분께 깊은 감사를 드리며 운전면허 분야 책과 기계, 전기전자, 용접, 배관, 가스 등과 미용, 조리 분야까지 각종 국가기술자격시험 준비 서적을 발행하여 지금까지 그 명성이 계속 될 수 있도록 해주신 뜨거운 사랑에 다시 한 번 깊은 감사를 드립니다.

이 문제집을 보고 높은 점수로 합격하여 안전 운전과 즐겁고 행복한 시간이 되기를 바라면서 앞으로 여러분의 아낌없는 지도편달을 부탁드립니다.

대한교통안전연구회 드림

차례

Chapter 1	이륜차의 응시 자격	………………………………………	6
Chapter 2	이륜차의 면허 시험 절차	………………………………………	6
Chapter 3	이륜차 기능시험 보기 전에 알아 둘 일	……………………	8
Chapter 4	운전면허 학과 시험 컴퓨터 조작 요령	……………………	9
Chapter 5	이륜차 코스 합격 요령(제2종 소형 및 원동기장치자전거)	……	10
Chapter 6	운전자의 자세와 복장 등 요령	……………………………	13

Part 1 이륜차 원동기장치자전거 학과 필기시험 요점 정리

Chapter 1	도로교통법의 목적 및 용어의 정의 요점 정리	………………	15
Chapter 2	신호기 및 안전표지 등 요점 정리	…………………………	18
Chapter 3	차마 및 노면 전차 등의 통행 방법 요점 정리	……………	22
Chapter 4	차의 신호와 진로 변경 및 앞지르기 등 요점 정리	………	24
Chapter 5	긴급자동차 등의 요점 정리	…………………………………	25
Chapter 6	교차로 통행 방법 요점 정리	…………………………………	27
Chapter 7	안전 속도와 서행 일시정지 등 요점 정리	…………………	28
Chapter 8	보행자 등의 보호 요점 정리	…………………………………	30
Chapter 9	정차 및 주차 등 요점 정리	…………………………………	32
Chapter 10	건널목 통과, 등화, 적재 등 요점 정리	……………………	33
Chapter 11	운전자의 의무 및 준수 사항 · 교육 요점 정리	……………	35
Chapter 12	운전면허 제도 요점 정리	……………………………………	37
Chapter 13	운전면허 행정처분 등 요점 정리	……………………………	41
Chapter 14	교통사고 처리 특례법 등 요점 정리	………………………	46
Chapter 15	사람의 능력과 안전 운전 요점 정리	………………………	48
Chapter 16	차에 작용하는 물리적인 힘 등의 요점 정리	………………	49
Chapter 17	특별한 상황에서의 운전 요점 정리	…………………………	51
Chapter 18	이륜차의 등록과 관리 요점 정리	……………………………	53

Part 2 이륜차 원동기 장치 운전면허 시험 출제 문제

Chapter 1	이륜차운전자의 복장과 자세 출제 문제	……………………	54
Chapter 2	이륜차 운전자의 안전모 출제 문제	…………………………	55
Chapter 3	도로교통법의 용어의 저의 출제 문제	………………………	57

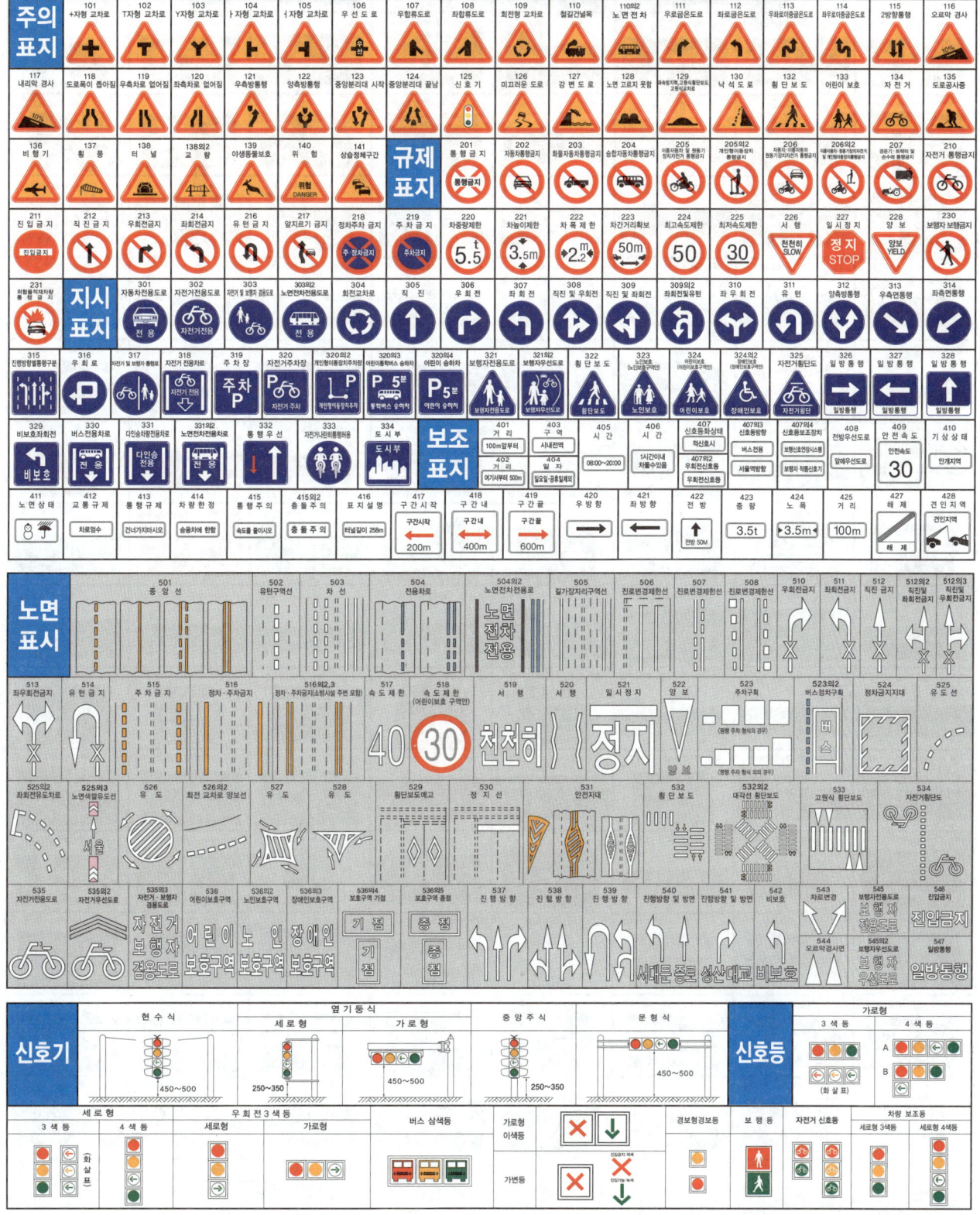

Chapter 4	신호기 등의 출제 문제	58
Chapter 5	교통안전표지 등 출제문제	60

1. 주의표지 등의 출제 문제
2. 구제표지 등의 출제 문제
3. 지시표지 등의 출제 문제
4. 노면표지 등의 출제 문제

Chapter 6	차마 및 차로와 차선 자전거 등에 따른 출제 문제	77

1. 차마 및 차로와 차선 등의 출제 문제
2. 자전거 등의 통행방법 출제 문제
3. 이륜차의 신호와 진로변경 등의 출제 문제
4. 개인형 이동장치 등의 출제문제
5. 앞지르기 등의 출제문제

Chapter 7	긴급 자동차 등의 출제문제	90
Chapter 8	교차로 등의 통행방법 출제문제	92
Chapter 9	차의 안전속도 등의 출제문제	99
Chapter 10	안전거리 및 서행 일시정지 등 출제문제	102
Chapter 11	보행자 등의 보호 출제문제	106

1. 보행자 및 행렬 등의 통행 출제문제
2. 어린이 보호 및 통학버스 등의 출제문제
3. 노인보호 등의 출제문제

Chapter 12	정차 및 주차 등의 출제문제	112
Chapter 13	건널목 등과, 등화, 적재 등의 출제문제	114
Chapter 14	운전자 의무 및 준수사항 출제문제	116

1. 안전운전 및 준수사항 출제문제
2. 음주운전금지 및 과로한때 등의 운전금지 출제문제
3. 난폭 및 보복운전금지와 교통안전교육 출제문제

Chapter 15	운전면허제도 및 취소정지 벌칙범칙행위 출제문제	123

1. 운전면허 및 적성검사–국제면허 출제문제
2. 운전면허 취소 정지 처분 출제문제
3. 운전면허 벌점 · 벌금 등의 출제문제
4. 과태료 등의 출제문제
5. 범칙행위 및 범칙금 등의 출제문제

Chapter 16	교통사고 및 응급 처치 출제 문제	136
Chapter 17	교통사고 처리의 특례 등의 출제문제	139
Chapter 18	이륜자동차의 등록과 검사 등 출제문제	141
Chapter 19	안전운전과 사람의 능력 출제문제	143

1. 안전운전 출제문제
2. 특별한 도로상황에서 운전 출제문제
3. 도로에서 안전운전과 이륜차의 특성 출제문제
4. 이륜차의 제동 등의 출제문제
5. 안개 및 야간 등의 출제문제
6. 강풍 · 폭우 등의 이상기후시의 운전 출제문제
7. 터널, 화재, 지진 등의 운전 출제문제

Chapter 20	경제운전(연료절약) 출제문제	155
Chapter 21	이륜차의 점검 등의 출제문제	155
Chapter 22	엔진, 배터리, 전기차 충전 등의 출제문제	158
Chapter 23	타이어 장치 등의 출제문제	159
Chapter 24	사진형 출제문제	161
Chapter 25	동영상 출제문제	235

이륜자동차(제2종 소형 및 원동기장치자전거 전동 킥보드) 운전면허 시험 안내

Chapter 01
이륜차의 응시 자격

운전면허 시험이란 운전 부적격자를 배제시키는 제도이다. 다음에 해당되면 운전면허의 응시 자격 결격자가 되어 응시 자격이 없게 된다.

1. 이륜차 시험에 응시할 수 없는 연령

① 제2종 소형 면허(배기량 125cc를 초과하는 이륜차) 시험에 응시할 수 없는 사람 : 연령 만 18세 미만
② 원동기장치자전거(배기량 125cc 이하)에 응시할 수 없는 사람 : 연령 만 16세 미만

2. 신체적 이유로 응시할 수 없는 사람

① 정신질환자(치매, 정신분열병, 양극성 정동장애 등) 뇌전증 환자
② 앞을 보지 못하는 사람, 다리·머리·척추 그 밖의 신체장애로 앉아 있을 수 없는 사람
③ 양쪽 팔의 팔꿈치 관절 이상을 잃은 사람, 양쪽 팔을 전혀 쓸 수 없는 사람
④ 마약, 대마, 향정신성 의약품 또는 알코올 중독자

3. 일정 기간 응시할 수 없는 사람

소지한 운전면허의 정지·취소 등으로 다음에 해당하는 사람은 결격 기간 동안 운전면허를 받을 수 없다.

결격 기간	일정 기간 응시할 수 없는 사람
5년간	• 주취 중 운전, 과로운전, 공동 위험 행위 운전(무면허 운전 금지 또는 결격 기간 위반 포함)으로 사람을 사상한 후 구호 및 신고 조치를 아니하여 취소된 경우 • 주취 중 운전(무면허 운전 금지 또는 결격 기간 위반 포함)으로 사람을 사망에 이르게 하여 취소된 경우
4년간	• 무면허 운전, 주취 중 운전, 과로운전, 공동 위험 행위 운전 외의 다른 사유로 사람을 사상한 후 구호 및 신고 조치를 아니하여 취소된 경우
3년간	• 주취 중 운전 또는 경찰 공무원의 음주측정을 위반하여 운전을 하다가 2회 이상 교통사고를 일으켜 운전면허가 취소된 경우 • 자동차 및 원동기장치 자전거를 이용하여 범죄 행위를 하거나 다른 사람의 자동차 및 원동기장치자전거를 훔치거나 빼앗은 사람이 무면허 운전금지규정을 위반하여 그 자동차 및 원동기장치자전거를 운전한 경우
2년간	• 무면허 운전 · 운전면허 결격사유 3회 이상 위반하여 자동차를 운전할 경우 • 주취 중 운전 또는 주취 중 음주측정 불응 2회 이상(무면허 운전 금지 또는 결격 기간 위반 포함) 취소된 경우 • 위의 경우로 교통사고를 일으킨 경우 • 공동 위험 행위금지 2회 이상 위반 (무면허운전금지 또는 결격 기간 위반 포함) • 무자격자 면허 취득, 거짓이나 부정으로 면허 취득, 운전면허 효력 정지 기간 중 운전면허증 또는 운전면허증을 갈음하는 증명서를 발급 받아 운전을 하다가 취소된 경우 • 다른 사람의 자동차등을 훔치거나 빼앗은 경우 • 운전면허 시험에 대신 응시한 경우
1년간	• 상기 경우가 아닌 다른 사유로 면허가 취소된 경우 (원동기장치자전거 면허를 받으려는 경우는 6개월로 하되, 공동 위험 행위 운전위반으로 취소된 경우에는 1년)

※ 무면허운전금지 또는 효력정지기간 중 운전으로 취소된 사람은 "위반한 날로부터"이다.

Chapter 02
이륜차의 면허 시험 절차

1. 면허 시험 응시 구비 서류

① 자동차(제2종 소형) 운전면허 시험 응시 원서 1부(원동기장치자전거 면허는 운전면허 시험장 또는 관할 경찰서에서 발급받아 주의 사항을 잘 읽고 정확히 기재한다)

② 컬러사진 3장(3㎝×4㎝), 신분증(주민등록증), 도장을 필히 가지고 간다.
③ 응시 수수료(운전면허 시험장에서 운전면허 시험 영수필증을 구입하여 응시 원서 뒷면에 부착한다)

2. 운전면허 시험 응시 과정

운전면허 시험 응시 과목

받고자 하는 면허	소지하고 있는 면허	응시하여야 할 시험과목		
		적성	학과	기능
제2종 소형면허	면허가 전혀 없는 사람	○	○	○
	원동기장치자전거 면허만 있는 사람	면제	면제	○
	대형, 특수, 1·2종 보통 면허가 있는 사람	면제	면제	○
원동기장치 자전거면허	면허가 전혀 없는 사람	○	○	○
	제2종 소형면허가 있는 사람	○	○	○
	대형, 특수, 1·2종 보통 면허가 있는 사람	○	○	○

1 적성 검사(신체검사)

이륜차 운전면허 시험 응시 원서에 첨부된 신체검사서에 의거 운전면허 시험장의 신체검사장 또는 적성 검사를 받아 합격한 후 "신체검사서"를 응시 원서 접수 시 제출(단, 신체적 장애가 있는 사람은 운전면허 시험장에 설치된 "운동능력평가기기"에 의한 측정에 합격해야 함)

> **참고**
> 적성 검사(신체검사) 기준
> ① 시력(교정시력 포함) : 두 눈을 동시에 뜨고 잰 시력이 0.5 이상(한쪽 눈을 보지 못하는 사람은 다른 쪽의 눈이 0.6 이상)
> ② 붉은색, 녹색, 노란색을 구별할 수 있을 것
> ③ 조향 장치 그 밖의 장치를 뜻대로 조작할 수 있는 등 정상 운전이 가능한 사람(보조 수단 사용자는 운동능력평가기기 측정검사 결과 정상 운전이 가능한 사람)

2 응시 원서 접수

① 운전면허를 취득하고자 하는 사람은 가까운 운전면허 시험장에 응시 원서를 제출해야 한다(단, 원동기장치자전거 면허는 관할 경찰서에 신청).

② 응시 원서의 기재는 주민등록상의 내용과 일치하게 기재한 후 사진을 붙이고 인장을 날인한 다음 영수필증을 붙인다.
③ 응시 원서를 작성(뒷면 질병·신체에 관한 신고란 필히 기재) 후, 신분증명서와 컬러사진(3㎝×4㎝) 2장을 함께 제출한다.
④ 응시날짜가 지정된 응시번호표를 분실하지 않도록 잘 보관한다.

3 교통안전 교육

학과 시험에 응시하기 전 교통안전 교육 1시간을 받아야 한다(단, 특별한 교통안전 교육 및 자동차전문 학원에서 학과교육 이수자는 제외).

4 학과 시험

제1·2종 보통연습면허의 학과 시험은 종래 실시하여 오던 필기시험 답안지인 "OMR 카드"작성 방식은 활용되지 않고 새로이 도입된 개인용 컴퓨터인 "PC 화면" 조작 방식을 채용하고 있다(PC 조작 요령 참조).

(PC 화면시험)

학과 시험 내용과 합격 기준

구분	1·2종 보통 연습 면허
출제 비율	· 교통 법령 지식 등 95% · 자동차 점검 요령 등 5%
출제 방식	· 사지선다형(2륜 : 4지 1답)
문항 수	· 40문항(필기시험 : 40분간 실시)
합격 기준	· 제2종 소형 및 원동기장치자전거 면허 60점 이상 합격

5 기능 시험

① 적성시험과 학과 시험에 합격한 사람은, <u>합격 당일 또는 별도의 지정 일시·장소</u>에서 기능 시험이 실시된다.
② 시험에 사용되는 차량은 제2종 소형면허의 경우에는 배기량 200cc 이상의 이륜자동차(<u>원동기장치자전거 시험은 배기량 49cc 이상의 원동기장치자전거</u>)로서 실시한다.

③ 시험은 시험장에서 이륜차에 수험자가 승차하여 지정된 시험코스를 주행한다.
④ 시험 코스는 굴절 코스 전진, 곡선 코스 전진, 좁은 길 코스 통과, 연속 진로전환 코스 통과로 되어 있다(기능 시험 코스 도면 참조).
⑤ 채점은 각 시험 항목별 감점 기준에 따라 100점 만점에 90점 이상을 얻은 때 합격으로 한다.

6 운전면허증 발급

① 운전면허 시험에 합격한 사람은 사진 2장, 수수료 첨부하여 운전면허증 발급 신청을 하면 30일 이내에 운전면허증을 발급받게 된다.
② 운전면허의 효력은 본인 또는 대리인이 운전면허증을 발급받은 때부터 발생한다(면허증을 발급받기 전에 운전하면 무면허 운전으로 처벌됨).

Chapter 03
이륜차 기능시험 보기 전에 알아 둘 일

1. 이륜자동차와 원동기장치자전거의 차이점

일반적으로 이륜차(일명 오토바이 : autobike)라 함은, 이륜자동차와 원동기장치자전거를 총칭하여 말한다.
이륜자동차와 원동기장치자전거는 발동기를 단 자전거라는 점에서는 별로 차이가 없으나 도로교통법상으로는 다음과 같은 차이점이 있다. 도로교통법에서는 원동기의 크기를 기준하는 배기량(혹은 정격 출력)에 따라서 구분된다. 즉, 배기량이 125cc를 초과 (126cc 이상)하는 것을 이륜자동차라고 하고 배기량이 125cc 이하(전기를 동력으로 하는 경우에는 최고 정격 출력 11kW 이하)의 것을 원동기장치자전거로 정의하고 있다.

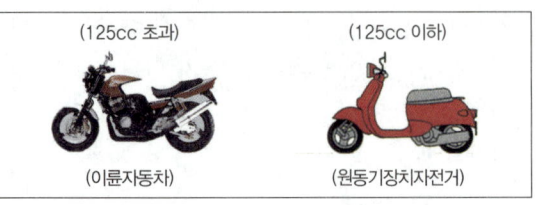
(125cc 초과)   (125cc 이하)
(이륜자동차)   (원동기장치자전거)

2. 면허의 종류에 따라 운전할 수 있는 이륜차

1 제2종 소형(이륜자동차)면허
배기량 125cc를 초과하는 모든 중·대형 이륜자동차뿐만 아니라 배기량 125cc 이하의 원동기장치자전거를 운전할 수 있다.

2 원동기장치자전거 면허
이륜자동차 가운데 배기량 125cc 이하(전기를 동력으로 하는 경우 최고 정격 출력 11kW 이하)의 이륜차와 배기량 125cc 이하(전기를 동력으로 하는 경우 최고 정격 출력 11kW 이하)의 원동기를 단 차를 운전할 수 있다.

3. 이륜차의 선택 방법

이륜차를 운전하고자 할 때 몇 가지 주의할 점에 대하여 예를 들어 본다.
첫째, 이륜차 선택에 있어서 제일 중요한 것은 자기의 신체에 알맞은 차를 고르는 일이다.
다음 사항이 될 수 있는가를 확인한다.
① 이륜차에 승차하였을 때 양발 끝이 지면에 닿을 수 있을 것
② 평지에서 센터 스탠드(중앙지지대)를 거침없이 세울 수 있을 것
③ 8자형으로 차를 밀고 걸을 수 있을 것 등이다.

(올바른 승차자세)   (잡고, 돌림)

둘째, 이륜차를 선택할 때에는 처음에는 손쉬운 소형차를 선택하고 경험을 쌓아 가면서 중형, 대형으로 운전하는 것이 바람직하다.

Chapter 04
운전면허 학과 시험 컴퓨터 조작 요령

1. 컴퓨터 학과 시험 교양 사항

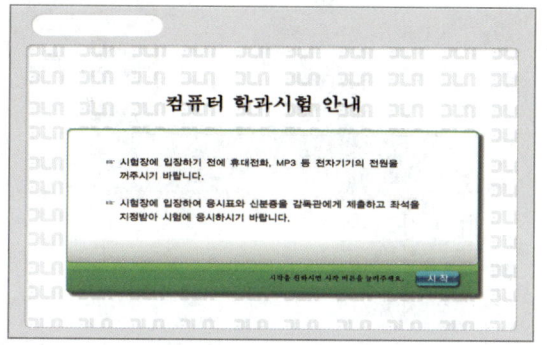

2. 컴퓨터 학과 시험 수험 방법

1 수험 번호 입력

• 수험 번호 입력 후 '시험 시작'을 누른다.

2 문제 풀이 (마우스와 스크린 터치로 조작 가능)

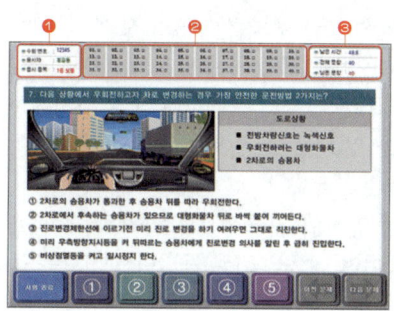

① 수험 번호와 본인의 이름과 응시 종목으로 정보가 올바르게 표시되었는지 확인 후 문제 풀이를 시작한다.
② 해당 번호의 문제를 풀 경우 □에서 ■로 바뀌어 응시자의 문제 풀이 현황을 확인할 수 있다.
③ 남은 시간과 전체 문항, 남은 문항을 확인 할 수 있다.
※ 응시자는 답을 선택한 후에 다른 답으로 변경을 하고자 할 경우, 다시 원하는 답을 클릭하거나 터치하면 바로 변경된다.

> **참고**
> 문제 한 번에 이동하기
>
>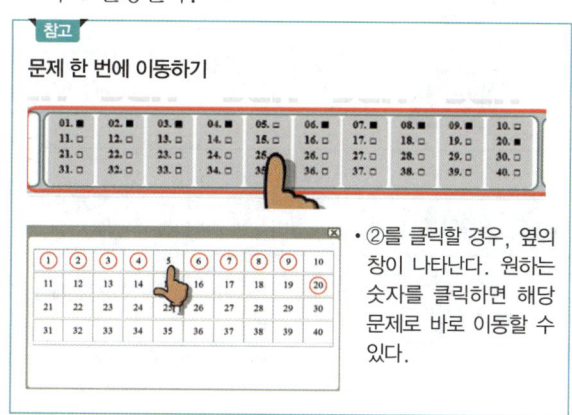
>
> • ②를 클릭할 경우, 옆의 창이 나타난다. 원하는 숫자를 클릭하면 해당 문제로 바로 이동할 수 있다.

3 시험 종료

• 문제 풀이를 끝낸 후 종료버튼을 누른다.

4 종료 확인

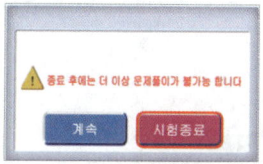

• '계속'을 누르면 시험 상태로 돌아가 문제 풀이가 가능하고 '시험 종료'를 누르면 자동 종료되어 채점이 된다.

5 합격 확인

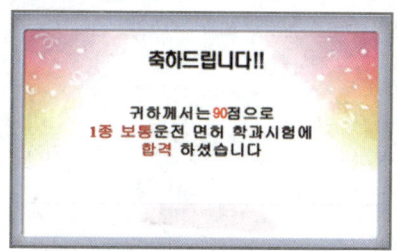

• 모니터의 합격, 불합격 여부를 확인한 후 응시 원서를 감독관에게 제출하여 합격, 불합격 도장을 받는다.

3. PC 버튼의 기능 설명

버튼 종류	버튼 기능
시험 종료	응시자가 시험을 끝내고자 할 때 누르는 버튼
숫자 버튼	답을 표시하는 버튼 ※ 버튼을 누르지 않고 문제를 직접 클릭하거나 터치할 수 있음
이전 문제, 다음 문제	다음 문제, 이전 문제로 이동할 때 누르는 버튼

Chapter 05
이륜차 코스 합격 요령
(제2종 소형 및 원동기장치자전거)

- 시험용 이륜차 – 제2종 소형 면허(이륜자동차)시험 : 200cc 이상
-               – 원동기장치자전거 면허 시험 : 49cc 이상

출발준비

(시험용 이륜차)

① 시험관은 대기 중인 수험자 중에서 번호 순서대로 기능 시험 대상자를 호명한 후 출발 지시를 한다.
② 호명을 받으면 안전모(헬멧)를 착용하고, 턱 끈을 확실하게 맨 후 시험용 이륜차에 승차한다.
③ 시험용 이륜차가 시동이 꺼져 있으면 클러치를 잡고 중립 위치에 두고 시동 키 또는 레버를 작동하여 시동을 건다.
④ 시동이 걸려 있으면 클러치를 잡고 1단 기어를 넣은 후 클러치를 사용하면서 가속 그립(액셀레이터)을 서서히 당기며 코스로 진입한다.

1. 굴절(크랭크) 코스 통과 요령

〈시험 방법〉 (별표 24, 3)
전진으로 진입하여 검지선 접촉이나 발이 땅에 닿지 아니하고 통과하여야 한다.

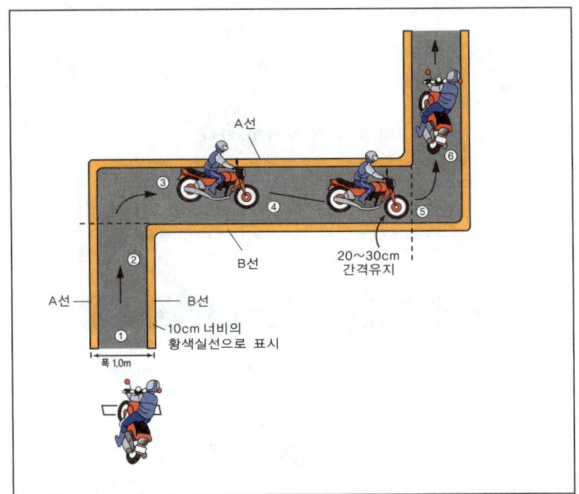

〈통과 요령〉
가) ①의 위치에서 A선과 20~30㎝의 간격을 두고 진입하여 ②의 위치까지 A선과 20~30㎝ 정도의 간격을 유지한다.
나) 앞바퀴가 ㉮의 점선 위치에 오게 되면 몸을 우측으로 기울이고, 핸들을 우로 돌려 우측으로 커브를 돌게 한다.
다) ③의 위치에서 A선에 접촉 되는 경우는,
    a. ②의 위치에서 핸들을 우로 돌리는 시기가 늦었을 때
    b. ②의 위치에서 몸을 우로 기울여 주지 못했을 때
    c. 속도를 필요 이상으로 높여 주었을 때이다.
라) ④의 위치에서 B선 가깝게 주행하여 ⑤의 위치에서 B선과의 거리를 20~30㎝ 정도로 간격을 유지하며 통과한다.
마) ⑤의 위치에서 앞바퀴가 ㉯점선과 일치될 때 몸을 좌측으로 기울이며 핸들을 좌로 돌리면서 커브를 돌아 굴절 코스를 통과 완료한다.

〈감점 기준〉
검지선을 접촉할 때마다 또는 발이 땅에 닿을 때마다 … 10점 감점

굴절 코스의 형상 및 구조

코스의 형상	구조		
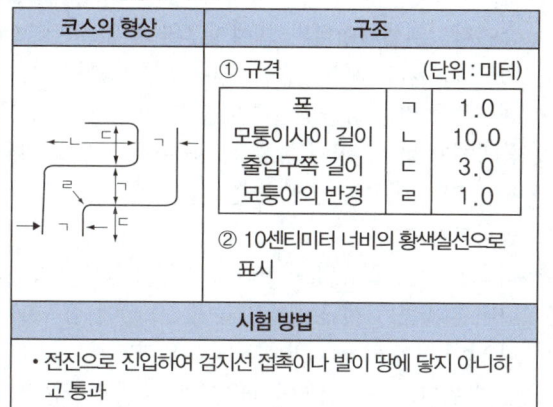	① 규격 (단위 : 미터)		
	폭	ㄱ	1.0
	모퉁이사이 길이	ㄴ	10.0
	출입구쪽 길이	ㄷ	3.0
	모퉁이의 반경	ㄹ	1.0
	② 10센티미터 너비의 황색실선으로 표시		
시험 방법			
• 전진으로 진입하여 검지선 접촉이나 발이 땅에 닿지 아니하고 통과			

2. 곡선(S) 코스 통과 요령

〈시험 방법〉
전진으로 진입하여 검지선 접촉이나 발이 땅에 닿지 아니하고 통과하여야 한다.

〈통과 요령〉
가) ①의 위치에서 A선과 20~30㎝ 정도의 간격을 유지하며 진입한다.
나) ②의 위치에서 왼쪽으로 몸과 차체를 기울이면서 핸들을 왼쪽으로 돌리며 ④의 위치를 통과한다.
다) ④의 위치에서 오른쪽으로 몸과 차체를 기울이며 핸들을 오른쪽으로 돌려 커브를 통과한다. 이 때 B선과의 간격을 20~30㎝ 정도로 유지하며 통과 완료한다.

〈감점 기준〉
검지선을 접촉할 때마다 또는 발이 땅에 닿을 때마다 … 10점 감점

곡선 코스의 형상 및 구조

코스의 형상	구조		
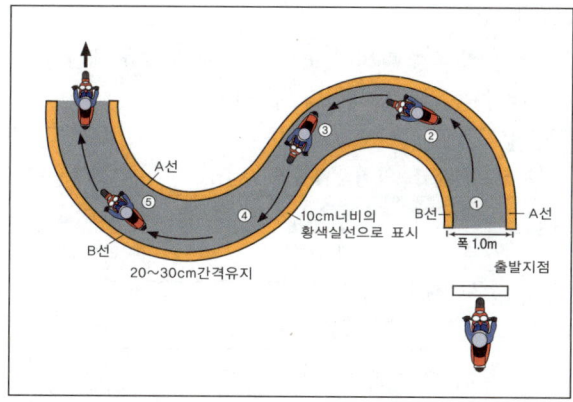	① 규격 (단위 : 미터)		
	폭	ㄱ	1.0
	반경	ㄴ	6.0
	외측 원주의 길이	ㄷ	3/8
	출구 반경	ㄹ	6.0
	② 10센티미터 너비의 황색실선으로 표시		
시험 방법			
• 전진으로 진입하여 검지선 접촉이나 발이 땅에 닿지 아니하고 통과			

3. 좁은 길 코스 통과 요령

〈시험 방법〉
전진으로 진입하여 검지선 접촉이나 발이 땅에 닿지 아니하고 통과하여야 한다.

〈통과 요령〉
가) 좁은 길 코스는 직선으로 통과하는 코스이며, 언덕에 올라가는 경사의 높이는 완만하므로 큰 문제가 없다.
나) ①의 위치에서 코스에 진입하여 코스를 통과할 때까지 일정한 속도를 유지해야 한다. 눈의 시선은 바로 앞보다는 약간 멀리 보는 것이 직선 주행을 유지하는데 좋다.
다) 긴장을 풀고 핸들을 잡은 다음 손과 팔에 힘이 들어가지 않게 한다. 긴장하여 팔에 힘이 들어가게 되면 코스 통과가 원활하지 못하고 핸들이 좌나 우로 쏠리게 되는 경우가 있으므로 핸들을 가볍고 편하게 잡고 주행한다.

⟨감점 기준⟩

검지선을 접촉할 때마다 또는 발이 땅에 닿을 때마다 … **10점 감점**

> **참고**
> 좁은 길 코스의 형상 및 구조
>
>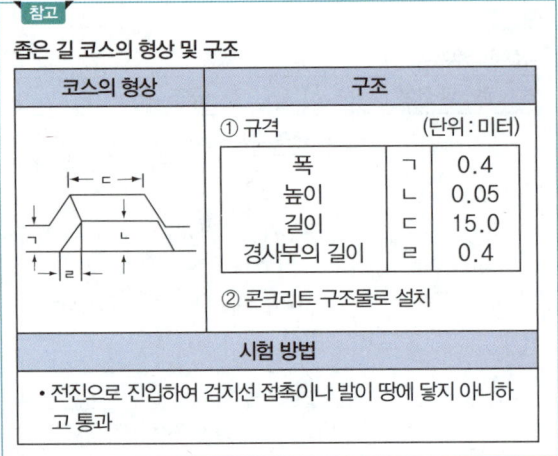
>
> ① 규격   (단위 : 미터)
>
> | 폭 | ㄱ | 0.4 |
> | 높이 | ㄴ | 0.05 |
> | 길이 | ㄷ | 15.0 |
> | 경사부의 길이 | ㄹ | 0.4 |
>
> ② 콘크리트 구조물로 설치
>
> **시험 방법**
> • 전진으로 진입하여 검지선 접촉이나 발이 땅에 닿지 아니하고 통과

4. 연속 진로 전환 코스 통과 요령

⟨시험 방법⟩

화살표 방향으로 진입하여 진로를 변경하면서 검지선 접촉이나 발이 땅에 닿거나 라바콘을 접촉하지 아니하고 통과한다.

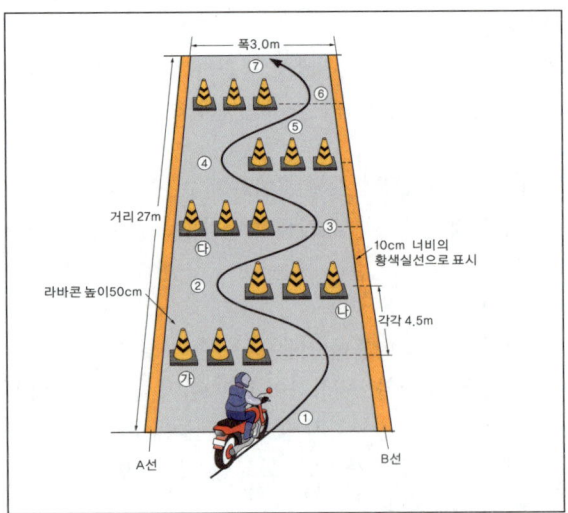

⟨통과 요령⟩

가) 제2종 소형(이륜차)의 기능 시험 중 가장 어려운 코스이다. 액셀레이터와 브레이크의 감각을 평소에 익숙하도록 충분한 연습을 한다. 또한 방향전환 시 핸들을 돌리는 방향으로 차체를 기울이면서 코스를 통과해야 한다. 이때 차체를 기울이지 않으면 핸들을 돌리기 어렵고 차체가 균형을 잃게 되어 코스를 통과하기 어렵다.

나) 코스의 양쪽 컴퓨터 검지선에 바퀴가 닿지 않도록 하며 라바콘(입체 장애물 : 높이 50㎝)에 접촉하거나 발이 땅에 닿게 되면 실격처리 된다.

다) ①의 위치에서 진입하여 ㉮위치에 있는 라바콘과의 거리를 30~40㎝ 간격을 두고 통과하며 ②의 위치에서는 ㉯의 위치에 있는 라바콘에서 A선에 근접하여 A선과의 간격을 30~40㎝ 두고 통과한다. ③의 위치에서는 ㉰의 라바콘과의 간격을 30~40㎝ 정도로 통과한다. 이후 ⑤, ⑥, ⑦의 위치에서의 통과 요령은 앞과 같다.

⟨감점 기준⟩

검지선을 접촉할 때마다 또는 발이 땅에 닿을 때마다 또는 라바콘을 접촉할 때마다 … **10점 감점**

> **참고**
> 연속 진로 전환 코스의 형상 및 구조
>
>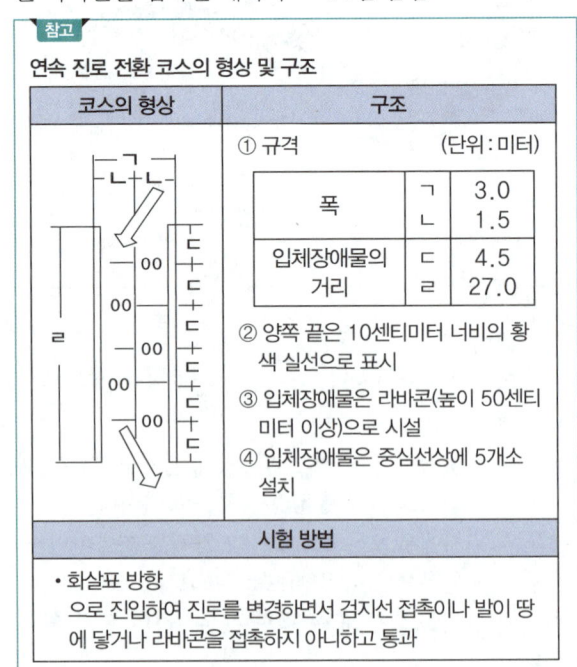
>
> ① 규격   (단위 : 미터)
>
> | 폭 | ㄱ | 3.0 |
> | | ㄴ | 1.5 |
> | 입체장애물의 거리 | ㄷ | 4.5 |
> | | ㄹ | 27.0 |
>
> ② 양쪽 끝은 10센티미터 너비의 황색 실선으로 표시
> ③ 입체장애물은 라바콘(높이 50센티미터 이상)으로 시설
> ④ 입체장애물은 중심선상에 5개소 설치
>
> **시험 방법**
> • 화살표 방향으로 진입하여 진로를 변경하면서 검지선 접촉이나 발이 땅에 닿거나 라바콘을 접촉하지 아니하고 통과

제2종 소형 면허 장내 기능 검정 채점 기준

가) 채점 기준 (별표 24, 3)

시험 항목	감점 기준	감점 방법
a. 굴절 코스 전진	10	• 검지선을 접촉할 때마다 또는 발이 땅에 닿을 때마다
b. 곡선 코스 전진	10	• 검지선을 접촉할 때마다 또는 발이 땅에 닿을 때마다
c. 좁은 길 코스 통과	10	• 검지선을 접촉할 때마다 또는 발이 땅에 닿을 때마다
d. 연속 진로 전환 코스 통과	10	• 검지선을 접촉할 때마다 발이 땅에 닿을 때마다 또는 라바콘을 접촉할 때마다

나) 합격 기준

각 시험 항목별 감점 기준에 따라 감점한 결과 100점 만점에 90점 이상을 얻은 때, 다음의 경우에는 실격으로 한다.
a. 운전 미숙으로 20초 이내에 출발하지 못한 때
b. 시험 과제를 하나라도 이행하지 아니한 때
c. 시험 중 안전사고를 일으키거나 코스를 벗어난 때

Chapter 06
운전자의 자세와 복장 등 요령

1. 운전하기 위한 준비

1 여유 있는 운전 계획

차를 운전할 때에는, 거리와 시간에 무리하지 않게 여유가 있는 운전 계획을 세우는 것이 필요하다. 운전 계획에 무리가 있으면, 마음이 초조해져서 냉정을 잃고, 신중성이 결여되어 자신도 모르게 과속하거나, 무리한 앞지르기를 하게 되어 위험한 운전을 하게 된다.

2 몸의 상태를 조정

운전 조작은 계속하여 변화하는 도로와 교통 상황을 재빨리 인식하고, 인지한 정보를 적절하게 판단하여, 그에 따른 정확한 조작을 하는 동작의 반복이다.
몸의 상태가 나쁠 때에는 인지, 판단, 조작에 큰 영향을 미치게 된다. 피곤한 때, 병이 났을 때, 걱정이 있을 때는 주의력이 산만해지고, 판단력이 떨어지기 때문에 뜻밖의 사고를 일으킬 수 있다. 이러한 경우에는 운전하지 말고, 몸의 상태가 좋아진 후 운전하여야 한다.

2. 이륜차 운전자의 복장과 승차

1 이륜차의 올바른 복장

운전할 때에 적절히 움직이기 쉽고 몸은 밖의 공기에 접촉되므로 보온이 되고 또한 전도시 등에 보호되어야 한다. 따라서 항상 올바른 복장으로 운전하는 것이 중요하다. 특히 승차용 안전모는 규격품인 것을 쓰지 않고는 운전하여서 아니 된다.

• 이륜차 운전 시 복장은 신체를 보호할 수 있고 눈에 잘 띄는 밝은 계통의 색과 반사체 등을 붙이면 더욱더 좋다.
• 안전모는 충격흡수가 좋고 머리를 보호하고 밝은 색감이 좋다. 운전자 머리에 딱 맞는 것을 쓴다.
• 안전모의 무게는 2kg 이하이다.

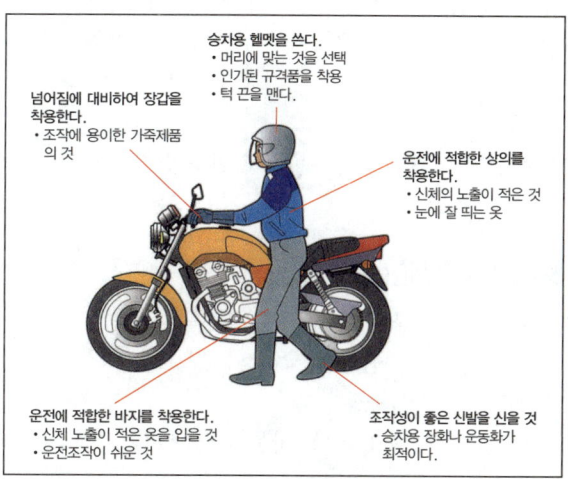

(운전에 적합한 복장)

2 이륜차의 올바른 승차

이륜차는 항상 몸으로 밸런스를 유지하면서 주행하는 것이다. 운전자세가 나쁘면 울퉁불퉁한 도로 등 대수롭지 않은 노면의 변화에도 대응하지 못하고 전도하거나 핸들을 놓치거나 브레이크 조작이 제대로 되지 않아서 사고를 일으키는 원인이 된다. 올바른 승차자세를 유지하는 것은 안전 운전의 첫걸음이다.

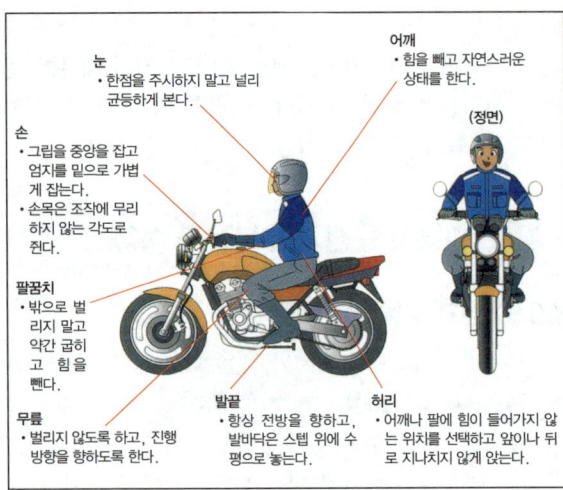

(올바른 승차 자세)

3 운전 중 법을 위반하는 행위 또는 교통사고를 일으킨 때

① 형사상의 책임 : 징역, 금고, 벌금 등
② 행정상의 책임 : 운전면허 취소 및 정지 등
③ 민사상의 책임 : 손해배상 등

3. 운전자의 자세

1 교통질서와 양보 정신

운전자 또는 보행자 등은 교통 사회인의 구성원으로서 그 책임을 다해야 쾌적하고 원활한 교통 사회를 만들어 갈 수 있다.

① 나보다 먼저 다른 운전자나 보행자를 생각한다.
② 사람의 생명을 소중히 여기고 도덕과 질서를 내가 먼저 지킨다.
③ 복잡한 교통 환경에서는 항상 내가 먼저 양보해야 한다.

2 안전 운전의 마음가짐

① 사람의 생명을 보호하는 마음가짐
② 법을 지키는 마음가짐
③ 인내하는 마음가짐
④ 양보하는 마음가짐과 고마움을 갖는 마음가짐
⑤ 겸손과 상대방을 배려하는 마음가짐
⑥ 안전 운전과 방어운전
⑦ 공익 정신과 사회적 책임

Part1 이륜차 원동기장치자전거 학과 필기시험 요점 정리

※ ____ 밑줄을 친 적색선 부분은 자주 출제가 되는 부분이므로 꼭 암기하십시오.

Chapter 01
도로교통법의 목적 및 용어의 정의 요점 정리

1. 도로교통법의 목적

도로에서 일어나는 교통상의…
① 위험과 장해를 방지하고 제거하여
② 안전하고 원활한 교통을 확보하는데 있다.
  ※ 도로 교통의 3대 요소 : ① 사람(보행자, 운전자) ② 자동차 ③ 도로

2. 용어의 정의

1 도로 등

1) 도로
① 「도로법」에 따른 도로
② 「유료 도로법」에 따른 유료 도로
③ 「농어촌도로 정비법」에 따른 농어촌 도로
④ 그 밖에 현실적으로 불특정 다수의 사람 또는 차마가 통행할 수 있도록 공개된 장소로서 안전하고 원활한 교통을 확보할 필요가 있는 장소

2) 자동차 전용 도로
자동차만 다닐 수 있도록 설치된 도로

(자동차전용도로 표지)

> 해설 자동차 전용 도로 : 오로지 자동차만 통행할 수 있는 도로로 예를 들면 고속도로, 고가 도로 등과 같이 자동차만 통행할 수 있는 자동차 전용의 도로이다.
> ※자동차 전용 차로 중 이륜자동차 전용 차로는 없다.

3) 고속도로
자동차의 고속 운행에만 사용하기 위하여 지정된 도로

> 해설 고속도로는 경인, 경부, 중부, 영동, 중앙, 남해, 구마, 88올림픽, 서해안, 호남 고속도로 등이 있다.
> ※ 고속도로는 이륜자동차(긴급 차는 제외), 원동기장치자전거, 소형 특수차(경운기) 등과 보행자는 통행이 금지된다.

4) 차도
연석선(차도와 보도를 구분하는 돌 등으로 이어진 선),

안전표지 또는 그와 비슷한 인공 구조물을 이용하여 경계를 표시하여 모든 차가 통행할 수 있도록 설치된 도로의 부분

5) 중앙선
차마의 통행 방향을 명확하게 구분하기 위하여 도로에 황색실선이나 황색점선 등의 안전표지로 표시한 선 또는 중앙 분리대나 울타리 등으로 설치한 시설물을 말한다. 가변 차로가 설치된 경우에는 신호기가 지시하는 진행 방향의 가장 왼쪽에 있는 황색점선을 말한다.

6) 차로
차마가 한 줄로 도로의 정하여진 부분을 통행하도록 차선으로 구분한 차도의 부분

7) 차선
차로와 차로를 구분하기 위하여 그 경계 지점을 안전표지로 표시한 선

> 해설 차선은 백색점선(떨어져 있는 선)으로 표시하는 것이 원칙이나 교차로, 횡단보도, 철길 건널목 등은 표시하지 않는다.

① 백색점선(파선) : 백색선이 끊어져 있는 선으로서 자동차 등이 침범할 수 있는 선, 차선 변경을 할 수 있다.
② 백색실선(이어져 있는 선) : 백색으로 계속 이어져 있는 선으로서 자동차가 침범할 수 없는 선, 침범하면 차선 위반이 된다.

7-2) 노면 전차 전용로
도로에서 궤도를 설치하고, 안전표지 또는 인공 구조물로 경계를 표시하여 설치한 도로 또는 차로

8) 자전거 도로
안전표지, 위험 방지용 울타리나 그와 비슷한 인공 구조물로 경계를 표시하여 자전거 및 개인형 이동 장치가 통행할 수 있도록 설치된 도로

(자전거전용도로 표지)

9) 자전거횡단도
자전거 및 개인형 이동 장치가 일반 도로를 횡단할 수 있도록 안전표지로 표시한 도로의 부분

10) 보도
연석선, 안전표지나 그와 비슷한 인공 구조물로 경계를 표시하여 보행자(유모차와 보행 보조용 의자차, 노약자용 보행기·실외이동로봇 등을 포함)가 통행할 수 있도록 한 도로의 부분

11) 길 가장자리 구역
보도와 차도가 구분되지 아니한 도로에서 보행자의 안전을 확보하기 위하여 안전표지 등으로 경계를 표시한 도로의 가장자리 부분

12) 횡단보도
보행자가 도로를 횡단할 수 있도록 안전표지로 표시한 도로의 부분

(횡단보도 표지)

13) 교차로
십자로, T자로나 그 밖에 둘 이상의 도로(보도와 차도가 구분되어 있는 도로에서는 차도)가 교차하는 부분

13-2) 회전 교차로
교차로 중 차마가 원형의 교통섬(차마의 안전하고 원활한 교통 처리나 보행자 도로 횡단의 안전을 확보하기 위하여 교차로 또는 차도의 분기점 등에 설치하는 섬 모양의 시설을 말한다)을 중심으로 반시계 방향으로 통행하도록 한 원형의 도로를 말한다.

14) 안전지대
도로를 횡단하는 보행자나 통행하는 차마의 안전을 위하여 안전표지나 이와 비슷한 인공 구조물로 표시한 도로의 부분

> 해설 안전지대는 보행자용 안전지대와 차마용 안전지대 두 종류가 있다.
> ㉮ 보행자용 안전지대 : 노폭이 비교적 넓은 도로의 횡단보도 중간에 '교통섬'을 설치하여 횡단하는 보행자의 안전을 기한다.
> ㉯ 차마용 안전지대 : 광장, 교차로 지점, 노폭이 넓은 중앙지대에 안전지대 표시로 표시한다.

15) 보행자 전용 도로
보행자만 다닐 수 있도록 안전표지나 그와 비슷한 인공 구조물로 표시한 도로

> 해설 보행자 전용 도로는 보행자만 통행할 수 있게 구획된 도로이다.

16) 차마(車馬) : 차와 우마를 말한다.
① "차"란…
㉮ 자동차　　㉯ 건설기계
㉰ 원동기장치자전거　㉱ 자전거
㉲ 사람 또는 가축의 힘이나 그 밖의 동력으로 도로에서 운전되는 것(철길이나 가설된 선을 이용하여 운전되는 것, 유모차와 보행 보조용 의자차, 노약자용 보행기 등을 제외한다)
② "우마"란… 교통이나 운수에 사용되는 가축을 말한다.
※차에 해당하는 것은 자전거, 원동기장치자전거, 손수레 등이다.

17) 노면 전차
「도시 철도법」 제2조 제2호에 따른 노면 전차로서 도로에서 궤도를 이용하여 운행하는 차를 말한다.

18) 자동차
철길이나 가설된 선을 이용하지 아니하고 원동기를 사용하여 운전되는 차(견인되는 차도 자동차의 일부로 본다)

①「자동차 관리법」에 의한 다음의 자동차(원동기장치자전거 제외)
㉮ 승용자동차　㉯ 승합자동차　㉰ 화물자동차
㉱ 특수자동차　㉲ 이륜자동차

(자동차)

②「건설기계관리법」의 규정에 의한 다음의 건설 기계는 자동차에 해당한다.
㉮ 덤프 트럭
㉯ 아스팔트 살포기
㉰ 노상 안정기
㉱ 콘크리트 믹서 트럭
㉲ 콘크리트 펌프
㉳ 천공기(트럭 적재식)
㉴ 콘크리트 믹서 트레일러
㉵ 아스팔트 콘크리트 재생기
㉶ 도로 보수 트럭
㉷ 3톤 미만의 지게차

(자동차에 해당되는 건설기계)

19) 원동기장치자전거

① 「자동차 관리법」에 따른 이륜자동차 가운데 배기량 125cc 이하(전기를 동력으로 하는 경우에는 최고 정격 출력 11㎾ 이하)의 이륜자동차

125cc 이하   50cc 미만
(원동기장치자전거)

② 그 밖에 배기량 125cc 이하(전기를 동력으로 하는 경우에는 최고 정격 출력 11㎾ 이하)의 원동기를 단 차(실외이동로봇은 제외)

※ 원동기장치자전거는 차에는 해당이 되나 자동차에는 해당되지 않는다.

20) 개인형 이동 장치

원동기 장치 중 시속 25㎞ 이상으로 운행하는 경우, 전동기가 작동하지 아니하고 차체 중량이 30㎏ 미만인 것으로서 행정자치부령으로 정하는 것을 말한다.

21) 자전거

「자전거 이용 활성화에 관한 법률」 제2조제1호 및 제1호의2에 따른 자전거 및 전기 자전거를 말한다.

22) 자동차 등

자동차와 원동기장치자전거를 말한다.

23) 긴급자동차

다음의 자동차로서 그 본래의 긴급한 용도로 사용되고 있는 자동차를 말한다.
㉮ 소방차 ㉯ 구급차 ㉰ 혈액 공급 차량
㉱ 그 밖에 대통령령으로 정하는 자동차(P.25 「긴급자동차」참조)

24) 어린이 통학 버스

다음의 시설 가운데 어린이(13세 미만의 사람)를 교육 대상으로 하는 시설에서 어린이의 통학 등에 이용되는 자동차와 여객 자동차 운수 사업법에 따른 여객 자동차 운송 사업의 한정면허를 받아 어린이를 여객 대상으로 하여 운행되는 운송 사업용 자동차.
㉮ 「유아 교육법」에 의한 유치원, 「초·중등 교육법」에 의한 초등학교 및 특수 학교
㉯ 「영유아 보육법」에 따른 어린이집
㉰ 「학원의 설립·운영 및 과외 교습에 관한 법률」에 따라 설립된 학원
㉱ 「체육 시설의 설치·이용에 관한 법률」에 따라 설립된 체육 시설
㉲ 「아동 복지법」에 따른 아동 복지 시설(아동 보호 전문 기관은 제외)
㉳ 「청소년 활동 진흥법」에 따른 청소년 수련 시설
㉴ 「장애인 복지법」에 따른 장애인 복지 시설(장애인 직접 재활 시설은 제외)
㉵ 「도서관법」에 따른 공공도서관
㉶ 「평생 교육법」에 따른 시·도 평생 교육 진흥원 및 시·군·구 평생 학습관
㉷ 「사회 복지 사업법」에 따른 사회 복지 시설 및 사회 복지관

25) 운전

도로('보행자의 보호' 조항 그리고 '주취 운전 금지·과로 운전 금지·사고 발생 시의 조치' 및 이 조항들의 위반 시 받는 '벌칙' 조항들의 경우에는 도로 외의 곳 포함)에서 차마 또는 노면전차를 그 본래의 사용방법에 따라 사용하는 것(조종 또는 자율주행시스템을 사용하는 것을 포함)을 말한다.

26) 보행자 우선 도로

차도와 보도가 분리되지 아니한 도로로서 보행자의 안전과 편의를 보장하기 위하여 보행자 통행이 차마의 통행에 우선하도록 지정한 도로를 말한다.

27) 초보 운전자

처음 운전면허를 받은 날(2년이 지나기 전에 운전면허의 취소 처분을 받은 경우에는 그 후 다시 운전면허를 받은 날)부터 2년이 지나지 아니한 사람을 말한다. 이 경우 원동기장치자전거 면허만을 받은 사람이 원동기장치자전거 면허 외의 운전면허를 받은 경우에는 처음 운전면허를 받은 것으로 본다.

28) 모범 운전자
무사고 운전자 또는 유공 운전자 표시장을 받거나 2년 이상 사업용자동차 운전에 종사하면서 교통사고를 일으킨 전력이 없는 사람으로서 경찰청장이 정하는 바에 따라 선발되어 교통안전 봉사 활동에 종사하는 사람을 말한다.

Chapter 02 신호기 및 안전표지 등 요점 정리

1. 신호기 등

1 신호기 등의 설치·관리
① 시장 등은 도로에서의 위험을 방지하고 교통의 안전과 원활한 소통을 확보하기 위하여 필요하다고 인정하는 경우에는 신호기 및 안전표지를 설치·관리하여야 한다.
② 유료 도로에서는 시장 등의 지시에 따라 그 도로 관리자가 교통안전 시설을 설치·관리하여야 한다.

2 신호등의 종류·배열·신호 순서
신호등의 종류, 등화의 배열 순서 및 신호등의 신호(표시)순서는 다음과 같다.

신호등의 종류		등화의 배열 순서	신호(표시)순서
차량등	횡형 사색등	적·황·녹색화살·녹 Ⓐ 🔴🟠🟢🟢 Ⓑ 🟠🟢🟢	① 녹 → ② 황 → ③ 적 및 녹색화살 → ④ 적 및 황 → ⑤ 적
	횡형 삼색등	적·황·녹 🔴🟠🟢 ⬅⬅⬅	① 녹 → ② 황 → ③ 적
	버스 삼색등	적·황·녹 🟥🟧🟩	① 녹 → ② 황 → ③ 적
보행등	2색등	적·녹 🚶🚶	① 녹 → ② 녹색점멸 → ③ 적
자전거 신호등	3색등	적·황·녹 🚴🚴🚴	① 녹 → ② 황 → ③ 적
	2색등	적·녹 🚴🚴	① 녹 → ② 적

(주) 교차로와 교통여건상 특별히 필요하다고 인정되는 장소에서는 신호의 순서를 달리하거나 녹색화살표시 및 녹색등화를 동시에 표시할 수 있다.

※ 신호등의 종류 중 이륜자동차가 별도로 사용하는 신호등은 없다.

3 신호 또는 지시에 따를 의무
도로를 통행하는 보행자와 차마 또는 노면 전차의 운전자는 교통안전시설이 표시하는 신호 또는 지시와 교통정리를 하는 경찰 공무원(의무 경찰을 포함) 또는 경찰 공무원을 보조하는 사람의 신호 또는 지시에 따라야 한다.

> **해설** 경찰 공무원을 보조하는 사람의 범위
> ㉮ 모범 운전자
> ㉯ 군사 훈련 및 작전에 동원되는 부대의 이동을 유도하는 헌병
> ㉰ 본래의 긴급한 용도로 운행하는 소방차·구급차를 유도하는 소방 공무원

4 신호의 종류와 뜻

1) 차량 신호등

① 원형 등화

신호의 종류	신호의 뜻
가) 녹색의 등화 ⚫⚫🟢	1 차마는 직진 또는 우회전할 수 있다. 2 비보호 좌회전표지 또는 비보호 좌회전 표시가 있는 곳에서는 좌회전할 수 있다.
나) 황색의 등화 ⚫🟠⚫	1 차마는 정지선이 있거나 횡단보도가 있을 때에는 그 직전이나 교차로의 직전에 정지하여야 하며, 이미 교차로에 차마의 일부라도 진입한 경우에는 신속히 교차로 밖으로 진행하여야 한다. 2 차마는 우회전할 수 있고 우회전하는 경우에는 보행자의 횡단을 방해하지 못한다.
다) 적색의 등화 🔴⚫⚫	1 차마는 정지선, 횡단보도 및 교차로의 직전에서 정지해야 한다. 2 차마는 우회전하려는 경우 정지선, 횡단보도 및 교차로의 직전에서 정지한 후 신호에 따라 진행하는 다른 차마의 교통을 방해하지 않고 우회전할 수 있다. 3 제2호에도 불구하고 차마는 우회전 삼색등이 적색의 등화인 경우 우회전할 수 없다.

신호의 종류	신호의 뜻
라) 황색등화의 점멸	차마는 다른 교통 또는 안전표지의 표시에 주의하면서 진행할 수 있다.
마) 적색등화의 점멸	차마는 정지선이나 횡단보도가 있을 때에는 그 직전이나 교차로의 직전에 일시정지한 후 다른 교통에 주의하면서 진행할 수 있다.

② 화살표 등화

신호의 종류	신호의 뜻
가) 녹색화살표 등화	차마는 화살표시 방향으로 진행할 수 있다.
나) 황색화살표 등화	화살표시 방향으로 진행하려는 차마는 정지선이 있거나 횡단보도가 있을 때에는 그 직전이나 교차로의 직전에 정지하여야 하며, 이미 교차로에 차마의 일부라도 진입한 경우에는 신속히 교차로 밖으로 진행하여야 한다.
다) 적색화살표 등화	화살표시 방향으로 진행하려는 차마는 정지선, 횡단보도 및 교차로의 직전에서 정지하여야 한다.
라) 황색 화살표 등화 점멸	차마는 다른 교통 또는 안전표지의 표시에 주의하면서 화살 표시 방향으로 진행할 수 있다.
마) 적색 화살표 등화 점멸	차마는 정지선이나 횡단보도가 있을 때에는 그 직전이나 교차로의 직전에 일시정지한 후 다른 교통에 주의하면서 화살 표시 방향으로 진행할 수 있다.

2) 사각형 등화(차량 가변등) : 가변 차로에 설치

신호의 종류	신호의 뜻
가) 녹색 화살표시의 등화(하향)	차마는 화살표로 지정한 차로로 진행할 수 있다.
나) 적색 ×표 표시의 등화	차마는 ×표가 있는 차로로 진행할 수 없다.
다) 적색 ×표 표시의 등화의 점멸	차마는 ×표가 있는 차로로 진입할 수 없고, 이미 진입한 경우에는 신속히 그 차로 밖으로 진로를 변경한다.

3) 보행 신호등 : 횡단보도에 설치

녹색 등화	녹색 등화의 점멸	적색 등화
보행자는 횡단보도를 횡단할 수 있다.	보행자는 횡단을 시작하여서는 아니 되고, 횡단하고 있는 보행자는 신속하게 횡단을 완료하거나 그 횡단을 중지하고 보도로 되돌아와야 한다.	보행자는 횡단을 하여서는 아니 된다.

4) 자전거 신호등

① 자전거 주행 신호등

신호의 종류		신호의 뜻
녹색의 등화		자전거는 직진 또는 우회전할 수 있다.
황색의 등화		1 자전거는 정지선이 있거나 횡단보도가 있을 때에는 그 직전이나 교차로의 직전에 정지하여야 하며, 이미 교차로에 차마의 일부라도 진입한 경우에는 신속히 교차로 밖으로 진행하여야 한다. 2 자전거는 우회전을 할 수 있고 우회전하는 경우에는 보행자의 횡단을 방해하지 못한다.
적색의 등화		1 자전거 등은 정지선, 횡단보도 및 교차로의 직전에서 정지해야 한다. 2 자전거 등은 우회전하려는 경우 정지선, 횡단보도 및 교차로의 직전에서 정지한 후 신호에 따라 진행하는 다른 차마의 교통을 방해하지 않고 우회전할 수 있다. 3 제2호에도 불구하고 자전거 등은 우회전 삼색등이 적색의 등화인 경우 우회전할 수 없다.
황색 등화의 점멸		자전거는 다른 교통 또는 안전표지의 표시에 주의하면서 진행할 수 있다.
적색 등화의 점멸		자전거는 정지선이나 횡단보도가 있는 때에는 그 직전이나 교차로의 직전에 일시정지한 후 다른 교통에 주의하면서 진행할 수 있다.

② 자전거 횡단 신호등

신호의 종류	신호의 뜻
녹색의 등화	자전거는 자전거 횡단도를 횡단할 수 있다.
녹색 등화의 점멸	자전거는 횡단을 시작하여서는 아니 되고, 횡단하고 있는 자전거는 신속하게 횡단을 종료하거나 그 횡단을 중지하고 진행하던 차도 또는 자전거 도로로 되돌아와야 한다.
적색의 등화	자전거는 자전거 횡단도를 횡단하여서는 아니 된다.

5) 버스 신호등 : 중앙버스 전용 차로에 설치

신호의 종류	신호의 뜻
녹색의 등화	버스 전용 차로에 있는 차마는 직진할 수 있다.
황색의 등화	버스 전용 차로에 있는 차마는 정지선이 있거나 횡단보도가 있을 때에는 그 직전이나 교차로의 직전에 정지하여야 하며, 이미 교차로에 차마의 일부라도 진입한 경우에는 신속히 교차로 밖으로 진행하여야 한다.
적색의 등화	버스 전용 차로에 있는 차마는 정지선, 횡단보도 및 교차로의 직전에서 정지하여야 한다.
황색 등화의 점멸	버스 전용 차로에 있는 차마는 다른 교통 또는 안전표지의 표시에 주의하면서 진행할 수 있다.
적색 등화의 점멸	버스 전용 차로에 있는 차마는 정지선이나 횡단보도가 있는 때에는 그 직전이나 교차로의 직전에 일시정지한 후 다른 교통에 주의하면서 진행할 수 있다.

6) 노면 전차 신호등 : 노면 전차 전용 도로 또는 전용 차로에 설치

	신호의 종류	신호의 뜻
종형육구등	황색 T자형 등화	노면 전차가 직진 또는 좌회전·우회전할 수 있는 등화가 점등될 예정이다.
	황색 T자형 등화의 점멸	노면 전차가 직진 또는 좌회전·우회전할 수 있는 등화의 점등이 임박하였다.
	백색 가로 막대형의 등화	노면 전차는 정지선, 횡단보도 및 교차로의 직전에서 정지해야 한다.
	백색 가로 막대형 등화의 점멸	노면 전차는 정지선이나 횡단보도가 있는 경우에는 그 직전이나 교차로의 직전에 일시정지한 후 다른 교통에 주의하면서 진행할 수 있다.
	백색 점형의 등화	노면 전차는 정지선이 있거나 횡단보도가 있는 경우에는 그 직전이나 교차로의 직전에 정지해야 하며, 이미 교차로에 노면전차의 일부가 진입한 경우에는 신속하게 교차로 밖으로 진행해야 한다.
	백색 점형 등화의 점멸	노면 전차는 다른 교통 또는 안전표지의 표시에 주의하면서 진행할 수 있다.
	백색 세로 막대형의 등화	노면 전차는 직진할 수 있다.
	백색 사선 막대형의 등화	노면 전차는 백색 사선 막대의 기울어진 방향으로 좌회전 또는 우회전할 수 있다.

5 신호기의 신호와 수신호가 다를 때

도로를 통행하는 보행자, 차마 또는 노면 전차의 운전자는 교통안전시설이 표시하는 신호 또는 지시와 교통정리를 하는 경찰 공무원 등의 신호 또는 지시가 서로 다른 경우에는 경찰 공무원 등의 신호 또는 지시에 따라야 한다.

2. 교통안전표지

1) 주의 표지
도로의 상태가 위험하거나 그 부근에 위험물이 있는 경우 안전조치를 할 수 있도록 도로 사용자에게 알리는 표지

좌합류도로　　우측방통행　　낙석도로　　어린이 보호

2) 규제 표지
도로 교통의 안전을 위하여 각종 제한·금지 등의 규제를 도로 사용자에게 알리는 표시

통행금지　　이륜자동차 및 원동기 장치자전거 통행금지　　직진금지　　앞지르기 금지

3) 지시 표지

도로의 통행 방법, 통행 구분 등 필요한 지시를 도로 사용자가 이에 따르도록 알리는 표지

자동차전용도로   직진 및 우회전   비보호좌회전   노인보호(노인보호구역안)

4) 보조 표지

주의·규제·지시 등의 주 기능을 보충하여 도로 사용자에게 알리는 표지

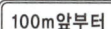   

거리 표지   시간 표지   노면 상태 표지   견인 지역 표지

5) 노면표시

주의·규제·지시 등의 내용을 노면에 기호·문자·선으로 도로 사용자에게 알리는 표지

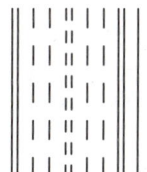 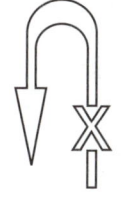 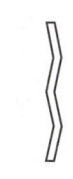 

길가장자리구역선   유턴금지   서행   좌회전유도차로

※ 백색점선은 진로 변경이 가능한 선이고, 백색실선은 진로 변경을 할 수 없는 선이다.

3. 도로(안내) 표지

1) 경계표지

시·도(서울특별시 및 광역시를 포함)·군·읍 또는 면 사이의 행정 구역의 경계를 나타내는 표지이다. 면계 표지, 군계 표지, 도계 표지가 있다.

(면계 표지)   (군계 표지)   (도계 표지)

2) 이정표지

목표지까지의 거리를 나타내는 표지이다.

(좌우 이정표지)   (2지명 이정표지)   (3지명 이정표지)

3) 방향표지

방향 또는 방면을 나타내는 표지로 방향예고표지와 방향표지로 구분되어 있다.

(1지명 방향표지)   (2지명 방향표지)   (3방향표지)

4) 노선표지

주행노선 또는 분기노선을 나타내는 표지이다.

(단일 노선 표지)   (중복 노선 표지)   (분기점 표지)

5) 기타표지

(관광지 표지)   (종합 휴게소 2차 예고 표지)   (자동차 전용 도로 및 해제 표지)

> **참고**
>
> **도로 표지의 색채**
> 가) 도로 표지의 바탕색은 녹색, 관광지 표지의 바탕색은 갈색
> 나) 다음 도로 표지는 청색
>   a. 도시지역(특별시·광역시·시 지역 중 읍·면 지역을 제외한 지역)의 도로 중 고속국도·일반국도 외의 도로
>   b. 보행인 표지·비상주차장 표지·휴게소 표지·자동차 전용 도로 표지
>
> ※ 도로(안내)표지의 구분
>   ㉠ 시외 도로 : 사각형 — 녹색 바탕 — 백색글자
>   ㉡ 시내 도로 : 사각형 — 청색 바탕 — 백색글자
>   ㉢ 관광지 : 사각형 — 갈색 바탕 — 백색글자
>
>
>
> ※ 도로별 노선 상징 마크
>
>
>
> 일반 국도   일반 시도   고속도로   자동차 전용 시도   지방도   국가지원 지방도

Chapter 03
차마 및 노면 전차 등의 통행 방법 요점 정리

1. 차마의 통행

1 차도 통행의 원칙과 예외

1) 보도와 차도가 구분된 도로
차마(이륜차)의 운전자는 보도와 차도가 구분된 도로에서는 차도를 통행하여야 한다.

2) 도로 외의 곳을 출입하는 때
차마의 운전자는 도로 외의 곳으로 출입할 때에는 보도를 횡단하여 통행할 수 있다. 보도를 횡단하기 직전에 일시정지 하여 좌측과 우측 부분 등을 살핀 후 보행자의 통행을 방해하지 아니하도록 횡단하여야 한다.

 도로 외의 곳을 통행할 경우 : 주유소, 차고, 주차장 등에 들어갈 때

2 우측통행의 원칙
차마의 운전자는 도로(보도와 차도가 구분된 도로에서는 차도)의 중앙(중앙선이 설치되어 있는 경우에는 그 중앙선) 우측 부분을 통행하여야 한다.

3 도로의 중앙이나 좌측 부분을 통행할 수 있는 경우
차마의 운전자는 다음에 해당하는 경우에는 도로의 중앙이나 좌측 부분을 통행할 수 있다.
① 도로가 일방통행인 경우
② 도로의 파손, 도로 공사나 그 밖의 장애등으로 도로의 우측 부분을 통행할 수 없는 경우
③ 도로 우측 부분의 폭이 6m가 되지 아니하는 도로에서 다른 차를 앞지르려는 경우. 다만, 다음의 경우에는 그러하지 아니한다.
　㉮ 도로의 좌측 부분을 확인할 수 없는 경우
　㉯ 반대 방향의 교통을 방해할 우려가 있는 경우
　㉰ 안전표지 등으로 앞지르기를 금지하거나 제한하고 있는 경우
④ 도로 우측 부분의 폭이 차마의 통행에 충분하지 아니한 경우
⑤ 가파른 비탈길의 구부러진 곳에서 교통의 위험을 방지하기 위하여 시·도 경찰청장이 필요하다고 인정하여 구간 및 통행 방법을 지정하고 있는 경우

4 자전거 도로 및 길 가장자리 구역 통행금지
차마(자전거 등은 제외)의 운전자는 안전표지로 통행이 허용된 장소를 제외하고는 자전거 도로 또는 길 가장자리 구역으로 통행하여서는 아니 된다.

2. 자전거의 통행 방법(특례)

1 자전거의 도로 통행

1) 자전거 도로가 설치되어 있는 곳
자전거 등의 운전자는 자전거 도로(전용 차로 포함)가 따로 있는 곳에서는 그 자전거 도로로 통행하여야 한다.

2) 자전거 도로가 설치되지 아니한 곳
자전거 등의 운전자는 자전거 도로가 설치되지 아니한 곳에서는 도로 우측 가장자리에 붙어서 통행하여야 한다.

3) 길 가장자리 구역을 통행
안전표지로 자전거 등의 통행을 금지한 구간을 제외하고 길 가장자리 구역을 통행할 수 있다. 이 경우 자전거 등의 운전자는 보행자의 통행에 방해가 될 때에는 서행하거나 일시정지 하여야 한다.

2 자전거의 도로 횡단

1) 보행자의 횡단보도로 횡단하는 경우
자전거 등의 운전자가 횡단보도를 이용하여 도로를 횡단할 때에는 자전거 등에서 내려서 자전거 등을 끌거나 들고 보행하여야 한다.

2) 자전거 횡단도로 횡단하는 경우
① 자전거 등의 운전자가 자전거 등을 타고 자전거 횡단도가 따로 있는 도로를 횡단할 때에는 자전거 횡단도를 이용하여야 한다.
② 차마의 운전자는 자전거 등이 자전거 횡단도를 통행하고 있을 때에는 자전거 등의 횡단을 방해하거나 위험하게 하지 아니하도록 그 자전거 횡단도 앞(정지선이 설치되어 있는 곳에서는 그 정지선)에서 일시정지 하여야 한다.

※ 운전자는 보행자를 항상 배려하는 방어 운전을 해야 한다.

3. 차로에 따른 통행

1 차로에 따라 통행할 의무
① 차마의 운전자는 차로가 설치되어 있는 도로에서는 그 차로를 따라 통행하여야 한다.
② 시·도 경찰청장이 통행 방법을 따로 지정한 경우에는 그 방법으로 통행하여야 한다.

2 차로에 따른 통행 구분
① 도로의 중앙에서 오른쪽으로 2 이상의 차로(전용 차로가 설치되어 운용되고 있는 도로에서는 전용 차로를 제외한다)가 설치된 도로 및 일방통행 도로에 있어서 그 차로에 따른 통행 차의 기준은 다음 표와 같다.

차로에 따른 통행자의 기준(일반 도로)

도로	차로 구분	통행할 수 있는 차종
고속도로 외의 도로	왼쪽 차로	승용자동차 및 경형·소형·중형 승합자동차
	오른쪽 차로	대형승합자동차, 화물자동차, 특수자동차, 법 제2조제18호 나목에 따른 건설기계, 이륜자동차, 원동기장치자전거

※ 비고
㉮ "왼쪽 차로"란 : 차로를 반으로 나누어 1차로에 가까운 부분의 차로. 다만, 차로수가 홀수인 경우 가운데 차로는 제외한다.
㉯ "오른쪽 차로"란 : 왼쪽 차로를 제외한 나머지 차로
㉰ 모든 차는 위 표에서 지정된 차로보다 오른쪽에 있는 차로로 통행할 수 있다.
㉱ 앞지르기를 할 때에는 위 표에서 지정된 차로의 왼쪽 바로 옆 차로로 통행할 수 있다.
㉲ 도로의 진출입 부분에서 진출입하는 때와 정차 또는 주차한 후 출발하는 때의 상당한 거리 동안은 이 표 기준에 따르지 아니할 수 있다.

② 차의 운전자는 통행하고 있는 차로에서 느린 속도로 진행하여 다른 차의 정상적인 통행을 방해할 우려가 있는 때에는 그 통행하던 차로의 오른쪽 차로로 통행하여야 한다.
③ 차로의 순위는 도로의 중앙선 쪽에 있는 차로부터 1차로(일방통행 도로에서는 도로의 왼쪽부터 1차로)로 한다.
※ 편도 3차로 일반 도로에서 자전거의 주행차로는 2·3차로이다. 편도 4차로에서는 3·4차로를 주행할 수 있다.

3 전용 차로의 통행금지
전용 차로로 통행할 수 있는 차가 아니면 전용 차로로 통행하여서는 아니 된다. 다만, 다음의 경우에는 그러하지 아니한다.
① 긴급자동차가 그 본래의 긴급한 용도로 운행되고 있는 경우
② 전용 차로 통행 차의 통행에 장해를 주지 아니하는 범위에서 택시가 승객을 태우거나 내려주기 위하여 일시 통행하는 경우(택시의 운전자는 승객이 타거나 내린 즉시 전용 차로를 벗어나야 한다)
③ 도로의 파손·공사 그 밖의 전용 차로가 아니면 통행할 수 없는 경우

전용차로로 통행할 수 있는 차

전용 차로의 종류		통행할 수 있는 차량
버스 전용 차로	일반 도로	① 36인승 이상의 대형 승합자동차 ② 36인승 미만의 시내·시외·농어촌 사업용 승합자동차 ③ 어린이 통학버스(신고필증 교부 차에 한함) ④ 노선을 지정하여 운행하는 16인승 이상 통학·통근용 승합자동차 ⑤ 국제 행사 참가 인원 수송의 승합자동차(기간 내에 한함) ⑥ 25인승 이상의 외국인 관광객 수송용 승합자동차
	고속 도로	9인승 이상 승용자동차 및 승합자동차(승용자동차 또는 12인승이하의 승합자동차는 6인 이상 승차한 경우에 한한다.)
다인승 전용 차로		3인승 이상 승용·승합자동차
자전거 전용 차로		자전거

 전용 차로의 차선 설치는 편도 3차로 이상의 도로에 설치(청색 실선과 점선)
• 단선 : 출·퇴근 시간에만 운영하는 구간
• 복선 : 그 외의 시간까지 운영하는 구간

4 노면 전차 전용로의 통행금지
노면 전차의 운전자는 노면 전차 전용로가 설치되어 있는 경우 노면 전차 전용 도로 또는 전용 차로로 통행하여야 하며, 차마의 운전자는 노면 전차 전용 도로 또는 전용 차로를 다음 경우를 제외하고는 통행하여서는 아니 된다.

노면 전차의 운전자는 노면 전차 전용로가 설치되어 있는 경우 노면 전차 전용 도로 또는 전용 차로로 통행하여야 하며, 차마의 운전자는 노면 전차 전용 도로 또는 전용 차로를 다음 경우를 제외하고는 통행하여서는 아니 된다.
① 좌회전, 우회전, 횡단 또는 회전하기 위하여 궤도 부지를 가로지르는 경우
② 도로, 교통안전시설, 도로의 부속물 등의 보수를 위하여 진입이 불가피한 경우
③ 노면 전차 전용 차로에서 긴급자동차가 그 본래의 긴급한 용도로 운행되고 있는 경우

Chapter 04
차의 신호와 진로 변경 및 앞지르기 등 요점 정리

1. 차의 신호

1 신호를 행할 시기
① 좌·우회전 시 : 교차로 가장자리에 이르기 전 30m 이상의 지점부터 신호한다(좌·우측 방향 지시기를 사용할 것).
② 일반 도로에서는 30m 이상의 지점부터 신호한다.
③ 고속도로에서는 100m 이상의 지점부터 신호한다.
④ 정지, 후진, 서행 시에는 그 행위를 하고자 할 때에 신호한다.
⑤ 뒤차에 앞지르기를 시키고자 할 때에는 그 행위를 시키고자 할 때 신호한다.

> 해설 행위가 끝났을 때에는 신속하게 신호를 끈다.

2 신호의 방법
① 좌·우회전, 횡단, 유턴 진로 변경 시에는 방향지시기를 조작한다.
② 정지할 때는 제동등을 켠다.
③ 후진할 때는 후진등을 켠다.
④ 서행할 때는 제동등을 깜박인다.

3 수신호
① 좌·우회전 시 수신호
  가) 좌회전 시 : 왼쪽 팔을 수평으로 펴서 차체의 왼쪽 밖으로 내밀 것
  나) 우회전 시 : 왼팔을 차체의 왼쪽 밖으로 내어 팔꿈치를 굽혀 수직으로 올릴 것
② 정지 시의 수신호
  그 행위를 하고 할 때 팔을 차체 밖으로 내어 45° 밑으로 편다.
③ 후진 시의 수신호
  그 행위를 하고 할 때 팔을 차체 밖으로 내어 45° 밑으로 펴서 손바닥을 뒤로 향하게 하여 그 팔을 앞뒤로 흔든다.
④ 앞지르기시키고자 할 때의 수신호
  그 행위를 시키고자 할 때 왼팔을 차체의 왼쪽 밖으로 수평으로 펴서 손을 앞뒤로 흔든다.

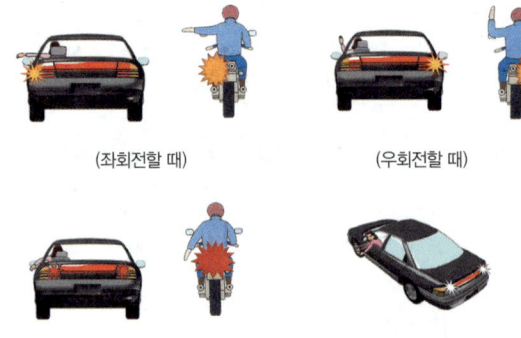

(좌회전할 때)　　(우회전할 때)

(서행할 때)　　(후진할 때)

2. 진로 변경 등

1 진로 변경 금지 등
모든 차의 운전자는 차의 진로를 변경하려는 경우에 그 변경하려는 방향으로 오고 있는 다른 차의 정상적인 통행에 장애를 줄 우려가 있는 때에는 진로를 변경하여서는 아니 된다.

2 제한선상에서의 진로 변경 금지
차마의 운전자는 안전표지(진로 변경 제한선 표시)가 설치되어 특별히 진로 변경이 금지된 곳에서는 진로를 변경하여서는 아니 된다. 다만, 도로의 파손이나 도로 공사 등으로 인하여 장애물이 있는 경우에는 그러하지 아니한다.

3 진로 양보의무

1) 느린 속도로 가고자 하는 경우
모든 차(긴급자동차를 제외)의 운전자는 뒤에서 따라오는 차보다 느린 속도로 가려는 경우에는 도로의 우측 가장자리로 피하여 진로를 양보하여야 한다. 다만, 통행 구분이 설치된 도로의 경우에는 그러하지 아니한다.

2) 서로 마주 보고 진행하는 경우
좁은 도로에서 긴급자동차 외의 자동차가 서로 마주 보고 진행하는 때에는 다음의 자동차가 도로의 우측 가장자리로 피하여 진로를 양보하여야 한다.
① 비탈진 좁은 도로에서는 올라가는 자동차가 양보한다.
② 비탈진 좁은 도로 외에서는 동승자가 없고 물건을 싣지 아니한 빈 자동차가 양보한다.

4 끼어들기(새치기) 금지
모든 차의 운전자는 법에 따른 명령, 경찰 공무원의 지시, 위험 방지를 위하여 정지하거나 서행하고 있는 다른 차 앞으로 끼어들지 못한다.

3. 앞지르기 등

1 앞지르기 정의
차가 앞서가는 다른 차를 옆을 지나서 그 차의 앞으로 나가는 것을 말한다.

2 앞지르기 방법
① 모든 차의 운전자는 다른 차를 앞지르려면 앞차의 좌측으로 통행하여야 한다.
② 앞지르려고 하는 모든 차의 운전자는,
 ㉮ 반대 방향의 교통
 ㉯ 앞차 앞쪽의 교통에도 주의를 충분히 기울여야 하며
 ㉰ 앞차의 속도·진로
 ㉱ 그 밖의 도로 상황에 따라 방향지시기·등화 또는 경음기를 사용하는 등 안전한 속도와 방법으로 앞지르기를 하여야 한다.

3 앞지르기 방해 금지
모든 차의 운전자는 앞지르기를 하는 차가 있는 때에는 속도를 높여 경쟁하거나 그 차의 앞을 가로막는 등 앞지르기를 방해하여서는 아니 된다.

4 앞지르기 금지 시기(경우)
모든 차의 운전자는 다음 경우에는 앞차를 앞지르지 못한다.
① 앞차의 좌측에 다른 차가 앞차와 나란히 가고 있는 경우
② 앞차가 다른 차를 앞지르고 있거나 앞지르려고 하는 경우
③ 앞차가 법의 명령·경찰 공무원의 지시 및 위험을 방지하기 위하여 정지 또는 서행하고 있는 경우

5 앞지르기 금지 장소
모든 차의 운전자는 다음에 해당하는 곳에서는 다른 차를 앞지르지 못한다.
① 교차로
② 터널 안
③ 다리 위
④ 도로의 구부러진 곳
⑤ 비탈길의 고갯마루 부근 또는 가파른 비탈길의 내리막
⑥ 시·도 경찰청장이 필요하다고 인정하여 지정한 곳
• 백색실선이나 황색실선은 침범 금지선이므로 앞지르기할 수 없다.
• 백색점선이나 황색점선에는 앞지르기할 수 있다.

Chapter 05
긴급자동차 등의 요점 정리

1. 긴급자동차

1 긴급자동차의 정의
긴급자동차란, 다음의 자동차로서 그 본래의 긴급한 용도로 사용되고 있는 차를 말한다.
① 소방차
② 구급차
③ 혈액 공급 차량
④ 그 밖에 다음의 대통령령으로 정하는 자동차

1) 대통령령으로 정하는 긴급자동차
① 경찰용 자동차 중 범죄 수사, 교통 단속, 그 밖의 긴급한 경찰 업무수행에 사용되는 자동차
② 국군 및 주한 국제연합군용 자동차 중 군 내부의 질서 유지나 부대 이동을 유도하는데 사용되는 자동차

③ 수사 기관 자동차 중 범죄 수사를 위하여 사용되는 자동차
④ 다음의 시설 또는 기관의 자동차 중 도주자의 체포 또는 수용자·보호 관찰 대상자의 호송·경비를 위하여 사용되는 자동차
  ㉮ 교도소·소년교도소·구치소
  ㉯ 소년원 또는 소년 분류 심사원
  ㉰ 보호 관찰소
⑤ 국내외 요인에 대한 경호업무수행에 공무로 사용되는 자동차

2) 사용자 신청에 의해 시·도 경찰청장이 지정하는 긴급자동차
① 전기사업, 가스 사업, 그 밖의 공익사업 기관에서 응급 작업에 사용되는 자동차
② 민방위 업무를 수행하는 기관에서 긴급 예방 또는 복구 출동에 사용되는 자동차
③ 도로 관리를 위하여 응급 작업에 사용되거나 운행이 제한되는 자동차를 단속하기 위하여 사용되는 자동차
④ 전신·전화의 수리 공사 등 응급 작업에 사용되는 자동차
⑤ 긴급한 우편물 운송에 사용되는 자동차
⑥ 전파 감시 업무에 사용되는 자동차

3) 긴급자동차로 보는(간주) 자동차
① 경찰용 긴급자동차에 의하여 유도되고 있는 자동차
② 국군 및 주한 국제연합군용의 긴급자동차에 의하여 유도되고 있는 국군 및 주한 국제연합군의 자동차
③ 생명이 위급한 환자 또는 부상자나 수혈을 위한 혈액을 운반 중인 자동차

2 긴급자동차의 준수 사항
① 긴급자동차는 다음 사항을 준수하여야 한다.
  다만, 속도위반 자동차 등을 단속하는 긴급자동차와 경호업무수행에 공무로 사용되는 자동차는 그러하지 아니하다.
  ㉮ 자동차 안전 기준에서 정한 긴급자동차의 구조를 갖출 것
  ㉯ 사이렌을 울리거나 경광등을 켤 것
② 긴급자동차의 운전자는 다음의 경우를 제외하고 경광등을 켜거나 사이렌을 작동하여서는 아니 된다.
  ㉮ 소방차가 화재예방 및 구조·구급활동을 위하여 순찰하는 경우
  ㉯ 소방차 등이 그 본래의 긴급한 용도와 관련된 훈련에 참여하는 경우
  ㉰ 범죄 수사, 교통 단속 등 자동차가 범죄예방 및 단속을 위하여 순찰하는 경우
③ 긴급자동차로 보는 자동차는 전조등 또는 비상표시등을 켜거나 그 밖의 적당한 방법으로 긴급 운행되고 있음을 표시하여야 한다.

 긴급차의 등광색
㉮ 소방차, 범죄 수사차, 교통 단속차 : 적색, 청색
㉯ 구급차 : 녹색
㉰ 시·도 경찰청장이 지정하는 긴급차 : 황색

3 긴급자동차의 우선 특례
1) 긴급자동차의 우선 통행
긴급자동차는 긴급하고 부득이한 경우에는
① 도로의 중앙이나 좌측 부분을 통행할 수 있다.
② 정지하여야 하는 경우에도 불구하고 긴급하고 부득이한 경우에는 정지하지 아니할 수 있다. 이 경우 교통의 안전에 특히 주의하면서 통행하여야 한다.

2) 긴급자동차에 대한 특례
긴급자동차에 대하여는 다음을 적용하지 아니한다.
① 자동차 등의 속도제한. 다만, 긴급자동차에 대하여 속도를 제한한 경우에는 규정을 적용한다.
② 앞지르기의 금지
③ 끼어들기의 금지

 소방차가 화재를 진화하러 출동 중일 때에는 긴급자동차에 해당되나, 화재를 진화하고 소방서로 되돌아갈 때에는 긴급용무가 끝났으므로 긴급자동차 업무수행으로 보지 않는다.

4 긴급자동차가 접근할 때 피양 방법
모든 차마와 노면 전차의 운전자는,
① 교차로나 그 부분에서 긴급자동차가 접근하는 경우에는 교차로를 피하여 도로에 일시정지한다.
② 교차로나 그 부근 외의 곳에서 긴급자동차가 접근한 경우에는 긴급자동차가 우선 통행할 수 있도록 진로를 양보한다.
③ 긴급자동차의 운전자는 긴급자동차를 그 본래의 긴급한 용도로 운행하지 아니하는 경우에는 경광등을 켜거나 사이렌을 작동하여서는 아니 된다. 다만, 범죄 및 화재 예방 등을 위한 순찰·훈련 등을 실시하는 경우에는 그러하지 아니하다.

Chapter 06
교차로 통행 방법 요점 정리

1. 교차로의 통행방법

1 우회전 방법

모든 차의 운전자는 교차로에서 우회전을 하려는 경우에는 미리 도로의 우측 가장자리를 서행하면서 우회전하여야 한다. 이 경우 우회전하는 차의 운전자는 신호에 따라 정지하거나 진행하는 보행자 또는 자전거 등에 주의하여야 한다.

> 해설 교차로 측단 30m 이상 지점에서부터 우측 방향지시기를 켠 후 우측 가장자리를 따라 서행으로 교차로를 통과한다.

2 좌회전 방법

① 모든 차의 운전자는 교차로에서 좌회전을 하려는 경우에는 미리 도로의 중앙선을 따라 서행하면서 교차로의 중심 안쪽을 이용하여 좌회전하여야 한다. 다만, 시·도 경찰청장이 교차로의 상황에 따라 특히 필요하다고 인정하여 지정한 곳에서는 교차로의 중심바깥쪽을 통과할 수 있다.

> 해설 교차로에 이르기 전 30m 이상 지점부터 좌측 방향지시기를 켠 후 중앙선을 따라 교차로 중심 안쪽으로 서행한다.

※ 좌회전 차로가 2개인 경우 : 승용차는 1·2차로, 승합차, 화물차, 특수차는 2차로로 좌회전한다.

② 자전거 등의 운전자는 교차로에서 좌회전하려는 경우에는 미리 도로의 우측 가장자리로 붙어 서행하면서 교차로의 가장자리 부분을 이용하여 좌회전하여야 한다.

> 일방통행로에서의 좌회전
> • 일방통행로에서 좌회전 시 미리 도로의 좌측 가장자리를 따라 교차로 중심 안쪽으로 서행한다.

3 우·좌회전 차의 진행방해 금지

우회전이나 좌회전을 하기 위하여 손이나 방향지시기 또는 등화로써 신호를 하는 차가 있는 경우에 그 뒤차의 운전자는 신호를 한 앞차의 진행을 방해하여서는 아니 된다.

4 회전 교차로의 통행 방법

회전 교차로에서는 선진입차량보다 회전 중인 차량에게 우선권이 있으며 회전 교차로에서는 시계반대 방향으로 회전한다.

2. 교차로의 통행 시 주의

1 우·좌회전 시 말려듦 방지

모든 차의 운전자는 우·좌회전 시 내륜차로 인하여 보행자나 자전거 등이 말려들지 않도록 주의한다.

2 교차로 내에서 정차 시 진입금지

모든 차 또는 노면 전차의 운전자는 신호기로 교통정리를 하고 있는 교차로에 들어가려는 경우에는 진행하려는 진로의 앞쪽에 있는 차 또는 노면 전차의 상황에 따라 교차로(정지선이 설치되어 있는 경우에는 그 정지선을 넘은 부분)에 정지하게 되어 다른 차 또는 노면 전차의 통행에 방해가 될 우려가 있는 경우에는 그 교차로에 들어가서는 아니 된다.

3 교차로 통행차의 진행방해 금지

모든 차의 운전자는 교통정리를 하고 있지 아니하고 일시정지나 양보를 표시하는 안전표지가 설치되어 있는 교차로에 들어가려고 할 때에는 다른 차의 진행을 방해하지 아니하도록 일시정지 하거나 양보해야 한다.

※ 교차로에 진입하여 신호가 바뀐 후에도 지나가지 못해 다른 차량의 통행을 방해하는 꼬리물기를 하면 교차로 통행 방법 위반이다.

3. 교통정리가 없는 교차로에서의 운전

1 먼저 진입한 차에 진로양보

이미 교차로에 들어가 있는 다른 차가 있을 때에는 그 차에 진로를 양보하여야 한다.

2 폭넓은 도로 차에 진로양보

통행하고 있는 도로의 폭보다 교차하는 도로의 폭이 넓은 경우에는 서행하여야 하며, 폭이 넓은 도로로부터 교차로에 들어가려고 하는 다른 차가 있을 때에는 그 차에 진로를 양보하여야 한다.

3 우측도로 차에 진로양보
교차로에 동시에 들어가려고 하는 차의 운전자는 우측도로의 차에 진로를 양보하여야 한다.

4 직진 및 우회전 차에 진로양보
교차로에서 좌회전하려고 하는 차의 운전자는 그 교차로에서 직진하거나 우회전하려는 다른 차가 있을 때에는 그 차에 진로를 양보하여야 한다.

Chapter 07
안전속도와 서행 일시정지 등 요점 정리

1. 자동차 등과 노면 전차의 속도

1 속도의 준수
자동차 등(개인형 이동 장치는 제외)과 노면 전차의 운전자는 도로를 통행하는 경우
① 안전표지로써 규제되어 있는 최고 속도보다 빠르게 운전하거나 최저 속도보다 느리게 운전하여서는 아니 된다.

최고 속도 제한 표지

최저 속도 제한 표지

속도제한 표시

② 안전표지로써 속도가 제한되어 있지 않은 도로에서는 법정 속도보다 빠르게 운전하여서는 아니 된다. 다만, 교통이 밀리거나 그 밖의 부득이한 사유인 경우에는 그러하지 아니한다.
※ 법정속도보다 안전표지에 있는 속도가 우선한다.
　예) 법정속도가 160인데 안전표지속도가 100이면 안전표지의 속도가 우선.

2 법정속도

1) 일반 도로에서의 속도

주거지역 · 상업지역 및 공업지역 내의 도로	50km/h 이내
지정한 노선 또는 구간 및 편도 1차로의 도로	60km/h 이내
편도 2차로 이상의 도로	80km/h 이내

참고
자동차 전용 도로에서의 속도

최고 속도는 90km/h	최저 속도는 30km/h

참고
고속도로에서의 속도

편도 2차로 이상 고속도로	승용차, 승합차 화물차(적재 중량 1.5톤 이하)	최고 100km/h 최저 50km/h
	화물차(적재 중량 1.5톤 초과) 위험물 운반차 및 건설기계, 특수차	최고 80km/h 최저 50km/h
편도 1차로 고속도로	모든 자동차	최고 80km/h 최저 50km/h
경부(천안~양재) · 서해안 · 논산천안 중부 고속도로 등 (경찰청 고시 개정)	승용차, 승합차 화물차(적재 중량 1.5톤 이하)	최고 120km/h 최저 50km/h
	화물차(적재 중량 1.5톤 초과) 위험물 운반차 및 건설기계, 특수차	최고 90km/h 최저 50km/h

2) 악천후 시 감속운행 속도

도로의 상태	감속운행 속도
총 중량 2,000kg에 미달하는 자동차를 그의 3배 이상의 총 중량 자동차로 견인하는 경우	30km/h 이내
위 규정 외 견인하는 경우	25km/h 이내

3) 견인차가 아닌 차로 다른 차를 견인할 때 속도 (고속도로 제외)

2. 안전거리

1 안전거리 확보

1) 앞차의 뒤를 따르는 때
모든 차의 운전자는 같은 방향으로 가고 있는 앞차의 뒤를 따르는 경우에는 앞차가 갑자기 정지하게 되는 경우 그 앞차와의 충돌을 피할 수 있는 필요한 거리를 확보하여야 한다.

2) 자전거 옆을 지날 때
자동차 등의 운전자는 같은 방향으로 가고 있는 자전거 등의 운전자에 주의하여야 하며, 그 옆을 지날 때에는 자전거와의 충돌을 피할 수 있는 필요한 거리를 확보하여야 한다.

2 속도와 정지거리

차는 즉시 정지할 수가 없다. 차가 정지하기까지 소요되는 거리는,
① 운전자가 위험을 느끼고 브레이크 페달을 밟아 브레이크가 실제 듣기 시작하기까지의 사이에 차가 주행한 공주거리와
② 브레이크가 듣기 시작하여 차가 정지하기까지의 제동거리를 합한 정지거리를 주행하게 된다.

> **해설** 정지거리가 길어지는 원인
> ① 과로 및 음주 시, 차량의 중량이 무겁거나 속도가 빠를수록 정지거리가 길어지게 된다.
> ② 운전자의 건강상태, 심신 등에 의해 공주거리가 길어질 수 있다.
> ③ 타이어 마모상태 및 공기압력 또는 노면이 미끄러운 상태 등에 따라 제동거리가 길어 질 수 있다.
> ④ 주행속도가 빠르거나 중량이 무거운 화물을 싣고 주행할 때에는 안전거리를 길게 확보하는 것이 안전하다.

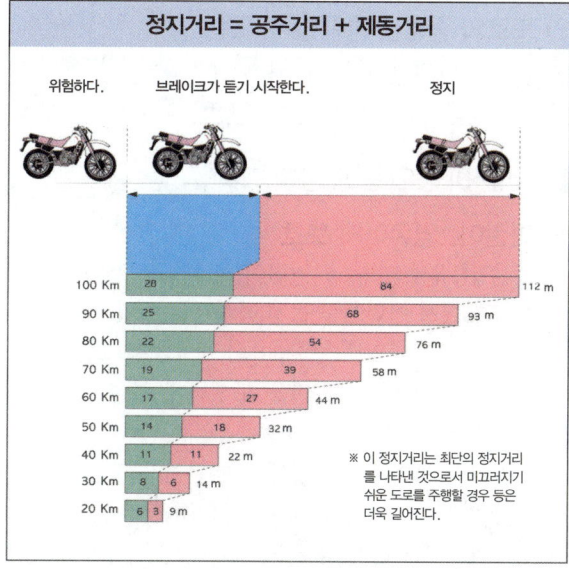

(공주거리와 제동거리)

3 이륜차의 정지방법

브레이크를 거는 방법은 다음 3가지 방법이 있다.
① 브레이크 레버를 사용한 앞바퀴 브레이크
② 브레이크 페달을 사용한 뒷바퀴 브레이크
③ 스로틀(액셀)을 되돌리거나 또는 시프트 다운(저속기어에 넣는 것)에 의한 엔진 브레이크
※ 원동기장치자전거는 앞·뒷바퀴를 동시 브레이크 레버 (핸드 브레이크)로서 조작되는 것도 있다.

4 이륜차의 정지요령

주변의 상황, 노면 등 환경을 잘 살펴서 먼저 스로틀(액셀)을 되돌린다. 상황에 따라서는 다시 시프트 다운(저속기어)에 의한 엔진 브레이크를 사용하여 감속한다.
다음은 앞바퀴 브레이크와 뒷바퀴 브레이크를 동시에 사용하여 부드럽게 목표지점에 정지한다. 또 클러치 레버가 있는 이륜차에 있어서는 엔진이 꺼지지 않도록 하여 정지 직전에 클러치를 끊는다.

> **참고**
> 브레이크를 걸 때의 주의
> ① 브레이크를 작동할 때에는 차체를 수직(직선형태)으로 유지하고, 핸들을 꺾지 않은 상태에서 엔진 브레이크를 작동하면서 앞·뒤 브레이크를 동시에 걸어(작동)야 한다.
> ② 엔진 브레이크는 저속기어일수록 제동력이 커진다.
> ③ 기어를 갑자기 고속기어에서 저속기어로 바꾸면 엔진이 손상되거나 차가 전도할 우려가 있으므로 순서 있게 변속하여야 한다.
> ④ 급 브레이크는 사용하지 말고 여러 번 나누어서 작동한다.

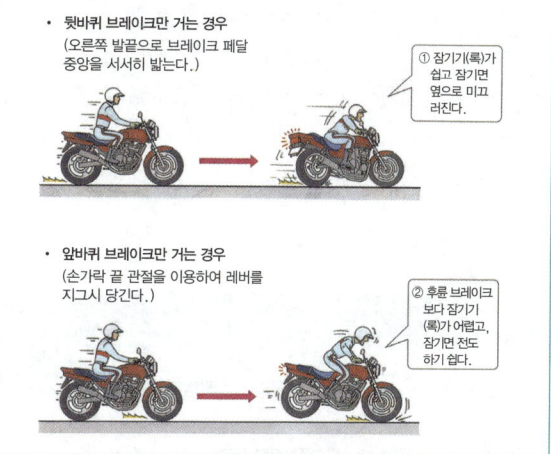

3. 서행 및 일시정지

1 서행할 장소

"서행"이라 함은 운전자가 차 또는 노면 전차를 즉시 정지시킬 수 있는 정도의 느린 속도로 진행하는 것을 말한다. 모든 차 또는 노면 전차의 운전자는 다음 곳에서는 서행하여야 한다.
① 교통정리를 하고 있지 아니하는 교차로
② 도로가 구부러진 부근
③ 비탈길의 고갯마루 부근
④ 가파른 비탈길의 내리막
⑤ 시·도 경찰청장이 안전표지로 지정한 곳

(교통정리가 없는 교차로)

(도로가 구부러진 곳)

(비탈길의 고갯마루)

(가파른 비탈길의 내리막)

2 일시정지할 장소

"일시정지"라 함은 차 또는 노면 전차의 운전자가 그 차 또는 노면 전차의 바퀴를 일시적으로 완전히 정지시키는 것을 말한다. 모든 차 또는 노면 전차의 운전자는 다음 곳에서는 일시정지 하여야 한다.
① 교통정리를 하고 있지 아니하고 좌·우를 확인할 수 없거나 교통이 빈번한 교차로
② 시·도 경찰청장이 안전표지로 지정한 곳

Chapter 08
보행자 등의 보호 요점 정리

1. 보행자의 도로통행 방법

1 보행자의 통행

① 보행자는 보도와 차도가 구분된 도로에서는 언제나 보도로 통행하여야 한다 (다만, 차도를 횡단하는 경우, 도로공사 등으로 보도의 통행이 금지된 경우나 그 밖의 부득이한 경우에는 그러하지 아니하다).
② 보행자는 보도와 차도가 구분되지 아니한 도로 중 중앙선이 있는 도로(일방통행인 경우에는 차선으로 구분된 도로를 포함)에서는 길 가장자리 또는 길 가장자리 구역으로 통행하여야 한다.
③ 보행자는 보도와 차도가 구분되지 아니한 도로 중 중앙선이 없는 도로(일방통행인 경우에는 차선으로 구분되지 아니한 도로에 한정)와 보행자 우선 도로에서는 도로의 전 부분으로 통행할 수 있다. 이 경우 보행자는 고의로 차마의 진행을 방해하여서는 아니 된다.
④ 보행자는 보도에서는 우측통행을 원칙으로 한다.

2 행렬 등의 통행

1) 차도의 우측을 통행하여야 하는 경우
① 학생의 대열, 군부대 그 밖에 이에 준하는 단체의 행렬
② 말·소 등의 큰 동물을 몰고 가는 사람
③ 사다리·목재, 그 밖에 보행자의 통행에 지장을 줄 우려가 있는 물건을 운반 중인 사람
④ 도로에서 청소나 보수 등의 작업을 하고 있는 사람
⑤ 기 또는 현수막 등을 휴대한 행렬
⑥ 장의 행렬

2) 도로의 중앙을 통행할 수 있는 경우
행렬 등은 사회적으로 중요한 행사에 따라 시가행진하는 경우에는 도로의 중앙을 통행할 수 있다.

3 어린이 등의 통행 방법

1) 어린이, 영유아의 보호
① 어린이(13세 미만) : 어린이 보호자는 교통이 빈번한 도로에서 어린이를 놀게 하여서는 아니 된다.
② 영유아(6세 미만) : 영유아의 보호자는 교통이 빈번한 도로에서 영유아만을 보행하게 하여서는 아니 된다.
③ 어린이의 보호자 : 도로에서 어린이가 자전거를 타거나 위험성이 큰 움직이는 놀이기구를 타는 경우 어린이의 보호자는 인명을 보호할 수 있는 승차용 안전모를 착용하도록 하여야 한다.
④ 어린이 보호자는 도로에서 어린이가 개인형 이동 장치를 운전하게 하여서는 아니 된다.

> 해설 위험성이 큰 놀이기구 : 킥보드, 롤러스케이트, 인라인스케이트, 스케이트보드 등

2) 앞을 보지 못하는 사람(이에 준하는 사람)의 보호
앞을 보지 못하는 사람의 보호자는 그 사람이 도로를 보행할 때에는 흰색 지팡이를 갖고 다니도록 하거나 앞을 보지 못하는 사람에게 길을 안내하는 개(장애인보조견)를 동반하도록 하여야 한다.

3) 앞을 보지 못하는 사람에 준하는 사람은 다음과 같다.
① 듣지 못하는 사람
② 신체의 평형기능에 장애가 있는 사람
③ 의족 등을 사용하지 아니하고는 보행을 할 수 없는 사람
④ 보행 보조용 의자차에 의지하여 몸을 이동하는 사람

4 보행자의 도로횡단 방법

① 보행자는 횡단보도, 지하도·육교나 그 밖의 도로 횡단시설이 설치되어 있는 도로에서는 그 곳으로 횡단하여야 한다. 다만, 지하도 또는 육교 등의 도로 횡단시설을 이용할 수 없는 지체장애인의 경우에는 다른 교통에 방해가 되지 아니하는 방법으로 도로 횡단시설을 이용하지 아니하고 도로를 횡단할 수 있다.
② 횡단보도가 설치되어 있지 아니한 도로에서는 가장 짧은 거리로 횡단하여야 한다.
③ 횡단보도를 횡단하거나 신호나 지시에 따라 도로를 횡단하는 경우를 제외하고 차와 노면 전차의 바로 앞이나 뒤로 횡단하여서는 아니 된다.
④ 보행자는 안전표지 등에 의하여 횡단이 금지되어 있는 도로의 부분에서는 그 도로를 횡단하여서는 아니 된다.

2. 차마 또는 노면 전차의 보행자 등 보호

1 횡단중인 보행자 보호

1) 횡단보도 앞에서 일시정지

모든 차 또는 노면 전차의 운전자는 보행자(자전거 등에서 내려서 자전거 등을 끌거나 들고 통행하는 자전거 등의 운전자를 포함)가 횡단보도를 통행하고 있을 때에는 보행자의 횡단을 방해하거나 위험을 주지 아니하도록 그 횡단보도 앞(정지선이 설치되어 있는 곳에서는 그 정지선)에서 일시정지 하여야 한다.

2) 신호 및 지시에 따라 횡단하는 보행자 우선

모든 차 또는 노면 전차의 운전자는 교통정리를 하고 있는 교차로에서 좌회전이나 우회전을 하려는 경우에는 신호기 또는 경찰 공무원 등의 신호나 지시에 따라 도로를 횡단하는 보행자의 통행을 방해하여서는 아니 된다.

3) 횡단보도가 없는 곳에서의 횡단보행자 보호

① 모든 차의 운전자는 교통정리를 하고 있지 아니하는 교차로 또는 그 부근의 도로를 횡단하는 보행자의 통행을 방해하여서는 아니 된다.
② 모든 차 또는 노면 전차의 운전자는 횡단보도가 설치되어 있지 아니한 도로를 보행자가 횡단하고 있을 때에는 안전거리를 두고 일시정지 하여 보행자가 안전하게 횡단할 수 있도록 하여야 한다.

2 보행자 옆을 지나는 경우 서행

① 모든 차의 운전자는 도로에 설치된 안전지대에 보행자가 있는 경우와 차로가 설치되지 아니한 좁은 도로에서 보행자의 옆을 지나는 경우에는 안전한 거리를 두고 서행하여야 한다.
② 모든 차의 운전자는 다음의 어느 하나에 해당하는 곳에서 보행자의 옆을 지나는 경우에는 안전한 거리를 두고 서행하여야 하며, 보행자의 통행에 방해가 될 때에는 서행하거나 일시정지하여 보행자가 안전하게 통행할 수 있도록 해야 한다.
㉮ 보도와 차도가 구분되지 아니한 도로 중 중앙선이 없는 도로
㉯ 보행자 우선 도로
㉰ 도로 외의 곳

3 어린이나 앞을 보지 못하는 사람 등의 보호

모든 차 또는 노면 전차의 운전자는 다음에 해당하는 경우에는 일시정지할 것
① 어린이가 보호자 없이 도로를 횡단할 때, 어린이가 도로에서 앉아 있거나 서 있을 때 또는 어린이가 도로에서 놀이를 할 때 등 어린이에 대한 교통사고의 위험이 있는 것을 발견한 경우
② 앞을 보지 못하는 사람이 흰색 지팡이를 가지거나 장애인보조견을 동반하고 도로를 횡단하고 있는 경우
③ 지하도나 육교 등 도로횡단시설을 이용할 수 없는 지체장애인이나 노인 등이 도로를 횡단하고 있는 경우

4 어린이나 노인 등 보호구역에서의 안전에 유의

① 모든 차 또는 노면 전차의 운전자는 어린이 보호구역이나 노인(65세 이상) 또는 장애인 보호구역에서 교통사고의 위험으로부터 보호하기 위한 조치를 준수하고 안전에 유의하면서 운행하여야 한다.
② 모든 차 또는 노면 전차의 운전자는 어린이 보호구역 내에 설치된 횡단보도 중 신호기가 설치되지 아니한

횡단보도 앞(정지선이 설치된 경우에는 그 정지선)에서는 보행자의 횡단 여부와 관계없이 일시정지하여야 한다.
※ 어린이 및 노인 보호구역의 지정권자는 특별시장, 광역시장, 군수 등이다.

5 어린이 통학 버스의 특별보호 등

1) 어린이 통학 버스가 도로에 정차하여 어린이나 영유아가 타고 내리는 중임을 표시하는 점멸등 등 장치를 작동 중인 때
① 어린이 통학 버스가 정차한 차로와 그 차로의 바로 옆차로로 통행하는 차의 운전자는 어린이 통학 버스에 이르기 전에 일시정지하여 안전을 확인한 후 서행하여야 한다.
② 중앙선이 설치되지 아니한 도로와 편도 1차로인 도로에서는 반대 방향에서 진행하는 차의 운전자도 어린이 통학 버스에 이르기 전에 일시정지하여 안전을 확인한 후 서행하여야 한다.

2) 통행 중인 어린이 통학 버스의 보호
모든 차의 운전자는 어린이나 영유아를 태우고 있다는 표시를 한 상태로 도로를 통행하는 어린이 통학 버스를 앞지르지 못한다.

Chapter 09
정차 및 주차 등 요점 정리

1. 정차·주차의 방법

1 정차·주차의 정의
① 정차 : 운전자가 5분을 초과하지 아니하고, 차를 정지시키는 것으로서 주차 외의 정지 상태
② 주차 : 운전자가 승객을 기다리거나 화물을 싣거나 고장 나거나 그 밖의 사유로 차를 계속 정지 상태에 두는 것 또는 운전자가 차에서 떠나서 즉시 그 차를 운전할 수 없는 상태에 두는 것

2 도로에서 정차·주차할 때
① 모든 차의 운전자는 도로에서 정차하거나 주차를 하고자 할 때에는 다른 교통에 방해가 되지 아니하도록 하여야 한다. 다만, 안전표지 또는 경찰 공무원 등의 지시에 따르는 때와 고장으로 인하여 부득이 주차하는 경우에는 그러하지 아니하다.
② 도로에서 주차할 때에는 시·도 경찰청장이 정하는 주차의 장소·시간 및 방법에 따를 것

3 정차 방법
① 도로에서 정차를 할 때에는 차도의 오른쪽 가장자리에 정차한다.
② 보도와 차도의 구별이 없는 도로에서는 도로의 오른쪽 가장자리로부터 중앙으로 50㎝ 이상 거리를 두고 정차하여야 한다.

4 경사진 곳에서의 정차·주차 방법
경사진 곳에 정차하거나 주차(도로 외의 경사진 곳에서 정차하거나 주차하는 경우를 포함)하려는 자동차의 운전자는 자동차의 주차 제동 장치를 작동한 후 고임목을 설치하거나 조향 장치를 도로의 가장자리 방향으로 돌려놓는 등 미끄럼 사고의 발생을 방지하기 위한 조치를 취하여야 한다.

2. 정차·주차의 금지

1 정차 및 주차금지 장소
다음의 곳에서는 차를 정차하거나 주차하여서는 아니 된다.
① 교차로·횡단보도·건널목이나 보도와 차도가 구분된 도로의 보도
② 교차로의 가장자리나 도로의 모퉁이로부터 5m 이내의 곳
③ 안전지대의 사방으로부터 각각 10m 이내의 곳
④ 버스여객자동차의 정류지임을 표시하는 기둥이나 표지판 또는 선이 설치된 곳으로부터 10m 이내인 곳
⑤ 건널목의 가장자리 또는 횡단보도로부터 10m 이내인 곳
⑥ 다음 곳(장소)으로부터 5m 이내인 곳
  ㉮ 소방 용수 시설 또는 비상 소화 장치가 설치된 곳
  ㉯ 소방 시설로서 대통령령으로 정하는 시설이 설치된 곳
⑦ 시·도 경찰청장이 필요하다고 인정하여 지정한 곳

⑧ 시장 등이 지정한 어린이 보호구역

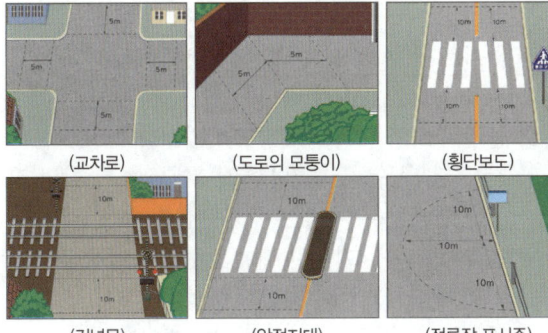

(교차로)　(도로의 모퉁이)　(횡단보도)
(건널목)　(안전지대)　(정류장 표시주)

2 주차 금지 장소
다음 곳에서 차를 주차하여서는 아니 된다.
① 터널 안 및 다리 위
② 다음 각 목의 곳으로부터 5m 이내인 곳
　㉮ 도로 공사를 하고 있는 경우에는 그 공사 구역의 양쪽 가장자리
　㉯ 다중 이용 업소의 영업장이 속한 건축물로 소방본부장의 요청에 의하여 시·도 경찰청장이 지정한 곳
③ 시·도 경찰청장이 필요하다고 인정하여 지정한 곳

 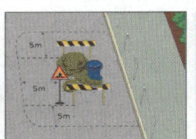 

(터널 안)　(도로공사구역)　(소방용 기계기구)

3. 주차 위반에 대한 조치

1 운전자 등이 현장에 있을 때
경찰 공무원 또는 시장 등이 임명하는 공무원(시·군 공무원)은 위반하여 주차하고 있는 차가 교통에 위험을 일으키게 하거나 방해될 우려가 있을 때에는 차의 운전자 또는 관리책임이 있는 사람에게 주차 방법을 변경하거나 그곳으로부터 이동할 것을 명할 수 있다.

2 운전자 등이 현장에 없을 때
경찰서장이나 시장 등은 차의 운전자나 관리책임이 있는 사람이 현장에 없는 때에는 필요한 범위 안에서 그 차의 주차 방법을 직접 변경하거나 변경에 필요한 조치를 할 수 있으며, 부득이한 경우에는 관할 경찰서장 또는 시장 등이 지정하는 곳으로 이동하게 할 수 있다.

> **참고**
> 부득이 지정장소로 견인하는 경우
> ① 견인대상차량 표지를 보기 쉬운 곳에 부착한다.
> ② 견인 취지와 보관 장소를 표시한다.
> ③ 견인 후 24시간 경과하여도 인수하지 않을 때에는 사용자, 운전자 등에게 보관 장소 등을 등기 우편으로 통지한다.

3 보관차의 반환 등
① 경찰서장이나 시장 등은 주차 위반차를 지정하는 곳으로 이동시킨 경우에는 선량한 관리자로서의 주의 의무를 다하여 보관하여야 하며, 그 사실을 차의 사용자나 운전자에게 신속히 알리는 등 반환에 필요한 조치를 하여야 한다.
② 경찰서장이나 시장 등은 차의 반환에 필요한 조치 또는 공고를 하였음에도 불구하고 그 차의 사용자나 운전자가 조치 또는 공고를 한 날부터 1개월 이내에 그 반환을 요구하지 아니할 때에는 그 차를 매각하거나 폐차할 수 있다.

4 견인료 등 징수
경찰서장 또는 시장 등은 보관한 차를 반환할 때에는 그 차의 사용자 또는 운전자로부터 견인·보관 또는 공고 등에 든 비용을 징수하고 범칙금 납부통고서 또는 과태료 납부고지서를 발급한 후 인수증을 받고 차를 반환하여야 한다.

Chapter 10
건널목 통과, 등화, 적재 등 요점 정리

1. 철길 건널목 통과 방법

1 일시정지와 안전 확인
모든 차 또는 노면 전차의 운전자는 철길 건널목을 통과하고자 하려는 경우에는 건널목 앞에서 일시정지하여 안전한지 확인한 후에 통과하여야 한다.

(일시 정지 안전 확인)　(신호에 따르는 때)

> **참고**
> **안전 확인 방법**
> ① 건널목 앞(정지선이 있을 때에는 그 앞)에서 일시정지하여 눈과 귀로써 좌우의 안전을 확인한다.
> ② 한쪽 열차가 통과하였어도 그 직후 반대 방향에서 열차가 다가올 수 있으므로 주의하여야 한다.
> ③ 앞차에 이어서 통과할 때에도 일시정지하여 안전을 확인하여야 한다.

2 일시 정지의 예외

건널목의 신호기 또는 간수가 진행 신호를 할 경우 정지하지 아니하고 통과할 수 있다.

3 차단기, 경보기에 의한 진입 금지

모든 차 또는 노면 전차의 운전자는 건널목의 차단기가 내려져 있거나 내려지려고 하는 경우 또는 건널목의 경보기가 울리고 있는 동안에는 그 건널목으로 들어가서는 아니 된다.

2. 차 또는 노면 전차의 등화

1 밤에 도로를 통행할 때 켜야 할 등화

모든 차 또는 노면 전차의 운전자는 밤 또는 안개가 끼거나 비 또는 눈이 올 때 및 터널 안을 운행하거나 고장 그 밖의 사유로 도로에서 정차·주차하는 경우에 켜야 하는 등화는 다음과 같다.
① 자동차(승용·승합·화물) : 전조등, 차폭등, 미등, 번호등, 실내조명등(실내조명등은 승합 및 사업용 승용에 한함)
② 이륜자동차(원동기장치자전거 포함) : 전조등 및 미등
③ 자동차 등 외의 차에 있어서는 시·도 경찰청장이 정하는 등화

2 정차·주차하는 때의 등화

모든 차의 운전자가 도로에서 정차·주차하는 경우에 켜야 하는 등화는 다음과 같다.
① 자동차 : 미등 및 차폭등
② 이륜자동차(원동기장치자전거 포함) : 미등(후부반사기를 포함)
③ 자동차 등 외의 차 : 시·도 경찰청장이 정하는 등화

3 밤에 마주 보고 진행하는 경우의 등화조작

① 모든 차 또는 노면 전차 운전자는 밤에 차 또는 노면 전차 서로 마주 보고 진행할 때에는,
  ㉮ 전조등의 밝기를 줄이거나
  ㉯ 불빛의 방향을 아래로 향하게 하거나
  ㉰ 잠시 전조등을 끌 것(마주 보고 진행하는 차의 교통을 방해할 우려가 없는 경우에는 예외)
② 앞차의 바로 뒤를 따라갈 때에는 전조등 불빛의 방향을 아래로 향하게 하고, 전조등 불빛의 밝기를 함부로 조작하여 앞차의 운전을 방해하지 아니할 것

4 밤에 교통이 빈번한 곳을 운행할 때

모든 차의 운전자는 교통이 빈번한 곳에서 운행할 때에는 전조등 불빛을 계속 아래로 하향 유지하여야 한다.

3. 승차·적재

1 승차·적재 방법

① 승차인원·적재 중량 및 적재 용량에 관하여 운행상의 안전 기준을 넘어서 승차시키거나 적재한 상태로 운전하여서는 아니 된다.
② 모든 차 또는 노면 전차의 운전자는 운전 중 실은 화물이 떨어지지 아니하도록 덮개를 씌우거나 묶는 등 확실하게 고정될 수 있도록 필요한 조치를 하여야 한다.
③ 영유아나 동물을 안고 운전 장치를 조작하거나 운전석 주위에 물건을 싣는 등 안전에 지장을 줄 우려가 있는 상태로 운전하여서는 아니 된다.

2 운행상 안전 기준

이륜자동차(원동기장치자전거 포함)의 화물 적재 용량은 다음 기준을 넘지 아니할 것
① 길이 : 승차·적재장치 길이에 30cm를 더한 길이
② 너비 : 후사경으로 뒤쪽을 확인할 수 있는 범위
③ 높이 : 지상 2m

4. 정비 불량차

1 정비 불량차의 운전 금지

모든 차의 사용자, 정비 책임자 또는 운전자는 자동차 관리법 등에 따른 명령에 의한 장치가 정비되어 있지 아니

한 차(정비 불량차)를 운전하도록 시키거나 운전하여서는 아니 된다.

2 정비 불량차의 점검

1) 경찰 공무원은 정비 불량차에 해당한다고 인정되는 차가 운행되고 있는 경우에는,
① 그 차를 정지시킨 후
② 차의 등록증 또는 자동차 운전면허증의 제시를 요구하고
③ 그 차의 장치를 점검할 수 있다.

2) 점검한 결과 정비 불량 사항이 발견된 경우에는,
① 응급조치를 하게 한 후에 운전을 하게 하거나
② 통행구간·통행로와 필요한 조건을 정한 후 운전을 계속하게 할 수 있다.

3) 정비 상태가 매우 불량하여 위험발생의 우려가 있는 경우에는,
① 차의 등록증을 보관하고 운전의 일시정지를 명할 수 있다.
② 필요한 때에는 10일을 초과하지 아니하는 범위 이내에서 그 차의 사용을 정지시킬 수 있다.

Chapter 11
운전자의 의무 및 준수 사항·교육 요점 정리

1. 운전자의 금지

1 무면허 운전의 금지

누구든지 시·도 경찰청장으로부터 운전면허를 받지 아니하거나 운전면허의 효력이 정지된 경우에는 자동차 등(개인형 이동 장치는 제외)을 운전하여서는 아니 된다.

> **참고**
> 무면허 운전이 되는 경우
> a. 면허를 받지 않고 운전하는 것
> b. 정기 적성 검사 기간 또는 제2종 면허는 면허증 갱신 기간이 지나고 1년이 넘은 면허증으로 운전하는 것
> c. 면허의 취소 처분을 받은 사람이 운전하는 것
> d. 면허의 효력정지 기간 중에 운전하는 것
> e. 면허 시험 합격 후 면허증 교부 전에 운전하는 것
> f. 면허 종별 외 운전 (제2종 면허로 제1종 면허를 필요로 하는 자동차를 운전하는 것 등)
> ※ 운전면허를 휴대하지 아니하고 운전하는 경우는 면허증 휴대 의무 위반이다.

2 술에 취한 상태에서의 운전 금지

① 누구든지 술에 취한 상태에서 운전하여서는 아니 된다.
② 경찰 공무원은 술에 취한 상태에서 운전하였다고 인정할만한 상당한 이유가 있는 경우에는 운전자가 술에 취하였는지를 호흡조사로 측정할 수 있다. 이 경우 운전자는 경찰 공무원의 측정에 응하여야 한다.
③ 술에 취하였는지를 측정한 결과에 불복하는 운전자에는 그 운전자의 동의를 받아 혈액채취 등의 방법으로 다시 측정할 수 있다.
④ 운전이 금지되는 술에 취한 상태의 기준은 운전자의 혈중알코올 농도가 0.03% 이상인 경우로 한다.

> **참고**
> 음주운전 처벌
> ㉮ 주취측정에 불응한 경우 : 1년 이상 5년 이하의 징역이나 500만 원 이상 2천만 원 이하의 벌금
> ㉯ 혈중 알코올 농도 측정 시
>   ① 0.2% 이상 : 2년 이상 5년 이하의 징역이나 1천만 원 이상 2천만 원 이하의 벌금
>   ② 0.08% 이상 0.2% 미만 : 1년 이상 2년 이하의 징역이나 500만 원 이상 1천만 원 이하의 벌금
>   ③ 0.03% 이상 0.08% 미만 : 1년 이하의 징역이나 500만원 이하의 벌금
> ㉰ 처벌 형 확정 후 10년 내 재위반
>   ① 주취 측정 불응 : 1년 이상 6년 이하의 징역이나 500만 원 이상 3천만 원 이하의 벌금
>   ② 주취운전 2회 이상 위반
>   1) 혈중 알코올 농도 0.2% 이상 : 2년 이상 6년 이하의 징역이나 1천만 원 이상 3천만 원 이하의 벌금
>   2) 혈중 알코올 농도 0.03% 이상 0.2% 미만 : 1년 이상 5년 이하의 징역이나 500만 원 이상 2천만 원 이하의 벌금

3 과로한 때 등의 운전 금지

운전자는 과로, 질병 또는 약물(마약, 대마 및 향정신성 의약품) 그 밖의 사유로 정상적으로 운전하지 못할 우려가 있는 상태에서 운전하여서는 아니 된다.
※ 운전자가 과로하거나 피로한 대리운전 시에는 집중력이 떨어지고 시야가 좁아지며 위급상황 시 대처 능력이 떨어진다.

> **참고**
> 그 밖의 영향이라 함은 운전이 금지되는 약물로서 흥분, 환각 또는 마취의 작용을 일으키는 유해 화학 물질(시너, 접착제, 풍선류 또는 도료, 부탄가스)을 말한다.(시행 규칙 제28조)

※ 과로 등으로 정상적인 운전을 할 수 없는 상태에서 위반 시에 30만 이하의 벌금이나 구류에 처한다.

4 공동 위험 행위의 금지

이륜차의 운전자는 도로에서 2명 이상이 공동으로 2대 이상의 자동차 등을 정당한 사유 없이 앞뒤로 또는 좌우로 줄지어 통행하면서 다른 사람에게 위해를 끼치거나 교통상 위험을 발생하게 하여서는 아니 된다.

※ 이륜차의 운전자가 공동 위험 행위를 하면 형사입건 되며 운전면허 정지 40일 행정처분된다.

5 난폭 운전 금지

자동차 등(개인형 이동 장치는 제외)의 운전자는 "신호 또는 지시 위반, 중앙선 침범, 속도의 위반, 횡단·유턴·후진 금지 위반(고속도로 포함), 안전거리 미확보, 진로 변경 금지 위반, 급제동 금지 위반, 앞지르기 방법(고속도로 포함) 또는 앞지르기의 방해 금지 위반, 정당한 사유 없는 소음 발생"중 둘 이상의 행위를 연달아 하거나, 하나의 행위를 지속 또는 반복하여 다른 사람에게 위협 또는 위해를 가하거나 교통상의 위험을 발생하게 하여서는 아니 된다.

2. 운전자의 준수 사항 등

1 모든 운전자의 준수 사항

모든 차 또는 노면 전차의 운전자는 다음 사항을 지켜야 한다.
① 물이 고인 곳을 운행할 때에는 고인 물이 튀게 하여 다른 사람에게 피해주는 일이 없도록 할 것
② 교통 단속용 장비의 기능을 방해하는 장치를 한 차나 그 밖에 안전 운전에 지장을 줄 수 있는 것으로서 다음의 기준에 적합하지 아니한 장치를 한 차를 운전하지 아니할 것
　㉮ 경찰관서에서 사용하는 무전기와 동일한 주파수의 무전기
　㉯ 긴급자동차가 아닌 차에 부착된 경광등, 사이렌 또는 비상등
③ 도로에서 자동차 등(개인형 이동 장치는 제외)을 세워둔 채로 시비·다툼 등의 행위를 하여 다른 차마의 통행을 방해하지 아니할 것
④ 운전자가 운전석을 떠나는 경우에는 교통사고를 방지하고 다른 사람이 함부로 운전하지 못하도록 조치를 할 것

⑤ 운전자는 정당한 사유 없이 다음에 해당하는 행위를 하여 다른 사람에게 피해를 주는 소음을 발생시키지 아니할 것
　㉮ 자동차 등을 급히 출발시키거나 속도를 급격히 높이는 행위
　㉯ 자동차 등의 원동기 동력을 차바퀴에 전달시키지 아니하고 원동기의 회전수를 증가시키는 행위
　㉰ 반복적이거나 연속적으로 경음기를 울리는 행위
⑥ 운전자는 운전 중에는 휴대용 전화(자동차용 전화를 포함)를 사용하지 아니할 것
　다만, 다음에 해당하는 경우에는 그러하지 아니하다.
　㉮ 자동차 등 또는 노면 전차가 정지하고 있는 경우
　㉯ 긴급자동차를 운전하는 경우
　㉰ 각종 범죄 및 재해 신고 등 긴급한 필요가 있는 경우
　㉱ 안전운전에 장애를 주지 아니하는 장치로서 대통령령으로 정하는 장치를 이용하는 경우

2 특정 운전자의 준수 사항

이륜자동차와 원동기장치자전거(개인형 이동 장치는 제외)의 운전자는 인명보호장구를 착용하고 운행하여야 하며, 동승자에게도 착용하도록 하여야 한다(야간 운행 시 반사체 부착).

3. 교통안전 교육

1 교통안전 교육

운전면허를 받으려 하는 사람은 학과 시험에 응시하기 전에 1시간의 교통안전 교육을 받아야 한다. 다만, 특별한 교통안전 교육을 받은 사람 또는 자동차운전전문 학원에서 학과교육을 수료한 사람은 그러하지 아니하다.

2 특별한 교통안전 교육

운전면허 취소 처분이나 효력 정지 처분을 받은 사람으로서 다음의 교육 과정에 따른 교육 대상자로 구분하여 교육한다.

1) 의무 교육

교육 과정	교육 대상자		교육 시간
음주운전 교육	가) 법 제73조 제2항에 해당하는 사람 중 음주운전이 원인이 되어 운전면허 효력 정지 또는 운전면허 취소 처분을 받은 사람	최근 5년 동안 처음으로 음주운전을 한 사람	12시간 (3회, 회당 4시간)
		최근 5년 동안 2번 음주운전을 한 사람	16시간 (4회, 회당 4시간)
		최근 5년 동안 3번 이상 음주운전을 한 사람	48시간 (12회, 회당 4시간)
배려운전 교육	나) 법 제73조 제2항에 해당하는 사람 중 보복 운전이 원인이 되어 운전면허 효력 정지 또는 운전면허 취소 처분을 받은 사람		6시간
법규준수 교육 (의무)	다) 법 제73조 제2항에 해당하는 사람 중 음주운전, 보복 운전 이외의 원인으로 운전면허 효력 정지 또는 운전면허 취소 처분을 받은 사람		6시간

※ 법 제73조 제2항에 해당하는 사람
제1호 운전면허 취소 처분을 받은 사람으로서 운전면허를 다시 받으려는 사람
제2호 술에 취한 상태에서 자동차 등을 운전·공동 위험 행위·난폭 운전·고의 또는 과실로 교통사고를 일으킨 경우·자동차 등을 이용하여 특수 상해·특수 폭행 등을 한 경우
제3호 운전면허 취소 처분 또는 운전면허 효력 정지 처분이 면제된 사람으로서 면제된 날부터 1개월이 지나지 아니한 사람
제4호 운전면허 효력 정지 처분을 받게 되거나 받은 초보 운전자로서 그 정지 기간이 끝나지 아니한 사람

2) 권장 교육

교육 과정	교육 대상자	교육 시간
법규 준수 교육(권장)	가) 법 제73조 제3항 제1호에 해당하는 사람 중 교육받기를 원하는 사람	6시간
벌점 감경 교육	나) 법 제73조 제3항 제2호에 해당하는 사람 중 교육받기를 원하는 사람	4시간
현장 참여 교육	다) 법 제73조 제3항 제3호에 해당하는 사람이나 가)의 교육을 받은 사람 중 교육받기를 원하는 사람	8시간
고령 운전 교육	라) 법 제73조 제3항 제4호에 해당하는 사람 중 교육받기를 원하는 사람	3시간

※ 법 제73조 제3항에 해당하는 사람
제1호 교통법규 위반 등(술에 취한 상태·공동 위험 행위·난폭 운전·교통사고 및 초보운전자로서 정지 기간이 끝나지 아니한 사람 제외)으로 정지 처분을 받게 되거나 받은 사람
제2호 교통법규 위반 등으로 정지 처분을 받을 가능성이 있는 사람
제3호 1) 의무 교육을 받은 사람
제4호 운전면허를 받은 사람 중 교육을 받으려는 날에 65세 이상인 사람

3 긴급자동차 교통안전 교육

긴급자동차의 운전 업무에 종사하는 소방차·구급차·혈액 공급 차량·그 밖에 대통령령으로 정하는 사람은 정기적으로 긴급자동차의 안전 운전 등에 관한 교육을 받아야 한다. 〈법 제73조 제4항〉

교육 대상	교육 시간	교육과목 및 내용	교육 방법
법 제73조 제4항에 해당하는 사람	2시간 (3시간)	가) 긴급자동차 관련 도로교통법령에 관한 내용 나) 주요 긴급자동차 교통사고 사례 다) 교통사고 예방 및 방어 운전 라) 긴급자동차 운전자의 마음가짐 마) 긴급자동차의 주요 특성	강의·시청각·영화 상영 등

※ 비고
① 교육 과목·내용 및 방법에 관한 그 밖의 세부 내용은 도로 교통 공단이 정한다.
② 위 표의 교육 시간에서 괄호 안의 것은 신규 교통안전 교육의 경우에 적용한다.

4 75세 이상인 사람에 대한 교통안전 교육

75세 이상인 사람으로서 운전면허를 받으려는 사람은 학과 시험에 응시하기 전(운전면허증 갱신일에 75세 이상인 사람은 운전면허증 갱신 기간 이내)에 다음의 교통 안전 교육을 받아야 한다.

교육 대상지	교육 시간	교육과목 및 내용	교육방법
법 제73조 제5항에 해당하는 사람	2시간	가) 신체 노화와 안전 운전 나) 약물과 안전 운전 다) 인지 능력 자가 진단 및 그 결과에 따른 안전 운전 요령 라) 교통 관련 법령의 이해 마) 고령 운전자 교통사고 실태	강의·시청각·인지 능력 자가 진단 등

※ 비고 : 교육 과목·내용 및 방법에 관한 그 밖의 세부 내용은 도로교통 공단이 정한다.

Chapter 12
운전면허 제도 요점 정리

1. 운전면허 구분

차등을 운전하려는 사람은 시·도 경찰청장으로부터 운전면허를 받아야 한다. 다만, 배기량 125cc(전동기의 경우 최고 정격 출력 11kW) 이하의 원동기를 단 차 중 개인형 이동 장치 또는 교통약자가 최고 속도 20km 이하로만 운행될 수 있는 차를 운전하는 경우에는 제외

1 운전면허 종별에 따라 운전할 수 있는 차량

운전 면허		운전할 수 있는 차량
종별	구분	
제1종	대형 면허	① 승용자동차 ② 승합자동차 ③ 화물자동차 ④ 〈삭제〉 ⑤ 건설기계 　가) 덤프 트럭, 아스팔트 살포기, 노상안정기 　나) 콘크리트믹서트럭, 콘크리트펌프, 천공기 　　　(트럭 적재식) 　다) 콘크리트믹서트레일러, 아스팔트콘크리트재생기 　라) 도로보수트럭, 3톤 미만의 지게차 ⑥ 특수자동차[대형견인차, 소형견인차 및 구난차(이하 "구난차 등"이라 한다)는 제외한다] ⑦ 원동기장치자전거
	보통 면허	① 승용자동차 ② 승차정원 15명 이하의 승합자동차 ③ 〈삭제〉 ④ 적재 중량 12톤 미만의 화물자동차 ⑤ 건설기계(도로를 운행하는 3톤 미만의 지게차로 한정한다) ⑥ 총중량 10톤 미만의 특수자동차(구난차 등은 제외한다) ⑦ 원동기장치자전거
	소형 면허	① 3륜화물자동차 ② 3륜승용자동차 ③ 원동기장치자전거
	특수 면허 - 대형견인차	① 견인형 특수자동차 ② 제2종 보통 면허로 운전할 수 있는 차량
	특수 면허 - 소형견인차	① 총중량 3.5톤 이하의 견인형 특수자동차 ② 제2종 보통 면허로 운전할 수 있는 차량
	특수 면허 - 구난차	① 구난형 특수 자동차 ② 제2종 보통 면허로 운전할 수 있는 차량
제2종	보통 면허	① 승용자동차 ② 승차정원 10명 이하의 승합자동차 ③ 적재 중량 4톤 이하의 화물자동차 ④ 총중량 3.5톤 이하의 특수자동차(구난차 등은 제외한다) ⑤ 원동기장치자전거
	소형 면허	① 이륜자동차(측차부를 포함한다) ② 원동기장치자전거
	원동기 장치 자전거 면허	원동기장치자전거
연습 면허	제1종 보통	① 승용자동차 ② 승차정원 15명 이하의 승합자동차 ③ 적재 중량 12톤 미만의 화물자동차
	제2종 보통	① 승용자동차 ② 승차정원 10명 이하의 승합자동차 ③ 적재 중량 4톤 이하의 화물자동차

(주) ① 위험물 등을 운반하는 적재 중량 3톤 이하 또는 적재 용량 3천리터 이하의 화물자동차는 제1종 보통 면허가 있어야 운전을 할 수 있고, 적재 중량 3톤 초과 또는 적재 용량 3천리터 초과의 화물자동차는 제1종 대형 면허가 있어야 운전할 수 있다.

(주) ② 피견인자동차는 제1종 대형 면허, 제1종 보통 면허 또는 제2종 보통 면허를 가지고 있는 사람이 그 면허로 운전할 수 있는 자동차로 견인할 수 있다. 이 경우 총 중량 750킬로그램 초과하는 3톤 이하의 피견인자동차를 견인하기 위하여 견인하는 자동차를 운전할 수 있는 면허와 소형견인차면허 또는 대형견인차면허를 가지고 있어야 하고, 3톤을 초과하는 피견인자동차를 견인하기 위해서는 견인하는 자동차를 운전할 수 있는 면허와 대형견인차면허를 가지고 있어야 한다.

2. 운전면허 시험

1 면허 시험 응시절차

① 응시 원서 접수 : 운전면허 시험에 응시하려는 사람은 응시 원서를 도로 교통 공단에 제출한다(원동기장치자전거 면허는 관할 경찰서에 신청). 단, 응시 원서 뒷면 질병·신체에 관한 신고서를 기재 후 신체검사서를 첨부한다.

② 응시 원서를 접수한 때 : 응시표를 발급받는다.

③ 응시 원서의 유효기간 : 최초 필기시험일로부터 1년간

> 해설 면허 시험 지정일에 응시하지 않으면 불합격으로 판정한다.

2 시험의 과목 및 내용

1) 적성 검사(신체검사서에 의한다)

① 시력(교정시력 포함)
　가) 제1종 : 두 눈을 동시에 뜨고 잰 시력이 0.8 이상(두 눈의 시력이 각각 0.5 이상) 다만, 한쪽 눈을 보지 못하는 사람이 보통 면허를 취득하려는 경우에는 다른 쪽 눈의 시력이 0.8 이상이고, 수평시야가 120도 이상이며 수직 시야가 20도 이상이고, 중심 시야 20도 내 암점 또는 반맹이 없어야 한다.
　나) 제2종 : 두 눈을 동시에 뜨고 잰 시력이 0.5 이상(한쪽 눈을 보지 못하는 사람은 다른 쪽의 시력이 0.6 이상)

② 붉은색, 녹색, 노란색을 구별할 수 있을 것

③ 청력(제1종 대형·특수 면허에 한함) : 55데시벨 소

리를 들을 수 있을 것. 다만, 보청기를 사용하는 사람은 40데시벨의 소리를 들을 수 있을 것
④ 신체상(보조 수단 사용가능) 또는 정신상의 장애가 없을 것

2) 필기시험(학과 시험)
① 학과 시험 내용 : 교통법령, 자동차 점검 요령, 안전 운전 지식 등
② 학과 시험 합격 기준 : 다지선다형 40문항 출제 100점 만점에 제1종은 70점 이상, 제2종 보통 및 제2종 소형은 60 이상 (다만, 보조 수단을 사용하는 신체장애인 또는 글을 알지 못하는 사람으로서 필기시험에 의하는 것이 곤란한 때 : 구술시험으로 응시)
③ 필기시험에 합격한 사람은 합격일로부터 1년간 유효(면제)

3) 장내 기능 시험
① 기능 시험 내용 : 연장 거리 300m 이상 포장된 도로에서 장내코스 시험 실시,(제2종 소형 및 원동기장치자전거는 장내 연계 코스 시험)
② 기능 시험 합격 기준 : 시험 항목별 감점방식 100점 만점에 80점 이상 합격(제2종 소형 및 원동기장치자전거는 90점 이상 합격)

4) 도로 주행 시험(제1종 · 제2종 보통 면허에 한함)
① 도로 주행 시험 내용 : 5km 이내 도로에서 실시한다.
② 도로 주행 합격 기준 : 시험 항목별 도로 주행 시험 채점표에 의거한 감점방식, 100점 만점에 제1종 및 제2종 공히 70점 이상 합격
③ 불합격한 사람은 불합격한 날부터 3일이 경과되지 아니하면 응시할 수 없다.

3 면허 시험의 일부 면제

면제 대상자 (면허증 소지자)		받고자 하는 면허	면제되는 시험
① 자동차 과목 이수자 및 정비 · 검사 기술 자격시험 합격자		모든 면허	점검
② 외국 면허증 소지자	(인정국)	제2종 보통 면허	기능 · 법령 · 점검 · 주행
	(비인정국)	제2종 보통 면허	기능 · 주행

면제 대상자 (면허증 소지자)	받고자 하는 면허	면제되는 시험
③ 군복무 중 6월 이상 군차량 운전자	제1 · 2종 보통 면허를 제외한 면허	기능 · 법령 · 점검
	제1 · 2종 보통 면허	기능 · 법령 · 점검 · 주행
④ 정기 또는 수시 적성 검사 미필로 취소된 후 5년 이내 다시 면허를 받으려는 경우	취소된 운전 면허로 운전이 가능한 범위의 면허	기능 · 주행(주행은 1 · 2종 보통 경우에만 면제)
⑤ 제1종 대형 면허 소지자	특수 및 제1 · 2종 소형 면허	적성 · 법령 · 점검
⑥ 제1종 보통 면허 소지자	대형 · 특수 면허	법령 · 점검
	제1 · 2종 소형 면허	적성 · 법령 · 점검
⑦ 제1종 소형 면허 소지자	대형 · 특수 면허	적성 · 법령 · 점검
	제1 · 2종 보통 면허	적성 · 법령 · 점검 · 기능
⑧ 제1종 특수 면허 소지자	대형 제1 · 2종 소형 면허	적성 · 법령 · 점검
	제1종 보통 면허	적성 · 법령 · 점검 · 기능
⑨ 제2종 보통 면허 소지자	대형 · 특수 제1종 소형 면허	법령 · 점검
	제2종 소형 면허	적성 · 법령 · 점검
	제1종 보통 면허	법령 · 점검 · 기능
⑩ 제2종 소형 또는 원동기장치자전거 면허 소지자	제2종 보통 면허	적성
⑪ 원동기장치자전거 면허 소지자	제2종 소형 면허	적성 · 법령 · 점검
⑫ 제2종 보통 면허 소지일부터 7년간 무사고자	제1종 보통 면허	기능 · 법령 · 점검 · 주행
⑬ 제1종 면허 소지자 적성 미달	제2종 면허	기능 · 법령 · 점검 · 주행
⑭ 적성기준의 미달로 면허가 취소되어 다른 면허를 받은 후 취소된 면허의 적성 기준을 회복한 사람	취소된 운전면허와 같은 운전면허 (제1종 보통 면허는 제외)	법령 · 점검 · 기능
	제1종 보통 면허	법령 · 점검 · 기능 · 주행
⑮ 운전면허증 차용 · 대여 운전 및 무등록 차운전 또는 다른 법률로 취소된 경우	취소된 운전면허로 운전이 가능한 범위의 면허	기능 · 주행 (주행은 1 · 2종 보통 경우만 면제)

면제 대상자 (면허증 소지자)	받고자 하는 면허	면제되는 시험
⑯ 연습면허 취소 사유로 운전면허가 취소된 경우	제1·2종 보통 면허	기능
⑰ 전문 학원 수료증(연습 운전면허증 취득하지 아니한 경우) 소지자	수료증에 해당하는 연습 운전 면허	기능
⑱ 전문 학원 졸업증(운전 면허증 취득하지 아니한 경우) 소지자	졸업증에 해당하는 면허	주행
⑲ 군사분계선 이북에서 면허를 받은 사람	제2종 보통 면허	기능

3. 운전면허증 등

1 운전면허증의 발급 등
① 운전면허 시험 합격자 : 합격일로부터 30일 이내에 운전면허 시험을 실시한 도로 교통 공단(또는 경찰서장)으로부터 운전면허증을 발급받아야 한다.
② 운전면허의 효력 : 면허증을 발급받은 때부터 그 효력이 발생한다.

2 면허증의 재발급
① 면허증을 잃어버렸을 때에는 도로 교통 공단에 신청하여 다시 발급받을 수 있다.
② 면허증이 헐어 못쓰게 된 경우에는 운전면허증 재발급 신청서에 면허증을 첨부하여 도로 교통 공단에 재발급 신청을 한다.

3 임시 운전 증명서
① 임시 운전 증명서는 그 유효기간 중 운전면허증과 같은 효력이 있다.
② 임시 운전 증명서는 면허증 재발급, 적성 검사(운전면허증 갱신, 수시적성 검사 포함), 면허의 취소 또는 정지로 인하여 운전면허증을 제출 받을 때 본인의 희망에 따라 발급한다.
③ 임시 운전 증명서의 유효기간은 20일로 하되 운전면허의 취소 또는 정지 처분 대상자의 경우는 40일 이내로 할 수 있다. 다만, 필요하다고 인정 시 1회에 한하여 20일 범위 안에서 연장할 수 있다.

4 면허증 휴대 및 제시 의무
① 자동차 등을 운전할 때에는 운전면허증(국제운전면허증, 상호 인정 외국 면허증, 건설기계 조종사 면허증)이나 면허증에 갈음하는 증명서(임시 운전 증명서, 범칙금 납부통고서, 출석지시서, 고지서 중 한 가지)를 휴대하고 운전해야 한다.
② 경찰 공무원으로부터 운전면허증 또는 이에 갈음하는 증명서의 제시를 요구하거나 운전자의 신원 및 운전면허 확인을 위한 질문할 때에는 이에 응하여야 한다.

5 운전면허증 반납
① 운전면허증을 반납하여야 할 경우는 다음과 같다.
　가) 운전면허 취소 처분을 받은 경우
　나) 운전면허 효력 정지 처분을 받은 경우
　다) 운전면허증을 잃어버리고 다시 발급받은 후 잃어버린 면허증을 찾은 경우
　라) 연습 운전면허증을 받은 사람이 본면허증을 받은 경우
② 반납기간은 사유 발생한 날부터 7일 이내
③ 반납처는 주소지 관할 시·도 경찰청장

4. 면허증 갱신과 적성 검사

1 운전면허증 갱신 기간과 정기 적성 검사
운전면허를 받은 사람은 다음 기간 이내에 시·도 경찰청장으로부터 운전면허증을 갱신하여 발급받아야 한다.
① 최초의 운전면허증 갱신 기간 : 운전면허 시험에 합격한 날로부터 기산하여 10년(운전면허 시험 합격일에 65세 이상 75세 미만인 사람은 5년, 75세 이상인 사람은 3년, 한쪽 눈을 보지 못하는 사람으로서 제1종 운전면허 중 보통 면허를 취득한 사람은 3년)이 되는 날이 속하는 해의 1월 1일부터 12월 31일까지
② 그 이후의 운전면허증 갱신 기간 : 직전의 운전면허증 갱신일부터 기산하여 매 10년(직전의 운전면허증 갱신일에 65세 이상 75세미만인 사람은 5년, 75세 이상인 사람은 3년, 한쪽 눈을 보지 못하는 사람으로서 제1종 운전면허 중 보통 면허를 취득한 사람은 3년)이 되는 날이 속하는 해의 1월 1일부터 12월 31일까지

2 정기 적성 검사를 받아야 할 사람

① 다음에 해당하는 사람은 운전면허증 갱신 기간에 도로 교통 공단이 실시하는 정기 적성 검사를 받아야 한다.
  가) 제1종 운전면허를 받은 사람
  나) 제2종 운전면허를 받은 사람 중 갱신 기간에 70세 이상인 사람
② 교통안전 교육을 받지 아니한 사람 또는 정기 적성 검사를 받지 아니하거나 이에 합격하지 못한 사람은 운전면허증을 갱신 받을 수 없다.

3 면허증 갱신·발급 및 정기 적성 검사의 연기 등

① 운전면허증을 갱신하여 발급받거나 정기 적성 검사를 받아야 하는 사람이 다음 사유로 운전면허증 갱신 기간동안에 발급받을 수 없는 때에는 갱신 기간 이전에 미리 운전면허증을 받거나 운전면허증 갱신 발급 연기신청서에 연기 사유를 증명할 수 있는 서류를 첨부하여 제출하여야 한다.
  가) 해외 체류 중이거나 재해 또는 재난을 당한 경우
  나) 질병이나 부상으로 거동이 불가능한 경우
  다) 법령에 따라 신체의 자유를 구속당한 경우
  라) 군복무 중(교정 시설 경비 교도·전투 경찰 순경 또는 의무 소방원으로 전환 복무 중인 경우 포함, 사병에 한정한다)이거나 그 밖에 사회 통념상 부득이하다고 인정할 만한 상당한 이유가 있는 경우
② 연기를 받은 사람은 그 사유가 없어진 날부터 3개월 이내에 운전면허증을 갱신하여 발급받아야 한다.

> **해설** 운전면허증 당사자가 직접하지 않고 가족, 친지 등이 연기 신청해도 된다.

4 수시 적성 검사(국제 운전면허 소지자 포함)

① 운전면허를 받은 사람이 안전 운전에 장애가 되는 후천적 신체장애 등 다음 사유에 해당되는 경우에는 도로 교통 공단이 실시하는 수시적성 검사를 받아야 한다.
  가) 정신질환자, 뇌전증 환자, 마약, 대마, 향정신성 의약품 또는 알코올 중독 등 정신적 또는 다리·머리·척추 등 안전 운전에 장애가 되는 후천적 신체장애 등 상당한 이유가 있는 경우
  나) 후천적 신체장애 등에 관한 개인정보가 경찰청장에 통보된 경우
② 도로 교통 공단 수시적성 검사를 받아야 하는 사람에게 그 사실을 등기 우편 등으로 통지하여야 한다.
③ 수시적성 검사를 받아야 하는 사유에 해당하는 사람은 도로 교통 공단이 정하는 날부터 3월 이내에 수시 적성 검사를 받아야 한다.
④ 수시적성 검사의 통지를 받고도 수시적성 검사를 실시하지 못할 사유(재해, 재난, 해외 체류, 질병, 부상 등)가 있는 때에는 증명할 수 있는 서류를 첨부하여 주소지 도로 교통 공단에 연기신청을 할 수 있으며, 연기사유가 해소된 날로부터 3개월 이내에 수시 적성 검사를 받아야 한다.

Chapter 13
운전면허 행정처분 등 요점 정리

1. 운전면허 취소·정지

1 취소 처분 기준

	위반 사항	벌점
1	교통사고를 일으키고 구호조치를 하지 아니한 때(뺑소니)	취소
2	• 술에 취한 상태(혈중 알코올 농도 0.03% 이상)를 넘어서 운전을 하다가 교통사고로 사람을 죽게 하거나 다치게 한 때 • 혈중 알코올 농도 0.08% 이상의 상태에서 운전한 때 • 술에 취한 상태의 기준을 넘어 운전하거나, 술에 취한 상태의 측정에 불응한 사람이 다시 술에 취한 상태(혈중 알코올 농도 0.03% 이상)에서 운전한 때	〃
3	술에 취한 상태의 측정에 불응한 때(형사입건)	〃
4	다른 사람에게 운전면허증 대여(도난·분실 제외)	〃
5	운전면허 결격사유에 해당(정신 질환자, 뇌전증 환자 등)	〃
6	약물(마약, 대마 등)을 사용한 상태에서 운전한 때	〃
7	공동 위험 행위(구속된 때)	〃
8	난폭 운전(구속된 때, 속도위반(100km/h를 초과한 속도로 3회 이상 운전한 때)	〃
9	정기적성 검사 불합격 또는 기간 1년 경과	〃
10	수시적성 검사 불합격 또는 기간 경과	〃
11	운전면허 행정처분 기간 중 운전행위	〃
12	허위·부정 수단으로 운전면허를 받은 경우	〃
13	등록 또는 임시 운행 허가를 받지 아니한 자동차를 운전한 때	〃

	위반 사항	벌점
14	자동차 등을 이용하여 형법상 특수 상해 등을 행한 때 (보복 운전)	"
15	다른 사람을 위하여 운전면허 시험에 응시한 때	"
16	단속 경찰 공무원 등에 대해 폭행한 때(형사입건)	"
17	연습면허 취소 사유가 있었던 경우	"

 벌점 : 누산 점수 1년간 121점 이상, 2년간 201점 이상, 3년간 271점 이상 –운전면허 취소

2 정지 처분 기준

	위반 사항	벌점
1	속도위반 100km/h 초과	100
2	술에 취한 상태의 기준을 넘어서 운전한 때(혈중 알코올 농도 0.03% 이상 0.08% 미만)	
2의 2	자동차 등을 이용하여 형법상 특수 상해 등(전)을 하여 입건된 때	
3	속도위반 80km/h 초과~100km/h 이하	80
3의 2	속도위반 60km/h 초과~80km/h 이하	60
4	정·주차 위반에 대한 조치 불응(단체 소속 또는 다수인 포함, 경찰 공무원의 3회 이상 이동 명령에 따르지 아니한 때)	40
4의 2	공동 위험 행위로 형사입건된 때	
4의 3	난폭 운전으로 형사입건된 때	
5	안전 운전 의무 위반(단체 소속 또는 다수인 포함. 경찰 공무원의 3회 이상 안전 운전 지시에 따르지 아니하고 운전한 때)	
6	승객의 차내 소란 행위 방치 운전	
7	출석기간 또는 범칙금 납부 기간 만료일부터 60일이 경과될 때까지 즉결 심판을 받지 아니한 때	
8	통행 구분 위반(중앙선 침범에 한함)	
9	속도위반 40km/h~60km/h 이하	30
10	철길 건널목 통과 방법 위반	
10의 2	회전 교차로 통행 방법 위반(통행 방향 위반에 한정)	
10의 3	어린이 통학 버스 특별 보호 위반	
10의 4	어린이 통학 버스 운전자의 의무 위반(좌석 안전띠를 매도록 하지 아니한 운전자는 제외)	
11	고속 도로, 자동차 전용 도로, 갓길 통행	
12	고속 도로 버스 전용 차로, 다인승 전용 차로 통행 위반	
13	운전면허증 제시 의무 위반 또는 운전자 신원 확인을 위한 경찰 공무원의 질문에 불응	

	위반 사항	벌점
14	신호 또는 지시 위반	15
15	속도위반(20km/h 초과 40km/h 이하)	
15의 2	속도위반(어린이 보호구역 안에서 오전 8시~오후 8시까지 사이에 제한속도를 20km/h 이내에서 초과한 경우)	
16	앞지르기 금지 시기·장소 위반	
16의 2	적재 제한 위반 또는 적재물 추락 방지 위반	
17	운전 중 휴대 전화 사용 금지 위반	
17의 2·3	운전 중 운전자가 볼 수 있는 위치에 영상 표시 또는 영상 표시 장치 조작 금지 위반	
18	운행 기록계 미설치 차량 운전 금지 등의 위반	
19	삭제 〈14.12.31〉	
20	통행 구분 위반(보도 침범, 횡단 방법 위반)	10
21	차로통행 준수의무 위반, 지정차로 통행위반(진로 변경 금지 장소에서의 진로 변경 포함)	
22	일반 도로 전용 차로 통행 위반	
23	안전거리 미확보(진로변경 방법 위반 포함)	
24	앞지르기 방법 위반	
25	보행자 보호 의무 불이행(정지선 위반 포함)	
26	승객 또는 승·하차자 추락 방지 조치 위반	
27	안전 운전 의무 위반	
28	노상 시비·다툼 등으로 차마의 통행 방해 행위	
29	자율 주행 자동차 운전자의 준수 사항 위반	
30	돌·유리병·쇳조각 등 물건을 던지거나 발사하는 행위	
31	도로를 통행하고 있는 차마에서 밖으로 물건을 던지는 행위	

(주) 범칙금 납부 기간 만료일부터 60일이 경과될 때까지 즉결 심판을 받지 아니하여 정지 처분 대상자가 되었거나, 정지 처분을 받고 정지 처분 기간 중에 있는 사람이 위반 당시 통고받은 범칙금액에 그 100분의 50을 더한 금액을 납부하고 증빙 서류를 제출한 때에는 정지 처분을 하지 아니하거나 그 잔여 기간의 집행을 면제한다.

3 교통사고를 일으킨 때

1) 사고 결과에 따른 벌점 기준

구분		벌점	내용
인적 피해 교통 사고	사망 1명마다	90	사고 발생 시로부터 72시간 내에 사망한 때
	중상 1명마다	15	3주 이상의 치료를 요하는 의사의 진단이 있는 사고
	경상 1명마다	5	3주 미만 5일 이상의 치료를 요하는 의사의 진단이 있는 사고
	부상 신고 1명마다	2	5일 미만의 치료를 요하는 의사의 진단이 있는 사고

※ 비고
① 교통사고 발생 원인이 불가항력이거나 피해자의 명백한 과실인 때에는 행정처분을 하지 아니한다.
② 자동차 대 사람 교통사고의 경우 쌍방과실인 때에는 그 벌점을 2분의 1로 경감한다.
③ 자동차 대 자동차 교통사고의 경우에는 그 사고 원인 중 중한 위반행위를 한 운전자만 적용한다.
④ 교통사고로 인한 벌점 산정에 있어서 처분을 받을 운전자 본인의 피해에 대하여는 벌점을 산정하지 아니한다.

2) 조치 등 불이행에 따른 벌점 기준

불이행사항	벌점	내 용
교통사고 야기시 조치 불이행	15	① 물적 피해가 발생한 교통사고를 일으킨 후 도주한 때 ② 교통사고를 일으킨 즉시(그때, 그 자리에서 곧) 사상자를 구호하는 등의 조치를 하지 아니하였으나 그 후 자진 신고를 한 때
	30	가) 고속도로, 특별시·광역시 및 시의 관할 구역과 군(광역시의 군을 제외한다)의 관할 구역 중 경찰관서가 위치하는 리 또는 동 지역에서 3시간(그 밖의 지역에서는 12시간)이내에 자진 신고를 한 때
	60	나) 가)목에 따른 시간 후 48시간 이내에 자진 신고를 한 때

4 자동차증 이용 범죄 및 자동차 등 강도·절도 시의 운전면허 행정처분 기준

1) 취소 처분 기준

위반 사항	내용
자동차 등을 다음 범죄의 도구나 장소로 이용한 경우 ○「국가보안법」중 제4조부터 제9조까지의 죄 및 같은 법 제12조 중 증거를 날조·인멸·은닉한 죄 ○「형법」중 다음 어느 하나의 범죄 • 살인, 사체 유기, 방화 • 강도, 강간, 강제 추행 • 약취·유인·감금 • 상습 절도(절취한 물건을 운반한 경우에 한정한다) • 교통 방해(단체 또는 다중의 위력으로써 위반한 경우에 한정한다)	○ 자동차 등을 법정형 상한이 유기징역 10년을 초과하는 범죄의 도구나 장소로 이용한 경우 ○ 자동차 등을 범죄의 도구나 장소로 이용하여 운전면허 취소·정지 처분을 받은 사실이 있는 사람이 다시 자동차 등을 범죄의 도구나 장소로 이용한 경우. 다만, 일반 교통 방해죄의 경우는 제외한다.
다른 사람의 자동차 등을 훔치거나 빼앗은 경우	○ 다른 사람의 자동차 등을 빼앗아 이를 운전한 경우 ○ 다른 사람의 자동차 등을 훔치거나 빼앗아 이를 운전하여 운전면허 취소·정지 처분을 받은 사실이 있는 사람이 다시 자동차 등을 훔치고 이를 운전한 경우

2) 정지 처분 기준

위반 사항	내용	벌점
자동차 등을 다음 범죄의 도구나 장소로 이용한 경우 ○「국가보안법」중 제5조, 제6조, 제8조, 제9조 및 같은 법 제12조 중 증거를 날조·인멸·은닉한 죄 ○「형법」중 다음 어느 하나의 범죄 • 살인, 사체 유기, 방화 • 강간·강제 추행 • 약취·유인·감금 • 상습 절도(절취한 물건을 운반한 경우에 한정한다) • 교통 방해(단체 또는 다중의 위력으로써 위반한 경우에 한정한다)	○ 자동차 등을 법정형 상한이 유기징역 10년 이하인 범죄의 도구나 장소로 이용한 경우	100
다른 사람의 자동차 등을 훔친 경우	○ 다른 사람의 자동차 등을 훔치고 이를 운전한 경우	100

5 벌점의 관리

① 면허의 정지 : 벌점 40점 이상일 때부터 정지 처분한다(1점을 1일로 계산).
② 벌점 소멸 : 처분벌점이 40점 미만인 경우에 1년간 무위반, 무사고일 때에는 벌점 소멸
③ 벌점 공제 : 교통사고 야기 도주 차량을 검거하거나 신고한 경우, 면허정지 또는 취소 시 40점 특혜
④ 정지 처분 집행일수의 감경
   가) 처분벌점이 40점 미만인 사람이 특별안전권장교육 중 벌점감경교육을 마친 경우에는 20점을 감경
   나) 법규준수교육(권장)을 마친 후에 교통참여교육을 마친 경우에는 30일을 추가로 감경
   다) 모범운전자(교통안전 봉사활동에 종사하는 사람) : 2분의 1감경

2. 교통범칙행위 통고처분

1 범칙행위 및 범칙자

① 범칙행위란 : 법을 위반하여 20만원 이하의 벌금, 구류, 과료에 해당하는 위반행위
② 범칙자란 : 범칙행위를 한 사람으로서 다음에 해당하지 아니한 사람
   가) 범칙행위 당시 운전면허증 또는 이를 갈음하는 증명서를 제시하지 못하거나 운전자의 신원 및

운전면허 확인을 위한 질문에 응하지 아니한 운전자

나) 범칙행위로 교통사고를 일으킨 사람(업무상 과실치상죄, 중과실치상죄, 중대한 과실로 재물 손괴한 사람은 제외)

③ 범칙금 : 통고처분에 의하여 국고(또는 제주특별자치도의 금고)에 납부할 금전

2 통고처분

① 통고처분이란 : 범칙금을 납부할 것을 서면으로 통지하는 행정조치
② 통고처분을 할 수 없는 사람
  가) 성명 또는 주소가 확실하지 아니한 사람
  나) 달아날 우려가 있는 사람
  다) 범칙금 납부통고서 받기를 거부한 사람
③ 통고처분은 경찰서장이 하며, 범칙금 납부통고서 발부는 위반 현장에서 경찰 공무원이 발부한다.

3 범칙금의 납부

① 범칙금 납부기간 : 10일 이내, 부득이한 경우 해소일로부터 5일 이내
② 1차 납부기간 경과 시, 기간만료일 다음날부터 20일 이내에는 통고받은 범칙금에 100분의 20을 가산한 금액을 납부할 것
③ 범칙금 수납기관은 지정 국고은행, 지점, 대리점, 우체국
④ 범칙금은 분할납부할 수 없다.

4 범칙금(과태료) 납부 불이행자의 처리

① 2차 납부기간까지 납부하지 아니한 때 : 납부기간 만료일 다음날부터 60일 이내에 경찰서에 출석하여
  가) 즉결 심판을 받거나
  나) 통고받은 범칙금에 100분의 50을 더한 금액을 납부
② 범칙금(또는 즉결 심판) 불이행자에 대하여는 40일간의 면허정지

> 해설 정치처분 대상자나 정지 처분 중에 있는 사람이 범칙금액에 100분의 50을 더한 금액을 납부한 때에는 정지 처분을 아니하거나 잔여기간의 집행을 면제한다.

주요 범칙금액표(운전자)

범칙 행위	승합	승용	이륜
• 속도위반(60km/h 초과) • 어린이 통학 버스 운전자의 의무 위반(좌석 안전띠를 매도록 하지 않은 경우 제외) • 인적 사항 제공 의무 위반(주 · 정차된 차만 손괴한 것이 분명한 경우)	13만	12만	8만
• 속도위반(40km/h 초과 60km/h 이하) • 승객의 차 안 소란 행위 방치 운전 • 어린이 통학 버스 특별 보호 위반	10만	9만	6만
• 소방 관련 시설 주변에 안전표지가 설치된 곳에서의 정차 · 주차 금지 위반 • 승차 정원을 초과하여 동승자를 태우고 개인형 이동 장치 운전	9만	8만	6만
• 신호 · 지시 위반 • 중앙선 침범, 통행 구분 위반 • 속도위반(20km/h 초과 40km/h 이하) • 횡단 · 유턴 · 후진 위반 • 앞지르기 방법 위반 • 앞지르기 금지 시기 · 장소 위반 • 철길 건널목 통과 방법 위반 • 회전 교차로 통행 방법 위반 • 횡단보도 보행자 횡단 방해(신호 또는 지시에 따라 도로를 횡단하는 보행자의 통행 방해와 어린이 보호구역에서의 일시정지 위반 포함) • 보행자 전용 도로 통행 위반(보행자 전용 도로 통행 방법 위반 포함) • 긴급자동차에 대한 양보 · 일시정지 위반 • 긴급한 용도나 그 밖에 허용된 사항 외에 경광등이나 사이렌 사용 • 승차 인원 초과, 승객 또는 승하차자 추락 방지 조치 위반 • 어린이 · 앞을 보지 못하는 사람 등의 보호 위반 • 운전 중 휴대용 전화 사용 • 운전 중 운전자가 볼 수 있는 위치에 영상 표시 • 운전 중 영상 표시 장치 조작 • 운행 기록계 미설치 자동차 운전 금지 등의 위반 • 고속도로 · 자동차 전용 도로 갓길 통행 • 고속도로 버스 전용 차로 · 다인승 전용 차로 통행 위반	7만	6만	4만
• 통행금지 · 제한 위반 • 일반 도로 전용 차로 통행 위반 • 노면 전차 전용로 통행 위반 • 고속도로 · 자동차 전용 도로 안전거리 미확보 • 앞지르기의 방해 금지 위반 • 교차로 통행 방법 위반 • 회전 교차로 진입 · 진행 방법 위반 • 교차로에서의 양보 운전 위반	5만	4만	3만

위반 행위	승합	승용	이륜
• 보행자의 통행 방해 또는 보호 불이행 • 정차·주차 금지 위반(소방 관련 시설 주변에 안전표지가 설치된 곳에서의 정차·주차 금지 위반 제외) • 주차금지 위반 • 정차·주차 방법 위반 • 경사진 곳에서의 정차·주차 방법 위반 • 정차·주차 위반에 대한 조치 불응 • 적재 제한 위반, 적재물 추락 방지 위반 또는 영유아나 동물을 안고 운전하는 행위 • 안전 운전 의무 위반 • 도로에서의 시비·다툼 등으로 인한 차마의 통행 방해 행위 • 급발진, 급가속, 엔진 공회전 또는 반복적·연속적인 경음기 울림으로 인한 소음 발생 행위 • 화물 적재함에의 승객 탑승 운행 행위 • 개인형 이동 장치 인명보호 장구 미착용 • 자율 주행 자동차 운전자의 준수 사항 위반 • 고속도로 지정 차로 통행 위반 • 고속도로·자동차 전용 도로 횡단·유턴·후진 위반 • 고속도로·자동차 전용 도로 정차·주차 금지 위반 • 고속도로 진입 위반 • 고속도로·자동차 전용 도로에서의 고장 등의 경우 조치 불이행	5만	4만	3만
• 혼잡 완화 조치 위반 • 차로 통행 준수 의무 위반, 지정 차로 통행 위반, 차로 너비보다 넓은 차 통행금지 위반(진로 변경 금지 장소에서의 진로 변경 포함) • 속도위반(20km/h 이하) • 진로 변경 방법 위반 • 급제동 금지 위반 • 끼어들기 금지 위반 • 서행 의무 위반 • 일시정지 위반 • 방향 전환·진로 변경 및 회전 교차로 진입·진출 시 신호 불이행 • 운전석 이탈 시 안전 확보 불이행 • 동승자 등의 안전을 위한 조치 위반 • 시·도 경찰청 지정·공고 사항 위반 • 좌석 안전띠 미착용 • 이륜자동차·원동기장치자전거(개인형 이동 장치 제외) 인명보호 장구 미착용 • 등화 점등 불이행·발광 장치 미착용(자전거 운전자 제외) • 어린이 통학 버스와 비슷한 도색·표지 금지 위반	3만	3만	2만
• 최저 속도 위반 • 일반 도로 안전거리 미확보 • 등화 점등·조작 불이행(안개가 끼거나 비, 눈이 올 때 제외) • 불법 부착 장치차 운전(교통 단속용 장비의 기능을 방해하는 장치를 한 차의 운전 제외) • 사업용 승합자동차 또는 노면 전차의 승차 거부 • 택시의 합승(장기 주차·정차하여 승객을 유치하는 경우)·승차 거부·부당 요금 징수 행위 • 운전이 금지된 위험한 자전거 등의 운전	2만	2만	1만
• 술에 취한 상태에서의 자전거 등 운전	10만(개인형 이동 장치) 3만(자전거)		
• 술에 취한 상태에 있다고 인정할만한 상당한 이유가 있는 자전거 등 운전자가 경찰 공무원의 호흡 조사 측정에 불응	13만(개인형 이동 장치) 10만(자전거)		
• 돌, 유리병, 쇳조각, 그 밖에 도로에 있는 사람이나 차마를 손상시킬 우려가 있는 물건을 던지거나 발사하는 행위 • 도로를 통행하고 있는 차마에서 밖으로 물건을 던지는 행위	5만		
• 특별 교통안전 교육 미이수 ㉠ 과거 5년 이내에 주취 운전 1회 이상 위반자가 다시 주취 운전하여 운전면허 효력 정지 처분을 받게 되거나 받은 사람이 그 처분 기간이 끝나기 전에 특별 교통안전 교육을 받지 않은 경우	15만		
㉡ ㉠외의 경우	10만		
• 경찰관의 실효된 면허증 회수에 대한 거부 또는 방해	3만		

※ 승합(승합·4톤 초과 화물·특수·건설 기계), 승용(승용·4톤 이하 화물)

5 과태료 부과 대상차량

다음 위반행위가 사진·비디오 테이프 등으로 입증되는 경우 「고지서」 또는 「통고처분」을 할 수 없는 때 고용주 등에 과태료를 부과할 수 있는 차량과 과태료는 다음과 같다.

과태료 부과기준 〈발췌〉

범칙 행위		승합	승용	이륜
시·도 경찰청장이 과태료를 부과할 수 있는 경우	※ 제한속도 준수 위반 — 60km/h 초과	14만	13만	9만
	40km/h~60km/h	11만	10만	7만
	20km/h~40km/h	8만	7만	5만
	20km/h 이하	4만	4만	3만
	※ 중앙선 침범 위반 • 고속도로 갓길·고속도로 전용차로 통행금지 위반	10만	9만	–
	※ 신호 또는 지시 위반 • 보·차도가 구분된 도로에서 보도 침범 • 긴급자동차 진로양보위반 • 보행자 횡단을 방해하거나 일시정지 위반	8만	7만	5만
	• 교차로 정지선 침범 위반 • 교차로 통행방법 위반 • 적재물 추락방지 위반 • 고속도로에서 지정차로 위반	6만	5만	4만
	• 끼어들기 금지 위반 • 차로에 따라 통행하지 않은 차(지정차로 포함)	4만	4만	3만
	※ 좌석안전띠를 매도록 아니한 운전자(13세 이상) ※ 정기 또는 수시 적성 검사를 받지 아니한 사람 ※ 어린이통학버스 안에 신고증명서를 갖추지 아니한 운행자	3만		
	※ 승차자의 인명보호장구 착용을 하지 아니한 운전자 ※ 고인 물 등을 튀게 하여 피해를 준 운전자 ※ 창유리의 암도기준을 위반한 운전자 • 고속도로 등에서의 준수사항 위반한 운전자 • 운전면허증 갱신기간 이내 갱신하지 아니한 사람	2만		
	• 어린이나 유아의 좌석안전띠를 매도록 하지 아니한 운전자(13세 미만 경우)	6만		
시장 등이 과태료를 부과할 수 있는 경우	※ 일반도로의 전용차로 통행금지 위반	6만	5만	4만
	※ 주·정차 위반 차의 고용주 등 (2시간 이상 주·정차 때)	5만 (6만)	4만 (5만)	

(주) ※표는 제주특별자치도지사가 과태료를 부과할 수 있는 경우(제주도에 한함)

Chapter 14
교통사고 처리 특례법 등 요점 정리

1. 교통사고 발생 시 조치

1 교통사고

교통사고란 차의 교통으로 인하여 사람을 사상하거나 물건을 손괴한 사고를 말한다.

(사상자를 구조)

> 해설 대형사고 : 3명 이상이 사망(발생일로부터 30일 이내 사망)하거나 20명 이상 사상자가 발생한 사고

2 교통사고 발생 시 운전자의 조치

① 즉시 정지하여 사상자를 구호하는 등 필요한 조치(성명·전화·번호·주소 확인 등)한다.
② 가장 가까운 경찰 공무원 또는 경찰관서에 신고한다.
③ 경찰 공무원의 지시에 따른다. 다만, 운행 중인 차만이 손괴된 것이 분명하고 도로에서의 위험 방지와 원활한 소통을 위하여 필요한 조치를 한 때에는 그러하지 아니한다.

3 신고요령

(경찰 공무원에게 신고)

① 사고가 일어난 곳
② 사상자 수 및 부상 정도
③ 손괴한 물건 및 손괴 정도

4 사고발생 시 조치 방해 금지

교통사고가 일어난 경우 그 차의 사상자 구호 등 필요한 조치와 경찰 공무원에 신고하는 운전자 등의 조치 또는 신고 행위를 방해해서는 아니된다.

2. 교통사고 시 응급구호조치

1 응급구호처치

교통사고로 부상자가 있는 경우 구급차나 의사가 현장에 도착하기까지 운전자나 동승자 등이 구명치료하는 것

2 응급 처치의 일반적 순서

① 먼저 부상자를 구출하여 안전한 장소로 이동시킨다.

② 부상자를 조심스럽게 눕힌다.
③ 병원에 신속히 연락한다.
④ 부상부위에 대하여 응급 처치한다.

> **해설** 응급 처치 순서 : 부상자 관찰 → 부상자 체위관리 → 심폐소생법 또는 지혈법 순서로

부상자 관찰 및 처치 요령

상태	관찰방법	처치 요령
① 의식 상태	• 말을 걸어 본다. • 팔을 꼬집어 본다. • 눈동자를 확인해 본다.	• 의식이 있을 때 : 안심시킨다. • 의식이 없을 때 : 기도를 확보한다.
② 호흡 상태	• 가슴이 뛰는지 살핀다. • 뺨을 부상자의 입과 코에 대어본다(맥을 짚어본다).	• 호흡이 없을 때 : 인공호흡 • 맥박이 없을 때 : 인공호흡과 심장 마사지
③ 출혈 상태	• 어느 부위에서 어느 정도 출혈하는지를 살펴본다.	• 지혈 조치한다.
④ 구토 상태	• 입 속에 오물이 있는지를 확인한다.	• 기도를 확보한다.
⑤ 기타 상태	• 심한 통증이 있는 곳을 알아본다. • 신체가 변형된 곳이 있는지 살펴본다.	• 부상부위를 확인해 둔 후 의사에게 알린다. • 변형이 있을 때 움직이지 않게 한다.

3 응급 처치 요령

1) 기도확보
기도확보는 공기가 입과 코를 통하여 폐까지 도달할 통로를 확보하는 것이다.
① 우선 머리를 뒤로 젖히고 입안에 이물질이 있을 때에는 닦아낸다.
② 의식이 없거나 구토가 있을 때에는 기도가 막히지 않도록 옆으로 눕힌다.

2) 인공호흡
기도를 확보했는데도 호흡을 하지 않는 경우에는
① 인공호흡 실시
② 입과 입으로 하는 구강 대 구강법이 효과적

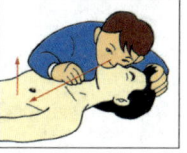
(인공호흡)

3) 심장마사지
인공호흡을 2회 실시 후 경동맥을 짚어보고,
① 경동맥에 박동이 없으면 심장 마사지를 실시
② 대인일 경우 1분에 100~120회의 빠르기로 30회 정도 압박

4) 지혈법
① 직접압박지혈법 : 출혈 부위를 직접 거즈나 손수건 등으로 압박해서 지혈하는 방법
② 간접압박지혈법 : 심장에 가까운 부위 동맥을 압박하는 지혈법
③ 그 밖의 지혈이 곤란한 경우 지혈대를 사용하여 지혈시키는 지혈대법이 있다.

3. 교통사고 처리 특례

1 목적
① 업무상 과실 또는 중대한 과실로 교통사고를 일으킨 운전자에 관한 형사처벌 등의 특례를 정함으로써 교통사고로 인한 피해의 신속한 회복을 촉진하고 국민 생활의 편익을 증진함을 목적으로 한다.

2 교통사고 운전자의 처벌 원칙
① 업무상 과실 또는 중과실로 사람을 사상한 때에는 5년 이하의 금고, 2천만원 이하의 벌금에 처한다(형법).
② 건조물 또는 재물을 손괴한 때에는 2년 이하 금고, 5백만원 이하의 벌금에 처한다(도로교통법).

3 교통사고 운전자 처벌의 특례
피해자와 합의(불벌의사)하거나 종합보험 또는 공제에 가입한 다음의 경우에는 특례의 적용을 받아 형사처벌을 하지 않는다(공소권 없음, 반의사 불벌죄).
① 업무상 과실 치상죄
② 중과실치상죄
③ 다른 사람의 건조물 그 밖의 재물을 손괴한 사고

4 특례 적용 제외자(공소권이 있는 교통사고)
종합보험(공제)에 가입되었고, 피해자가 처벌을 원하지 않아도 다음 경우에는 특례의 적용을 받지 못하고 형사처벌을 받아야 한다(공소권 있음).
① 교통사고로 사람을 치사(사망)한 경우
② 교통사고 야기 후 도주 또는 사고 장소로부터 옮겨 유기하고 도주한 경우와 같은 죄를 범하고 음주 측정

요구에 불응한 때(채혈 측정을 요구하거나 동의한 때는 제외)

③ 다음의 11개 중요 교통법규 위반으로 사람을 다치게 한 때
  ㉮ 신호 위반 및 통행금지 또는 일시정지 안전표지의 지시 위반 사고
  ㉯ 중앙선 침범 사고
  ㉰ 시속 20㎞초과 사고
  ㉱ 앞지르기 방법, 금지시기, 금지 장소 또는 끼어들기 금지 위반 사고
  ㉲ 건널목 통과 방법 위반 사고
  ㉳ 횡단보도에서 보행자 보호의무 위반 사고
  ㉴ 무면허(효력정지·운전 금지 포함) 사고
  ㉵ 주취 및 약물 복용으로 정상 운전을 하지 못할 상태에서 운전 사고
  ㉶ 보도 침범, 보도 횡단방법 위반 사고
  ㉷ 승객의 추락 방지 의무 위반 사고
  ㉸ 어린이 보호구역에서 어린이 신체를 상해한 경우
  ㉹ 자동차의 화물이 떨어지지 아니하도록 필요한 조치를 하지 아니하고 운전하는 경우

④ 보험 및 공제 계약의 무효 또는 해지 등 보험 지급 의무가 없게 될 때

> **해설** 공소(공소권)할 수 없는 경우(교통사고처리특례 적용자)
>   ㉮ 안전 운전 불이행
>   ㉯ 제한속도 20km 이하
>   ㉰ 통행 우선순위 위반
>   ㉱ 난폭 운전
>   ㉲ 교차로 통과 방법 위반
>   ㉳ 안전거리 미확보 운전경우 등

5 보험금의 우선 지급

피보험자(보험 회사 측)와 피해자 간의 손해배상에 관한 합의 여부에 불구하고 피해자의 치료비에 대하여 통상비용 및 기타 손해에 따른 지급 기준액을 우선 지급하여야 한다.

① 우선 지급할 치료비의 통상비용 범위
  ㉮ 진찰료
  ㉯ 입원료
  ㉰ 처치·투약·수술 등 치료비용
  ㉱ 의지·의치·안경·보청기·보철구 등의 비용
  ㉲ 호송·전원·퇴원·통원비용
  ㉳ 약관에서 정하는 환자의 식대·간병료·기타 비용

Chapter 15
사람의 능력과 안전 운전 요점 정리

1. 감각과 판단 능력

1 인지·판단·조작

안전 운전의 기본은 도로 상태 및 교통 환경을 신속하게 「인지」 → 적절한 「판단」 → 정확한 「운전 조작」을 계속 반복하는 것이다.

> **해설**
>   ㉮ 인지 : 전방이나 주위의 교통 상황을 눈과 귀로써 살피고, 이상을 발견
>   ㉯ 판단 : 그에 대처할 행동을 결정
>   ㉰ 조작 : 판단 결과에 따라 손과 발로써 조작

2 반응시간

운전자가 위험을 인지하고 브레이크를 밟아 브레이크가 듣기 시작하기까지 걸리는 시간 : 보통 1초 정도

> **해설** 1초간 주행한 거리는 속도가 빠르면 빠를수록 길어진다.

3 시각의 특성

1) 시력
운전 중은 한 곳만을 주시하지 말고 전방을 넓게 살핀다.

> **해설** 시력 : 물체의 형상을 인식하는 눈의 능력

2) 동체 시력
정지 시력에 비하여 저하, 속도가 빠를수록 감퇴

> **해설** 동체 시력 : 움직이는 물체를 보거나 움직이면서 볼 수 있는 시력

3) 시야와 속도
속도가 빠를수록 시야는 좁아지고, 주시점도 저하된다.

> **해설**
>   시야 : 눈의 위치를 바꾸지 않고 좌·우를 볼 수 있는 범위
>   ※ 이륜차의 운전자 시야와 시점은 위·아래가 길고 수평선이 높으며, 자동차 운전자는 시야와 시점이 좌우가 길고 수평선이 낮다.
>   ※ 이륜차를 운전할 때에는 시점을 멀리 보고 시야는 넓게 가져야 한다.

4) 속도와 거리의 판단
① 속도감 : 좁은 도로에서는 실제 속도보다 빠르게 느껴지나 주변이 트이면 늦은 감이 있다.

② 야간 : 같은 속도에서 주간보다 늦는 느낌, 다른 차의 불빛으로는 속도의 판단이 정확하지 않다.
③ 같은 거리에 있어도 큰 차는 가깝게 보이고, 작은 차는 먼 감이 든다.

2. 운전에 영향을 미치는 요인

1 음주운전의 위험성
술을 마신 뒤에 차를 운전하면 다음과 같은 영향을 받게 되므로 절대로 술을 마시고 운전하지 않는다.
① 알코올은 대뇌활동을 억제·방해하여 주위능력과 판단 능력을 떨어뜨린다.
② 신체의 반응속도를 저하시키고, 시력 약화와 졸음운전을 유발한다.
③ 운전자의 인내심·자제력의 상실과 지나친 자신감을 유발하여 충동적이고 공격적인 운전행동을 일으키게 된다.

2 약물과 운전 조작
① 신경안정제, 감기약, 수면제 등은 알코올과 마찬가지로 운전 능력을 현저히 저하시켜 안전 운전을 저해한다.
② 사용이 금지된 마약, 대마, 향정신성의 약품 등은 사용자로 하여금 환각, 적대심, 공격성향을 일으키는 등 위험성을 훨씬 초과하는 부작용을 유발한다.

3. 경제운전(연료 절약)

1 경제속도
① 자동차의 경제속도는 일반 도로에서는 시속 60~70km가 적당하다. 그러나 교통량이 많은 시내에서는 시속 40km 정도가 적당하다.
② 고속에서는 시속 80km 정도가 경제속도로 적당하다.

2 연료 절약 주행 방법
① 급출발, 급가속, 급제동, 공가속 등을 하지 않는다.
② 도로에서 주행 시에는 가속 페달을 천천히 밟아 가속하고, 정상적인 속도일 경우에는 일정한 상태로 밟아 정속주행을 한다.
③ 가속할 때는 천천히 점진적으로 가속 페달을 밟아 가속한다.

④ 출발 전에 운행경로를 미리 파악하여 가장 짧은 거리로 또한, 차량이 정체되지 않은 도로를 선택하여 운전한다.
⑤ 최단코스의 행로를 정하고 정체구간을 가능한 한 피해서 운전한다.
⑥ 불필요한 짐을 실어 무게의 하중이 많아 연료가 많이 소모되지 않게 한다.
⑦ 가능한 규정 속도를 잘 지키며 주행한다.
⑧ 연비가 좋은 차를 선택한다.

> **해설** 연비 : 연료 1리터 당 차가 주행할 수 있는 거리의 수치

⑨ 차의 중량은 연비가 가장 큰 영향을 준다.
⑩ 에너지 효율 등급이 높은 차를 사용한다.
⑪ 타이어의 공기압력을 적정수준으로 유지하고 운행한다.

Chapter 16
차에 작용하는 물리적인 힘 등의 요점 정리

1. 자연의 법칙

1 관성의 법칙
① 주행 중인 차가 클러치를 끊어도 계속 주행하는 것은 관성력이 작용하기 때문이다.
② 주행 중 운전자가 브레이크를 밟으면 타이어와 노면과의 마찰저항이 생겨 차 바퀴가 정지한다.
③ 바퀴가 정지한 상태에서 미끄러지는 이유는 노면과 타이어의 마찰저항보다 달리는 속도 관성(운동 에너지)이 더 크기 때문이다.

2 구부러진 길과 원심력
① 도로 모퉁이나 구부러진 길에서 핸들을 돌리면 차가 바깥쪽으로 이탈하려는 원심력이 작용한다. 이 힘이 마찰저항보다 크면 옆으로 미끄러지거나 도로 밖으로 이탈되어 튀어나간다.
② 원심력은 구부러진 길의 반경이 적을수록 또한 중량이 클수록 비례하여 커지며 또한 속도의 제곱에 비례하여 커진다.

3 속도와 충격력

① 차의 속도가 빠를수록, 중량이 클수록, 또한 딱딱한 물체에 충돌했을 때일수록 충격력은 더 커진다.
② 차 충격력은 속도의 제곱에 비례하여 커진다(속도가 2배이면 충격력은 4배가 된다).

4 수막현상(하이드로플레닝)

① 비가 와서 물이 고여 있는 도로 위를 고속 주행 시 타이어와 노면 사이에 수막현상이 생겨 물 위를 달리는 것과 같은 상태가 되는 것을 수막현상이라고 한다.

(하이드로플레닝 현상)

② 승용차의 경우 시속 90~100km 이상 달리면 발생한다. 수막현상은 타이어 마모상태와 공기압에 따라 달라진다. 공기압이 낮거나 타이어가 마모된 경우 시속 70km 속도에서도 발생되므로 이 경우에는 엔진 브레이크를 사용하여 감속운행하여야 한다.

5 베이퍼 록과 페이드 현상

① 베이퍼 록 현상 : 긴 내리막길 등에서 브레이크를 계속 많이 사용하면 브레이크의 마찰열로 인해 브레이크액이 끓어올라 브레이크 파이프에 기포가 형성되어 브레이크가 듣지 않게 되는 현상이다.
② 페이드 현상 : 브레이크를 계속 또는 자주 사용함으로써 발생한 마찰열이 라이닝의 재질을 변형시켜 마찰계수가 떨어지면서 브레이크가 밀리거나 듣지 않게 되는 현상이다.

6 스탠딩 웨이브 현상

① 타이어의 공기압력이 부족한 상태에서 시속 100km 이상 고속 주행 시 노면의 접지면에서 떨어지는 타이어 일부분이 변형되어 물결모양으로 나타나는 현상이다.

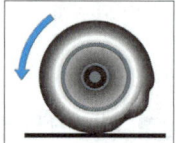
(스탠딩 웨이브 현상)

② 타이어 내부 온도가 과열되어 타이어가 파열되면서 사고가 발생한다.

2. 이륜차의 특성

이륜차는 차체가 안정성이 없기 때문에 운전자가 몸으로 안정을 유지하면서 주행하여야 하므로 속도가 느리거나 정지하게 되면 안정을 잃게 되는 구조상의 특성을 갖고 있다.

1 중심과 안전성

이륜차는 차체에 중심이 있고, 사람도 중심이 있다. 사람이 이륜차를 타게 되면 사람과 차가 일체로 중심이 된다. 이 사람과 차 일체의 중심에서의 중력 외의 힘(예컨데 원심력)이 합쳐진 힘의 작용선이 타이어의 접지면 선상에 있는 상태가 이륜차의 안정 주행이 된다. 그러나 사람과 차 일체의 중심이 한쪽으로 치우치면 핸들을 놓치거나 느슨한 커브에서도 전도하게 된다.

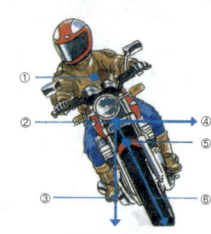
(중심과 안정성)

※ 이륜차는 2개의 바퀴로 주행하기 때문에 속도가 느려지거나 정지하게 되면 넘어지는 특성이 있다.
① 사람의 중심   ② 사람과 차 일체의 중심   ③ 중력
④ 원심력   ⑤ 차의 중심   ⑥ 합쳐진 힘의 작용

2 승차자세와 조종성

사람과 차 일체의 중심은 같은 승차자세로서 이동하게 된다. 안정주행 요령은, 차의 변화에 맞춰서 사람과 차가 일체로 중심을 이동시키는 것이다. 언덕길을 올라갈 때에는 앞바퀴가 들리는 것을 방지하기 위해 엎드리는 자세로 사람과 차 일체의 중심을 앞으로 이동시킨다. 내리막길에서는 허리를 당겨서 같은 모양으로 균형을 잡는다. 험한 길에서는 차의 변화에 맞춰 사람과 차 일체의 중심이동이 유연하게 행해질 수 있도록 엉거주춤한 자세가 필요하다.

3 커브에서의 주행 방법

① 커브에 가까워지면 그 직전의 직선부분에서 미리 속도를 충분히 낮추고 커브 도중에는 클러치를 끊지 말고 차바퀴에 엔진의 힘이 실린 채 주행하도록 한다.

② 돌아갈 때(회전)에는 핸들로 조작하는 것이 아니고 차체를 기울여서 자연스럽게 회전하도록 한다.
③ 도로의 좌측 부분으로 튀어나오지 않도록 한다. 또 대향차가 다가와 주행하는 경우가 있으므로 주의할 필요가 있다.
④ 모퉁이나 커브에서는 앞의 차를 앞지르기를 하지 않도록 한다.

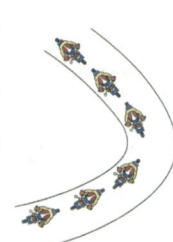

참고
① 커브 직전에 충분히 감속한다.
② 일정한 차 속도를 결정한다.
③ 일정한 속도를 유지한다.
④ 가속한다.
⑤ 차체를 바로 세운다.
⑥ 직선 주행
⑦ 커브 길에서는 천천히 들어서고 빨리 나가는 주행(Slow in fast out)이 원칙

※ 곡선구간에서는 시야를 넓게 하고 시선은 멀리 본다.
※ 커브를 돌 때 차체와 같은 각도로 운전자의 몸을 안쪽으로 기울이는 것은 린 위드(Lean with) 코너링 자세를 포장도로에서 고속 주행 시 사용하는 자세를 린 인(Lean in)이라고 한다.
※ 코너링 자세를 비포장도로에서 사용하는 자세는 린 아웃(Lean out)이라고 한다.
※ 이륜자동차가 커브 길에서 급제동하면 원심력이 작용하며 미끄러지며 넘어지게 된다.

Chapter 17
특별한 상황에서의 운전 요점 정리

1. 도로 상태에 따른 운전

1 언덕길 등에서 운전

① 도로 오르막 중간에서 앞차의 뒤에 정지할 때에는 앞차와 너무 접근하여 정지하지 않도록 한다.

해설 앞차 출발 시 뒤로 밀려 뒤차와의 충돌 위험이 있다.

(너무 가까이 접근 금지)

② 언덕길의 정상 부근에서는 서행하고, 절대 앞지르기를 금지한다.

(안전거리 유지)

해설 언덕길 정상 부근은 반대편에서 마주 오고 있는 차의 확인이 어렵기 때문에 절대 앞지르기를 금지한다.

③ 내리막길에서는 언덕을 올라갈 때와 같은 기어를 사용하고 엔진 브레이크를 사용하며, 앞차와의 안전거리를 충분히 유지한다.
④ 긴 내리막길에서 풋 브레이크만을 계속 사용하게 되면 베이퍼 록 현상이 발생하여 제동이 되지 않으므로 대단히 위험하다.
⑤ 내리막길이나 빙판, 눈길에서는 가속력이 작용하기 때문에 급브레이크, 급핸들을 하지 않도록 한다.

2 도로의 모퉁이, 구부러진 길

① 도로의 모퉁이나 구부러진 길을 주행할 때에는 그 앞의 직선 도로부분에서 충분히 속도를 줄인 후 서행으로 안전을 확인하고 통과한다.
② 과속 운전 중 급핸들이나 급브레이크 조작은 원심력에 의하여 길 밖으로 전복되거나 미끄러지게 된다.
③ 도로의 모퉁이나 구부러진 길에서는 중앙선을 넘어가지 않도록 하고, 대향차가 중앙선을 넘어올 경우를 예상, 방어 운전에 대비하여 운전한다.

(중앙선을 침범하지 않도록 한다)

(커브에서는 대향차에 주의)

3 주택가 골목길

① 주택가 골목길은 폭이 좁고 어린이나 보행자의 왕래가 빈번하므로 서행한다.
② 구르는 공이나 자전거, 장난감 뒤에는 반드시 어린이가 달려온다는 것을 염두에 두고 즉시 정지할 수 있는 자세로 운전한다.
③ 위험스럽게 느껴지는 자동차나 자전거, 손수레, 사람 또는 그림자 등을 발견한 때에는 그 움직임을 계속 주시하고 운전한다.

4 진흙길, 자갈길

① 진흙길이나 자갈길에서의 운전은 대단히 위험하다. 저속기어를 사용하고 속도를 줄여서 통과한다. 특히 타이어가 공회전되지 않도록 한다.
② 급제동, 급가속을 하거나 크게 핸들조작을 하지 말고 가속그립(액셀러레이터)으로 일정 속도를 유지시킨다.

2. 기상상황에 따른 운전

1 비가 올 때

① 노면이 비에 젖어 있을 때에는 급핸들이나 급브레이크, 급출발은 미끄러질 위험이 있으므로 절대로 하지 않는다.
② 비나 강풍 등 악천후 때에는 속도를 늦추는 것이 중요하다.
③ 평상시보다 차간거리를 멀리하고 주행한다.
④ 공사현장의 철판 등은 비가 내리면 매우 미끄러지기 쉬우므로 주의한다.
⑤ 물이 고여 있는 곳을 통과하게 되면 브레이크가 잘 듣지 않으므로 피하여 주행한다.
⑥ 다른 차와 간격을 두어 물이 튀지 않도록 유지한다.

2 눈길이나 빙판길

① 눈길이나 빙판길의 도로는 대단히 미끄럽기 때문에 위험하다. 이륜차의 운전은 가능한 한 피하는 것이 좋다.
② 스노타이어 등을 장착하였어도 미끄러지는 일이 있으므로 안심하여서는 아니 된다.
③ 부득이 이륜차를 운전할 때에는 급핸들이나 급브레이크 조작을 피하고 저속기어로서 엔진 브레이크를 활용하는 등 신중을 기한다.
④ 눈길에서는 가능한 한 앞차가 지나간 자국을 따라서 주행하는 것이 안전하다.

3 안개길

① 안개가 낀 상태에서는 시야 확보가 어렵기 때문에 하향등을 켜도록 한다.
② 시야 확보가 어려운 때에는 도로변에 잠시 차를 세우고 안개가 걷힐 때까지 기다린다.
③ 시야가 확보되어 운행하고자 할 때에는 가드레일, 중앙선, 차선, 앞차의 미등 등 차량의 위치를 파악하면서 서행으로 운행한다.

3. 야간 운전

1 야간 운전 시 시계와 속도

① 야간은 시계가 나쁘고, 협소하므로 노면의 상태를 알기 어렵다.
② 속도를 낮추고 주위상황을 잘보고, 안전을 확인하면서 신중한 운전을 하여야 한다.
③ 주간이라도 터널 안이나 짙은 안개, 폭우, 폭설 등 전방 물체 확인이 어려울 때에는 야간에 켜야 할 등화를 켜야 한다.

2 대향차의 불빛·시선 등의 주의

① 대향차의 <u>전조등 불빛에 현혹되면 불빛의 착란으로 보행자 등이 보이지 않게 되므로 감속과 동시, 보행자 움직임에 주의</u>해야 한다.
② 눈의 시선은 되도록 먼 곳에 두어 장애물을 일찍 발견하며, 좁은 도로에서 <u>대향차의 불빛에 현혹될 때</u>에는 <u>시선을 약간 우측으로</u> 돌린다.
③ 검은색 계통의 복장을 한 보행자는 발견이 어렵기 때문에 주의를 해야 하고 술 취한 보행자의 행동은 예측하기 어려우므로 특히 주의해야 한다.

3 앞차의 제동등에 주의

① 야간은 앞차까지의 거리를 앞차의 미등(제동등)과 자기 차의 전조등으로 판단하므로 차간거리에 주의한다.
② 앞차의 제동등이 켜지면 자기 차도 감속하거나 정지 준비를 한다.
③ 앞차가 급제동, 급핸들하는 경우 위험한 상황이므로 이에 대비한다.

Chapter 18
이륜차의 등록과 관리 요점 정리

1. 이륜차의 관리

1 이륜차의 사용신고

① 이륜차를 취득하여 사용하고자 하는 자는 시장·군수 또는 구청장에게 사용신고를 하고 이륜차 번호의 지정을 받아야 한다.
② 이륜자동차의 소유자는 ①에 따른 신고 사항 중 변경 사항이 있거나 이륜자동차 사용을 폐지한 경우에는 시장·군수·구청장에게 신고하여야 한다.
③ ①에 따라 신고된 이륜자동차의 소유권을 이전받은 자는 시장·군수·구청장에게 이륜자동차 소유권 이전에 관한 신고를 하여야 한다. 다만, 이륜자동차를 양수한 소유자가 이륜자동차 소유권 이전에 관한 신고를 하지 아니한 경우에는 이를 양도한 자가 그 소유자를 갈음하여 신고할 수 있다.

2 이륜차의 번호판 부착

① 이륜차는 그 후면의 보기 쉬운 곳에 이륜차 번호판을 부착하지 아니하고는 운행하지 못한다.
② 시장·군수 또는 구청장은 사용 신고를 받은 때에는 이륜차 번호판을 붙이고 봉인을 하여야 한다.
③ 이륜차 소유자는 번호판 또는 봉인이 떨어지거나 알아보기 어렵게 된 때에는 지체없이 다시 부착 봉인하여 줄 것을 신청할 수 있다.

3 이륜차 신고 사항의 변경

이륜차 소유자는 신고 사항 중 사용본거지, 소유자의 성명 또는 이륜차 소유권이 이전된 때에는 신고 사항 변경신고서를 시장·군수 또는 구청장에게 제출하여야 한다.

Part2 이륜차, 원동기장치자전거 운전면허 시험 출제문제

※ 적색 글씨로 표기된 보기가 정답이므로 문제를 읽고 즉시 정답을 외우시기 바랍니다.

Chapter 01
이륜차운전자의 복장과 자세 출제문제

1 다음은 이륜자동차의 운전자의 복장에 대한 설명이다. 적절하지 못한 것은?

① 신체를 보호할 수 있고, 눈에 잘 띄는 밝은 계통의 옷을 입는다.
② 손가락 움직임이 편한 가죽 장갑을 착용한다.
③ 야간 운전에 대비해 반사체 등을 부착하면 좋다.
④ 여름에는 샌들 등 통풍이 좋은 신발을 신고, 겨울에는 목이 긴 가죽소재 부츠 등이 좋다.

해설 슬리퍼, 샌들 등은 기어와 브레이크 조작을 어렵게 하는 요인이며 사고의 발생을 높이고 사고발생 시 부상의 위험이 높아 착용하지 않도록 한다.

2 도로를 안전하게 이용하는 운전자의 자세로 바람직하지 않은 것은?

① 도로는 모든 사람과 차가 함께 사용하는 공간이라고 생각한다.
② 상대방 입장에서 양보하고 배려하는 마음을 가진다.
③ 자신이 신호위반하는 경우는 어쩔 수 없는 상황이라고 생각한다.
④ 운전능력보다는 부주의 때문에 사고가 발생할 수 있다고 생각한다.

해설 도로는 모든 사람과 차가 함께 사용하는 공간이며, 상대방 입장에서 양보하고 배려하는 마음과 운전능력보다는 부주의 때문에 사고가 발생할 수 있다고 생각하는 것이 중요하다.

3 도로에서 위험과 장해를 방지하고 원활한 교통과 안전을 확보할 수 있는 마음가짐으로 바람직하지 않은 것은?

① 양보와 배려
② 안전운전에 대한 책임감
③ 생명존중 마음
④ 추측과 충동운전

해설 도로에서 위험과 장해를 방지하고 원활한 교통과 안전을 확보하기 위해서는 양보와 배려, 책임감, 생명존중의 마음가짐을 갖는 것이 바람직하다.

4 다음 중 이륜자동차 운전자의 마음가짐으로 바람직하지 않은 것은?

① 승차인원을 초과하지 않는다.
② 안전모는 항상 착용하는 습관을 갖는다.
③ 넘어지기 쉬우므로 급핸들 조작은 삼간다.
④ 도로 위의 교통약자이므로 상대방이 양보해 준다는 기대를 한다.

해설 운전자는 항상 주의를 살피고 상대방이 나를 보지 못할 수도 있다는 생각으로 안전운전 방어운전을 해야 한다.

5 다음 중 이륜차 운전자의 올바른 태도로 바람직하지 않은 것은?

① 도로는 모든 운전자가 이용하는 곳이므로 법과 질서를 지킨다.
② 잘 모르는 도로를 운행할 때는 평소보다 더 주의를 기울여야 사고를 예방할 수 있다.
③ 운전이 미숙한 다른 이륜차 운전자를 보면 곡예운전 등 시범을 보인다.
④ 항상 겸손한 마음으로 다른 운전자의 입장도 헤아리는 습관을 들인다.

해설 운전자는 항상 곡예운전을 삼가고 급가속 등을 하지 않도록 해야 한다.

정답 Chapter ① 1. ④ 2. ③ 3. ④ 4. ④ 5. ③

6 다음 중 올바른 운전태도로 가장 바람직하지 않은 것은?

① 심신이 흥분되고 감정이 격앙되었을 경우에는 운전을 삼간다.
② 운전 중 졸음을 느끼면 가장 가까운 휴게소나 졸음쉼터에서 쉬어야 한다.
③ 의사 처방에 의한 감기약 등을 복용 후 운전 시에는 의사나 약사의 지시나 권고에 따른다.
④ 신속하게 목적지에 도착하는 것이 중요하므로 교통법규는 무시한다.

해설 교통법규는 항상 지키도록 해야 한다.

7 다음은 이륜자동차를 운전할 때 시야와 시점의 분배에 대한 설명이다. 맞는 것은?

① 시점은 가까이 두고, 시야는 좁게 가져야 한다.
② 시점은 멀리 두고, 시야는 넓게 가져야 한다.
③ 시점은 멀리 두고, 시야는 좁게 가져야 한다.
④ 시점은 가까이 두고, 시야는 넓게 가져야 한다.

해설 이륜자동차를 운전할 때 시점은 멀리 두고, 시야는 넓게 가져야 한다.

8 다음은 이륜자동차 운전자의 시야와 시점에 대한 설명이다. 맞는 것은?

① 좌 · 우가 길고 수평선이 낮다.
② 위 · 아래가 길고, 수평선이 높다.
③ 좌 · 우가 짧고 수평선이 높다.
④ 위 · 아래가 짧고, 수평선이 낮다.

해설 이륜자동차 운전자의 시야와 시점은 위 · 아래가 길고, 수평선이 높고, 자동차 운전자의 시야와 시점은 좌 · 우가 길고 수평선이 낮다.

9 운전자의 운전 행태에 영향을 미치는 요인으로 가장 관련성이 높은 것은?

① 운전면허 취득 방법
② 운전자의 학력
③ 운전면허의 종류
④ 운전자의 신체적 상태

해설 운전면허 취득 방법, 운전자 학력, 운전면허의 종류는 운전자의 운전 행태에 크게 영향을 미친다고 볼 수 없다.

Chapter 02 이륜차 운전자의 안전모 출제문제

1 이륜자동차 운전 시 안전모를 반드시 착용해야 하는 이유는?

① 운전 중 졸음과 피로감을 줄이기 위하여
② 운전 중 적절한 안전거리를 유지하기 위하여
③ 운전 중 보다 넓은 시야 확보를 위하여
④ 운전 중 교통사고로부터 머리를 보호하기 위하여

해설 이륜자동차 운전시 안전모를 반드시 착용해야 하는 이유는 운전 중 교통사고로부터 머리를 보호하기 위함이 가장 크다.

2 다음 중 이륜자동차 승차용 안전모 착용에 대한 설명으로 잘못된 것은?

① 안전모는 사고 때 머리 및 얼굴 보호 목적이다.
② 안전모를 착용할 때 턱 끈은 약간 느슨하게 맨다.
③ 충격을 흡수하기 때문에 충격 완화에 도움을 준다.
④ 안전모는 앞으로 숙여서 착용하거나 뒤로 젖혀서 착용해서는 안 된다.

해설 안전모를 착용할 때 턱 끈을 단단히 조여서 확실히 매지 않으면 소용이 없다.

3 다음 중 이륜자동차 인명보호장구 착용에 관한 설명으로 틀린 것은?

① 운전자는 인명보호장구를 착용하고 동승자는 동승자의 선택에 맡긴다.
② 야간운행에 대비하여 뒷부분에 반사체가 부착된 안전모를 착용한다.
③ 풍압에 의하여 차광용 앞창이 시야를 방해하지 않는 안전모를 착용한다.
④ 좌 · 우, 상 · 하로 충분한 시야를 가지는 안전모를 착용한다.

해설 이륜자동차와 원동기장치자전거(개인형이동장치는 제외한다)의 운전자는 인명보호장구를 동승자에게도 착용하도록 해야한다.
1. 안전모는 좌우, 상하로 충분한 시야를 가질 것
2. 풍압에 의하여 차광용 앞창이 시야를 방해하지 아니할 것
3. 청력에 현저하게 장애를 주지 아니할 것

정답 6. ④ 7. ② 8. ② 9. ④ Chapter ② 1. ④ 2. ② 3. ①

4. 충격 흡수성이 있고, 내관통성이 있을 것
5. 충격으로 쉽게 벗어지지 아니하도록 고정시킬 수 있을 것
6. 무게는 2킬로그램 이하일 것
7. 인체에 상처를 주지 아니하는 구조일 것
8. 안전모의 뒷부분에는 야간운행에 대비하여 반사체가 부착되어 있을 것

4 이륜차의 안전운전 요령으로 맞지 않는 것은?
① 2인 승차 시 안전모는 운전자만 착용하면 된다.
② 급차로 변경, 끼어들기, 급제동, 급가속 등을 하지 않는다.
③ 횡단보도를 건널 때는 하차하여 끌고 횡단한다.
④ 보도통행을 하지 않으며 교통법규를 잘 준수한다.

해설 이륜자동차와 원동기장치자전거(개인형 이동장치는 제외한다)의 운전자는 행정안전부령으로 정하는 인명보호장구를 착용하고 운행하여야 하며, 동승자에게도 착용하도록 하여야 한다.

5 이륜차 운전자는 안전모를 착용하고 동승자는 착용하지 않은 경우 어떻게 되는가?
① 동승자에게 과태료가 1만 원 부과된다.
② 운전자에게 과태료가 2만 원 부과된다.
③ 과태료가 부과되지 않는다.
④ 차량소유자에게 과태료가 1만 원 부과된다.

해설 ※ 이륜자동차와 원동기장치자전거(개인형 이동장치는 제외한다)의 운전자는 행정안전부령으로 정하는 인명보호장구를 착용하고 운행하여야 하며, 동승자에게도 착용하도록 하여야 한다.
※ 다음 각 호의 어느 하나에 해당하는 사람에게는 20만원 이하의 과태료를 부과한다.
이륜자동차의 원동기장치자전거(개인형 이동장치는 제외한다)의 운전자는 행정안전부령으로 정하는 인명보호 장구를 착용하고 운행해야 하며, 동승자에게도 착용하도록 하여야 한다.

6 다음 중 도로교통법령상 이륜자동차 승차용 안전모의 선정기준으로 잘못된 것은?
① 충격에 쉽게 벗어지는 구조일 것
② 충격 흡수성이 있고, 내관통성이 있을 것
③ 좌·우·상·하로 충분한 시야를 가질 것
④ 인체에 상처를 주지 않는 구조일 것

해설 이륜자동차 승차용 안전모는 충격으로 쉽게 벗어지지 아니하도록 고정시킬 수 있을 것

7 다음 중 운전자 자신에게 맞는 이륜자동차 승차용 안전모를 선택하는 방법으로 잘못된 것은?
① 규격에 맞는 것을 선택한다.
② 시인성이 좋은 것을 선택한다.
③ 용도에 맞는 것을 선택한다.
④ 자신의 머리 크기보다 약간 큰 것을 선택한다.

해설 자신에게 맞는 승차용 안전모를 선택하는 방법은 머리 크기에 맞는 것, 규격에 맞는 것, 용도에 맞는 것, 시인성이 좋은 것을 선택하여야 한다.

8 다음 중 도로교통법령상 이륜자동차 승차용 안전모의 무게기준으로 맞는 것은?
① 1킬로그램 이하   ② 1.5킬로그램 이하
③ 2킬로그램 이하   ④ 2.5킬로그램 이하

해설 이륜자동차 승차용 안전모는 2킬로그램 이하일 것

9 이륜자동차의 승차용 안전모로 가장 적합하지 않은 것은?
① 안전모 뒷부분에 반사체가 부착되어 있을 것
② 충격 흡수성이 있고 내관통성이 있을 것
③ 청력에 현저한 장애를 주지 아니할 것
④ 무게는 2킬로그램을 초과할 것

해설 이륜자동차의 승차용 안전모는 안전모 뒷부분에 반사체가 부착되어 있을 것, 충격 흡수성이 있고 내관통성이 있을 것, 청력에 현저한 장애를 주지 아니할 것, 무게는 2킬로그램 이하일 것

10 다음은 이륜자동차 승차용 안전모의 차광용 유리를 선택할 때 주의사항이다. 잘못된 것은?
① 햇빛으로부터 운전자의 시야를 보호하기 위해서는 짙은 색깔이어야 한다.
② 빛의 각도를 왜곡하지 않아야 한다.
③ 물체의 거리를 제대로 식별할 수 있어야 한다.
④ 안전사고 시 유리 파편으로 인한 상처를 보호하기 위한 안전유리를 선택하여야 한다.

해설 승차용 안전모의 차광용 유리는 너무 어둡지 않아야 물체의 거리 등을 식별할 수 있고, 빛의 각도를 왜곡하지 않는지 확인한다. 만일의 사고로 인해 유리 파편이 운전자의 얼굴에 치명적인 상처를 예방하기 위해 안전유리를 선택하여야 한다.

정답 4. ① 5. ② 6. ① 7. ④ 8. ③ 9. ④ 10. ①

Chapter 03
도로교통법의 용어의 정의 출제문제

1 다음 중 길가장자리구역에 대한 설명이다. 가장 알맞은 것은?
① 보행자의 안전을 확보하기 위하여 안전표지 등으로 경계를 표시한 곳이다.
② 보도와 차도가 구분된 도로에 자전거를 위하여 설치한 곳이다.
③ 보행자가 도로를 횡단할 수 있도록 안전표지로써 표시한 곳이다.
④ 이륜자동차 또는 원동기장치자전거가 다니는 곳이다.

해설 "길가장자리구역"이란 보도와 차도가 구분되지 아니한 도로에서 보행자의 안전을 확보하기 위하여 안전표지 등으로 경계를 표시한 도로의 가장자리 부분을 말한다.

2 도로교통법령상 안전지대에 대한 설명으로 틀린 것은?
① 도로를 횡단하는 보행자나 통행하는 차마의 안전을 위하여 안전표지로 표시한 도로의 부분을 말한다.
② 안전지대의 색은 노란색이나 흰색이다.
③ 도로상에 장애물이 있는 지점에 설치한다.
④ 보행자가 도로를 횡단할 수 있도록 안전표지로 표시한 도로의 부분을 말한다.

해설 노상에 장애물이 있거나 안전확보가 필요한 안전지대로써 이 지대에 들어가지 못함을 표시하는 것. 안전지대란 도로를 횡단하는 보행자나 통행하는 차마의 안전을 위하여 안전표지나 이와 비슷한 인공구조물로 표시한 도로의 부분을 말한다.

3 도로교통법상 '운전'에 해당하는 것은?
① 내리막길에서 주차상태 잘못으로 운전자 없는 자동차가 이동한 경우
② 면허가 없는 사람이 출입이 통제된 아파트 지하주차장에서 주차를 하는 경우
③ 마약에 취해 정상운전이 어려운 상태에서 승용자동차를 모텔 주차장에 주차하는 경우
④ 시내도로에서 시동을 끈 상태에서 125시시 오토바이를 두 손으로 핸들을 잡고 끌고 가는 경우

해설 도로교통법에서 규정하고 있는 운전의 개념에는 혈중 알코올농도 0.03퍼센트 이상 주취운전과 마약 등으로 인해 정상적인 운전이 어려운 상태에서 도로 외에서의 운전도 포함한다.

4 자전거 이용 활성화에 관한 법률상 자전거 도로가 아닌 것은?
① 자전거 전용도로 ② 자전거 전용차로
③ 자전거 우선도로 ④ 자전거 우선차로

해설 자전거 이용 활성화에 관한 법률 제3조 자전거 도로는 자전거 전용도로, 자전거 전용차로, 자전거 보행자 겸용도로, 자전거 우선도로가 있다.

5 자전거전용도로로 통행할 수 없는 것은?
① 전동킥보드 ② 전기자전거
③ 이륜자동차 ④ 전동이륜평행차

해설 자전거 전용도로는 자전거와 개인형 이동장치만 통행할 수 있다.

6 도로교통법령상 '차'에 해당하는 것으로만 나열된 것은?
① 자전거, 원동기장치자전거, 말이 끄는 수레
② 기차, 어린이용 세발자전거, 전동 킥보드
③ 유모 차, 보행보조용 의자차, 전동 이륜평행차
④ 케이블 카, 경운기, 전기자전거

해설 자전거와 원동기장치자전거는 차에 해당한다. 그러나 가설된 선에 의하여 운전되는 기차나 어린이를 태운 유모차와 신체 장애인용 의자차는 도로교통법상 '차'에 해당하지 않는다.

7 도로교통법령상 차마에서 제외되는 기구·장치가 아닌 것은? (너비 1미터 이하)
① 보행보조용 의자차
② 노인이 타고 있는 자전거
③ 동력이 없는 손수레
④ 노약자용 보행기

해설 "유모차, 보행보조용 의자차, 노약자용 보행기 등 행정안전부령이 정하는 기구·장치"란 너비 1미터 이하인 것으로서 다음 각 호의 기구·장치를 말한다.
1. 유모차
2. 보행보조용 의자차(「의료기기법」제19조에 따라 식품의약품안전처장이 정하는 의료기기의 기준규격에 따른 수동휠체어, 전동휠체어 및 의료용 스쿠터를 말한다)

정답 Chapter 3 1. ① 2. ④ 3. ③ 4. ④ 5. ③ 6. ① 7. ②

3. 노약자용 보행기
4. 법 제11조제3항에 따른 놀이기구(어린이가 이용하는 것에 한정한다)
5. 동력이 없는 손수레
6. 이륜자동차, 원동기장치자전거 또는 자전거로서 운전자가 내려서 끌거나 들고 통행하는 것
7. 도로의 보수·유지, 도로상의 공사 등 작업에 사용되는 기구·장치(사람이 타거나 화물을 운송하지 않는 것에 한정한다)

8 도로교통법령상 개인형 이동장치 기준 중에서 행정안전부령으로 정하는 것에 해당되지 않는 것은?

① 전동킥보드
② 전동이륜평행차
③ 전동기의 동력으로만 움직일 수 있는 자전거
④ 전동이륜보드

해설 "행정안전부령으로 정하는 것"이란 다음 각 호의 어느 하나에 해당하는 것으로서 「전기용품 및 생활용품 안전관리법」 제15조제1항에 따라 안전확인의 신고가 된 것을 말한다.
1. 전동킥보드
2. 전동이륜평행차
3. 전동기의 동력만으로 움직일 수 있는 자전거

9 다음 중 도로교통법상 원동기장치자전거의 정의(기준)에 대한 설명으로 옳은 것은?

① 모든 이륜자동차를 말한다.
② 자동차 관리법에 의한 배기량 250시시 이하의 이륜자동차를 말한다.
③ 배기량 50시시 미만의 원동기를 단 차와 정격출력 0.59킬로와트 미만의 원동기를 단 차를 말한다.
④ 배기량 125시시 이하의 이륜자동차와 최고 정격출력 11킬로와트 이하의 원동기를 단 차를 말한다.

해설 원동기 장치 자전거는 배기량 125시시 이하의 이륜자동차와 최고 출력 11킬로와트 이하의 원동기를 단 차를 말한다.

10 소음 진동관리법령상 2006년 1월 1일 이후에 제작되는 이륜자동차(운행자동차)의 배기 소음 기준으로 맞는 것은?

① 105dB 이하
② 110dB 이하
③ 115dB 이하
④ 120dB 이하

해설 2006년 1월 1일 이후에 제작되는 이륜자동차의 운행 배기 소음 기준은 105dB 이하이다.

Chapter 04
신호기 등의 출제문제

1 이륜자동차 운전자는 적색신호 시 횡단보도 및 교차로 직전에 ( )하여야 한다. 다음 중 ( ) 안에 알맞은 것은?

① 감속　② 서행　③ 정지　④ 주행

해설 모든 자동차 운전자는 적색신호 시 횡단보도 및 교차로 직전에 정지하여야 한다.

2 교차로 진입 전 신호기의 신호가 황색인 경우 가장 알맞은 운전 방법은?

① 서행하면서 좌회전한다.
② 서행하면서 유턴한다.
③ 속도를 높여 신속히 정지선을 통과한다.
④ 정지선 직전에 정지한다.

해설 운전자는 신호기의 신호에 따라 주행해야 하며 황색신호인 경우 정지선 직전에 정지한다. 속도를 높여 주행하는 것은 불법운전이고 매우 위험한 운전이다.

3 도로교통법령상 황색등화에 대한 설명이다. 틀린 것은?

① 차마는 정지선이 있을 때에는 그 직전에 정지하여야 한다.
② 차마는 횡단보도가 있을 때에는 그 직전에 정지하여야 한다.
③ 이미 교차로에 진입하고 있는 경우에는 신속히 교차로 밖으로 진행하여야 한다.
④ 차마는 우회전을 할 수 없다.

정답 8. ④　9. ④　10. ①　Chapter ④　1. ③　2. ④　3. ④

해설 (신호기가 표시하는 신호의 종류 및 신호의 뜻) 황색의 등화 : 차마는 정지선이 있거나 횡단보도가 있을 때에는 그 직전이나 교차로의 직전에 정지하여야 하며, 이미 교차로에 진입하고 있는 경우에는 신속히 교차로 밖으로 진행하여야 한다. 차마는 우회전을 할 수 있고, 우회전하는 경우에는 보행자의 횡단을 방해하지 못한다.

4 다음 중 차량신호가 황색일 때 교차로 통행방법으로 옳지 않은 것은?

① 정지선 직전에 정지하여야 한다.
② 이미 교차로에 진입한 경우에는 신속히 교차로 밖으로 진행하여야 한다.
③ 우회전할 수 있고 우회전하는 경우에는 보행자의 횡단을 방해하지 못한다.
④ 이미 교차로에 진입한 경우라도 진행하면 교차로 통행방법 위반이다.

해설 ※ 교차로에서 황색신호일 때 차마는 정지선이 있거나 횡단보도가 있을 때에는 그 직전이나 교차로의 직전에 정지하여야 하며, 이미 교차로에 차마의 일부라도 진입한 경우에는 신속히 교차로 밖으로 진행하여야 한다.
※ 차마는 우회전할 수 있고 우회전하는 경우에는 보행자의 횡단을 방해하지 못한다.

5 다음 중 이륜차 운전자의 운전방법으로 올바른 것은?

① 교차로에 이르기 전에 황색신호로 바뀌는 것을 보고 교차로 내에 정지하였다.
② 교차로에 이르기 전에 적색신호로 바뀌는 것을 보고 서서히 감속하여 횡단보도 내에 정지하였다.
③ 황색점멸등이 작동 중인 교차로에서 통행차량이 없는 것을 확인하고 매시 60킬로미터로 통과하였다.
④ 적색점멸등이 작동 중인 한산한 교차로를 일시정지 후 통과하였다.

해설 교차로에 이르기 전 신호가 경우 정지선 직전에 일시정지, 황색점멸등 교차로는 서행, 적색점멸등 교차로는 일시정지 후 통과한다.

6 다음 중 신호에 대한 설명이다. 가장 알맞은 것은?

① 황색 등화의 점멸 - 차마는 정지선 직전에 일시정지 하여야 한다.
② 적색의 등화 - 보행자는 횡단보도를 주의하면서 횡단할 수 있다.
③ 녹색 화살 표시의 등화 - 차마는 화살표 방향으로 진행할 수 있다.
④ 황색의 등화 - 차마가 이미 교차로에 진입하고 있는 경우에는 교차로 내에 정지해야 한다.

해설 가) 황색의 등화: 차마는 정지선이 있거나 횡단보도가 있을 때에는 그 직전이나 교차로의 직전에 정지하여야 하며, 이미 교차로에 진입하고 있는 경우에는 신속히 교차로 밖으로 진행하여야 한다. 차마는 우회전을 할 수 있고, 우회전하는 경우에는 보행자의 횡단을 방해하지 못한다.
나) 적색의 등화: 차마는 정지선, 횡단보도 및 교차로의 직전에서 정지하여야 한다. 다만, 신호에 따라 진행하는 다른 차마의 교통을 방해하지 아니하고 우회전할 수 있다.
다) 녹색 화살 표시의 등화: 차마는 화살표 방향으로 진행할 수 있다.
황색 등화의 점멸: 차마는 다른 교통 또는 안전표지의 표시에 주의하면서 진행할 수 있다.

7 교통신호에 따르는 운전행동에 대한 설명으로 가장 알맞은 것은?

① 앞차와의 거리를 좁혀 앞차를 따라 주행한다.
② 운전자는 반대방향의 신호에 따라 주행한다.
③ 이륜자동차는 가변차로의 가변신호를 따를 필요가 없다.
④ 운전자는 신호기의 신호에 따라 주행한다.

해설 운전자는 신호기의 신호에 따라 주행해야 하며 앞차만 따라 주행하는 것은 위험한 운전이다.

8 다음 중 이륜자동차 운전자에게 신호위반 책임을 물을 수 없는 행위는?

① 교차로에 진입하기 직전 차량신호가 황색으로 바뀌었음에도 멈추지 않고 진행하였다.
② 차량신호가 적색일 때 직진할 목적으로 정지선에서 천천히 출발하였다.
③ 차량신호가 적색일 때 다른 교통에 방해가 있음에도 우회전하였다.
④ 차량신호가 녹색일 때 다른 교통에 방해가 없어 우회전하였다.

정답 4. ④ 5. ④ 6. ③ 7. ④ 8. ④

해설 녹색신호일 때 우회전 하는 것은 신호위반이 아니다.
차량신호등이 녹색의 등화일 때
㉮ 차마는 직진 또는 우회전할 수 있다.
㉯ 비보호좌회전표지 또는 비보호좌회전표시가 있는 곳에서는 좌회전할 수 있다.

9 이륜자동차 운전자가 가변차로 주행 중 자신의 차로에 적색 X표 표시 등화의 점멸신호를 보았다. 가장 안전한 운전방법은?

① 서행하면서 그대로 진행한다.
② 일시 정지한 후 다른 교통에 주의하면서 진행한다.
③ 신속히 그 차로 밖으로 진로를 변경한다.
④ 일시적으로 다른 차로로 진로 변경 후 그 차로로 다시 돌아온다.

해설 적색 X표 표시 등화의 점멸의 뜻은 차마는 X표가 있는 차로로 진입할 수 없고, 이미 차마의 일부라도 진입한 경우에는 신속히 그 차로 밖으로 진로를 변경하여야 한다.

10 이륜자동차 운전자가 비보호좌회전 하려고 한다. 가장 알맞은 운전 방법은?

① 진행방향 신호가 녹색인 경우에는 좌회전 할 수 없다.
② 진행방향 신호가 적색인 경우에만 가능하다.
③ 이륜자동차는 진행방향 신호와 상관없이 신속하게 좌회전 한다.
④ 진행방향 신호가 녹색인 경우 반대차로에서 직진하는 차량에 주의한다.

해설 진행방향 신호가 녹색인 경우에는 좌회전할 수 있는데 반대차로에서 직진하는 차량에 주의해야 한다.

11 다음 중 도로교통법령상 신호 또는 지시 권한이 없는 사람은?

① 의무경찰
② 군사훈련에 동원되는 부대의 이동을 유도하는 군사경찰
③ 녹색어머니회 회원
④ 본래의 긴급한 용도로 운행하는 소방차를 유도하는 소방공무원

해설 도로를 통행하는 보행자와 차마의 운전자는 교통안전시설이 표시하는 신호 또는 지시와 교통정리를 하는 경찰공무원(의무경찰을 포함) 및 제주특별자치도의 자치경찰공무원, 경찰공무원 및 자치경찰공무원을 보조하는 사람으로서 대통령령으로 정하는 모범운전자, 군사훈련 및 작전에 동원되는 부대의 이동을 유도하는 군사경찰, 본래의 긴급한 용도로 운행하는 소방차·구급차를 유도하는 소방공무원 등의 신호 및 지시를 따라야 한다.
녹색어머니회는 해당되지 않는다.

12 다음 중 도로교통법령상 신호등의 종류가 아닌 것은?

① 이륜자동차 신호등   ② 차량 신호등
③ 자전거 신호등   ④ 버스 신호등

해설 도로교통법령상 차량 신호등, 보행 신호등, 자전거 신호등, 버스 신호등이 있다.

Chapter 05
교통 안전표지 등 출제문제

1. 주의표지 등의 출제문제

1 다음 안전표지가 뜻하는 것은?

① ㅓ 자형 교차로가 있음을 알리는 것
② Y 자형 교차로가 있음을 알리는 것
③ 좌합류 도로가 있음을 알리는 것
④ 우선 도로가 있음을 알리는 것

해설 좌합류 도로표지 합류도로가 있는 지점에 설치하고 합류도로 전 50미터 내지 200미터의 도로우측에 설치한다.

정답 9. ③ 10. ④ 11. ③ 12. ①   Chapter ⑤ (1) 1. ③

2 다음 안전표지가 설치된 도로에서 안전한 운전방법은?

① 원활한 소통을 위해 서행이나 일시정지를 하지 않아도 된다.
② 회전교차로 내에 주차는 할 수 없으나 정차는 할 수 있다.
③ 진입하는 차보다 회전하고 있는 차가 우선한다.
④ 시계방향으로 회전한다.

해설 회전형교차로표지
회전형 교차로가 있음을 알리는 것

3 다음 안전표지가 있는 도로에서의 안전운전 방법은?

① 신호기의 진행신호가 있을 때 서서히 진입 통과한다.
② 차단기가 내려가고 있을 때 신속히 진입 통과한다.
③ 철도건널목 진입 전에 경보기가 울리면 가속하여 통과한다.
④ 차단기가 올라가고 있을 때 기어를 자주 바꿔가며 통과한다.

해설 ① '모든 차의 운전자는 철길 건널목(이하 "건널목"이라 한다)을 통과하려는 경우에는 건널목 앞에서 일시정지하여 안전한지 확인한 후에 통과하여야 한다. 다만, 신호기 등이 표시하는 신호에 따르는 경우에는 정지하지 아니하고 통과할 수 있다'.
② 제2항에 '모든 차의 운전자는 건널목의 차단기가 내려져 있거나 내려지려고 하는 경우 또는 건널목의 경보기가 울리고 있는 동안에는 그 건널목으로 들어가서는 아니 된다'고 규정되어 있음

4 다음 안전표지가 있는 도로에서 올바른 운전방법은?

① 눈길인 경우 고단 변속기를 사용한다.
② 눈길인 경우 가급적 중간에 정지하지 않는다.
③ 평지에서 보다 고단 변속기를 사용한다.
④ 짐이 많은 차를 가까이 따라간다.

해설 1. 오르막경사를 오르는 경우: 등판력를 높이고 시동을 유지하기 위해, 저단으로 변속
2. 짐을 실은 차를 가까이 따라가는 경우: 화물 추락으로 인한 사고 또는 앞차의 정지, 갑작스러운 서행으로 인하여 추돌사고가 발생할 수 있음
3. 눈길 오르막경사를 오르는 경우: 중간에 정지하면 미끄러움으로 등판할 수 없고, 고단으로 주행할 경우 미끄러움이 더해져 등판할 수 없음

5 다음 안전표지에 대한 설명으로 맞는 것은?

① 좌측방 통행 주의표지이다.
② 우합류 도로 주의표지이다.
③ 도로폭 좁아짐 주의표지이다.
④ 우측차로 없어짐 주의표지이다.

해설 우측차로 없어짐 표지
편도 2차로 이상의 도로에서 우측차로가 없어질 때 설치

6 다음 안전표지가 있는 경우 안전 운전방법은?

① 도로 중앙에 장애물이 있으므로 우측 방향으로 주의하면서 통행한다.
② 중앙 분리대가 시작되므로 주의하면서 통행한다.
③ 중앙 분리대가 끝나는 지점이므로 주의하면서 통행한다.
④ 터널이 있으므로 전조등을 켜고 주의하면서 통행한다.

정답 2. ③ 3. ① 4. ② 5. ④ 6. ①

해설 우측방통행표지
도로의 우측방향으로 통행하여야 할 지점이 있음을 알리는 것

7 다음 안전표지에 대한 설명으로 맞는 것은?

① 지그재그 운전을 금지하는 도로 주의표지이다.
② 우측과 좌측으로 연속하여 굽은 도로 주의표지이다.
③ 눈·비 등의 원인으로 미끄러지기 쉬운 도로 주의표지이다.
④ 좌우로 이중 굽은 오르막 도로 주의표지이다.

해설 도로교통법 시행규칙 별표6 (일련번호 126번) 미끄러운 도로표지
자동차 등이 미끄러지기 쉬운 곳임을 알리는 주의 표지판이며, 속도를 내기 쉽고 미끄러지기 쉬운 구간 시작지점에 설치, 핸들 및 브레이크 조작이 빈번한 지점에 설치, 기상조건으로 미끄러지기 쉬운 지점에 설치, 미끄러지기 쉬운 지점 전 30미터 내지 200미터의 도로우측에 설치한다.

8 다음 안전표지가 의미하는 것은?

① 편도 2차로의 터널
② 연속 과속방지턱
③ 노면이 고르지 못함
④ 굴곡이 있는 잠수교

해설 '노면 고르지 못함 표지'
'노면이 고르지 못함을 알리는 것'으로 규정되어 있음

9 다음 안전표지가 뜻하는 것은?

① 노면이 고르지 못함을 알리는 것
② 터널이 있음을 알리는 것
③ 과속방지턱이 있음을 알리는 것
④ 미끄러운 도로가 있음을 알리는 것

해설 과속방지턱, 고원식 횡단보도, 고원식 교차로가 있음을 알리는 것

10 다음 안전표지가 설치된 도로에서 가장 안전한 운전방법은?

① 횡단보도가 설치되어 있으므로 운전자는 속도를 높여 신속하게 주행한다.
② 횡단보도 200미터 전에 설치되어 있어 경음기를 울리면서 주행한다.
③ 보행자의 횡단을 금지하는 표지로 운전자는 안전하게 주행한다.
④ 횡단보도 주의표지로 운전자는 보행자의 안전에 유의하여야 한다.

해설 횡단보도표지
횡단보도가 있음을 알리는 것

11 다음 안전표지에 대한 설명으로 맞는 것은?

① 유치원 통원로이므로 자동차가 통행할 수 없음을 나타낸다.
② 어린이 또는 유아의 통행로나 횡단보도가 있음을 알린다.
③ 학교의 출입구로부터 2킬로미터 이후 구역에 설치한다.
④ 어린이 또는 유아가 도로를 횡단할 수 없음을 알린다.

해설 도로교통법 시행규칙 별표6 (일련번호 133) 어린이보호표지
어린이 또는 유아의 통행로나 횡단보도가 있음을 알리는 것, 학교, 유치원 등의 통학, 통원로 및 어린이놀이터가 부근에 있음을 알리는 것

정답 7. ③ 8. ③ 9. ③ 10. ④ 11. ②

12 다음 안전표지가 의미하는 것은?

① 자전거 통행이 빈번한 지점
② 자전거 횡단도
③ 자전거 주차장
④ 자전거 전용도로

해설 '자전거 표지'
자전거 통행이 빈번한 지점이 있음을 알리는 것'이라고 규정되어 있음

13 다음 안전표지에 대한 설명으로 틀린 것은?

① 도로상이나 도로변에서 공사나 작업을 하는 경우에 그 양측에 설치한다.
② 도로공사중임을 나타내는 주의표지이다.
③ 도로공사중인 지점 전 50미터 내지 1킬로미터의 도로 좌측에 설치한다.
④ 도로공사중인 지점 전 200미터 내지 1킬로미터의 구간 내에 설치할 경우에는 보조표지를 붙인다.

해설 도로공사중표지
도로상이나 도로연변에서 공사나 작업을 하고 있음을 알리는 것으로 도로공사중임을 나타내는 주의표지이다. 도로상이나 도로연변에서 공사나 작업을 하는 경우에 그 양측에 설치하며, 도로공사중일 때에는 칸막이, 라바콘 등 필요한 안전시설과 같이 설치한다. 도로공사중인 지점 또는 구간 전 50미터 내지 1킬로미터의 도로우측에 설치하며, 200미터 내지 1킬로미터의 구간 내에 설치할 경우에는 보조표지를 붙인다.

14 다음 안전표지에 대한 설명으로 맞는 것은?

① 안개가 자주 끼는 도로에 설치한다.
② 철새의 출현이 많은 도로에 설치한다.
③ 교량이나 강변 등 횡풍의 우려가 있는 도로에 설치한다.
④ 사람의 통행이 많은 도로에 설치한다.

해설 횡풍표지
강한 횡풍의 우려가 있는 지점이 있음을 알리는 것으로 횡풍주의표지이다. 횡풍의 우려가 있는 경우에 설치하며 횡풍의 우려가 있는 지점 전 50미터 내지 200미터의 도로우측에 설치

15 다음 안전표지의 뜻으로 맞는 것은?

① 철길표지   ② 교량표지
③ 높이제한표지 ④ 문화재보호표지

해설 교량표지
교량이 있는 경우에 설치, 교량 있는 지점 전 50미터에서 200미터의 도로우측에 설치

16 다음 안전표지의 뜻으로 맞는 것은?

① 일렬주차표지
② 상습정체구간표지
③ 야간통행주의표지
④ 차선변경구간표지

해설 상습정체구간표지
사고 위험이 있는 구간에 설치, 상습정체구간 전 50미터에서 200미터의 도로우측에 설치

17 다음 안전표지가 설치된 곳에서의 안전한 운전방법으로 바르지 않은 것은?

① 좌우로 이중굽은도로에서 매시 30킬로미터 이내의 속도로 주행한다.
② 원심력에 영향을 받기 쉬우므로 속도를 줄여 주행한다.
③ 법정속도가 안전속도보다 높으면 법정속도를 기준으로 주행한다.
④ 맞은편 차량과의 충돌이나 차로이탈위험에 주의를 기울인다.

해설 좌우로 이중굽은도로 표지, 안전속도표지

18 다음 안전표지가 설치된 도로에서 가장 안전한 운전방법은?

① 전방에 양측방 통행 도로가 있으므로 감속 운행한다.
② 전방에 장애물이 있으므로 감속 운행한다.
③ 전방에 중앙 분리대가 시작되는 도로가 있으므로 감속 운행한다.
④ 전방에 두 방향 통행 도로가 있으므로 감속 운행한다.

해설 중앙분리대가 시작되는 지점으로 감속 운행을 알리는 표지이다.

19 다음 안전표지에 대한 설명으로 바르지 않은 것은?

① 도로의 일변이 강변 등 추락위험 지점임을 알린다.
② 도로의 일변이 낙석위험인 지점 전 30미터에서 200미터의 도로 우측에 설치한다.
③ 이륜자동차에게도 적용되는 주의표지이다.
④ 자전거전용도로에 설치할 경우 자동차를 자전거로 변경하여 설치하기도 한다.

해설 강변도로표지
도로의 일변이 강변, 해변, 계곡 등 추락위험지점임을 알리는 것

20 다음 안전표지에 대한 설명으로 맞는 것은?

① 100미터 앞부터 낭떠러지 위험 구간이므로 주의
② 100미터 앞부터 공사 구간이므로 주의
③ 100미터 앞부터 강변도로이므로 주의
④ 100미터 앞부터 낙석 우려가 있는 도로이므로 주의

해설 낙석도로표지
100미터 앞부터 주의구간시작을 나타낸다. 낙석의 우려가 있는 지점에 설치, 낙석 우려지점 전 30미터 내지 200미터의 도로우측에 설치한다.

21 다음 안전표지가 의미하는 것은?

① 터널 안 노폭이 3.5미터를 알리는 표시
② 터널 안 노폭이 3.5미터보다 넓다는 것을 알리는 표시
③ 3.5미터 전방에 터널이 있다는 표시
④ 터널 안 높이가 3.5미터임을 알리는 표시

정답 17. ③ 18. ③ 19. ② 20. ④ 21. ①

> 해설 터널 안 노폭이 3.5미터를 알리는 표시
> 주의표지로서 터널표지, 보조표시, 노폭표지

22 다음 안전표지가 의미하는 것으로 맞는 것은?

① 자동차전용도로에서 차로를 잘 지키도록 보조표지인 차량한정표지를 사용한 것임
② **상습정체구간에서 차로를 잘 지키도록 보조표지인 교통규제표지를 사용한 것임**
③ 철길건널목에서는 차로를 잘 지키도록 보조표지인 직진표지를 사용한 것임
④ 승용자동차전용도로임으로 차로를 잘 지키도록 보조표지인 통행우선표지를 사용한 것임

> 해설 상습정체구간표지는 상습정체구간임을 알리는 것으로 교통규제표지를 사용하여 차로를 엄수하도록 알리는 것
> 1. 주의표지로서 상습정체구간표지, 보조표시

23 다음 안전표지 중 양측방통행을 알리는 주의표지는?

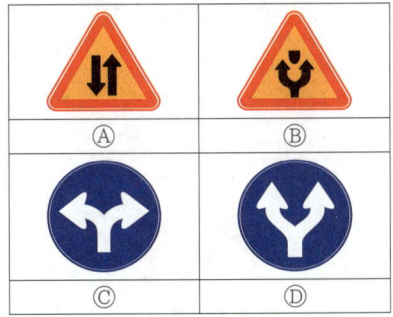

① Ⓐ　② **Ⓑ**　③ Ⓒ　④ Ⓓ

> 해설 안전표지의 종류, 만드는 방식, 설치하는 장소, 기준, 표시하는 뜻
> Ⓐ 2방향통행 주의표지
> Ⓑ 양측방통행 주의표지
> Ⓒ 좌우회전 지시표지
> Ⓓ 양측방통행 지시표지

2. 구제표지 등의 출제문제

1 다음 안전표지에 대한 설명으로 맞는 것은?

① 승합자동차(승차 정원 15명 이상인 것)의 통행을 금지하는 것이다.
② **승합자동차(승차 정원 30명 이상인 것)의 통행을 금지하는 것이다.**
③ 승용 및 승합자동차의 통행을 금지하는 것이다.
④ 모든 자동차의 통행을 금지하는 것이다.

> 해설 승합자동차통행금지표지
> 승합자동차(승차 정원 30명 이상인 것)의 통행을 금지하는 것이다.

2 다음 안전표지에 대한 설명으로 맞는 것은?

① 이륜자동차 및 자전거의 통행을 금지한다.
② **이륜자동차 및 원동기장치자전거의 통행을 금지한다.**
③ 이륜자동차와 자전거 이외의 차마는 언제나 통행할 수 있다.
④ 이륜자동차와 원동기장치자전거 이외의 차마는 언제나 통행할 수 있다.

> 해설 이륜자동차 및 원동기장치 자전거의 통행을 금지하는 구역, 도로의 구간 또는 장소의 전면이나 도로의 중앙 또는 우측에 설치

3 다음 안전표지에 대한 설명으로 맞는 것은?

① 개인형 이동장치 통행금지 지시표지이다.
② 개인형 이동장치 통행금지 주의표지이다.
③ 개인형 이동장치 2인 이상 탑승금지 규제표지이다.
④ 개인형 이동장치 통행금지 규제표지이다.

해설 개인형 이동장치 통행을 금지하는 구역, 도로의 구간 또는 장소의 전면이나 도로의 중앙 또는 우측에 설치한다.

4 다음 안전표지에 대한 설명으로 바르지 않은 것은?

① 자전거의 통행을 금지한다는 의미이다.
② 이륜자동차의 통행을 금지한다는 의미이다.
③ 자동차의 통행을 금지한다는 의미이다.
④ 원동기장치자전거의 통행을 금지한다는 의미이다.

해설 자동차·이륜자동차 및 원동기장치자전거의 통행을 금지하는 것, 2개 차종의 통행을 금지할 때에는 해당 차종을 표시한다.

5 다음 안전표지에 대한 설명으로 맞는 것은?

① 개인형이동장치와 이륜자동차는 구분하여 통행해야 한다는 의미이다.
② 해당 구역이나 도로의 구간을 지나 도로의 좌측에 설치한다.
③ 구간 및 기간을 표시하는 보조표지를 부착하는 경우는 없다.
④ 이륜자동차와 원동기장치자전거 및 개인형이동장치의 통행을 금지한다는 의미이다.

해설 이륜자동차·원동기장치자전거 및 개인형이동장치의 통행을 금지하는 것

6 다음 안전표지의 의미로 맞는 것은?

① 원동기장치자전거의 통행은 가능하다.
② 모든 차의 진입을 금지한다.
③ 승용차만 진입을 금지한다.
④ 화물차만 진입을 금지한다.

해설 차의 진입을 금지하는 것

7 다음 안전표지에 대한 설명으로 맞는 것은?

① 좌·우회전우선 규제표지이다.
② 직선도로 규제표지이다.
③ 일렬주행금지 규제표지이다.
④ 직진금지 규제표지이다.

해설 직진금지표지
차의 직진을 금지해야 할 지점의 도로우측에 설치

8 다음 안전표지에 대한 설명으로 맞는 것은?

① 유턴금지 규제표지이다.
② 좌회전금지 규제표지이다.
③ 직진금지 규제표지이다.
④ 유턴 지시표지이다.

해설 유턴금지표지
차마의 유턴을 금지하는 도로의 구간이나 장소의 전면 또는 필요한 지점의 도로우측에 설치

정답 3. ④ 4. ① 5. ④ 6. ② 7. ④ 8. ①

9 다음 규제표지가 의미하는 것은?

① 커브길 주의　② 자동차 진입금지
③ **앞지르기 금지**　④ 과속방지턱 설치 지역

🟢해설 앞지르기금지표지
　　차의 앞지르기를 금지하는 도로의 구간이나 장소의 전면 또는 필요한 지점의 도로우측에 설치

10 다음 안전표지에 대한 설명으로 맞는 것은?

① 보행자는 통행할 수 있다.
② **보행자뿐만 아니라 모든 차마는 통행할 수 없다.**
③ 도로의 중앙 또는 좌측에 설치한다.
④ 이륜자동차는 통행할 수 있다.

🟢해설 통행금지표지
　　보행자 및 차마 등의 통행을 금지하는 구역, 도로의 구간 또는 장소와 도로의 중앙 또는 우측에 설치한다.

11 다음 안전표지에 관한 설명으로 맞는 것은?

① 화물을 싣기 위해 잠시 주차할 수 있다.
② **승객을 내려주기 위해 일시적으로 정차할 수 있다.**
③ 주차 및 정차를 금지하는 구간에 설치한다.
④ 이륜자동차는 주차할 수 있다.

🟢해설 주차금지표지
　　차의 주차를 금지하는 것으로 주차금지규제표지
　　차의 주차를 금지하는 구역, 도로의 구간이나 장소의 전면 또는 필요한 지점의 도로우측에 설치하고 구간의 시작·끝 또는 시간의 보조표지를 부착·설치한다. 구간내 표지는 시가지도로는 200미터, 지방도로는 300미터, 자동차 전용도로는 500미터 간격으로 중복설치 한다.

12 다음 안전표지에 대한 설명으로 맞는 것은?

① 차폭 제한 규제표지이다.
② **차 높이 제한 규제표지이다.**
③ 차간거리 확보 규제표지이다.
④ 차 길이 제한 규제표지이다.

🟢해설 차높이 제한 표지
　　표지판에 표시한 높이를 초과하는 차(적재한 화물의 높이를 포함)의 통행을 제한하는 것

13 다음 안전표지가 설치된 도로에서 가장 안전한 운전방법은?

① 전방 50미터 위험물 규제표지로 주의하면서 주행한다.
② 앞차와 추돌방지 차간거리 규제표지로 50미터 이상 차간거리를 확보한다.
③ 최저 속도 제한 규제표지로 시속 50킬로미터 이상으로 주행한다.
④ **최고 속도 제한 규제표지로 시속 50킬로미터 이하로 주행한다.**

🟢해설 최고속도제한표지
　　표지판에 표시한 속도로 자동차 등의 최고속도를 지정하는 것

14 다음 안전표지에 대한 설명으로 맞는 것은?

① 차간거리 확보 규제표지이다.
② 30번 고속도로 안내표지이다.
③ 30번 국도 안내표지이다.
④ **최저 속도 제한 규제표지이다.**

정답　9. ③　10. ②　11. ②　12. ②　13. ④　14. ④

해설 최저속도제한표지
자동차 등의 최저 속도를 제한하는 도로의 구간 또는 필요한 지점의 우측에 설치한다.

15 다음 안전표지에 대한 설명으로 맞는 것은?

① 도로 공사 중을 알리는 주의표지이다.
② 비탈길의 고갯마루 부근 또는 도로가 구부러진 부근 등에 설치한다.
③ 교차로를 알리는 주의표지이다.
④ 철길 건널목을 알리는 주의표지이다.

해설 서행표지
차가 서행하여야 하는 도로의 구간 또는 장소의 필요한 지점 우측에 설치

16 다음 안전표지가 있는 도로에서의 운전 방법으로 맞는 것은?

① 다가오는 차량이 있을 때에만 정지하면 된다.
② 도로에 차량이 없을 때에도 정지해야 한다.
③ 어린이들이 길을 건널 때에만 정지한다.
④ 적색등이 켜진 때에만 정지하면 된다.

해설 일시정지표지
차가 일시정지하여야할 장소임을 지정하는 것으로 일시정지규제표지이다.
차가 일시 정지하여야 하는 교차로 기타 필요한 지점의 우측에 설치한다.

17 다음 안전표지에 대한 설명으로 맞는 것은?

① 긴급자동차 우선 지시표지이다.
② 도로가 좁아지거나 합류하는 지점 등에 설치한다.
③ 횡단보도 직전에 설치하는 노면표시이다.
④ 보행자우선 지시표지이다.

해설 양보표지
차가 도로를 양보 하여야 할 장소임을 지정하는 것으로 도로의 구간 기타 필요한 지점의 우측에 설치한다.

18 다음 안전표지에 의해 통행이 금지되는 자동차가 아닌 것은?

① 위험물안전관리법에 따른 지정수량 이상의 위험물을 운반하는 자동차
② 폐기물관리법에 따른 지정폐기물 및 의료폐기물을 운반하는 자동차
③ 상수원보호법에 따른 가축분뇨를 운반하는 자동차
④ 원자력안전법에 따른 방사성물질 또는 그 오염물질을 운반하는 자동차

해설 위험물 적재차량[위험물 등을 운반하는 자동차를 말한다]의 통행을 금지하는 것

19 다음 안전표지에 대한 설명으로 맞는 것은?

① 자동차와 이륜자동차는 21:00 ~ 07:00 통행 금지표지
② 자동차와 이륜자동차 및 원동기장치자전거는 08:00 ~ 20:00 통행 금지표지
③ 자동차와 이륜자동차 및 보행자는 08:00 ~ 20:00 통행 금지표지
④ 자동차와 자전거는 08:00 ~ 20:00 통행 금지표지

해설 자동차와 이륜자동차 및 원동기장치자전거는 08:00 ~ 20:00 통행할 수 없다는 표지이다.

정답 15. ② 16. ② 17. ② 18. ③ 19. ②

20 다음 안전표지에 대한 설명으로 맞는 것은?

① 일요일·공휴일은 유턴할 수 있다.
② 일요일·공휴일 이외 날은 유턴할 수 있다.
③ 일요일·공휴일은 유턴할 수 없다.
④ 어떠한 경우에도 유턴할 수 없다.

해설 일요일·공휴일을 제외한 다른 날은 유턴할 수 없다는 표지이다.

21 다음 안전표지의 뜻으로 맞는 것은?

① 최저 속도 제한을 해제
② 최고 속도 매시 50킬로미터의 제한을 해제
③ 50미터 앞부터 속도 제한을 해제
④ 차간거리 50미터를 해제

해설 최고속도 제한 규제표지(일련번호 224)와 해제 보조표지가 더해져 최고속도 50킬로미터의 제한을 해제한다는 것을 의미한다.

22 다음 중 안전표지에 의하여 주차할 수 있는 시간으로 맞는 것은?

① 08시부터 09시까지 ② 11시부터 12시까지
③ 19시부터 20시까지 ④ 21시부터 06시까지

해설 08시부터 20시까지 주차금지 장소에 주차한 자동차를 견인하는 지역임을 표시하는 것(규제표지로서 주차금지표지, 보조표시, 시간표지, 견인지역표지)

3. 지시표지 등의 출제문제

1 다음 안전표지에 대한 설명으로 맞는 것은?

① 고장차량 전용도로 지시표지이다.
② 자동차 전용도로 지시표지이다.
③ 승용차 전용도로 지시표지이다.
④ 긴급차량 전용도로 지시표지이다.

해설 자동차전용도로 표지
자동차 전용도로 또는 전용구역임을 지시하는 것

2 다음 안전표지가 의미하는 것은?

① 자전거는 우측에서 좌측으로 통행해야 한다는 지시표지이다.
② 자전거 우선도로임을 알리는 지시표지이다.
③ 자전거를 주차할 수 있는 장소임을 알리는 지시표지이다.
④ 자전거 및 보행자 겸용도로를 알리는 지시표지이다.

해설 자전거·보행자 겸용도로임을 지시하는 것

3 다음 안전표지에 대한 설명으로 맞는 것은?

① 양측방 통행 지시표지이다.
② 좌·우회전 지시표지이다.
③ 중앙 분리대 시작 지시표지이다.
④ 중앙 분리대 종료 지시표지이다.

정답 20. ① 21. ② 22. ④ (3) 1. ② 2. ④ 3. ②

해설 **좌우회전표지**
차가 우회전 또는 좌회전할 것을 지시하는 것으로 좌·우회전 지시표지이다. 차가 좌회전 또는 우회전할 지점의 도로 우측에 설치한다.

4 다음 안전표지에 대한 설명으로 맞는 것은?

① 양측방 통행 지시표지이다.
② 양측방 통행 금지 지시표지이다.
③ 중앙 분리대 시작 지시표지이다.
④ 중앙 분리대 종료 지시표지이다.

해설 **양측방통행표지**
차가 양측 방향으로 통행할 것을 지시하는 것으로 양측방 통행 지시표지이다. 차가 양측방향으로 통행하여야 할 지점의 도로우측 또는 중앙에 설치한다.

5 다음 안전표지가 의미하는 것은?

① 우측면으로 통행할 것을 알리는 지시표지이다.
② 우측에 내리막 경사로가 있다는 것을 알리는 지시표지이다.
③ 우회전하라는 지시표지이다.
④ 화살표 방향에 주차할 곳이 있다는 것을 알리는 지시표지이다.

해설 우측면으로 통행할 것을 지시하는 것

6 다음 안전표지에 대한 설명으로 맞는 것은?

① 좌측에 주차할 장소가 있음을 알려주는 표지이다.
② 유턴할 것을 지시하는 표지이다.
③ 좌회전이 금지된 지역에서 우회도로로 통행할 것을 지시하는 표지이다.
④ 회전교차로 통행할 것을 지시하는 표지이다.

해설 좌회전이 금지된 지역에서 우회도로로 통행할 것을 지시하는 것

7 다음 안전표지에 대한 설명으로 맞는 것은?

① 자전거는 일반도로의 우측으로 통행하도록 지시하는 표지이다.
② 보행자는 갓길로 통행하도록 지시하는 표지이다.
③ 개인형이동장치는 적용되지 않는 지시표지이다.
④ 자전거등과 보행자를 구분하여 통행하도록 지시하는 표지이다.

해설 자전거·보행자 겸용도로에서 자전거등과 보행자를 구분하여 통행하도록 지시하는 표지이다.

8 다음 안전표지가 의미하는 것은?

① 자전거 전용차로이다.
② 자동차 전용도로이다.
③ 자전거 우선통행 도로이다.
④ 자전거 통행금지 도로이다.

해설 **자전거전용차로표지**
자전거만 통행하도록 지시 하는 것으로 자전거 전용차로 지시표시이다. 자전거만 통행할 수 있도록 지정된 차로의 위에 설치하며 자전거전용차로를 예고하는 보조표지를 50~100미터 앞에 설치할 수 있다

9 다음 안전표지에 대한 설명으로 틀린 것은?

① 개인형 이동장치의 주차장 표지이다.
② 주차구역은 황색실선으로 설치한다.
③ 구간의 시작 및 끝 또는 시간의 보조표지를 부착·설치할 수 있다.
④ 개인형 이동장치 주차장이 있음을 알리고, 개인형 이동장치 주차장에 주차하도록 지시하는 것이다.

정답 4. ① 5. ① 6. ③ 7. ④ 8. ① 9. ②

해설 도개인형이동장치 주차장 표지
개인형 이동장치 주차장이 있음을 알리고, 개인형 이동장치 주차장에 주차하도록 지시하는 것이다. 주차구역은 백색실선으로 설치

10 다음의 안전표지를 절대로 설치할 수 없는 장소는?

① 버스정류장 10미터 이내인 곳
② 보도와 차도가 구분된 도로의 보도
③ 소방용수시설 5미터 이내인 곳
④ 어린이 보호구역

해설 안전표지를 설치할 수 없는 장소는 소방용수시설 5미터 이내인 곳

11 다음 안전표지에 대한 설명으로 맞는 것은?

① 노인보호구역(노인보호구역안)이 시작되는 지점에 설치한다.
② 노인보호구역의 도로 우측에만 설치한다.
③ 노인보호구역의 도로 좌측에만 설치한다.
④ 도로교통법상 노인은 60세 이상인 사람을 말한다.

해설 노인보호표지(노인보호구역안)
노인보호구역 안에서 노인의 보호를 지시하는 것으로, 노인보호구역이 시작되는 지점에 설치, 노인보호구역의 도로 양측에 설치

12 다음 안전표지가 의미하는 것은?

① 좌측도로는 일방통행 도로이다.
② 우측도로는 일방통행 도로이다.
③ 모든 도로는 일방통행 도로이다.
④ 직진도로는 일방통행 도로이다.

해설 일방통행표지
전방으로만 진행할 수 있는 일방통행임을 지시하는 것으로 일방통행 지시표지이다. 일방통행 도로의 입구 및 구간내의 필요한 지점의 도로양측에 설치하고 구간의 시작 및 끝의 보조표지를 부착·설치하며 구간 내에 교차하는 도로가 있을 경우에는 교차로 부근의 도로 양측에 설치한다.

13 다음 안전표지가 설치된 도로에서 가장 안전한 운전방법은?

① 진행방향 신호가 적색인 경우에만 좌회전할 수 있다.
② 진행방향 신호에 관계없이 좌회전할 수 없다.
③ 황색 신호가 있는 경우에만 좌회전할 수 있다.
④ 진행신호 시 반대방면에서 오는 차량에 방해가 되지 않게 좌회전할 수 있다.

해설 비보호좌회전표지
진행신호 시 반대방면에서 오는 차량에 방해가 되지 아니하도록 좌회전을 조심스럽게 할 수 있다는 것

14 다음 지시표지가 의미하는 것은?

① 도심부가 시작된다.
② 도시부의 도로임을 알리는 것이다.
③ 보행자 전용 도로임을 지시하는 것
④ 차의 주차를 금지하는 것

해설 도시부 표지
도시부의 도로임을 알리는 것이다.

정답 10. ③ 11. ① 12. ④ 13. ④ 14. ②

15 다음 안전표지가 의미하는 것은?

① 전방 50미터 지점에서 유턴할 수 있다.
② 전방 50미터 지점에 좌회전이 금지된 지역에서 우회도로로 통행할 수 있다.
③ 전방 50미터 지점에 양측방으로 통행할 수 있다.
④ 전방 50미터 지점에 회전교차로가 있다.

해설 전방 50미터에 회전교차로가 있다는 표시(지시표지로서 회전교차로 표지와 보조표시)

16 다음 안전표지에 대한 설명으로 맞는 것은?

① 이륜차는 유턴할 수 있다.
② 화물차는 유턴할 수 있다.
③ 승용차는 좌회전할 수 있다.
④ 승합차는 좌회전할 수 있다.

해설 (안전표지의 종류, 만드는 방식, 설치하는 장소, 기준, 표시하는 뜻) 승용차와 택시에 한하여 좌회전 또는 유턴할 것을 지시하는 것

17 다음 안전표지에 대한 설명으로 맞는 것은?

① 진행방향 신호가 적색인 경우 횡단할 수 있다.
② 진행방향 신호가 적색인 경우 유턴할 수 있다.
③ 진행방향 신호가 적색인 경우 우회전할 수 있다.
④ 진행방향 신호가 적색인 경우 좌회전할 수 있다.

해설 진행방향 신호가 적신호인 경우 유턴할 수 있다는 표지이다.

18 다음 안전표지가 의미하는 것으로 맞는 것은?

① 전방 200미터부터 노인보호구역이 시작됨을 알리는 것
② 후방 200미터부터 노인보호구역이 시작됨을 알리는 것
③ 노인보호 안전표지로부터 200미터 구간까지 노인보호구역임을 알리는 것
④ 전방 200미터 구간부터 노인보호구역이 종료됨을 알리는 것

해설 노인보호표지는 노인보호구역이 시작되는 지점에 설치, 보조표지는 구간의 시작을 표시하는 것(지시표지로서 노인보호표지(노인보호구역)와 보조표시, 구간시작 표지)

19 다음 안전표지에 대한 설명으로 맞는 것은?

① 100미터 앞부터 승합차 전용차로
② 100미터 앞부터 버스 전용차로
③ 100미터 앞부터 다인승 전용차로
④ 100미터 앞부터 자동차 전용차로

해설 버스전용차로표지
버스전용차로가 시작되는 지점을 알리는 표지이다.

정답 15. ④ 16. ③ 17. ② 18. ③ 19. ②

20 다음 안전표지에 대한 설명으로 맞는 것은?

① 400미터 구간 내 자전거의 주차를 허용한다는 의미이다.
② 400미터 구간 내 원형터널 형태의 자전거도로가 있다는 의미이다.
③ 400미터 구간 내 4대의 자전거가 나란히 통행할 수도 있다는 의미이다.
④ 400미터 구간 내 자전거의 주차를 금지한다는 의미이다.

해설 자전거 도로의 400미터 구간 내에서 2대 이상 자전거 등의 나란히 통행을 허용하는 것

4. 노면표지 등의 출제문제

1 다음 유턴구역선 표시는 편도 ( ) 이상의 도로에서 설치할 수 있다. ( )안에 설치기준으로 맞는 것은?

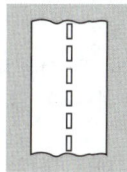

① 1차로　　② 2차로
③ 3차로　　④ 4차로

해설 편도 3차로 이상의 도로에서 차마의 유턴이 허용된 구간 또는 장소 내의 필요한 지점에 설치(노면표시로서 유턴구역선 표시)

2 차도와 보도의 구분이 없는 도로에 있어서 도로의 외측에 백색실선으로 설치하는 노면표시는?

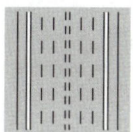

① 길 가장자리구역선 표시
② 유턴구역선 표시
③ 주차금지 표시
④ 진로변경 제한선 표시

해설 차도와 보도의 구분이 없는 도로에 있어서 길 가장자리 구역을 설치하기 위하여 도로의 외측에 설치. 노면표시로서 길 가장자리 구역선 표시

3 다음 노면표시가 의미하는 것은?

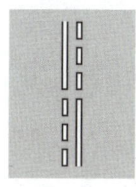

① 진행방향의 전 구간에서 진로변경을 할 수 있다.
② 진행방향의 전 구간에서 진로변경을 할 수 없다.
③ 진행방향의 점선구간에서 진로변경을 할 수 없다.
④ 진행방향의 실선구간에서 진로변경을 할 수 없다.

해설 점선이 있는 쪽에서는 진로를 변경할 수 있으나, 실선이 있는 쪽에서는 진로변경을 제한하는 것

4 다음 노면표시가 의미하는 것은?

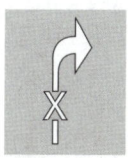

① 우회전 금지표시로 유턴할 수 없다.
② 우회전 금지표시로 우회전할 수 없다.
③ 우측 통행금지표시로 직진할 수 없다.
④ 좌우회전 금지표시로 좌우회전할 수 없다.

해설 우회전금지표지
　　 차가 우회전하는 것을 금지하는 것이다.

정답　20. ③　(4) 1. ③　2. ①　3. ④　4. ②

5 다음 노면표시가 의미하는 것은?

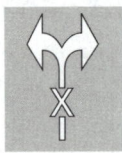

① 운전자는 좌·우회전을 할 수 없다.
② 운전자는 좌우를 살피면서 운전해야 한다.
③ 운전자는 좌·우회전만 할 수 있다.
④ 운전자는 우회전만 할 수 있다.

해설 좌우회전금지표지
차가 좌·우회전하는 것을 금지하는 것이다.

6 다음 안전표지에 대한 설명으로 맞는 것은?

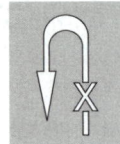

① 유턴금지 노면표시로 유턴할 수 없다.
② 좌회전금지 노면표시로 좌회전할 수 없다.
③ 유턴 노면표시로 순서에 따라서 안전하게 유턴할 수 있다.
④ 유턴금지 노면표시로 이륜자동차는 유턴할 수 있다.

해설 유턴금지표지
차마의 유턴을 금지하는 도로의 구간 또는 장소내의 필요한 지점에 설치

7 도로 구간 가장자리 또는 연석 측면에 황색실선으로 설치한 선의 뜻으로 맞는 것은?

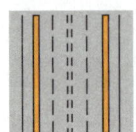

① 주차금지   ② 정차금지
③ 정차·주차금지   ④ 진로변경금지

해설 정차 및 주차를 금지하는 도로 구간 길 가장자리 또는 연석 측면에 설치. 노면표시로서 정차·주차금지표시

8 다음 안전표지에 대한 설명으로 맞는 것은?

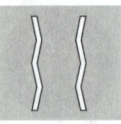

① 어린이 보호구역, 횡단보도 주변 등 서행하여야 할 장소에 설치한다.
② 미끄러운 도로 주의표지이다.
③ 고원식횡단보도 노면표시이다.
④ 원동기장치자전거는 서행하면서 차로변경을 할 수 있다.

해설 서행표시
어린이 보호구역 등 차가 서행하여야 할 장소에서 보행자를 보호하기 위해 길가장자리 구역선이나 정차·주차 금지선을 지그재그형태로 설치

9 다음 안전표지에 대한 설명으로 맞는 것은?

① 정차금지지대 노면표시이다.
② 안전지대 노면표시이다.
③ 직각주차 노면표시이다.
④ 직각횡단보도 노면표시이다.

해설 정차금지지대표시
광장이나 교차로 중앙지점 등에 설치된 구획부분에 차가 들어가 정차하는 것을 금지하는 표시이다.

10 다음 좌회전 유도차로 표시는 교차로에서 좌회전하려는 차량이 다른 교통에 방해가 되지 않도록 ( )등화 동안 교차로 안에서 대기하는 지점을 표시하는 노면표시이다. ( )안에 등화로 맞는 것은?

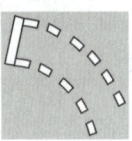

① 적색   ② 황색
③ 녹색   ④ 녹색 화살표

해설 교차로에서 좌회전하려는 차량이 다른 교통에 방해가 되지 않도록 녹색등화 동안 교차로 안에서 대기하는 지점을 표시하는 것. 노면표시로서 좌회전 유도 차로 표시

11 다음 노면표시에 대한 설명으로 맞는 것은?

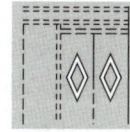

① 과속방지턱이 있음을 예고하는 노면표시이다.
② 안전지대가 있음을 예고하는 노면표시이다.
③ 횡단보도가 있음을 예고하는 노면표시이다.
④ 노면주차구역이 있음을 예고하는 노면표시이다.

해설 전방에 횡단보도가 있음을 알리는 것

12 다음 노면표시에 대한 설명으로 맞는 것은?

① 자전거는 우측에서 좌측으로 진행할 수 있다는 노면표시이다.
② 도로배수가 잘 되도록 양쪽으로 경사를 둔 자전거도로 노면표시이다.
③ 지붕 있는 자전거 주차대가 있음을 알리는 노면표시이다.
④ 자전거 우선도로임을 알리는 노면표시이다.

해설 자전거 우선도로임을 알리는 노면표시

13 다음 노면표시가 있을 때 좌회전할 수 있는 등화로 맞는 것은?

① 적색   ② 황색
③ 녹색   ④ 모든 신호

해설 녹색등화인 경우 비보호좌회전을 허용하고자 할 때 필요하다고 판단되는 장소에 설치. 노면표시로서 비보호좌회전 표시

14 다음 노면표시에 대한 설명으로 맞는 것은?

① 도로 좁아짐을 알리는 노면표시이다.
② 도로 노면이 불규칙한 상태임을 알리는 노면표시이다.
③ 교차로에 오르막 경사면이 있음을 알리는 노면표시이다.
④ 전방에 계곡을 따라 도로가 있음을 알리는 노면표시이다.

해설 전방 과속방지턱 또는 교차로에 오르막 경사면이 있음을 표시하는 것

15 다음 안전표지 중 노면상태를 알리는 보조표지로 맞는 것은?

① Ⓐ   ② Ⓑ   ③ Ⓒ   ④ Ⓓ

해설 안전표지의 종류, 만드는 방식, 설치하는 장소, 표시하는 뜻 Ⓐ 시간표지 Ⓑ 노면상태표지 Ⓒ 표지설명표지 Ⓓ 구역표지

16 다음 중 이륜자동차가 과속방지턱을 통과하는 방법으로 가장 올바른 것은?

① 과속방지턱을 피해 길가장자리구역으로 통과한다.
② 가속하여 통과한다.
③ 급제동하여 통과한다.
④ 서행하여 통과한다.

해설 미리 속도를 줄여 서행으로 통과한다.

17 도로에 과속방지턱을 설치하는 목적은?
① 연료를 절약하기 위해서
② 위반 차량을 단속하기 위해서
③ 교통량을 줄이기 위해서
④ 차량 속도를 줄이기 위해서

해설 학교 앞이나 아파트 단지 입구 등에 과속방지턱을 설치하는 것은 차량 속도를 줄여 서행을 유도하기 위함이다.

18 다음은 노면표시 중 '백색 실선의 차선'에 대한 설명이다. 맞는 것은?
① 진로변경 제한 선이므로 모든 차는 진로변경을 해서는 안 된다.
② 주차금지 선이므로 모든 차의 진로변경은 가능하다.
③ 버스전용차로 표시이므로 버스는 진로변경이 가능하다.
④ 이륜자동차나 자전거는 진로변경이 가능하다.

해설 버스전용차로는 청색 실선 및 점선으로 표시하며, 백색 실선의 차선은 진로변경제한 표시이다.

19 차선에 대한 설명 중 맞는 것은?
① 백색 점선의 차선은 끼어들기 금지선이다.
② 백색 실선의 차선은 차로 변경이 가능한 구간에 표시(설치)한다.
③ 백색 실선의 차선은 버스전용차로의 표시이다.
④ 백색 실선의 차선은 진로변경제한선이다.

해설 버스전용차로는 청색 실선 및 점선으로 표시하며 백색 점선의 차선은 진로 변경이 가능한 차선 표시이다.

20 다음 중 차로를 변경할 수 있는 구간은?
① 차선이 백색점선으로 설치된 구간
② 차선이 황색실선으로 설치된 구간
③ 다리 위에 백색실선이 설치된 구간
④ 터널 안에 백색실선이 설치된 구간

해설 차선이 백색점선으로 설치된 구간에서는 차로를 변경할 수 있으나, 백색실선은 차로변경이 금지된 구간이다.

21 도로교통법령상 도로에 설치된 중앙선에 대한 설명으로 적절하지 못한 것은?
① 차마의 통행방법을 명확하게 구분하기 위해 설치한다.
② 황색 실선이나 황색 점선 등의 안전표지로 표시할 수 있다.
③ 중앙분리대나 울타리 등으로 설치할 수 있다.
④ 가변차로가 설치된 도로에는 설치할 수 없다.

해설 차마의 통행방법을 명확하게 구분하기 위해 설치한다. 황색 실선이나 황색 점선 등의 안전표지로 표시할 수 있다.
중앙분리대나 울타리 등으로 설치할 수 있다. 가변차로가 설치된 도로에는 설치할 수 있는데 가변차로가 설치된 경우에는 신호기가 지시하는 진행방향의 가장 왼쪽에 있는 황색 점선을 말한다.

22 도로교통법령상 도로의 가장자리에 설치된 황색 점선에 대한 설명으로 올바른 것은?
① 주차와 정차를 동시에 할 수 있다.
② 주차는 금지되고 정차는 할 수 있다.
③ 주차는 할 수 있으나 정차는 할 수 없다.
④ 주차와 정차를 동시에 금지한다.

해설 황색 점선으로 설치한 가장자리 구역선의 의미는 주차는 금지되고 정차는 할 수 있다는 의미이다

23 다음은 안전표지 중 노면표시에 대한 설명이다. 가장 알맞은 것은?
① 백색 점선은 진로 변경이 가능한 차선이다.
② 백색 실선은 안전할 때 주의하면서 차로 변경을 할 수 있음을 뜻하는 차선이다.
③ 황색 점선(중앙선)은 앞지르기는 할 수 없으나 진로 변경은 할 수 있다는 뜻의 차선이다.
④ 황색 실선(중앙선)은 진로 변경 제한선이다.

해설 황색 실선은 차가 넘어 갈 수 없음을 나타내는 중앙선 표시이며, 백색 실선은 진로 변경 제한선이다.

24 다음 중 이륜자동차가 도로에서 유턴할 수 있는 곳은?
① 중앙선이 황색 실선으로 설치된 도로
② 중앙선이 백색 실선으로 설치된 도로
③ 중앙선이 백색 점선으로 설치된 도로
④ 중앙선이 청색 실선으로 설치된 도로

정답 17. ④ 18. ① 19. ④ 20. ① 21. ④ 22. ② 23. ① 24. ③

해설 중앙선이 백색점선으로 설치된 도로에서는 이륜자동차도 유턴이 허용되는 구간이다.

25 다음 중 유턴 방법에 대한 설명으로 옳지 않은 것은?

① 유턴지점에서 정상 진행 중인 다른 차량을 방해하면서 유턴하면 유턴위반이다.
② 보조표지가 없고 유턴표시만 있는 곳에서는 다른 교통에 방해되지 않는 경우 신호와 상관없이 유턴할 수 있다.
③ 유턴 표시가 없는 중앙선이 설치된 도로에서 유턴하면 유턴위반이다.
④ 유턴금지 표지판을 위반하여 유턴을 하면 지시위반이다.

해설 유턴지점에서 정상진행 중인 다른 차량을 방해하면 안 된다.
중앙선이 설치된 지점에서 유턴하면 중앙선침범 위반이다. 유턴표시만 있는 곳에서는 신호와 상관없이 유턴할 수 있으며, 유턴금지 표지판을 위반하면 신호 또는 지시에 따를 의무 지시위반이 된다.

26 노면이 포장이 되지 않아 횡단보도표시를 할 수 없는 때에 반드시 설치해야 하는 안전표지는?

① 위험을 알리는 주의표지
② 노면이 고르지 못함을 표시하는 주의표지
③ 횡단보도의 길이를 표시하는 보조표지
④ 횡단보도의 너비를 표시하는 보조표지

해설 횡단보도를 설치하고자 하는 도로의 표면이 포장이 되지 아니하여 횡단보도표시를 할 수 없는 때에는 횡단보도 표지판을 설치할 것. 이 경우 그 횡단보도표지판을 횡단보도의 너비를 표시하는 보조표지를 설치하여야 한다.

Chapter 06
차마 및 차로와 차선 자전거 등에 따른 출제문제

1. 차마 및 차로와 차선 등의 출제문제

1 차마의 통행 방법을 올바르게 설명한 것은?

① 차마는 도로의 중앙선 좌측을 통행한다.
② 차마는 도로의 중앙선 우측을 통행한다.
③ 도로 외의 곳에 출입하는 때에는 보도를 서행으로 통과한다.
④ 안전지대 등 안전표지에 의하여 진입이 금지된 장소는 일시정지 후 통과한다.

해설 차마의 운전자는 도로(보도와 차도가 구분된 도로에서는 차도를 말한다)의 중앙(중앙선이 설치되어 있는 경우에는 그 중앙선을 말한다)으로부터 우측 부분을 통행하여야 한다.

2 차량이 주유소나 상가를 출입하기 위해 보도를 통과할 경우 가장 안전한 운전방법은?

① 전조등을 번쩍이며 통과한다.
② 경음기를 울리며 통과한다.
③ 보행자가 방해를 받지 않도록 신속히 통과한다.
④ 일시정지 후 안전을 확인하고 통과한다.

해설 주유소나 상가를 출입하기 위해 보도를 통과할 경우 항상 일시정지한 후 안전을 확인하고 통과해야 한다.

3 다음 중 원동기장치자전거 운전자의 통행방법으로 맞는 것은?

① 차도에 차량이 많아 정체된 경우에는 차로와 차로 사이로 통행한다.
② 통행차로 중 오른쪽차로를 이용하여 통행한다.
③ 보도에 보행자가 없는 경우에는 보도로 통행한다.
④ 신속한 주행을 위하여 길가장자리구역으로 통행한다.

해설 이륜차 및 원동기장치자전거의 통행차로는 오른쪽차로를 이용하여 통행한다.

4 차의 운전자가 보도를 횡단하여 건물 등에 진입하려고 한다. 다음 중 가장 안전한 운전 방법은?

① 보도를 통행하는 보행자가 없으면 신속하게 진입한다.
② 방향지시등을 켜고 곧바로 진입한다.
③ 일시정지하여 좌측과 우측 부분 등을 살핀 후 보행자의 통행을 방해하지 아니하도록 횡단하여야 한다.
④ 경음기를 울려 내차의 통과여부를 알리면서 신속하게 진입한다.

> 해설 차마의 운전자는 보도를 횡단하기 직전에 일시정지하여 좌측과 우측 부분 등을 살핀 후 보행자의 통행을 방해하지 아니하도록 횡단하여야 한다.

5 다음 중 차도와 보도가 구분된 곳에서의 이륜자동차 통행방법 중 틀린 것은?

① 차도로 통행하여야 한다.
② 도로 외의 곳으로 출입할 때 보도를 횡단하여 통행할 수 있다.
③ 우편물 배달을 위해 보도를 통행할 수 있다.
④ 노인이 운전하는 경우라 하더라도 보도를 통행할 수 없다.

> 해설 보도를 횡단하기 직전에 일시정지 하여 좌측과 우측 부분 등을 살핀 후 보행자의 통행을 방해하지 아니하도록 횡단하여야 한다.

6 다음 중 이륜자동차가 도로의 중앙이나 좌측부분으로 통행할 수 없는 경우는?

① 도로가 일방통행인 경우
② 도로공사로 우측통행이 어려운 경우
③ 차량이 정체되어 있는 경우
④ 경찰의 수신호에 따라 진행하는 경우

> 해설 차량정체는 중앙선 좌측통행 대상이 아니다.

7 다음 중 편도 4차로 일반도로에서 이륜자동차의 주행차로는?

① 1차로 ② 왼쪽차로
③ 오른쪽차로 ④ 모든 차로

> 해설 편도 4차로 일반도로에서 이륜자동차의 주행차로는 오른쪽 차로이다.

8 경사가 심한 편도 2차로의 오르막길을 주행할 때 가장 안전한 운전 방법은?

① 전방 화물 차량으로 인해 시야가 막힌 경우 재빨리 차로변경을 한다.
② 고단 기어를 사용하여 오르막길을 주행한다.
③ 속도가 낮은 차량의 경우 2차로로 주행한다.
④ 속도가 높은 차량의 경우 더욱 가속하며 주행한다.

> 해설 오르막길을 주행할 때 가장 안전한 운전방법은 급차로 변경이나 급정지, 급가속 등은 피하고 저속차량의 경우 차량 진행을 위하여 하위 차로를 이용하여 주행하는 것이 안전하다.

9 이륜자동차가 구부러진 길에서 앞서 가는 자전거를 발견했을 때 가장 안전한 운전 행동은?

① 자전거는 속도가 느리므로 가속하여 빠르게 앞질러 간다.
② 경음기를 울려 주의를 주면서 중앙선 쪽으로 붙여 빠르게 진행한다.
③ 구부러진 길을 지날 때까지 안전거리를 유지하면서 자전거를 뒤따른다.
④ 길 가장자리 쪽의 공간을 이용하여 빠르게 진행한다.

> 해설 구부러진 길에서는 앞 차(자전거)와 안전거리를 유지하면서 뒤따라 가야한다.

10 도로교통법상 이륜자동차의 운전자가 횡단보도를 이용하여 도로를 횡단할 때 가장 안전한 방법은?

① 이륜자동차에서 내려서 끌고 보행한다.
② 이륜자동차를 탄 상태 그대로 진행한다.
③ 이륜자동차를 타고 서행하면서 횡단한다.
④ 이륜자동차의 속도를 높여 신속히 횡단한다.

> 해설 이륜자동차의 운전자가 횡단보도를 이용하여 도로를 횡단할 때에는 이륜자동차에서 내려서 끌고 보행하여야 한다.

정답 4. ③ 5. ③ 6. ③ 7. ③ 8. ③ 9. ③ 10. ①

11 다음 중 이륜자동차 보도통행에 대한 설명 중 옳지 않은 것은?

① 차도와 보도가 구분된 곳에서는 차도로 통행해야 한다.
② 도로 외의 곳으로 통행할 때에는 보도를 횡단하여 통행할 수 있다.
③ 보도를 횡단하기 위해서는 보행자의 통행을 방해하지 않아야 한다.
④ 노인 등 교통약자가 이륜자동차를 운전하는 경우에는 보도를 통행할 수 있다.

해설 이륜자동차는 차도를 통행해야 하고(횡단은 가능) 교통약자라고 하여 통행이 허용되는 것은 아니다.(교통약자 예외사유)
– 교통약자가 최고속도 20킬로미터 이하로만 운행될 수 있는 차를 운전하는 경우에 운전면허를 받지 않아도 된다.
– (자전거의 통행방법) 어린이, 노인, 그 밖의 행정안전부령으로 정하는 신체 장애인이 자전거를 운전한 경우에는 보도를 통행할 수 있다.

12 이륜자동차 운전자가 도심지 이면도로를 주행하는 상황에서 가장 안전한 운전방법은?

① 전조등 불빛을 번쩍이면서 마주 오는 차에 주의를 준다.
② 경음기를 계속 사용하여 내 차의 진행을 알린다.
③ 어린이가 갑자기 도로 중앙으로 나올 수 있으므로 속도를 줄인다.
④ 속도를 높여 신속히 통과한다.

해설 충분한 안전거리를 유지하고, 서행하거나 일시 정지하여 자전거와 어린이의 움직임을 주시하면서 전방 상황에 대비하여야 한다.

13 다음 중 도로교통법령상 전용차로의 종류가 아닌 것은?

① 버스 전용차로
② 다인승 전용차로
③ 이륜자동차 전용차로
④ 자전거 전용차로

해설 도로교통법령상 버스 전용차로, 다인승 전용차로, 자전거 전용차로가 있다.

14 다음 중 일반도로 버스전용차로 통행에 관한 내용으로 틀린 것은?

① 36인승 이상 승합자동차는 버스전용차로로 통행할 수 있다.
② 모든 차는 전용차로 외의 도로가 파손된 경우에 전용차로를 통행할 수 있다.
③ 25인승 내국인 관광객 수송용 승합자동차는 전용차로를 통행할 수 있다.
④ 택시가 승객을 내려주기 위하여 일시 통행하는 경우에는 전용차로로 통행할 수 있다.

해설 증명서를 발급받은 경우에 한하여 어린이를 운송할 목적으로 운행 중인 어린이 통학버스는 통행할 수 있다. 긴급자동차가 그 본래의 긴급한 용도로 운행되고 있는 경우, 전용차로 통행차의 통행에 장해를 주지 아니하는 범위에서 택시가 승객을 태우거나 내려주기 위하여 일시 통행하는 경우(이 경우 택시 운전자는 승객이 타거나 내린 즉시 전용차로를 벗어나야 한다), 도로의 파손, 공사, 그 밖의 부득이한 장해로 인하여 전용차로가 아니면 통행할 수 없는 경우 등은 전용차로 통행차 외에 전용차로로 통행할 수 있다.
「여객자동차 운수사업법 시행령」제3조 제2호가목에 따른 전세버스운송사업자가 운행하는 25인승 이상의 외국인 관광객 수송용 승합자동차(외국인 관광객이 승차한 경우만 해당한다)

15 도로교통법상 차로에 따른 통행차의 기준에 대하여 틀리게 설명한 것은?

① 2개 이상의 차로가 설치된 고속도로, 자동차전용도로 그리고 그 외의 도로로 구분하여 차의 종류가 정해져 있다.
② 고속도로 외의 도로에서 이륜자동차는 오른쪽 차로를 통행해야 한다.
③ 고속도로에서 화물자동차는 오른쪽 차로를 통행해야 한다.
④ 원동기장치자전거는 2개의 좌회전 차로가 설치된 교차로에서 좌회전하려면 오른쪽 차로로 통행해야 한다.

정답 11. ④ 12. ③ 13. ③ 14. ③ 15. ①

해설 차로에 따른 통행차의 기준이 변경되어 왼쪽 차로와 오른쪽 차로로 구분되어 있어서 그 위치에 맞게 통행하여야 한다. 이 때 도로는 고속도로와 고속도로 외의 도로로 구분한다. 자동차전용도로는 고속도로 외의 도로에 포함된다. 고속도로에서 왼쪽 차로를 통행할 수 있는 차의 종류는 승용자동차 및 경형·소형·중형 승합자동차이고 오른쪽 차로는 대형승합자동차, 화물자동차, 특수자동차, 법 제2조18호 나목에 따른 건설기계, 이륜자동차, 원동기장치자전거. 좌회전 차로가 2차로 이상 설치된 교차로에서 좌회전하려는 차는 고속도로 외의 기준을 따른다.

16 다음 중 원동기장치자전거(개인형 이동장치 제외)의 운전자가 통행할 수 없는 경우로 맞는 것은?

① 일반도로에서 편도 3차로 중 2차로를 통행하는 경우
② 일반도로에서 편도 2차로 중 2차로를 통행하는 경우
③ 한 개로 설치된 좌회전 차로를 통행하는 경우
④ 차도의 길가장자리구역을 통행하는 경우

해설 원동기장치자전거는 이륜자동차 중 배기량 125cc이하의 것을 말한다. 차로에 따른 통행차의 기준에 따르면 원동기장치자전거(개인형 이동장치 제외)는 오른쪽 차로에서 통행 가능하다. 1개로 설치된 좌회전 차로에서 원동기장치자전거는 통행 가능하다. 도로교통법 제13조제6항에 따라 차마의 운전자는 길가장자리구역으로 통행하여서는 아니 된다.
고속도로 외 도로에서의 오른쪽 차로 통행차에서 개인형 이동장치는 제외된다.

17 다음 중 이륜자동차(긴급자동차 제외) 운전 방법에 대한 설명으로 옳은 것은?

① 자동차전용도로를 통행할 수 있다.
② 차로가 넓으면 2대가 나란히 진행할 수 있다.
③ 편도 3차로 일반도로에서 2, 3차로로 진행 할 수 있다.
④ 단체로 이용할 경우 다른 차량이 끼어들지 못하도록 대열을 유지한다.

해설 ① 이륜자동차는 자동차전용도로 통행할 수 없다. ②, ③ 지정된 차로에 따라 진행해야 한다. 차로에 따른 통행 차의 기준, 일반도로 3차로의 경우 오른쪽차로(2, 3차로 통행). ④ 앞차와의 안전거리를 확보해야 한다. 대열운전은 법 제19조제1항 단속대상이다.

18 이륜자동차가 야간에 편도 4차로인 일반도로를 주행 중이다. 올바른 운전방법은?

① 통행차량이 없어 2차로로 주행하였다.
② 야간에 통행차량이 잘 인식할 수 있도록 1차로를 주행하였다.
③ 야간에는 추돌사고의 위험이 높으므로 길가장자리구역 밖으로 주행하였다.
④ 4차로를 이용하여 앞차와 안전거리를 유지하며 주행하였다.

해설 야간에는 가급적 앞지르기를 자제하고 오른쪽 차로로 앞차와의 안전거리를 충분히 유지하면서 주행하여야 한다.

19 편도 1차로 일반도로에서 이륜자동차 운전자가 1차로를 주행 중 앞서 가던 버스가 우측에 정차를 하고 있는 경우 가장 안전한 운전 방법은?

① 실선인 중앙선을 넘어서 버스를 앞지르기하여 진행한다.
② 우측 보도로 진행한다.
③ 경음기를 울리며 버스 좌측으로 진행한다.
④ 버스가 출발할 때까지 버스 뒤에 정지한다.

해설 버스가 출발할 때까지 버스 뒤에 정지하는 것이 가장 안전한 운전 방법이다.

20 이륜자동차를 운전할 때 차선을 침범하면서 차량 사이로 통행하면 안 되는 이유로 맞는 것은?

① 순간적인 가속도가 떨어지기 때문이다.
② 기동성 확보가 어렵기 때문이다.
③ 차체 균형 잡기가 어렵기 때문이다.
④ 사륜자동차의 사각지대에 들어가기 쉽기 때문이다.

해설 도로에서 사륜자동차와 나란히 운행할 때 사륜자동차의 사각지대에 들어가기 쉽기 때문에 매우 위험하다.

정답 16. ④ 17. ③ 18. ④ 19. ④ 20. ④

21 이륜자동차가 차로를 변경할 때 가장 안전한 운전방법은?

① 뒤 따르는 차와 거리가 있을 때 속도를 유지한 채 차로를 변경한다.
② 뒤 따르는 차와 거리가 있을 때 가속하면서 차로를 변경한다.
③ 뒤 따르는 차가 접근하고 있을 때 급감속하면서 차로를 변경한다.
④ 뒤 따르는 차가 접근하고 있을 때 급차로를 변경한다.

해설 차로변경 시 타이밍 잡는 법
1. 뒤 따르는 차와 거리가 있을 때속도를 유지한 채 진로 변경, 속도를 유지하여 뒤차가 따라오지 않도록 한다.
2. 뒤 따르는 차가 접근하고 있을 때 : 속도를 늦추어 뒤차를 먼저 통과 시킨다. 가속하면서 진로 변경한다.

2. 자전거 등의 통행방법 출제문제

1 도로교통법령상 자전거를 타고 보도를 통행할 수 있는 대상자가 아닌 것은? (전기자전거는 제외)

① 12세 초등학생
② 67세 어르신
③ 14세 중학생
④ 장애인복지법에 따라 등록된 신체장애인

해설 (자전거등의 통행방법의 특례) 어린이, 노인, 그 밖에 행정안전부령으로 정하는 신체장애인이 자전거를 운전하는 경우에는 보도를 통행할 수 있다. 행정안전부령으로 정하는 신체장애인은 장애인복지법 제32조에 따라 신체장애인으로 등록된 사람, 국가유공자 등 예우 및 지원에 관한 법률 제6조 · 제73조 · 제73조의2 및 제74조에 따른 국가유공자로서 상이등급 제1급부터 제7급까지에 해당하는 사람을 말한다.

2 자전거 이용 활성화에 관한 법률상 자전거전용도로로 운행할 수 있는 "전기자전거"란 자전거로서 사람의 힘을 보충하기 위하여 전동기를 장착하고 시속 ( )킬로미터 이상으로 움직일 경우 전동기가 작동하지 아니할 것, 부착된 장치의 무게를 포함한 자전거의 전체 중량이 ( )킬로그램 미만일 것 등을 말한다. ( )에 기준으로 각각 맞는 것은?

① 20, 35
② 25, 30
③ 30, 45
④ 35, 40

해설 자전거 이용 활성화에 관한 법률 제2조 1의2.
"전기자전거"란 자전거로서 사람의 힘을 보충하기 위하여 전동기를 장착하고 다음 각 목의 요건을 모두 충족하는 것을 말한다.
가. 페달(손페달을 포함한다)과 전동기의 동시 동력으로 움직이며, 전동기만으로는 움직이지 아니할 것
나. 시속 25킬로미터 이상으로 움직일 경우 전동기가 작동하지 아니할 것
다. 부착된 장치의 무게를 포함한 자전거의 전체 중량이 30킬로그램 미만일 것

3 자전거 이용 활성화에 관한 법률상 전동기를 장착한 전기자전거의 요건 기준이 아닌 것은?

① 손페달을 포함한 페달과 전동기의 동시 동력으로 움직이며, 전동기만으로는 움직이지 아니할 것
② 시속 25킬로미터 이상으로 움직일 경우 전동기가 작동하지 아니할 것
③ 부착된 장치의 무게를 포함한 자전거의 전체 중량이 30킬로그램 미만일 것
④ 전동기의 동력은 최고정격출력 11킬로와트 이하일 것

해설 자전거 이용 활성화에 관한 법률 (약칭: 자전거법)
1. "자전거"란 사람의 힘으로 페달이나 손페달을 사용하여 움직이는 구동장치(驅動裝置)와 조향장치(操向裝置) 및 제동장치(制動裝置)가 있는 바퀴가 둘 이상인 차로서 행정안전부령으로 정하는 크기와 구조를 갖춘 것을 말한다.
1의2. "전기자전거"란 자전거로서 사람의 힘을 보충하기 위하여 전동기를 장착하고 다음 각 목의 요건을 모두 충족하는 것을 말한다.
가. 페달(손페달을 포함한다)과 전동기의 동시 동력으로 움직이며, 전동기만으로는 움직이지 아니할 것
나. 시속 25킬로미터 이상으로 움직일 경우 전동기가 작동하지 아니할 것
다. 부착된 장치의 무게를 포함한 자전거의 전체 중량이 30킬로그램 미만일 것
19. "원동기장치자전거"란 다음 각 목의 어느 하나에 해당하는 차를 말한다.
가. 「자동차관리법」 이륜자동차 가운데 배기량 125시시 이하(전기를 동력으로 하는 경우에는 최고 정격출력 11킬로와트 이하)의 이륜자동차

정답 21. ① (2) 1. ③ 2. ② 3. ④

4 도로교통법령상 자전거의 통행방법으로 바르지 않은 것은?

① 자전거도로가 따로 있는 곳에서는 그 자전거도로로 통행하여야 한다.
② 자전거횡단도에서는 반드시 자전거에서 내려서 끌고 건너야 한다.
③ 자전거 · 보행자 겸용도로에서는 보행자와 충돌하지 않도록 주의하며 통행하여야 한다.
④ 자전거도로가 설치되지 아니한 곳에서는 도로 우측 가장자리에 붙어서 통행하여야 한다.

해설 (자전거횡단도의 설치 등) 자전거의 운전자가 자전거 등을 타고 자전거횡단도가 따로 있는 도로를 횡단할 때에는 자전거횡단도를 이용하여야 한다. 다만 보행자용 횡단보도를 이용할 때에는 내려서 끌고 가야한다.

5 도로교통법령상 차의 통행 방법으로 바르지 않는 것은?

① 승용차 운전자는 자전거등이 자전거횡단도를 통행하고 있는 때에는 위험하지 않도록 서행하여야 한다.
② 이륜차 운전자는 보행자용 횡단보도를 이용할 때에는 내려서 끌고 가야한다.
③ 자전거 운전자는 자전거도로가 설치되어 있지 아니한 곳에서는 도로 우측 가장자리에 붙어서 통행하여야 한다.
④ 개인형이동장치 운전자는 자전거도로가 따로 설치되어 있는 곳에서 그 자전거도로로 통행하여야 한다.

해설 (자전거횡단도의 설치 등)
1) 차마의 운전자는 자전거등이 자전거횡단도를 통행하고 있을 때에는 자전거등의 횡단을 방해하거나 위험하게 하지 아니하도록 그 자전거횡단도 앞에서 일시 정지하여야 한다.
2) 자전거의 운전자가 자전거 등을 타고 자전거횡단도가 따로 있는 도로를 횡단할 때에는 자전거횡단도를 이용하여야 한다. 다만 보행자용 횡단보도를 이용할 때에는 내려서 끌고 가야한다.

6 다음은 자전거 통행방법에 대한 설명이다. 틀린 것은?

① 자전거도 차에 해당한다.
② 자전거횡단도가 따로 있는 도로를 횡단할 때에는 자전거횡단도를 이용하여야 한다.
③ 부득이 황단보도를 지나가는 경우 끌고 지나가야 한다.
④ 자전거는 교차로에서 신호를 위반해도 된다.

해설 도로를 통행하는 보행자와 차마의 운전자는 교통안전시설이 표시하는 신호 또는 지시를 따라야 한다. 따라서 자전거도 교차로에서 신호를 준수해야 한다.

7 이륜자동차 운전 중 전방에 자전거를 끌고 도로를 횡단하는 사람을 발견하였다. 이때 가장 안전한 운전 방법은?

① 자전거가 도로를 무단 횡단하는 것까지 보호할 의무는 없다.
② 안전거리를 두고 일시정지하여 안전하게 횡단할 수 있도록 한다.
③ 자전거와 안전거리를 두고 신속하게 통과한다.
④ 자전거를 예의 주시하면서 서행한다.

해설 이륜자동차 운전 중 전방에 자전거를 끌고 도로를 횡단하는 사람을 발견하였을 때 가장 안전한 운전 방법은 안전거리를 두고 일시 정지하여 안전하게 횡단할 수 있도록 한다.

8 편도 3차로의 일반도로에서 자전거의 주행차로는?

① 1차로   ② 2차로   ③ 3차로   ④ 구분이 없다.

해설 (자전거등의 통행방법의 특례) 자전거도로가 설치되지 아니한 곳에서는 도로 우측 가장자리에 붙어서 통행하여야 한다.

9 도로교통법령상 자전거의 앞지르기 방법에 대한 설명으로 올바르지 않은 것은?

① 서행하는 다른 차를 앞지르려면 앞차의 우측으로 통행할 수 있다.
② 멈춰 있는 차를 앞지르려면 앞차의 좌측으로만 해야 한다.
③ 멈춰 있는 차를 앞지르기 할 때는 그 차의 승하차자에 주의해야 한다.
④ 앞서가는 다른 자전거를 앞지르기 할 때는 앞지르기 신호를 하면서 좌측으로 한다.

정답 4. ② 5. ① 6. ④ 7. ② 8. ③ 9. ②

해설 (앞지르기 방법 등): 속도가 느린 자전거가 왼쪽으로 앞지르기 하면 위험하므로 오른쪽으로 앞지르기를 할 수 있도록 하되 앞차에서 승·하차 하는 사람의 안전에 유의하며 서행하거나 필요한 경우 일시 정지해야 한다.

10 다음 중 자전거횡단도를 이용할 수 있는 것으로만 묶인 것은?

① 이륜자동차, 자전거
② 원동기장치자전거, 보행보조용의자차
③ 보행보조용의자차, 자전거
④ **전동 킥보드, 전동 이륜평행차**

해설 1) 자전거횡단도란 자전거 및 개인이동장치가 일반도로를 횡단할 수 있도록 안전표지로 표시한 도로의 부분을 말한다.
2) 자전거등의 운전자가 자전거등을 타고 자전거횡단도가 따로 있는 도로를 횡단할 때에는 자전거횡단도를 이용하여야 한다.

3. 이륜차의 신호와 진로변경 등의 출제문제

1 도로교통법령상 원동기장치자전거가 우회전하는 경우 방향지시등은 몇 미터 전에서 작동해야 하는가?

① 5   ② 10   ③ 20   ④ **30**

해설 방향 지시등은 그 행위를 하려는 지점에 이르기 전 30미터 이상의 지점에 이르렀을 때.

2 도로 가장자리에서 정지하였다가 출발할 때 가장 안전한 운전 방법은?

① 방향지시기를 조작하지 아니하고 도로 중앙으로 진입
② 방향지시기를 조작한 후 진로 변경이 끝나기 전에 신호를 중지
③ **방향지시기를 조작한 후 천천히 진입**
④ 방향지시기를 조작한 후 바로 진입

해설 도로 가장자리에서 정차 후 출발할 때는 방향지시기를 켠 후 천천히 진입해야 안전하다.

3 다음 중 도로교통법령상 서행할 때 가장 알맞은 수신호 방법은?

① 이륜자동차 운전자는 수신호 할 수 없다.
② 팔을 차체의 밖으로 내어 45도 밑으로 편다.
③ **팔을 차체의 밖으로 내어 45도 밑으로 펴서 상하로 흔든다.**
④ 오른팔 또는 왼팔을 차체의 좌측 또는 우측 밖으로 수평으로 펴서 손을 앞뒤로 흔든다.

해설 서행할 때 가장 알맞은 수신호 방법은 팔을 차체의 밖으로 내어 45도 밑으로 펴서 상하로 흔든다.

4 교차로에 진입하려는데, 경찰공무원이 정지하라는 수신호를 보냈다. 다음 중 가장 안전한 운전 방법은?

① **정지선 직전에 일시정지한다.**
② 빠른 속도로 진입한다.
③ 비상 점멸등을 켜며 진입한다.
④ 교차로에 서서히 진입한다.

해설 교통안전시설이 표시하는 신호 또는 지시와 교통정리를 위한 경찰공무원 등의 신호 또는 지시가 다른 경우에는 경찰공무원 등의 신호 또는 지시에 따라야 한다.

5 도로교통법상 신호 또는 지시에 따를 의무가 없는 사람은?

① 신호등 있는 횡단보도를 건너는 보행자
② 도로에서 운행 중인 경운기 운전자
③ 비포장 도로에서 우마차를 몰고 가는 농부
④ **도로에서 운행 중인 승용차 운전석 옆 동승자**

해설 신호 또는 지시에 따를 의무자는 도로를 통행하는 보행자 및 차마의 운전자이다.

6 다음은 진로 변경 시 신호에 대한 설명이다. 가장 알맞은 것은?

① 신호를 하지 않고 진로를 변경해도 다른 교통에 방해되지 않았다면 교통 법규 위반으로 볼 수 없다.
② 진로 변경이 끝난 후 상당 기간 신호를 계속하여 다른 교통에 의사를 알려야 한다.
③ 진로 변경 시에만 신호를 하면 되고, 진로 변경 중일 때에는 신호를 중지해야 한다.
④ **진로 변경이 끝날 때까지 신호를 하며, 진로 변경이 끝난 후에는 바로 신호를 중지해야 한다.**

정답 10. ④ (3) 1. ④ 2. ③ 3. ③ 4. ① 5. ④ 6. ④

해설 신호를 하지 않거나 금지 장소에서의 진로 변경은 방법 및 장소 위반이며, 진로 변경이 끝날 때까지 신호를 하고 끝난 후에는 바로 신호를 중지해야 한다.

7 교통사고를 예방하기 위한 진로변경 방법으로 맞는 것은?

① 자신의 차 앞으로 진로변경을 하지 못하도록 앞차와의 거리를 좁힌다.
② 다른 차에 정상적인 통행에 장애를 주더라도 신속히 진로를 변경한다.
③ 비상점멸등을 켜면서 진로를 변경한다.
④ 방향지시등을 켜서 상대에게 알린 후 안전하게 진로를 변경한다.

해설 진로 변경을 하고자 할 때 방향지시등을 켜서 상대에게 알린 후 안전하게 진로를 변경한다.

8 이륜자동차 운행 중 진로변경에 대한 설명이다. 맞는 것은?

① 진로변경이 금지된 지역이라도 이륜자동차는 진로변경이 가능하다.
② 이륜자동차는 가장 우측 차로만 이용할 수 있기 때문에 앞차의 좌측으로 앞지르기를 할 수 없다.
③ 구부러진 도로에서는 앞 차량의 우측부분으로 앞지르기를 할 수 있다.
④ 이륜자동차를 운전하던 중 진로를 변경할 때에는 후사경으로 보이지 않는 공간의 안전을 함께 확인한다.

해설 이륜자동차를 운전하던 중 진로를 변경할 때에는 후사경으로 보이지 않는 공간의 안전을 함께 확인한다.

9 다음 중 도로교통법상 진로변경에 대한 설명으로 맞는 것은?

① 다리 위는 위험한 장소이기 때문에 백색실선으로 진로변경을 제한하는 경우가 많다.
② 진로변경을 제한하고자 하는 장소는 백색점선의 차선으로 표시되어 있다.
③ 진로변경 금지장소에서는 도로공사 등으로 장애물이 있어 통행이 불가능한 경우라도 진로변경을 해서는 안 된다.
④ 진로변경 금지장소이지만 안전하게 진로를 변경하면 법규위반이 아니다.

해설 차마의 운전자는 안전표지가 설치되어 특별히 진로 변경이 금지된 곳에서는 차마의 진로를 변경하여서는 아니 된다. 다만, 도로의 파손이나 도로공사 등으로 인하여 장애물이 있는 경우에는 그러하지 아니하다.

10 다음 중 이륜자동차의 진로변경 방법에 대한 설명으로 옳지 않은 것은?

① 백색점선 지점에서 안전하게 진로를 변경한다.
② 다른 차의 통행에 방해가 없으면 백색실선 지점에서도 진로변경은 가능하다.
③ 진로변경을 하고자 하는 방향으로 방향지시등을 작동한다.
④ 주변에 차량이나 보행자가 없더라도 방향지시등을 작동해야 한다.

해설 도로교통법 제14조, 동법 시행규칙 별표6 백색실선은 진로변경 제한구간이다.

4. 개인형 이동장치 등의 출제문제

1 도로교통법령상 개인형 이동장치의 종류와 승차정원이 맞는 것은?

① 전동킥보드 – 2명
② 전동이륜평행차 – 2명
③ 전기의 동력만으로 움직일 수 있는 자전거 – 2명
④ 전동휠체어 – 1명

해설 (특정운전자의 준수사항) 개인형 이동장치의 운전자는 행정안전부령으로 정하는 승차정원을 초과하여 동승자를 태우고 개인형 이동장치를 운전하여서는 아니 된다. (개인형 이동장치의 승차정원) "행정안전부령으로 정하는 승차정원"이란 다음 각 호의 구분에 따른 인원을 말한다.
1. 전동킥보드 및 전동이륜평행차의 경우: 1명
2. 전동기의 동력만으로 움직일 수 있는 자전거의 경우: 2명 (개인형 이동장치의 기준): "행정안전부령으로 정하는 것"이란 다음 각 호의 어느 하나에 해당하는 것으로서 「전기용품 및 생활용품 안전관리법」 제15조제1항에 따라 안전확인의 신고가 된 것을 말한다.
1. 전동킥보드, 2. 전동이륜평행차 , 3. 전동기의 동력만으로 움직일 수 있는 자전거

정답 7. ④ 8. ④ 9. ① 10. ② (4) 1. ③

2 개인형 이동장치의 기준 및 운행에 대한 설명으로 틀린 것은?

① 배기량 125시시 이하의 원동기를 단 차 중 시속 25킬로미터 이상으로 운행할 경우 전동기가 작동하지 아니하여야 한다.
② 최고 정격출력 11킬로와트 이하의 원동기를 단 차 중 차체 중량이 35킬로그램 미만인 것을 말한다.
③ 개인형 이동장치를 운전할 수 있는 운전면허를 받지 아니하고 운전한 경우 범칙금 10만 원이 부과된다.
④ 술에 취한 상태에 있다고 인정할 만한 상당한 이유가 있는 개인형 이동장치 운전자가 경찰공무원의 호흡조사 측정에 불응하면 범칙금 13만 원이 부과된다.

해설 그 밖에 배기량 125시시 이하(전기를 동력으로 하는 경우에는 최고 정격출력 11킬로와트 이하)의 원동기를 단 차(자전거 이용 활성화에 관한 법률에 따른 전기자전거는 제외한다)
"개인형 이동장치"란 원동기장치자전거 중 시속 25킬로미터 이상으로 운행할 경우 전동기가 작동하지 아니하고 차체 중량이 30킬로그램 미만인 것으로서 행정안전부령으로 정하는 것을 말한다.

3 도로교통법령상 개인형 이동장치에 해당하지 않는 것은?

① 전동킥보드
② 전동이륜평행차
③ 외발 전동휠
④ 전동기의 동력만으로 움직일 수 있는 자전거

해설 (개인형 이동장치의 기준)"행정안전부령으로 정하는 것"이란 다음 각 호의 어느 하나에 해당하는 것으로서「전기용품 및 생활용품 안전관리법」제15조제1항에 따라 안전확인의 신고가 된 것을 말한다.
1. 전동킥보드, 2. 전동이륜평행차, 3. 전동기의 동력만으로 움직일 수 있는 자전거 외발 전동휠은 원동기장치자전거에 해당됨.(배기량 125cc이하 또는 정격출력 11kw이하의 원동기를 단 차는 행정안전부령에서 정하는 개인형이동장치를 제외하고는 원동기장치자전거에 해당된다.)

4 도로교통법령상 개인형 이동장치의 운전방법으로 틀린 것은?

① 밤에 도로를 통행하는 때에는 전조등과 미등을 켜야 한다.
② 동승자에게도 인명보호 장구를 착용하도록 해야 한다.
③ 전동킥보드는 2명 이하 승차하여 운전해야 한다.
④ 원동기장치자전거를 운전할 수 있는 운전면허를 취득한 후 운전해야 한다.

해설 (특정운전자 준수사항) 자전거등의 운전자는 밤에 도로를 통행하는 때에는 전조등과 미등을 켜거나 야광띠 등 발광장치를 착용하여야 한다.
개인형 이동장치의 운전자는 행정안전부령으로 정하는 승차 정원을 초과하여 동승자를 태우고 개인형 이동장치를 운전하여서는 아니된다.(개인형 이동장치의 승차정원): 전동킥보드 및 전동이륜평행차의 경우: 승차정원 1명
개인형 이동장치는 원동기장치자전거로서 원동기장치자전거를 운전할 수 있는 운전면허를 취득한 후 운전해야 한다.

5 다음 중 전동킥보드 등 개인형이동장치의 통행 관련하여 도로교통법령 규정과 다른 것은?

① 자전거도로가 설치되지 않은 곳에서는 도로 좌측 가장자리 통행이 원칙이다.
② 자전거도로가 따로 있는 곳에서는 그 자전거도로로 통행한다.
③ 횡단보도 건널 시에는 내려서 끌거나 들고 보행한다.
④ 길 가장자리구역을 통행할 수 있다.

해설 자전거등에는 자전거와 개인형이동장치를 말하고, 도로교통법 13조의2(자전거 등 통행방법의 특례)에 의하면 자전거등의 운전자는 자전거도로가 설치되지 아니한 곳에서는 도로 우측 가장자리에 붙어서 운행하여야 한다고 규정되어 있다.

정답 2. ② 3. ③ 4. ③ 5. ①

6 도로교통법상 개인형 이동장치 운전자의 준수사항에 해당하지 않는 것은?

① 원동기 동력을 바퀴에 전달시키지 아니하고 원동기의 회전수를 반복하여 증가시킨다.
② 육교를 이용할 수 없는 노인이 도로를 횡단하고 있는 경우 일시 정지해야 한다.
③ 약물영향 등 정상적으로 운전하지 못할 우려가 있는 상태에서 운전해서는 아니 된다.
④ 물이 고인 곳을 운행할 때에는 물을 튀게 하여 다른 사람에게 피해를 주는 일이 없도록 해야 한다.

해설 자전거등의 운전자는 약물의 영향과 그 밖의 사유로 정상적으로 운전하지 못할 우려가 있는 상태에서 자전거등을 운전하여서는 아니 된다.

7 도로교통법령상 개인형 이동장치의 금지 규정으로 틀린 것은?

① 무면허 이용 금지
② 보도, 횡단 보도 통행 금지
③ 야간 통행 금지
④ 음주 운전 금지

해설 자전거등의 운전자는 밤에 도로를 통행하는 때에는 전조등과 미등을 켜거나 야광띠 등 발광장치를 착용하여야 한다.

5. 앞지르기 등의 출제문제

1 다음 중 다른 차를 앞지르기할 때 운전방법으로 옳은 것은?

① 앞차의 좌측으로 앞지르기를 하였다.
② 앞차가 위험방지를 위해 정지 중일 때 앞지르기를 하였다.
③ 다리 위에서 앞지르기를 하였다.
④ 앞차의 좌측에 다른 차가 앞차와 나란히 가고 있을 때 앞지르기를 하였다.

해설 모든 차의 운전자는 다른 차를 앞지르려면 앞차의 좌측으로 통행하여야 한다.
앞지르기 금지시기
  1) 앞차의 좌측에 다른 차가 앞차와 나란히 가고 있는 경우
  2) 앞차가 다른 차를 앞지르고 있거나 앞지르려고 하는 경우
  3) 모든 차의 운전자는 이 법이나 이 법에 의한 명령 또는 경찰공무원의 지시에 따르거나 위험을 방지하기 위하여 정지하거나 서행하고 있는 다른 차를 앞지르기 못한다.

2 이륜자동차의 앞지르기 방법을 설명한 것이다. 맞는 것은?

① 이륜자동차는 앞차의 좌측으로 앞지르기 할 수 있다.
② 진행 방향에 차들이 밀려 있는 경우 그 사이로 앞지르기 할 수 있다.
③ 앞지르기하려는 방향으로 다른 차가 오고 있을 때 앞지르기 할 수 있다.
④ 차량이 정체될 경우 길 가장자리구역으로 앞지르기 할 수 있다.

해설 이륜자동차의 앞지르기 방법도 역시 다른 자동차와 마찬가지로 앞차의 좌측으로 앞지르기해야 한다.

3 이륜자동차가 앞서 가는 차를 앞지르기하려고 한다. 이때 가장 안전한 상황은?

① 앞지르려는 경우 반대방향에서 차가 오고 있을 때
② 앞차가 좌회전하기 위해 좌측으로 진로를 변경하는 때
③ 앞차가 다른 차를 앞지르려고 하는 때
④ 앞차가 다른 차와 충분한 거리를 확보하고 있을 때

해설 이륜자동차가 앞서 가는 차를 앞지르기하려고 할 때 가장 안전한 상황은 앞차가 다른 차와 충분한 거리를 확보하고 있을 때이다.

4 터널 안에서의 앞지르기에 대한 설명으로 맞는 것은?

① 좌측으로 앞지르기를 해야 한다.
② 전조등을 켜고 앞지르기를 해야 한다
③ 법정 최고 속도의 한도 내에서 앞지르기를 해야 한다.
④ 앞지르기를 해서는 안 된다.

해설 교차로, 다리 위, 터널 안 등은 앞지르기가 금지된 장소이므로 앞지르기를 할 수 없다.

정답 6. ① 7. ③ (5) 1. ① 2. ① 3. ④ 4. ④

5 진로 변경 또는 앞지르기를 하고자 할 때의 운전자세로 가장 알맞은 것은?

① 상대방을 위해 신속히 진로를 변경한다.
② 앞차가 다른 차를 앞지르기 하고 있는 경우에도 앞차를 앞지르기 한다.
③ 다른 차를 앞지르기 하려면 앞차의 우측으로 통행하여야 한다.
④ 방향지시등을 켜서 상대에게 알린 후 점선구간에서 안전하게 진로를 변경한다.

해설 진로 변경을 하고자 할 때 방향지시등을 켜서 상대에게 알린 후 안전하게 진로를 변경한다.

6 앞지르기를 할 수 있는 경우로 맞는 것은?

① 앞차가 다른 차를 앞지르고 있을 경우
② 앞차가 위험 방지를 위하여 정지 또는 서행하고 있는 경우
③ 앞차의 좌측에 다른 차가 앞차와 나란히 진행하고 있는 경우
④ 앞차가 저속으로 진행하면서 다른 차와 안전거리를 확보하고 있을 경우

해설 모든 차의 운전자는 앞차의 좌측에 다른 차가 앞차와 나란히 가고 있는 경우, 앞차가 다른 차를 앞지르고 있거나 앞지르고자 하는 경우에는 앞차를 앞지르기 하지 못한다.

7 편도 1차로 도로 전방에 시내버스가 정차를 하고 있을 때 가장 안전한 운전 방법은?

① 시내버스와 충분한 안전거리를 유지하면서 신속히 통과한다.
② 속도를 높여 도로 중앙으로 신속하게 주행한다.
③ 보행자 등의 위험을 피하기 위하여 반대 차로로 주행한다.
④ 시내버스를 앞지르는 것은 위험하므로 기다렸다가 진행한다.

해설 편도 1차로 도로에서 시내버스를 앞지르는 것은 위험하기 때문에 버스가 출발하는 것을 기다렸다가 진행한다.

8 도로교통법령상 이륜자동차가 편도 1차로 도로에서 앞지르기 하려고 할 때 가장 안전한 운전방법은?

① 좌측 공간이 있을 경우 황색실선의 중앙선 구간에서 앞지르기 한다.
② 황색점선의 중앙선 구간에서 앞지르기 한다.
③ 우측 공간이 빈 경우 신속히 우측으로 앞지르기 한다.
④ 앞차에게 상향등과 경음기를 반복적으로 사용하며 앞지르기 한다.

해설 앞지르기는 앞차의 좌측으로 해야 하며, 앞차의 좌·우측 공간에 여유가 있다 하더라도 편도 1차로 도로이므로 앞지르기가 가능한 황색점선 구간에서 안전하게 앞지르기 해야 하며, 황색실선 구간에서는 앞지르기를 하면 안 된다.

9 도로교통법령상 앞지르기에 대한 설명으로 틀린 것은?

① 앞차의 좌측에 다른 차가 앞차와 나란히 가고 있는 경우 앞지르기 하지 못한다.
② 앞차가 다른 차를 앞지르고 있거나 앞지르려고 하는 경우 앞지르기 하지 못한다.
③ 도로의 구부러진 곳은 모두 앞지르기 금지 장소이다.
④ 위험을 방지하기 위하여 정지하거나 서행하고 있는 차는 앞지르기 금지 대상이다.

해설 도로의 구부러진 곳, 비탈길의 고갯마루 부근 또는 가파른 비탈길의 내리막 등 시·도 경찰청장이 도로에서의 위험을 방지하고 교통의 안전과 원활한 소통을 확보하기 위하여 필요하다고 인정하는 곳으로서 안전표지로 지정한 곳이 앞지르기 금지장소이다.

10 이륜자동차의 앞지르기 방법에 대한 내용으로 올바른 것은?

① 주간에는 터널 안에서 앞지르기 할 수 있다.
② 앞차의 좌측이나 우측 관계없이 할 수 있다.
③ 교차로는 앞지르기 금지장소이므로 앞지르기를 할 수 없다.
④ 앞차의 우측으로 안전하게 앞지르기 한다.

해설 교차로는 앞지르기 금지장소이므로 앞지르기를 할 수 없다. 터널 안에서는 주야간 모두 앞지르기를 할 수 없으며 앞지르기를 할 때에는 앞차의 좌측으로 할 수 있다.

정답 5. ④ 6. ④ 7. ④ 8. ② 9. ③ 10. ③

11 다음과 같이 이륜차 운전자가 앞지르기를 하였다. 가장 올바른 운전방법은?

① 전방교통사고로 경찰관의 지시에 따라 서행하고 있는 승용차를 앞지르기 하였다.
② 전방에 낙석위험으로 정지하고 있는 버스를 앞지르기 하였다.
③ 편도 1차로 도로의 고갯마루 부근에서 서행하고 있는 화물차 우측 공간으로 앞지르기 하였다.
④ 중앙선이 황색점선인 편도 1차로 맞은편 도로에서 오는 차가 없을 때 앞 서 정상운행 하는 경운기를 앞지르기 하였다.

해설 (앞지르기 금지의 시기 및 장소): 모든 차의 운전자는 다음 각 호의 어느 하나에 해당하는 다른 차를 앞지르지 못한다.
1) 이 법이나 이 법에 따른 명령에 따라 정지하거나 서행하고 있는 차
2) 경찰공무원의 지시에 따라 정지하거나 서행하고 있는 차
3) 위험을 방지하기 위하여 정지하거나 서행하고 있는 차

12 앞지르기 방법에 대한 이륜차 운전자의 판단과 운전방법이 올바른 것은?

① 고갯마루에서는 앞지르기가 안 되지만 차로가 실선인 터널 안에서는 가능하다고 생각하고 앞지르기 하였다.
② 앞지르려는 앞차가 있을 때는 빨리 하는 것이 좋다고 생각하고 먼저 앞지르기를 하였다.
③ 다리 위에서는 앞지르기가 안 되지만 교차로에서는 가능하다고 생각하고 앞지르기 하였다.
④ 편도 3차로에서 주행 중 1차로 앞지르기를 하면 안 된다고 생각하고 2차로로 앞지르기 하였다.

해설 (앞지르기 금지의 시기 및 장소) ① 모든 차의 운전자는 다음 각 호의 어느 하나에 해당하는 경우에는 앞차를 앞지르지 못한다.
1) 앞차의 좌측에 다른 차가 앞차와 나란히 가고 있는 경우,
2) 앞차가 다른 차를 앞지르고 있거나 앞지르려고 하는 경우
3) 모든 차의 운전자는 다음 각 호의 어느 하나에 해당하는 곳에서는 다른 차를 앞지르지 못한다.
1) 교차로, 2) 터널 안, 3) 다리 위, 4) 도로의 구부러진 곳, 비탈길의 고갯마루 부근 또는 가파른 비탈길의 내리막 등 시·도경찰청장이 도로에서의 위험을 방지하고 교통의 안전과 원활한 소통을 확보하기 위하여 필요하다고 인정하는 곳으로서 안전표지로 지정한 곳

13 다음 중 앞지르기가 가능한 경우로 맞는 것은?

① 백색실선이 설치된 터널 안에서 느리게 주행하는 화물차를 앞지르기 하였다.
② 교차로 내에서 경운기를 앞지르기 하였다.
③ 백색실선이 설치된 다리 위에서 우마차를 앞지르기 하였다.
④ 황색점선의 중앙선이 설치된 도로에서 지게차를 앞지르기 하였다.

해설 황색점선의 직선도로에서는 마주 오는 차량에게 위해를 주지 않는 경우 앞지르기를 할 수 있으며 교차로나 터널 안, 다리 위에서는 앞지르기를 할 수 없다.

14 이륜자동차 운전 중 편도 1차로 도로에서 승용차가 느리게 진행하고 있을 때 앞지르기 하는 방법으로 가장 적절한 것은?

① 차로의 오른쪽 길가장자리 구역을 이용하여 앞지르기한다.
② 황색 점선의 중앙선이 설치된 곳에서 마주 오는 차가 없을 때 앞지르기한다.
③ 가급적 승용차와 나란히 하여 앞지르기한다.
④ 황색 실선의 중앙선이 설치된 곳에서 마주 오는 차가 없을 때에는 앞지르기한다.

해설 앞지르기 방법, 황색 중앙선 침범금지, 점선에서의 앞지르기 방법

15 중앙선이 황색 점선과 황색 실선의 복선으로 설치된 때의 앞지르기에 대한 설명으로 맞는 것은?

① 황색 실선과 황색 점선 어느 쪽에서도 중앙선을 넘어 앞지르기할 수 없다.
② 황색 점선이 있는 측에서는 중앙선을 넘어 앞지르기할 수 있다.
③ 안전이 확인되면 황색 실선과 황색 점선 상관없이 앞지르기할 수 있다.
④ 황색 실선이 있는 측에서는 중앙선을 넘어 앞지르기할 수 있다.

해설 황색점선이 있는 측에서는 중앙선을 넘어 앞지르기할 수 있으나 황색 실선이 있는 측에서는 중앙선을 넘어 앞지르기할 수 없다.

정답 11. ④ 12. ④ 13. ④ 14. ② 15. ②

16 앞차를 앞지르기 할 때 위반에 해당하는 것은?

① 편도 2차로 오르막길에서 백색점선을 넘어 앞지르기하였다.
② 반대 방향의 안전을 살피고 황색실선의 중앙선을 넘어 앞지르기 하였다.
③ 비포장도로에서 앞차의 좌측으로 앞지르기 하였다.
④ 황색점선의 중앙선이 설치된 도로에서 안전을 살피고 앞지르기 하였다.

해설 백색 실선은 진로 변경 제한선이고 백색 점선의 차선은 안전을 살피고 진로 변경이 가능한 표시이며, 황색 실선의 중앙선은 넘어서는 안 되는 표시이고, 황색 점선의 중앙선은 안전을 살피고 앞지르기를 할 수 있는 구간이다.

17 다음 중 앞지르기가 가능한 장소는?

① 교차로
② 황색실선의 국도
③ 터널 안
④ 황색점선의 지방도

해설 교차로, 터널 안, 다리 위와 도로의 구부러진 곳, 비탈길의 고갯마루 부근, 또는 가파른 내리막 등 시·도경찰청장이 도로에서의 위험을 방지하고 교통의 안전과 원활한 소통을 확보하기 위하여 필요하다고 인정하는 곳으로서 안전표지로 지정한 곳, 황색실선을 절대 넘어가서는 안 되는 곳이며 점선 부근에서는 앞지르기가 가능하다.

18 도로교통법령상 앞지르기를 금지하기 위해 안전표지로 지정하는 장소가 아닌 것은?

① 도로의 구부러진 곳
② 비탈길의 고갯마루 부근
③ 황색점선의 직선단일로
④ 가파른 비탈길의 내리막

해설 도로교통법 제22조(앞지르기 금지의 시기 및 장소) 황색점선의 직선단일로는 앞지르기가 가능하다.

19 교차로 내에서 앞에 진행하는 차의 좌측을 통행하여 앞지르기 하였다. 적용되는 위반 내용은?

① 우선권 양보 불이행
② 앞지르기 금지 장소 위반
③ 교차로 통행방법 위반
④ 앞지르기 방법 위반

해설 다리 위, 교차로, 터널 안은 앞지르기가 금지된 장소이므로 앞지르기를 할 수 없다.

20 모범운전자가 초보운전자에게 안전운전 방법을 설명하였다. 맞게 설명한 것은?

① 교통정리가 없는 교통이 빈번한 교차로를 통과할 때는 서행으로 통과하면 된다고 알려주었다.
② 교차로 진입 전 차량 황색 등화가 켜 있는 경우라면 통과하라고 알려주었다.
③ 백색 실선이 설치된 다리에서 앞지르기를 해도 된다고 알려주었다.
④ 경찰공무원의 지시에 따라 서행하고 있는 차를 앞지르기하면 안 된다고 알려주었다.

해설 (앞지르기 금지의 시기 및 장소) ① 모든 차의 운전자는 다음 각 호의 어느 하나에 해당하는 경우에는 앞차를 앞지르지 못한다.
 1) 앞차의 좌측에 다른 차가 앞차와 나란히 가고 있는 경우
 2) 앞차가 다른 차를 앞지르고 있거나 앞지르려고 하는 경우
② 모든 차의 운전자는 다음 각 호의 어느 하나에 해당하는 다른 차를 앞지르지 못한다.
 1) 이 법이나 이 법에 따른 명령에 따라 정지하거나 서행하고 있는 차
 2) 경찰공무원의 지시에 따라 정지하거나 서행하고 있는 차
 3) 위험을 방지하기 위하여 정지하거나 서행하고 있는 차
③ 모든 차의 운전자는 다음 각 호의 어느 하나에 해당하는 곳에서는 다른 차를 앞지르지 못한다.
 1) 교차로
 2) 터널 안
 3) 다리 위
 4) 도로의 구부러진 곳, 비탈길의 고갯마루 부근 또는 가파른 비탈길의 내리막 등 시·도경찰청장이 도로에서의 위험을 방지하고 교통의 안전과 원활한 소통을 확보하기 위하여 필요하다고 인정하는 곳으로서 안전표지로 지정한 곳
제26조(교통정리가 없는 교차로에서의 양보운전)
① 교통정리를 하고 있지 아니하는 교차로에 들어가려고 하는 차의 운전자는 이미 교차로에 들어가 있는 다른 차가 있을 때에는 그 차에 진로를 양보하여야 한다.
② 교통정리를 하고 있지 아니하는 교차로에 들어가려고 하는 차의 운전자는 그 차가 통행하고 있는 도로의 폭보다 교차하는 도로의 폭이 넓은 경우에는 서행하여야 하며, 폭이 넓은 도로로부터 교차로에 들어가려고 하는 다른 차가 있을 때에는 그 차에 진로를 양보하여야 한다.
③ 교통정리를 하고 있지 아니하는 교차로에 동시에 들어가려고 하는 차의 운전자는 우측도로의 차에 진로를 양보하여야 한다.
④ 교통정리를 하고 있지 아니하는 교차로에서 좌회전

정답 16. ② 17. ④ 18. ③ 19. ② 20. ④

하려고 하는 차의 운전자는 그 교차로에서 직진하거나 우회전하려는 다른 차가 있을 때에는 그 차에 진로를 양보하여야 한다.

Chapter 07
긴급 자동차 등의 출제문제

1 다음 중 긴급자동차로 볼 수 없는 것은?

① 도로관리를 위한 자동차에 의하여 유도되고 있는 자동차
② 경찰용 긴급자동차에 의하여 유도되고 있는 자동차
③ 국군의 긴급자동차에 의하여 유도되고 있는 국군의 자동차
④ 생명이 위급한 환자를 운송 중인 자동차

해설 (긴급자동차의 종류) ② 자동차 외에 다음 각 호의 어느 하나에 해당하는 자동차는 긴급자동차로 본다.
1. 경찰용 긴급자동차에 의하여 유도되고 있는 자동차
2. 국군 및 주한 국제연합군용의 긴급자동차에 의하여 유도되고 있는 국군 및 주한 국제연합군의 자동차
3. 생명이 위급한 환자 또는 부상자나 수혈을 위한 혈액을 운송 중인 자동차

2 긴급자동차로 볼 수 있는 것은?

① 고장 수리를 위해 자동차 정비 공장으로 가고 있는 소방차
② 응급 환자를 이송하고 복귀하는 구급차
③ 공무 수행 중인 모든 자동차
④ 시·도경찰청장으로부터 지정을 받고 긴급한 우편물의 운송에 사용 중인 자동차

해설 소방차, 구급차, 혈액공급차량, 그 밖에 대통령령으로 정하는 자동차, 시·도경찰청장으로부터 지정을 받고 긴급한 우편물의 운송, 전파 감시업무에 사용 중인 자동차 응급환자를 이송하는 구급차 등이 긴급자동차에 해당한다.

3 도로교통법령상 긴급자동차의 종류 중 지정신청이 필요한 자동차는?

① 경찰용 자동차 중 범죄수사, 교통단속에 사용되는 자동차
② 수사기관의 자동차 중 범죄수사를 위하여 사용되는 자동차
③ 보호관찰소의 자동차 중 보호관찰 대상자의 호송·경비를 위하여 사용되는 자동차
④ 민방위업무를 수행하는 기관에서 긴급예방 또는 복구를 위한 출동에 사용되는 자동차

해설 민방위 업무를 수행하는 기관에서 긴급예방 또는 복구를 위해 출동에 사용하는 자동차는 사용자 또는 기관 등의 신청에 의하여 시·도경찰청장이 지정하는 경우에 한하여 긴급자동차로 인정되며, ①, ②, ③의 경우 지정이 필요 없는 당연 긴급자동차이다.

4 이륜자동차가 생명이 위독한 환자를 이송 중인 경우 긴급자동차로 인정받기 위한 조치는?

① 관할 경찰서장의 허가를 받아야 한다.
② 전조등 또는 비상등을 켜고 운행한다.
③ 생명이 위독한 환자를 이송 중이기 때문에 특별한 조치가 필요 없다.
④ 반드시 다른 자동차의 호송을 받으면서 운행하여야 한다.

해설 구급자동차를 부를 수 없는 상황으로 일반자동차로 생명이 위독한 환자를 이송해야 하는 긴급한 상황에서 주변 자동차 운전자의 양보를 받으며 병원 등으로 운행해야 하는 경우에 긴급자동차로 특례를 적용 받기 위해서는 전조등 또는 비상등을 켜거나 그 밖에 적당한 방법을 통하여 긴급한 목적으로 운행되고 있음을 표시하여야 한다.

5 긴급한 용도임에도 경광등을 켜지 않아도 되는 긴급자동차는?

① 긴급한 우편물의 운송에 사용되는 자동차
② 소방차
③ 경호업무 수행에 공무로 사용되는 자동차
④ 구급차

정답 Chapter ⑦ 1. ① 2. ④ 3. ④ 4. ② 5. ③

> **해설** 긴급자동차는 자동차관리법 에 따른 자동차의 안전 운행에 필요한 기준에서 정한 긴급자동차의 구조를 갖추어야 하고, 우선 통행 및 긴급자동차에 대한 특례와 그 밖에 법에서 규정된 특례의 적용을 받고자 하는 때에는 사이렌을 울리거나 경광등을 켜야 한다. 다만, 속도에 관한 규정을 위반하는 자동차 등을 단속하는 경우의 긴급자동차와 국내외 요인에 대한 경호 업무 수행에 공무로 사용되는 자동차는 그러하지 아니하다.

6 긴급자동차 운전자가 긴급한 용도 외에 경광등을 사용할 수 있는 경우가 아닌 것은?

① 경찰용 자동차가 교통단속을 위하여 순찰을 하는 경우
② 민방위 훈련에 동원된 자동차가 그 본래의 긴급한 용도와 관련된 훈련에 참여하는 경우
③ 전화의 수리공사에 사용되는 자동차가 사고 예방을 위하여 순찰을 하는 경우
④ 소방차가 화재 예방을 위하여 순찰을 하는 경우

> **해설** (긴급한 용도 외에 경광등 등을 사용할 수 있는 경우) 자동차 운전자는 해당 자동차를 그 본래의 긴급한 용도로 운행하지 아니하는 경우에도 다음 각 호의 어느 하나에 해당하는 경우에는 「자동차관리법」에 따라 해당 자동차에 설치된 경광등을 켜거나 사이렌을 작동할 수 있다.
> 1) 소방차가 화재 예방 및 구조 · 구급 활동을 위하여 순찰을 하는 경우
> 2) 자동차가 그 본래의 긴급한 용도와 관련된 훈련에 참여하는 경우
> 3) 자동차가 범죄 예방 및 단속을 위하여 순찰을 하는 경우

7 교차로에서 우회전 중 소방차가 경광등을 켜고 사이렌을 울리며 접근할 경우에 가장 안전한 운전방법은?

① 교차로를 피하여 일시정지한다.
② 즉시 현 위치에서 정지한다.
③ 서행하면서 우회전한다.
④ 교차로를 신속하게 통과한 후 계속 진행한다.

> **해설** 교차로나 그 부근에서 긴급자동차가 접근하는 경우에는 차마와 노면전차의 운전자는 교차로를 피하여 일시정지 하여야 한다.

8 도로를 주행 중에 긴급자동차가 접근하고 있다. 운전자로서 가장 올바른 조치는?

① 법정속도 이상으로 긴급자동차를 피하여 주행한다.
② 긴급자동차가 우선 통행할 수 있도록 진로를 양보한다.
③ 도로에서는 특별한 조치 없이 주행한다.
④ 도로의 좌측 가장자리로 피하여 양보함이 원칙이다.

> **해설** 교차로나 그 부근에서 긴급자동차가 접근하는 경우에는 차마와 노면전차의 운전자는 교차로를 피하여 일시정지 하여야 한다. 모든 차와 노면전차의 운전자는 제4항에 따른 곳 외의 곳에서 긴급자동차가 접근한 경우에는 긴급 자동차가 우선 통행 할 수 있도록 진로를 양보하여야 한다.

9 도로를 주행 중 응급환자를 실은 긴급자동차가 접근해 올 때 양보 방법에 대한 설명이다. 가장 올바른 것은?

① 긴급자동차가 뒤따라오면 비상등을 켜고 가속하여 앞 서 간다.
② 즉시 그 자리에 정지하여 긴급자동차가 피해 갈 수 있도록 한다.
③ 긴급자동차가 접근하면 우선 통행할 수 있도록 진로를 양보한다.
④ 긴급자동차에게 진로를 양보한 후 바싹 뒤따라 붙는다.

> **해설** (긴급자동차의 우선 통행)
> 1) 교차로나 그 부근에서 긴급자동차가 접근하는 경우에는 차마와 노면전차의 운전자는 교차로를 피하여 일시정지하여야 한다.
> 2) 모든 차와 노면전차의 운전자는 긴급자동차가 접근한 경우에는 긴급자동차가 우선 통행할 수 있도록 진로를 양보하여야 한다.

10 도로교통법상 긴급한 용도로 운행 중인 긴급자동차가 다가올 때 운전자의 준수사항으로 맞는 것은?

① 교차로에 긴급자동차가 접근할 때에는 교차로 내 좌측 가장자리에 일시정지해야 한다.
② 교차로에서 긴급자동차가 접근하는 경우에는 교차로를 피하여 일시정지 하여야 한다.
③ 긴급자동차보다 속도를 높여 신속히 통과한다.
④ 그 자리에 일시정지하여 긴급자동차가 지나갈 때까지 기다린다.

정답 6. ③ 7. ① 8. ② 9. ③ 10. ②

해설 교차로나 그 부근에서 긴급자동차가 접근하는 경우에는 차마와 노면전차의 운전자는 교차로를 피하여 일시정지 하여야 한다. 모든 차와 노면전차의 운전자는 긴급 자동차가 접근한 경우에는 긴급자동차가 우선 통행할 수 있도록 진로를 양보하여야 한다.

11 도로교통법령상 교차로나 그 부근 외의 곳에서 긴급자동차가 접근한 경우에는 긴급자동차가 우선 통행할 수 있도록 ( )하여야 한다. 다음 중 ( ) 안에 알맞은 것은?

① 서행
② 진로를 양보
③ 빠르게 주행
④ 도로 중앙에 즉시 정지

해설 교차로나 그 부근에서 긴급자동차가 접근하는 경우에는 차마와 노면전차의 운전자는 교차로를 피하여 일시정지하여야 한다. 모든 차와 노면전차의 운전자는 교차로나 그 부근 외의 곳에서 긴급자동차가 접근한 경우에는 긴급 자동차가 우선통행할 수 있도록 진로를 양보하여야 한다.

12 이륜차 운전자가 편도 1차로의 교차로에서 좌회전을 하려고 할 때 구급차가 사이렌을 울리며 뒤에서 접근하는 것을 발견하였다. 이때 가장 올바른 운전행동은?

① 구급차가 피해 가도록 서행하였다.
② 사이렌 소리를 듣자마자 즉시 차로 상에 정차였다.
③ 교차로를 피하여 일시정지하였다.
④ 신호를 무시하고 교차로 내에 정지하였다.

해설 (긴급자동차의 우선 통행) 교차로나 그 부근에서 긴급자동차가 접근하는 경우에는 차마와 노면전차의 운전자는 교차로를 피하여 일시정지하여야 한다.

13 도로교통법령상 긴급자동차에 대한 특례 중 모든 긴급자동차에 적용되는 것은?

① 보도침범
② 중앙선 침범
③ 앞지르기의 금지
④ 횡단 등의 금지

해설 긴급자동차에 대한 특례 중 모든 긴급자동차에 해당하는 것은 속도제한, 앞지르기의 금지, 끼어들기의 금지에 해당하며 신호위반, 보도침범, 중앙선 침범, 횡단 등의 금지, 안전거리 확보 등, 주·정차금지, 고장 등의 조치 등은 소방차, 구급차, 혈액공급차량 그리고 경찰용 자동차만 해당한다.

14 긴급한 용도로 운행 중 교통사고를 일으킨 경우 형을 감면할 수 있는 긴급자동차는?

① 전기사업 기관에서 위험 방지를 위한 응급작업에 사용되는 자동차
② 전파감시업무에 사용되는 자동차
③ 수용자의 호송에 사용되는 교도소 자동차
④ 혈액 공급차량

해설 소방차, 구급차, 혈액 공급차량, 경찰용 자동차의 운전자가 그 차를 본래의 긴급한 용도로 운행하는 중에 교통사고를 일으킨 경우에는 그 긴급활동의 시급성과 불가피성 등 정상을 참작하여 「교통사고처리 특례법」 제3조 제1항에 따른 형을 감경하거나 면제할 수 있다.

Chapter 08
교차로 등의 통행방법 출제문제

1 교차로에서 좌회전 시 가장 적절한 통행 방법은?

① 중앙선을 따라 서행하면서 교차로 중심 안쪽으로 좌회전한다.
② 중앙선을 따라 빠르게 진행하면서 교차로 중심 안쪽으로 좌회전한다.
③ 중앙선을 따라 빠르게 진행하면서 교차로 중심 바깥쪽으로 좌회전한다.
④ 중앙선을 따라 서행하면서 운전자가 편리한 대로 좌회전한다.

해설 모든 차의 운전자는 교차로에서 좌회전을 하고자 하는 때에는 미리 도로의 중앙선을 따라 서행하면서 교차로의 중심 안쪽을 이용하여 좌회전하여야 한다.

2 이륜자동차 운전자가 교차로에서 좌회전하려고 할 때 가장 옳은 것은?

① 횡단보도에서 이륜자동차를 타고 횡단한다.
② 미리 도로의 우측 가장자리로 붙어 서행하면서 교차로의 가장자리 부분을 이용하여 좌회전한다.
③ 미리 도로의 중앙선을 따라 서행하면서 교차로의 중심 안쪽을 이용하여 좌회전한다.
④ 차로에 상관없이 좌회전할 수 있다.

정답 11. ② 12. ③ 13. ③ 14. ④ Chapter ⑧ 1. ① 2. ③

해설 모든 차의 운전자는 교차로에서 좌회전을 하려는 경우에는 미리 도로의 중앙선을 따라 서행하면서 교차로의 중심 안쪽을 이용하여 좌회전하여야 한다. 다만, 시·도경찰청장이 교차로의 상황에 따라 특히 필요하다고 인정하여 지정한 곳에서는 교차로의 중심 바깥쪽을 통과할 수 있다.

3 신호등이 없는 교차로에 선진입하여 좌회전하는 차량이 있는 경우 올바른 통행 방법은?

① 직진 차량은 주의하며 진행한다.
② 우회전 차량은 서행으로 우회전한다.
③ 직진 차량과 우회전 차량 모두 좌회전 차량에 진로를 양보한다.
④ 폭이 좁은 도로에서 진행하는 차량은 서행하며 통과한다.

해설 교통정리를 하고 있지 아니하는 교차로에서 좌회전 차량이 교차로에 이미 선진입한 경우에 직진 차와 우회전 차량은 좌회전 차량에게 양보해야 한다.

4 교차로에서 좌회전하는 차량 운전자의 가장 안전한 운전 방법은?

① 반대 방향에서 직진하는 차량은 주의할 필요가 없다.
② 반대 방향에서 우회전하는 차량만 주의하면 된다.
③ 같은 방향에서 우회전하는 차량을 주의해야 한다.
④ 함께 좌회전하는 측면 차량도 주의해야 한다.

해설 교차로에서 좌회전하는 차량은 반대 방향의 직진 차량과 우회전 차량 및 같은 방향으로 함께 좌회전 하는 측면 차량도 주의하며 좌회전해야 한다.

5 교차로에서 좌·우회전하는 방법을 가장 바르게 설명한 것은?

① 우회전을 하고자 하는 때에는 신호에 따라 정지 또는 진행하는 보행자와 자전거에 주의하면서 신속히 통과한다.
② 좌회전을 하고자 하는 때에는 항상 교차로 중심 바깥쪽으로 통과해야 한다.
③ 우회전을 하고자 하는 때에는 미리 우측 가장자리를 따라 서행하여야 한다.
④ 신호기 없는 교차로에서 좌회전을 하고자 할 경우 보행자가 횡단 중이면 그 앞을 신속히 통과한다.

해설 모든 차의 운전자는 교차로에서 우회전을 하고자 하는 때에는 미리 도로의 우측 가장자리를 서행하면서 우회전하여야 한다. 이 경우 우회전하는 차의 운전자는 신호에 따라 정지 또는 진행하는 보행자 또는 자전거에 주의하여야 한다.

6 정체된 교차로에서 좌회전할 경우 가장 알맞은 방법은?

① 가급적 앞차를 따라 진입한다.
② 녹색신호에는 진입해도 무방하다.
③ 적색신호라도 공간이 생기면 진입한다.
④ 녹색신호라도 공간이 없으면 진입하지 않는다.

해설 모든 차의 운전자는 신호기에 의하여 교통정리가 행하여지고 있는 교차로에 들어가려는 때에는 진행하고자 하는 진로의 앞쪽에 있는 차의 상황에 따라 교차로에 정지하게 되어 다른 차의 통행에 방해가 될 우려가 있는 경우에는 그 교차로에 들어가서는 아니 된다.

7 이륜차 운전자가 비보호좌회전 표지가 설치된 교차로에서 좌회전을 하려고 한다. 올바른 설명은?

① 보호를 안 해준다는 뜻이므로 아무 때나 운전자가 알아서 좌회전하면 된다.
② 녹색신호에 맞은편 차로에서 차가 오지 않을 때 좌회전이 가능하다.
③ 반대차로에 통행차량이 없을 때에는 황색신호에도 좌회전이 가능하다.
④ 적색신호에만 좌회전이 금지되고 그 외에는 아무 때나 가능하다.

해설 녹색신호에 마주 오는 차가 없을 경우에 가능하다.

8 이륜자동차가 비보호좌회전 교차로에서 좌회전 하고자 할 때 가장 큰 위험 요인은?

① 반대편 도로에서 정차 중인 덤프트럭
② 반대편 도로에서 직진하는 이륜자동차
③ 우측 도로에서 신호 대기 중인 버스
④ 반대편 도로에서 좌회전하는 승합차

해설 이륜자동차가 교차로에서 좌회전 하고자 할 때 가장 큰 위험요인은 반대편 도로에서 직진하는 차라고 할 수 있다.

정답 3. ③ 4. ④ 5. ③ 6. ④ 7. ② 8. ②

9 다음 중 도로에서 안전운전 방법으로 가장 알맞은 것은?

① 어린이에게 차량이 지나감을 알릴 수 있도록 경음기를 울리며 지나간다.
② 철길건널목 차단기가 내려가려고 하는 경우 신속히 통과한다.
③ 우회전을 하는 경우 미리 도로의 우측 가장자리를 서행하면서 우회전한다.
④ 야간에는 반대편 차량의 운전자를 위해 전조등을 상향으로 한다.

> 해설 학교 앞 보행로에서 어린이가 지나갈 경우 일시정지해야 하며, 철길 건널목에서 차단기가 내려지려는 경우 진입하면 안된다. 또한 야간 운전 시에는 전조등을 반대편 차량의 주행에 방해가 되지 않도록 전조등을 하향으로 조정해야 한다.

10 교차로에서 우회전할 때 가장 안전한 운전 행동은?

① 방향 지시등은 교차로에 근접하여 작동한다.
② 백색 실선이 그려져 있으면 주의하며 우측으로 진로 변경한다.
③ 진행 방향의 좌측에서 진행해 오는 차량에 방해가 없도록 우회전한다.
④ 다른 교통에 주의하며 신속하게 우회전한다.

> 해설 방향 지시등은 우회전하는 지점의 30미터 이상 후방에서 작동해야 하고, 교차로에 접근하여 백색 실선이 그려져 있으면 그 구간에서는 진로 변경해서는 안 되고, 다른 교통에 주의하며 서행으로 회전해야 한다. 그리고 우회전할 때 신호등 없는 교차로에서는 통행 우선권이 있는 차량에게 진로를 양보해야 한다.

11 신호등이 없는 교차로에서 우회전하려 할 때 옳은 것은?

① 가급적 빠른 속도로 신속하게 우회전한다.
② 교차로에 선진입한 차량이 통과한 뒤 우회전한다.
③ 반대편에서 앞서 좌회전하고 있는 차량이 있으면 안전에 유의하며 함께 우회전한다.
④ 폭이 넓은 도로에서 좁은 도로로 우회전할 때는 다른 차량에 주의할 필요가 없다.

> 해설 교차로에서 우회전 할 때에는 서행으로 우회전해야 하고, 선진입한 좌회전 차량에 진로를 양보해야 한다. 그리고 폭이 넓은 도로에서 좁은 도로로 우회전할 때에도 다른 차량에 주의해야 한다.

12 도로교통법령상 차량 신호등이 설치되어 있는 교차로에서 우회전하려는 경우 잘못된 방법은?

① 적색등화인 경우, 정지선, 횡단보도 및 교차로 직전에서 일시정지 후 안전을 확인하고 우회전한다.
② 녹색등화인 경우, 안전을 확인하고 서행하면서 우회전한다.
③ 황색등화인 경우, 정지선, 횡단보도 및 교차로 직전에서 일시정지 후 안전을 확인하고 우회전한다.
④ 적색등화의 점멸인 경우, 다른 교통에 주의하면서 우회전한다.

> 해설 ① 차량신호가 적색등화인 경우, 차마는 우회전하려는 경우 정지선, 횡단보도 및 교차로의 직전에서 정지한 후 신호에 따라 진행하는 다른 차마의 교통을 방해하지 않고 우회전할 수 있다. ② 차량신호가 녹색 등화인 경우 직진 또는 우회전 할 수 있다. ③ 차량신호가 황색등화인 경우, 우회전할 수 있고 우회전하는 경우에는 보행자의 횡단을 방해하지 못한다.

13 교차로에서 우회전하고자 할 때 보행자가 횡단보도에서 횡단 중인 경우 가장 안전한 운전 방법은?

① 먼저 우회전할 수 있다고 판단되면 서둘러 우회전한다.
② 보행 신호등이 적색으로 바뀌었어도 보행자의 횡단이 종료될 때까지 정지하여야 한다.
③ 횡단보도를 이용하는 보행자를 피해서 운전한다.
④ 보행 신호등이 적색이면 무조건 진행한다.

> 해설 모든 차의 운전자는 신호기로 교통정리를 하고 있는 교차로에서 좌회전 또는 우회전을 하고자 하는 경우에 신호기 또는 경찰공무원등의 신호 또는 지시에 따라 도로를 횡단하는 보행자의 통행을 방해하여서는 아니 된다. 즉 보행신호등이 적색으로 바뀌어도 보행자로 하여금 안전하게 횡단할 수 있도록 하여야 한다.

정답 9. ③ 10. ③ 11. ② 12. ④ 13. ②

14 자전거전용도로가 있는 교차로에서 이륜자동차 운전자가 화물자동차를 따라 우회전하려고 할 때 가장 안전한 운전방법은?

① 일시정지하고 안전을 확인한 후 빠르게 우회전한다.
② 측면과 뒤쪽의 안전을 반드시 확인하고 사각에 주의하며 우회전한다.
③ 공간이 충분하므로 화물자동차 우측 옆에 붙어서 나란히 우회전한다.
④ 자전거전용도로로 진로를 변경하여 우회전한다.

해설 자전거전용도로가 있는 교차로에서 우회전할 때에는 일시정지하여 안전을 확인한 후 서행하면서 우회전하여야 한다. 이륜자동차 운전자는 측면과 뒤쪽의 안전을 반드시 확인하고 사각에 주의하여야 한다. 신호에 따라 직진하는 이륜자동차 운전자는 측면 교통을 방해하지 않는 한 녹색 또는 적색에서 우회전할 수 있으나 내륜차(內輪差)와 사각에 주의하여야 한다.

15 다음은 교차로에서 우회전할 때 주의해야 할 위험 요소들이다. 해당 사항이 아닌 것은?

① 도로 좌측에서 우측으로 진행해 오는 차
② 우측도로에 설치된 횡단보도 위를 걸어가는 보행자
③ 반대차로에서 내 차 진행 방향 쪽으로 좌회전해 오는 차
④ 반대차로에서 우회전하는 차

해설 도로 좌측에서 우측으로 진행해 오는 차, 우회전할 때 나타나는 횡단보도 위를 걸어가는 보행자, 반대차로에서 내 차 진행 방향 쪽으로 좌회전해 오는 차를 주의하여야 한다.

16 이륜자동차가 교차로에서 우회전하고자 할 때 가장 큰 위험요인은?

① 반대편 도로의 직진 차
② 우측 도로의 직진 차
③ 반대편 도로의 좌회전 차
④ 반대편 도로의 우회전 차

해설 이륜자동차가 교차로에서 우회전하고자 할 때 가장 큰 위험요인은 반대편 도로의 좌회전 차라고 할 수 있다.

17 교통정리가 없는 교차로에서 좌회전하는 방법 중 가장 옳은 것은?

① 일반도로에서는 좌회전하려는 교차로 직전에서 방향지시등을 켜고 좌회전한다.
② 미리 도로의 중앙선을 따라 서행하면서 교차로의 중심 바깥쪽으로 좌회전한다.
③ 시·도경찰청장이 지정하더라도 교차로의 중심 바깥쪽을 이용하여 좌회전 할 수 없다.
④ 반드시 서행하여야 하고, 일시정지는 상황에 따라 운전자가 판단하여 실시한다.

해설 일반도로에서 좌회전하려는 때에는 좌회전하려는 지점에서부터 30미터 이상의 지점에서 방향지시등을 켜야 하고, 도로 중앙선을 따라 서행하며 교차로의 중심 안쪽으로 좌회전해야 하며, 시·도경찰청장이 지정한 곳에서는 교차로의 중심 바깥쪽으로 좌회전할 수 있다. 그리고 좌회전할 때에는 항상 서행할 의무가 있으나 일시정지는 상황에 따라 할 수도 있고 안 할 수도 있다.

18 교통정리를 하고 있지 아니하는 교차로를 좌회전하기 위해 진입하려고 할 때 가장 안전한 운전 방법은?

① 선진입한 다른 차량이 있어도 서행하며 조심스럽게 좌회전한다.
② 폭이 넓은 도로의 차에 진로를 양보한다.
③ 직진 차에는 진로를 양보하나 우회전 차에게는 양보하지 않아도 된다.
④ 미리 도로의 중앙선을 따라 서행하다 교차로 중심 바깥쪽을 이용하여 좌회전한다.

해설 선진입한 차량에 진로를 양보해야 하고, 좌회전 차량은 직진 및 우회전 차량에게 양보해야 하며, 교차로 중심 안쪽을 이용하여 좌회전해야 한다.

19 교통정리가 없는 교차로에서 양보운전 방법으로 틀린 것은?

① 동시에 들어가려고 하는 차는 우측 도로의 차에 진로를 양보하여야 한다.
② 넓은 도로 진입 차는 좁은 도로 진입 차에게 진로를 양보해야 한다.
③ 좌회전하려는 차는 우회전하려는 차에게 진로를 양보하여야 한다.
④ 늦게 진입한 차는 이미 교차로에 들어가 있는 차에게 진로를 양보하여야 한다.

정답 14. ② 15. ④ 16. ③ 17. ④ 18. ② 19. ②

해설 (교통정리가 없는 교차로에서의 양보운전) ① 교통정리를 하고 있지 아니하는 교차로에 들어가려고 하는 차의 운전자는 이미 교차로에 들어가 있는 다른 차가 있을 때에는 그 차에 진로를 양보하여야 한다.
② 교통정리를 하고 있지 아니하는 교차로에 들어가려고 하는 차의 운전자는 그 차가 통행하고 있는 도로의 폭보다 교차하는 도로의 폭이 넓은 경우에는 서행하여야 하며, 폭이 넓은 도로로부터 교차로에 들어가려고 하는 다른 차가 있을 때에는 그 차에 진로를 양보하여야 한다.
③ 교통정리를 하고 있지 아니하는 교차로에 동시에 들어가려고 하는 차의 운전자는 우측도로의 차에 진로를 양보하여야 한다.
④ 교통정리를 하고 있지 아니하는 교차로에서 좌회전하려고 하는 차의 운전자는 그 교차로에서 직진하거나 우회전하려는 다른 차가 있을 때에는 그 차에 진로를 양보하여야 한다.

20 교통정리가 없는 교차로 통행 방법으로 알맞은 것은?
① 좌우를 확인할 수 없는 경우에는 서행하여야 한다.
② 좌회전하려는 차는 직진차량보다 우선 통행해야 한다.
③ 우회전하려는 차는 직진차량보다 우선 통행해야 한다.
④ 통행하고 있는 도로의 폭보다 교차하는 도로의 폭이 넓은 경우 서행하여야 한다.

해설 좌우를 확인할 수 없는 경우에는 일시정지 하여야 하며, 해당 차가 통행하고 있는 도로의 폭보다 교차하는 도로의 폭이 넓은 경우에는 서행하여야 한다.

21 다음 중 교통정리가 없는 교차로에서의 양보운전에 대한 설명으로 옳은 것은?
① 동시에 들어가려고 하는 차는 좌측 도로의 차에 진로를 양보하여야 한다.
② 늦게 진입한 차는 이미 교차로에 들어가 있는 차에게 진로를 양보하여야 한다.
③ 우회전하려는 차는 좌회전하려는 차에게 진로를 양보하여야 한다.
④ 넓은 도로 진입 차는 좁은 도로 진입 차에게 진로를 양보해야 한다.

해설 (교통정리가 없는 교차로에서의 양보운전) ① 우측 차에게 양보해야 한다. ③ 우회전차에게 양보해야 한다. ④ 넓은 도로 진입 차에게 양보해야 한다.

22 다음 중 신호등이 없는 교통이 빈번한 교차로를 통행하는 방법으로 가장 올바른 것은?
① 경음기를 울리면서 신속히 통과한다.
② 비상 점멸등을 켜고 교차로 가장자리 쪽으로 통과한다.
③ 먼저 진입한 차가 우선이므로 먼저 진입하고 본다.
④ 교차로에 진입하기 전에 일시정지 후 주의하면서 통과한다.

해설 교통정리를 하고 있지 아니하고 일시 정지 또는 양보를 표시하는 안전표지가 설치되어 있는 교차로에 들어가고자 하는 때에는 일시 정지하거나 양보하여 다른 차의 진행을 방해하여서는 아니 된다.

23 다음 중 이륜자동차 운전자의 교차로 통행방법에 대한 설명으로 옳지 않은 것은?
① 우회전할 때는 미리 우측 가장자리를 서행하면서 우회전하여야 한다.
② 좌회전할 때는 교차로의 중심 안쪽을 이용하여야 한다.
③ 차량이 정체되어 다른 차의 통행에 방해가 있는 경우라면 교차로에 진입해서는 안 된다.
④ 다른 교통에 방해가 없다면 교차로 우측으로 앞지르기하여 진행할 수 있다.

해설 ④교차로는 앞지르기 금지장소이다. ①, ②, ③은 교차로 통행방법에 관한 규정이다.

24 다음은 교차로 통행방법을 설명한 것이다. 맞는 것은?
① 교차로 진입 시에는 앞차와의 거리를 좁혀 진행한다.
② 교차로에 진입할 때는 경음기를 울리며 천천히 진행한다.
③ 녹색 신호일지라도 교차로 내에 정체가 있으면 정지선 직전에 정지한다.
④ 신호등과 경찰공무원의 신호가 다를 경우 신호등의 신호에 따른다.

해설 신호기에 의하여 교통정리가 있는 교차로에 들어가려는 경우 교차로에 정지하게 되어 다른 차의 통행에 방해가 될 우려가 있는 경우에는 그 교차로에 진입해서는 안 된다.

정답 20. ④ 21. ② 22. ④ 23. ④ 24. ③

25 이륜자동차가 신호등 없는 교차로 진입 시 우측 도로에서 교차로로 진입하려는 자전거를 발견하였다. 이때 가장 안전한 운전 방법은?

① 이륜자동차는 자전거보다 속도가 빠르므로 자전거가 양보할 것으로 기대하고 그대로 진행한다.
② 교차로를 먼저 진입하여 신속히 교차로를 빠져나간다.
③ 교차로 진입 전 일시정지하여 자전거가 교차로를 빠져나간 후 진행한다.
④ 경음기를 사용하여 주위를 환기하고 진행한다.

해설 이륜자동차가 신호등 없는 교차로 진입 시 우측 도로에서 교차로로 진입 하려는 자전거를 발견하였다. 이때 가장 안전한 운전 방법은교차로 진입 전 일시정지하여 자전거가 교차로를 빠져나간 후 진행한다.

26 적색 점멸 신호등이 작동되는 교차로의 통행방법으로 맞는 것은?

① 서행하며 진행한다.
② 교차로 직전에 일시정지한 후 안전 확인 후 진행한다.
③ 그대로 진행한다.
④ 경음기를 울리며 빠른 속도로 진행한다.

해설 적색 등화의 점멸의 뜻은 차마는 정지선이나 횡단보도가 있을 때에는 그 직진이나 교차로의 직전에 일시정지한 후 다른 교통에 주의하면서 진행할 수 있다.

27 교차로에 진입한 후에 신호가 황색으로 바뀌었다. 가장 안전한 운전 방법은?

① 앞에 정차한 차량이 있으면 왼쪽 차로로 차로 변경 후 진행한다.
② 교차로 안에 바로 정지한다.
③ 신속히 교차로를 통과한다.
④ 주행하는 데 방해가 되는 전방의 자전거가 비켜나도록 경음기를 울린다.

해설 교차로에 차마의 일부라도 진입한 경우에는 신속히 교차로 밖으로 진행하여야 한다.

28 교차로에 진입하기 전에 신호가 황색으로 바뀌었다. 가장 안전한 운전 방법은?

① 속도를 높여 신속하게 지나간다.
② 정지선 직전에 정지한다.
③ 차량이 없는 차로로 차로 변경 후 진행한다.
④ 다른 방향에 차량이 출발할 수 있으므로 경음기를 계속 울리며 진행한다.

해설 교차로 또는 횡단보도 진입 전에 황색신호로 바뀌면 정지선 직전에 정지한다.

29 교차로에서 신호대기 중이다. 내차 앞에 자전거가 있다면 녹색등화로 바뀐 경우 안전한 운전방법은?

① 자전거보다 먼저 출발한다.
② 자전거에게 충분한 시간과 공간을 준다.
③ 자전거와 거리를 좁혀 진행한다.
④ 경음기를 사용하며 주의를 주면서 먼저 빠져나간다.

해설 자전거 뒤에서 신호대기 중인 교차로에서 신호가 바뀐 경우 안전운전방법은 자전거가 출발할 수 있도록 시간과 공간을 허용하는 것이 가장 바람직한 운전방법이다.

30 신호기가 설치되어 있는 교차로 진입 시 가장 안전한 운전 방법은?

① 속도를 높이며 빠르게 진입한다.
② 앞차와의 거리를 유지하며 진입한다.
③ 앞차와의 거리를 좁히며 진입한다.
④ 뒤따라오는 차량에 주의하며 진입한다.

해설 속도를 줄이며 적절한 속도로 진입하고 앞차와의 거리를 유지하며 진입하는 것이 안전하다.

31 교차로 통행 방법으로 맞는 것은?

① 신호등이 적색 점멸인 경우 서행한다.
② 신호등이 황색 점멸인 경우 빠르게 통행한다.
③ 교차로에서는 앞지르기를 하지 않는다.
④ 교차로 접근 시 전조등을 항상 상향으로 켜고 진행한다.

해설 교차로에서는 황색 점멸인 경우 서행, 적색점멸인 경우 일시정지 한다. 교차로 접근 시 전조등을 상향으로 켜는 것은 상대방의 안전운전에 위협이 된다.

정답 25. ③ 26. ② 27. ③ 28. ② 29. ② 30. ② 31. ③

32 녹색신호일 때 정체된 교차로에 무리하게 진입하였다가 교차로 안에 정지되어 다른 차의 통행에 방해가 되었다. 무슨 위반에 해당되는가?

① 끼어들기
② **교차로 통행방법 위반**
③ 진로변경 방법 위반
④ 신호위반

해설 모든 차 또는 노면전차의 운전자는 신호기로 교통정리를 하고 있는 교차로에 들어가려는 경우에는 진행하려는 진로의 앞쪽에 있는 차 또는 노면전차의 상황에 따라 교차로(정지선이 설치되어 있는 경우에는 그 정지선을 넘은 부분을 말한다)에 정지하게 되어 다른 차 또는 노면전차의 통행에 방해가 될 우려가 있는 경우에는 그 교차로에 들어가서는 아니 된다.

33 다음 중 녹색신호에 교차로를 진입하여 황색 및 적색신호로 바뀐 후에도 지나가지 못해 다른 차량 통행을 방해하는 행위인 "꼬리 물기"를 하였을 때의 위반 행위로 맞는 것은?

① **교차로 통행방법 위반**
② 일시정지 위반
③ 진로 변경 방법 위반
④ 혼잡 완화 조치 위반

해설 (교차로 통행방법) 모든 차의 운전자는 신호기로 교통정리를 하고 있는 교차로에 들어가려는 경우에는 진행하려는 진로의 앞쪽에 있는 차의 상황에 따라 교차로(정지선이 설치되어 있는 경우에는 그 정지선을 넘은 부분을 말한다)에 정지하게 되어 다른 차의 통행에 방해가 될 우려가 있는 경우에는 그 교차로에 들어가서는 아니 된다.

34 이륜자동차 운전자가 교차로에서 적색신호 시 정지선을 침범하여 정지 하였다. 다음 중 단속 가능한 법규는?

① 회전위반
② 차로위반
③ 교차로통행방법위반
④ **신호위반**

해설 도로를 통행하는 보행자와 차마의 운전자는 교통안전시설이 표시하는 신호 또는 지시를 따라야 한다.

35 도로교통법상 교차로에서의 금지행위가 아닌 것은?

① 앞지르기
② 주차
③ 정차
④ **서행**

해설 교차로에서는 도로교통법 제32조에 따라 주차와 정차가 금지되며, 동법 제22조에 따라 교차로에서 앞지르기가 금지된다.

36 교차로 진입 전방에 양보표지가 설치되어 있다. 교차로 통행방법으로 맞는 것은?

① 서행하여 통과한다.
② 정지선 직전에 정지하지 않고 통과한다.
③ **다른 차량을 보낸 후 통과한다.**
④ 비상 점멸등을 켜고 통과한다.

해설 교통정리가 행하여지고 있지 아니하고 일시정지 또는 양보를 표시하는 안전표지가 설치되어 있는 교차로에 들어가고자 하는 때에는 일시정지하거나 양보하여 다른 차의 진행을 방해하여서는 아니 된다.

37 도로교통법령상 교차로에서 통행하여야 할 방향을 유도하는 선을 표시하는 것을 무엇이라고 하는가?

① 중앙선
② **유도선**
③ 규제선
④ 지시선

해설 교차로에서 통행하여야 할 방향을 유도하는 선을 표시하는 것을 유도선이라고 한다.

38 진행방향 신호가 바뀌는 것을 보고 정지선에 서야 할지 아니면 진행해야 할지를 결정해야 하는 구간을 무엇이라고 하는가?

① **딜레마 존**
② 노파킹 존
③ 스피드 존
④ 스톱라인 존

해설 신호등이 설치되어 있는 교차로를 통과할 때 운전자는 자신의 진행 신호가 바뀔까 노심초사하는 경우가 있다. 이와 같이 신호가 바뀌는 것을 보고 정지선에 서야 할지 아니면 진행해야 할지를 결정해야 하는 구간을 딜레마 존이라 한다.

39 다음 중 원동기장치자전거 운전자의 회전교차로 통행으로 가장 안전한 운전방법은?

① **교차로 진입 전 일시정지 후 교차로 내 왼쪽에서 다가오는 차량이 없으면 진입한다.**
② 회전교차로에서의 회전은 시계방향으로 회전해야 한다.
③ 회전교차로에서 교통섬을 가로질러 진행해야 한다.
④ 회전교차로 내에 진입한 후에는 자주 끼어들기 한다.

정답 32. ② 33. ① 34. ④ 35. ④ 36. ③ 37. ② 38. ① 39. ①

해설 회전교차로에서의 회전은 반시계방향으로 회전해야 한다.
교통섬 – 보행자를 보호하거나 또는 차량의 동선을 명확하게 제시하기 위해서 차선 사이에 설정한 구역

40 다음 중 회전교차로 통행방법에 대한 설명으로 잘못된 것은?

① 진입할 때는 속도를 줄여 서행한다.
② 양보선에 대기하여 일시정지한 후 서행으로 진입한다.
③ 회전차량은 진입하려는 차량에 진로를 양보한다.
④ 반시계방향으로 회전한다.

해설 회전교차로 내에서는 회전 중인 차량에 우선권이 있기 때문에 진입차량이 회전차량에게 양보해야 한다.

41 이륜차의 회전교차로 통행방법으로 가장 올바르지 않은 것은?

① 회전교차로에서 반시계 방향으로 주행하였다.
② 회전하고 있는 이륜차를 발견하고 양보하였다.
③ 회전하고 있는 차량을 발견하고 회전차량 통과 후 서행으로 진입하였다.
④ 회전하고 있는 차량 사이로 신속히 진입하였다.

해설 (회전교차로 통행방법) ① 모든 차의 운전자는 회전교차로에서는 반시계방향으로 통행하여야 한다. ② 모든 차의 운전자는 회전교차로에 진입하려는 경우에는 서행하거나 일시 정지하여야 하며, 이미 진행하고 있는 다른 차가 있는 때에는 그 차에 진로를 양보하여야 한다.

42 도로교통법령상 회전교차로 통행방법에 대한 설명으로 바람직하지 않은 것은?

① 회전교차로를 통행할 때는 신속히 진입하여 통과한다.
② 회전교차로에서는 반시계방향으로 통행하여야 한다.
③ 이미 진행하고 있는 차가 있을 때에는 그 차에게 진로를 양보하여야 한다.
④ 회전교차로 통행을 위하여 손으로 신호를 하는 차의 진행을 방해하여서는 안 된다.

해설 (회전교차로 통행방법) ① 모든 차의 운전자는 회전교차로에서는 반시계방향으로 통행하여야 한다. ② 모든 차의 운전자는 회전교차로에 진입하려는 경우에는 서행하거나 일시정지하여야 하며, 이미 진행하고 있는 다른 차가 있는 때에는 그 차에 진로를 양보하여야 한다. ③ 회전교차로 통행을 위하여 손이나 방향지시기 또는 등화로써 신호를 하는 차가 있는 경우 그 뒤차의 운전자는 신호를 한 앞차의 진행을 방해하여서는 아니 된다.

Chapter 09 차의 안전속도 등의 출제문제

1 도로교통법령상 보행자우선도로에서 보행자보호를 위해 차마의 통행속도를 제한할 수 있는 권한자는?

① 시·도경찰청장 또는 경찰서장
② 시·도경찰청장 또는 시장
③ 시장 또는 경찰서장
④ 도지사 또는 경찰청장

해설 시·도경찰청장이나 경찰서장은 보행자우선도로에서 보행자를 보호하기 위하여 필요하다고 인정하는 경우에는 차마의 통행속도를 시속 20킬로미터 이내로 제한할 수 있다.

2 일반도로에서 이륜자동차 운전자가 준수해야 할 속도가 아닌 것은?

① 법정속도   ② 제한속도
③ 최고속도   ④ 최저속도

해설 일반도로에서 이륜자동차 운전자가 준수해야 할 속도 법정속도, 제한속도, 최고속도이다.

3 도로교통법령상 자동차등(개인형 이동장치 제외)의 도로 통행 속도에 대한 설명으로 틀린 것은?

① 자동차전용도로의 최고속도는 매시 90킬로미터
② 편도 1차로 고속도로의 최고속도는 매시 80킬로미터
③ 주거지역, 상업지역 및 공업지역의 일반도로는 매시 70킬로미터 이내
④ 어린이 보호구역은 매시 30킬로미터 이내

해설 ① 자동차전용도로의 최고 속도는 매시 90km, ② 편도 1차로 고속도로에서의 최고 속도는 매시 80km, ③ 주거지역·상업지역 및 공업지역의 일반도로에서는 매시 50km, ④ 어린이 보호구역에서는 매시 30km 이내로 제한하고 있다.

정답 40. ③ 41. ④ 42. ①   Chapter ⑨ 1. ① 2. ④ 3. ③

4 도로교통법상 차마의 통행방법 및 속도에 대한 설명으로 옳지 않은 것은?

① 신호가 없는 교차로에서 좌회전 시 직진하려는 다른 차가 있는 경우 직진 차에게 진로를 양보하여야 한다.
② 차도와 보도의 구별이 없는 도로에서 차량 정차 시 도로의 오른쪽 가장자리로부터 중앙으로 50센티미터 이상의 거리를 두어야 한다.
③ 교차로에서 앞 차가 우회전을 하려고 신호를 하는 경우 뒤따르는 차는 앞 차의 진행을 방해해서는 안 된다.
④ 자동차전용도로에서의 최저속도는 매시 40킬로미터이다.

해설 ④ 자동차전용도로에서의 최저속도는 매시 30킬로미터이다.

5 도로교통법상 편도 2차로 일반도로에서 이륜자동차의 법정속도는? (주거지역·상업지역 및 공업지역 제외)

① 매시 60킬로미터 이내
② 매시 70킬로미터 이내
③ 매시 80킬로미터 이내
④ 매시 90킬로미터 이내

해설 (자동차등과 노면전차의 속도) ① 자동차등과 노면전차의 도로통행 속도는 다음 각 호와 같다.
 1) 일반도로(고속도로 및 자동차전용도로 외의 모든 도로를 말한다)
  가. 주거지역·상업지역 및 공업지역의 일반도로에서는 매시 50킬로미터 이내. 다만, 시·도경찰청장이 원활한 소통을 위하여 특히 필요하다고 인정하여 지정한 노선 또는 구간에서는 매시 60킬로미터 이내
  나. 일반도로에서는 매시 60킬로미터 이내. 다만, 편도 2차로 이상의 도로에서는 매시 80킬로미터 이내

6 도로교통법령상 보행자우선도로에서 보행자를 보호하기 위하여 차마의 통행속도를 시속 몇 킬로미터 이내로 제한할 수 있는가?

① 20   ② 30   ③ 40   ④ 50

해설 시·도경찰청장이나 경찰서장은 보행자 우선도로에서 보행자를 보호하기 위하여 필요하다고 인정하는 경우에는 차마의 통행속도를 시속 20킬로미터 이내로 제한할 수 있다.

7 다음은 다른 차를 앞지르기하려는 자동차의 속도에 대한 설명이다. 맞는 것은?

① 다른 차를 앞지르기하는 경우에는 속도의 제한이 없다.
② 해당 도로의 법정 최고 속도의 100분의 50을 더한 속도까지는 가능하다.
③ 운전자의 운전 능력에 따라 제한 없이 가능하다.
④ 해당 도로의 최고 속도 이내에서만 앞지르기가 가능하다.

해설 해당 도로의 최고속도 이내에서만 앞지르기가 가능하다.

8 다음 중 도로교통법령상 반드시 최고속도의 100분의 50을 줄인 속도로 운행하여야 하는 경우가 아닌 것은?

① 비가 내려 노면이 젖어 있는 경우
② 노면이 얼어붙은 경우
③ 안개 등으로 가시거리가 100미터 이내인 경우
④ 눈이 20밀리미터 이상 쌓인 경우

해설 1. 최고속도의 100분의 20을 줄인 속도로 운행하여야 하는 경우
  가. 비가 내려 노면이 젖어있는 경우
  나. 눈이 20밀리미터 미만 쌓인 경우
 2. 최고속도의 100분의 50을 줄인 속도로 운행하여야 하는 경우
  가. 폭우·폭설·안개 등으로 가시거리가 100미터 이내인 경우
  나. 노면이 얼어붙은 경우
  다. 눈이 20밀리미터 이상 쌓인 경우

9 눈이 10밀리미터 미만 쌓여있고, 안개로 가시거리가 50미터 내외인 상황에서 최고제한속도 매시 80킬로미터인 편도 2차로 도로를 주행하는 경우 올바른 운전방법은?

① 최고속도의 20퍼센트를 줄인 속도로 운전한다.
② 최고속도의 30퍼센트를 줄인 속도로 운전한다.
③ 최고속도의 40퍼센트를 줄인 속도로 운전한다.
④ 최고속도의 50퍼센트를 줄인 속도로 운전한다.

정답 4. ④ 5. ③ 6. ① 7. ④ 8. ① 9. ④

해설 (자동차등과 노면전차의 속도) 비·안개·눈 등으로 인한 거친 날씨에는 감속 운행해야 한다.
1) 최고속도의 100분의 20을 줄인 속도로 운행하여야 하는 경우
가. 비가 내려 노면이 젖어있는 경우
나. 눈이 20밀리미터 미만 쌓인 경우
2) 최고속도의 100분의 50을 줄인 속도로 운행하여야 하는 경우
가. 폭우·폭설·안개 등으로 가시거리가 100미터 이내인 경우
나. 노면이 얼어 붙은 경우
다. 눈이 20밀리미터 이상 쌓인 경우

10 원동기장치자전거 운전자가 알고 있는 교통법규 지식이다. 올바른 것은?

① 안개로 가시거리가 100미터 이내일 때에는 최고속도의 100분의 50을 줄여 운행해야 한다.
② 비가 내려 노면이 젖어 있는 경우 최고속도의 100분의 10을 줄여 운행해야 한다.
③ 노면이 얼어붙은 경우 최고속도의 100분의 20을 줄여 운행해야 한다.
④ 눈이 20밀리미터 이상 쌓인 경우 최고속도의 100분의 20을 줄여 운행해야 한다.

해설 (자동차등과 노면전차의 속도): 노면이 젖어 있는 경우 최고속도의 100분의 20을 줄인 속도로 운행하여야 하며, 안개로 가시거리가 100미터 이내일 때에는 100분의 50을 줄인 속도로 운행해야 한다.

11 해당 도로에 규정된 최고 속도의 100분의 20을 줄인 속도로 운행하여야 하는 경우는?

① 폭우, 폭설 등으로 가시거리가 100미터 이내인 경우
② 비가 내려 노면이 젖어 있는 경우
③ 눈으로 노면이 얼어붙은 경우
④ 눈이 20밀리미터 이상 쌓인 경우

해설 비가 내려 노면이 젖어 있는 경우 눈이 20밀리미터 미만 쌓인 경우 100분의 20을 줄인 속도로 운행한다. 폭우, 폭설 등으로 가시거리가 100미터 이내인 경우, 눈으로 노면이 얼어붙은 경우, 눈이 20밀리미터 이상 쌓인 경우에는 100분의 50을 줄인 속도로 운행한다.

12 이륜자동차를 다음과 같이 주행하였다. 도로교통법상 속도위반이 되지 않는 경우는?(주거·상업·공업지역 제외)

① 노면이 얼어붙은 편도 2차로의 일반도로를 매시 70킬로미터로 주행하였다.
② 눈이 내려 20밀리미터 미만 쌓인 편도 2차로의 일반도로를 매시 50킬로미터로 주행하였다.
③ 비가 내려 노면이 젖어 있는 편도 2차로의 일반도로를 매시 80킬로미터로 주행하였다.
④ 안개가 끼어 가시거리가 100미터 이내인 편도 2차로의 일반도로를 매시 50킬로미터로 주행하였다.

해설 최고속도의 100분의 20을 줄인 속도로 운행하여야 하는 경우는 비가 내려 노면이 젖어있는 경우와 눈이 20밀리미터 미만 쌓인 경우이다. 최고속도의 100분의 50을 줄인 속도로 운행하여야 하는 경우는 폭우·폭설·안개 등으로 가시거리가 100미터 이내인 경우, 노면이 얼어붙은 경우, 눈이 20밀리미터 이상 쌓인 경우이다. 편도 2차로 이상 일반도로의 제한속도는 매시 80킬로미터이다.

13 비가 내려 노면이 젖어있는 편도 2차로 일반도로를 주행 중이다. 도로교통법상 안전한 운전방법으로 가장 올바른 것은?(주거·상업·공업지역 제외)

① 공주거리가 짧아지므로 감속하여 매시 70킬로미터로 주행하여도 된다.
② 제동거리가 짧아지므로 평소와 같이 매시 80킬로미터로 주행하였다.
③ 안전운전에 지장이 없으므로 매시 90킬로미터로 주행하였다.
④ 감속하여 매시 60킬로미터로 주행하였다.

해설 (자동차등과 노면전차의 속도) ① 자동차등(개인형 이동장치는 제외한다. 이하 이 조에서 같다)과 노면전차의 도로 통행 속도는 다음 각 호와 같다.
1) 일반도로(고속도로 및 자동차전용도로 외의 모든 도로를 말한다)
가. 주거지역·상업지역 및 공업지역의 일반도로에서는 매시 50킬로미터 이내. 다만, 시·도경찰청장이 원활한 소통을 위하여 특히 필요하다고 인정하여 지정한 노선 또는 구간에서는 매시 60킬로미터 이내
나. 일반도로에서는 매시 60킬로미터 이내. 다만, 편도 2차로 이상의 도로에서는 매시 80킬로미터 이내

정답 10. ① 11. ② 12. ② 13. ④

② 비·안개·눈 등으로 인한 거친 날씨에는 감속 운행해야 한다. 다만, 경찰청장 또는 시·도경찰청장이 가변형 속도제한표지로 최고속도를 정한 경우에는 이에 따라야 하며, 가변형 속도제한표지로 정한 최고속도와 그 밖의 안전표지로 정한 최고속도가 다를 때에는 가변형 속도제한표지에 따라야 한다.
2) 최고속도의 100분의 20을 줄인 속도로 운행하여야 하는 경우
 가. 비가 내려 노면이 젖어있는 경우
 나. 눈이 20밀리미터 미만 쌓인 경우

14 우천 시 원동기장치자전거가 도로를 주행하고 있다. 가장 바람직한 운전방법은?

① 빨리 귀가하기 위하여 황색실선의 중앙선을 넘어 주행한다.
② 교차로가 정체되는 것을 발견하고 교차로에서 앞 차의 좌측으로 앞지르기 한다.
③ 시야가 좋지 않으므로 앞차의 뒤를 바짝 붙여 주행한다.
④ 규정속도 보다 줄여 안전하게 운전한다.

해설 (자동차등과 노면전차의 속도) 노면이 젖어 있는 경우 최고속도의 100분의 20을 줄인 속도로 운행하여야 하며, 안개로 가시거리가 100미터 이내일 때에는 100분의 50을 줄인 속도로 운행해야 한다.

Chapter 10
안전거리 및 서행 일시정지 등 출제문제

1 다음 중 안전거리에 대한 설명으로 가장 적절한 것은?

① 앞차가 갑자기 정지하게 되는 경우, 그 앞차와의 충돌을 피할 수 있는 거리
② 자전거가 뒤따라 올 때 자전거가 자동차의 뒤를 충돌할 것에 대비하는 거리
③ 브레이크가 작동되기 시작하면서부터 자동차가 정지할 때까지의 거리
④ 위험을 발견하고 브레이크 페달을 밟아 브레이크가 듣기 시작하는 순간까지의 거리

해설 모든 차의 운전자는 같은 방향으로 가고 있는 앞차의 뒤를 따르는 경우에는 앞차가 갑자기 정지하게 되는 경우 그 앞차와의 충돌을 피할 수 있는 필요한 거리를 확보하여야 한다.

2 이륜자동차가 도로를 주행할 때 가장 안전한 운전방법은?

① 이륜자동차는 되도록 안전지대에 주차를 하는 것이 안전하다.
② 앞지르기할 경우 앞 차량의 우측 길 가장자리 쪽으로 통행한다.
③ 황색신호가 켜지면 신호를 준수하기 위하여 교차로 내에 정지한다.
④ 앞 차량이 급제동할 때를 대비하여 추돌을 피할 수 있는 거리를 확보한다.

해설 이륜자동차가 도로를 주행할 때 앞 차량이 급제동할 때를 대비하여 추돌을 피할 수 있는 거리를 확보한다.(안전거리 확보 등): 모든 차의 운전자는 같은 방향으로 가고 있는 앞차의 뒤를 따르는 경우에는 앞차가 갑자기 정지하게 되는 경우 그 앞차와의 충돌을 피할 수 있는 필요한 거리를 확보하여야 한다.

3 이륜자동차가 황색실선의 중앙선이 설치된 편도 1차로 도로에서 경운기를 뒤따르는 경우 가장 안전한 운전 방법은?

① 경운기는 저속 주행하므로 신속히 우측 공간을 이용하여 그대로 진행한다.
② 이륜자동차는 경운기보다 빠르므로 중앙선을 넘어 신속히 진행한다.
③ 경음기를 울리면서 중앙선 쪽으로 주행한다.
④ 안전거리를 두고 경운기를 뒤따른다.

해설 황색실선은 중앙선이 설치되어 있으면 반대차로로 넘어갈 수 없으므로 경운기와 안전거리를 두고 뒤따른다.

4 이륜차 운전자가 편도 2차로 도로를 주행하던 중 정체되고 있는 공사구간을 발견하였다. 올바른 운전방법은?

① 더 정체되기 전에 앞차를 앞질러 나간다.
② 미리 감속하고 서행하면서 앞차와의 거리를 유지하며 진행한다.
③ 끼어들지 못하도록 앞차와의 거리를 바짝 붙여 진행한다.
④ 길가장자리구역을 이용하여 신속히 진행한다.

해설 미리 감속하고 서행하면서 앞차와의 거리를 유지한다.

정답 14. ④ Chapter 10 1. ① 2. ④ 3. ④ 4. ②

5 편도 1차로의 언덕길을 화물차가 서행하고 있고 그 뒤를 이륜차가 뒤따르고 있는 상황에서 올바른 운전방법은?

① 화물차와 안전거리를 유지하고 뒤따라가야 한다.
② 이륜차는 속도가 빠르기 때문에 화물차의 우측으로 앞지르기 한다.
③ 전방상황이 안보이므로 중앙선을 넘어 화물차를 뒤따라가야 한다.
④ 화물차가 서행하고 있으므로 신속히 앞지르기 한다.

해설 언덕길이나 비탈길의 내리막 도로는 앞지르기 지장소이므로 안전거리를 유지하고 뒤따라가야 한다.

6 다음 중 속도를 2배 높였을 때 제동거리의 변화에 대한 설명으로 맞는 것은?

① 제동거리는 4배 길어진다.
② 제동거리도 2배 길어진다.
③ 제동거리는 변화가 없다.
④ 제동거리는 짧아진다.

해설 제동거리는 속도비의 제곱에 비례하므로 속도가 2배 높아지면, 제동거리는 4배 길어지므로, 과속은 매우 위험하다.

7 이륜자동차가 빗길에서 고속 주행 중 앞차가 정지하는 것을 보고 급제동 했을 때 발생하는 현상이다. 맞는 것은?

① 급제동 시에는 타이어와 노면의 마찰저항이 커져 미끄러지지 않는다.
② 빗길에서는 마찰력이 저하되어 제동거리가 길어진다.
③ 빗길에서는 마찰저항이 낮아 미끄러지는 거리가 짧아진다.
④ 건조한 노면에서 보다 마찰저항이 커져 핸들조작이 쉬워진다.

해설 이륜자동차가 빗길에서 고속 주행 중 앞차가 정지하는 것을 보고 급제동 했을 때 발생하는 현상에서는 마찰력이 저하되어 제동거리가 길어진다.

8 정지거리에 대한 설명으로 맞는 것은?

① 운전자가 브레이크 페달을 밟은 후 최종적으로 정지한 거리
② 앞차가 급정지 시 앞차와의 추돌을 피할 수 있는 거리
③ 위험을 발견하고 브레이크 페달을 밟아 실제로 차량이 정지하기까지 진행한 거리
④ 운전자가 위험을 발견하고 브레이크 페달을 밟아 브레이크가 실제로 듣기 시작할 때까지의 거리

해설 ①제동 거리 ② 안전거리 ④ 공주거리

9 이륜자동차의 정지거리에 대한 설명이다. 맞는 것은?

① 화물을 적재한 경우 정지거리가 짧아진다.
② 공주거리는 브레이크가 듣기 시작하여 차가 정지하기까지의 거리를 말한다.
③ 정지거리는 공주거리에 제동거리를 합한 거리를 말한다.
④ 제동거리는 운전자가 브레이크 페달을 밟아 브레이크가 실제 듣기 시작하기까지의 주행한 거리를 말한다.

해설 정지거리는 공주거리에 제동거리를 합한 거리를 말한다.

10 공주거리에 대한 설명으로 맞는 것은?

① 술에 취한 상태로 운전하게 되면 공주거리가 길어진다.
② 빗길을 주행하는 경우에는 정지거리가 공주거리보다 짧아진다.
③ 교통사고를 피하기 위해서는 공주거리만큼은 유지해야 한다.
④ 위험을 느끼고 브레이크 페달을 밟은 후 차량이 완전히 정지한 거리가 공주거리다.

해설 운전자가 피로하거나 술을 마신 상태로 운전하게 되면 공주거리가 길어진다. 공주거리는 운전자의 심신 상태와 직결된다. 공주거리는 주행 중 운전자가 전방의 위험상황을 발견하고 브레이크를 밟아 제동이 걸리기 시작할 때까지 자동차가 진행한 거리를 말하며, 브레이크가 작동하기 시작할 때부터 완전히 정지할 때까지 진행한 거리를 제동거리라 한다. 정지거리는 공주거리와 제동거리의 합을 의미한다.

정답 5. ① 6. ① 7. ② 8. ③ 9. ③ 10. ①

11 이륜자동차가 정지할 때 공주거리에 영향을 줄 수 있는 경우로 맞는 것은?

① 비가 오는 날 운전하는 경우
② 눈이 오는 날 운전하는 경우
③ 브레이크 장치가 불량한 상태로 운전하는 경우
④ 운전자가 피로한 상태로 운전하는 경우

해설 이륜자동차가 운행 중 교통장애물을 인지하고 브레이크를 밟아서 브레이크가 작동되기까지 이륜자동차가 주행한 거리입니다. 즉, 위험상황에서 브레이크를 밟아 제동이 시작될 때까지 이륜자동차가 진행한 거리를 말합니다. 운전자의 반응속도, 주의력, 피로도, 기분 등에 따라 달라질 수 있습니다.

12 이륜자동차의 운전자가 지켜야 할 통행방법에 대한 설명이다. 틀린 것은?

① 보도를 횡단하기 직전에 속도를 줄이고 서행으로 횡단하여야 한다.
② 보도와 차도가 구분된 도로에서는 차도로 통행하여야 한다.
③ 도로 외의 곳에 출입하는 때에는 보도를 횡단하여 통행할 수 있다.
④ 도로의 중앙으로부터 우측부분으로 통행하여야 한다.

해설 (차마의 통행) ① 차마의 운전자는 보도와 차도가 구분된 도로에서는 차도로 통행하여야 한다. 다만, 도로 외의 곳으로 출입할 때에는 보도를 횡단하여 통행할 수 있다. ② 차마의 운전자는 보도를 횡단하기 직전에 일시정지하여 좌측과 우측 부분 등을 살핀 후 보행자의 통행을 방해하지 아니하도록 횡단하여야 한다. ③ 차마의 운전자는 도로(보도와 차도가 구분된 도로에서는 차도를 말한다)의 중앙(중앙선이 설치되어 있는 경우에는 그 중앙선을 말한다. 이하 같다) 우측 부분을 통행하여야 한다.

13 이륜자동차 운전자의 안전운전에 대한 설명이다. 맞는 것은?

① 횡단보도에 보행자가 있을 때에는 서행하여야 한다.
② 제1종 특수면허로 126시시 이상 이륜자동차를 운전한다.
③ 안전지대에 보행자가 있을 때에는 안전거리를 두고 서행하여야 한다.
④ 125시시 초과 이륜자동차는 운전자만 안전모를 착용하면 된다.

해설 이륜자동차 운전자는 횡단보도에 보행자가 있을 때에는 일시정지하여야 하며 제1종 특수면허로 125시시 이하의 이륜자동차를 운전할 수 있고, 이륜자동차는 운전자와 동승자 모두 안전모를 착용해야 한다. 안전지대에 보행자가 있을 때에는 안전거리를 두고 서행하여야 한다.

14 다음 중 도로교통법상 반드시 서행하여야 하는 장소로 맞는 것은?

① 교통정리가 행하여지고 있는 교차로
② 도로가 구부러진 부근
③ 비탈길의 오르막
④ 교통이 빈번한 터널 내

해설 서행해야할 장소로는 도로가 구부러진 부근, 교통정리를 하고 있지 아니하는 교차로, 비탈길의 고갯마루 부근, 가파른 비탈길의 내리막 등이며 이곳에서는 서행을 하는 것이 안전하다.

15 비탈길의 고갯마루 부근을 통과할 때 가장 안전한 운전 방법은?

① 앞차를 따라서 신속히 통과한다.
② 반대편 도로는 상관이 없으므로 내 주행차로만 주의하며 통과한다.
③ 반대편 상황을 잘 볼 수 없기 때문에 주의하면서 서행으로 통과한다.
④ 저단기어보다는 고단기어로 주행한다.

해설 제31조(서행 또는 일시정지할 장소) ① 모든 차 또는 노면전차의 운전자는 다음 각 호의 어느 하나에 해당하는 곳에서는 서행하여야 한다.
1. 교통정리를 하고 있지 아니하는 교차로
2. 도로가 구부러진 부근
3. 비탈길의 고갯마루 부근
4. 가파른 비탈길의 내리막
5. 시·도경찰청장이 도로에서의 위험을 방지하고 교통의 안전과 원활한 소통을 확보하기 위하여 필요하다고 인정하여 안전표지로 지정한 곳

16 도로교통법령상 일시정지 하여야 할 장소로 맞는 것은?

① 도로의 구부러진 부근
② 가파른 비탈길의 내리막
③ 비탈길의 고갯마루 부근
④ 교통정리를 하고 있지 아니하고 교통이 빈번한 교차로

정답 11. ④ 12. ① 13. ③ 14. ② 15. ③ 16. ④

해설 서행해야 할 장소에는 도로의 구부러진 부근, 가파른 비탈길의 내리막, 비탈길의 고갯마루 부근이다. 교통정리를 하고 있지 아니하고 좌우를 확인할 수 없거나 교통이 빈번한 교차로, 시·도경찰청장이 도로에서의 위험을 방지하고 교통의 안전과 원활한 소통을 확보하기 위하여 필요하다고 인정하여 안전표지로 지정한 곳은 일시정지 해야 할 장소이다.

17 도로교통법상 반드시 일시정지하여야 할 장소로 맞는 것은?

① 교통정리를 하고 있지 아니하고 좌우를 확인할 수 없는 교차로
② 녹색등화가 켜져 있는 교차로
③ 교통이 빈번한 다리 위 또는 터널 내
④ 도로의 구부러진 부근 또는 비탈길의 고갯마루 부근

해설 (서행 또는 일시정지할 장소) ① 모든 차 또는 노면전차의 운전자는 다음 각 호의 어느 하나에 해당하는 곳에서는 서행하여야 한다.
1) 교통정리를 하고 있지 아니하는 교차로
2) 도로가 구부러진 부근
3) 비탈길의 고갯마루 부근
4) 가파른 비탈길의 내리막
5) 시·도경찰청장이 도로에서의 위험을 방지하고 교통의 안전과 원활한 소통을 확보하기 위하여 필요하다고 인정하여 안전표지로 지정한 곳
② 모든 차 또는 노면전차의 운전자는 다음 각 호의 어느 하나에 해당하는 곳에서는 일시정지하여야 한다.
1) 교통정리를 하고 있지 아니하고 좌우를 확인할 수 없거나 교통이 빈번한 교차로
2) 시·도경찰청장이 도로에서의 위험을 방지하고 교통의 안전과 원활한 소통을 확보하기 위하여 필요하다고 인정하여 안전표지로 지정한 곳

18 도로교통법에서 규정한 일시정지를 해야 하는 장소는?

① 터널 안 및 다리 위
② 신호등이 없는 교통이 빈번한 교차로
③ 가파른 비탈길의 내리막
④ 도로가 구부러진 부근

해설 앞지르기 금지구역과 일시정지해야 하는 곳은 다르게 규정하고 있다. 터널 안 및 다리 위, 가파른 비탈길의 내리막 도로가 구부러진 부근은 앞지르기 금지구역이다.
② 모든 차 또는 노면전차의 운전자는 다음 각 호의 어느 하나에 해당하는 곳에서는 일시정지하여야 한다.
1) 교통정리를 하고 있지 아니하고 좌우를 확인할 수 없거나 교통이 빈번한 교차로
2) 시·도경찰청장이 도로에서의 위험을 방지하고 교통의 안전과 원활한 소통을 확보하기 위하여 필요하다고 인정하여 안전표지로 지정한 곳

19 도로교통법상 가장 안전한 운전을 하고 있는 운전자는?

① 보행자가 횡단보도가 없는 도로를 횡단하고 있는 경우에 주의하여 보행자 옆을 주행한다.
② 가파른 비탈길의 오르막길에서는 속도를 높여 주행한다.
③ 신호등이 없고 좌우를 확인할 수 없는 교차로에서 일시정지한다.
④ 어린이에 대한 교통사고의 위험이 있는 것을 발견한 경우에는 경음기를 울려서 어린이에게 위험을 알려준다.

해설 모든 차의 운전자는 교통정리를 하고 있지 아니하고 좌우를 확인할 수 없거나 교통이 빈번한 교차로에서는 일시정지하여야 한다.

20 신호기가 설치되지 아니한 횡단보도 중 이륜자동차 운전자가 보행자의 횡단 여부와 관계없이 반드시 일시정지 하여야 하는 곳으로 맞는 것은?

① 어린이 보호구역 내에 설치된 횡단보도
② 장애인 보호구역 내에 설치된 횡단보도
③ 노인 보호구역 내에 설치된 횡단보도
④ 대학교 구내에 설치된 횡단보도

해설 모든 차 또는 노면전차의 운전자는 어린이 보호구역 내에 설치된 횡단보도 중 신호기가 설치되지 아니한 횡단보도 앞(정지선이 설치된 경우에는 그 정지선을 말한다)에서는 보행자의 횡단 여부와 관계없이 일시정지 하여야 한다.

정답 17. ① 18. ② 19. ③ 20. ①

Chapter 11
보행자 등의 보호 출제문제

1. 보행자 및 행렬 등의 통행 출제문제

1 보행자 안전 및 보행 문화 정착을 위한 (도로교통법상 보도에서) 보행자의 통행 방법으로 맞는 것은?

① 좌측통행 원칙　② 우측통행 원칙
③ 중간 부분 통행　④ 어느 쪽이든 괜찮다.

해설 2009. 10. 1. 부터 보행자 안전 및 보행 문화 정착을 위해 좌측통행 원칙에서 우측통행 원칙으로 전환되었다.
※ 보행자는 보도에서는 우측통행을 원칙으로 한다

2 도로교통법상 의료용 전동휠체어는 어디로 통행해야 하는가?

① 차도　　　　　② 자전거전용도로
③ 보도　　　　　④ 자전거우선도로

해설 의료용 전동휠체어는 보행자이므로 보도로 통행해야 한다. 보행자는 보도와 차도가 구분된 도로에서는 언제나 보도로 통행하여야 한다. 다만, 차도를 횡단하는 경우, 도로공사 등으로 보도의 통행이 금지된 경우나 그 밖의 부득이한 경우에는 그러하지 아니하다.

3 도로교통법상 보도와 차도가 구분되지 않은 도로 중 중앙선이 있는 도로에서 보행자의 통행 방법으로 가장 안전한 것은?

① 길가장자리구역으로 통행하여야 한다.
② 도로의 전 부분으로 통행한다.
③ 도로의 중앙선을 따라 통행하여야 한다.
④ 절대 통행할 수 없다.

해설 (보행자의 통행): 보행자는 보도와 차도가 구분되지 아니한 도로 중 중앙선이 있는 도로(일방통행인 경우에는 차선으로 구분된 도로를 포함한다)에서는 길가장자리 또는 길가장자리구역으로 통행하여야 한다.
③ 보행자는 다음 각 호의 어느 하나에 해당하는 곳에서는 도로의 전 부분으로 통행할 수 있다. 이 경우 보행자는 고의로 차마의 진행을 방해하여서는 아니 된다.
1) 보도와 차도가 구분되지 아니한 도로 중 중앙선이 없는 도로(일방통행인 경우에는 차선으로 구분되지 아니한 도로에 한정한다. 이하 같다)
2) 보행자우선도로

4 보도와 차도가 구분된 도로에서 보행자의 통행 방법으로 맞는 것은?

① 여러 사람이 같이 가면 차도로 통행할 수 있다.
② 공사로 인해 보도가 통제 된 경우 차도를 통행할 수 있다.
③ 달리기와 같은 운동을 할 때는 차도로 갈 수 있다.
④ 보도와 차도를 구분하지 않고 통행할 수 있다.

해설 공사로 인해 보도가 통제 된 경우 차도를 통행할 수 있다.

5 도로교통법상 도로의 중앙을 통행할 수 있는 사람 또는 행렬로 맞는 것은?

① 사회적으로 중요한 행사에 따라 시가행진하는 행렬
② 말, 소 등의 큰 동물을 몰고 가는 사람
③ 도로의 청소 또는 보수 등 도로에서 작업 중인 사람
④ 기 또는 현수막 등을 휴대한 장의 행렬

해설 사회적으로 중요한 행사에 따른 시가행진인 경우 도로의 중앙을 통행할 수 있다.

6 보행자의 도로 횡단 방법에 대한 설명으로 가장 맞는 것은?

① 보행자는 급할 때는 무단횡단 방지용 중앙분리대 밑으로 횡단할 수 있다.
② 보행자는 횡단보도가 없는 도로에서는 횡단할 수 없다.
③ 지체장애인은 도로 횡단시설을 이용하지 아니하고 도로를 횡단할 수 있다.
④ 보행자는 모든 차의 바로 앞이나 뒤로 어떠한 경우에도 횡단할 수 없다.

해설 (도로의 횡단): 보행자는 횡단보도, 지하도, 육교나 그 밖의 도로 횡단시설이 설치되어 있는 도로에서는 그 곳으로 횡단하여야 한다. 다만, 지하도나 육교 등의 도로 횡단시설을 이용할 수 없는 지체장애인의 경우에는 다른 교통에 방해가 되지 아니하는 방법으로 도로 횡단시설을 이용하지 아니하고 도로를 횡단할 수 있다. ③ 보행자는 제1항에 따른 횡단보도가 설치되어 있지 아니한 도로에서는 가장 짧은 거리로 횡단하여야 한다. ④ 보행자는 차와 노면전차의 바로 앞이나 뒤로 횡단하여서는 아니 된다. 다만, 횡단보도를 횡단하거나 신호기 또는 경찰공무원등의 신호나 지시에 따라 도로를 횡단하는 경우에는 그러하지 아니하다.

정답 Chapter ⑪ (1) 1. ② 2. ③ 3. ① 4. ② 5. ① 6. ③

7 도로교통법령상 보행자로 볼 수 있는 사람은?

① 의료용 전동휠체어를 타고 가는 사람
② 자전거를 타고 가는 사람
③ 전동 휠을 타고 가는 사람
④ 전동 킥보드를 타고 가는 사람

해설 보도(步道)란 연석선, 안전표지나 그와 비슷한 인공구조물로 경계를 표시하여 보행자(유모차, 보행보조용 의자차, 노약자용 보행기 등 행정안전부령으로 정하는 보행보조용 의자차를 포함)가 통행할 수 있도록 한 도로의 부분을 말한다.
보행보조용 의자차의 기준 : "행정안전부령이 정하는 보행보조용 의자차"란 식품의약품안전처장이 정하는 의료기기의 규격에 따른 수동휠체어, 전동휠체어 및 의료용 스쿠터의 기준에 적합한 것을 말한다.

8 다음 중 도로교통법령상 앞을 보지 못하는 사람에 준하는 사람은?

① 노인
② 듣지 못하는 사람
③ 어린이
④ 유모차를 끌고 가는 사람

해설 앞을 보지 못하는 사람에 준하는 사람은 다음 각 호의 어느 하나에 해당하는 사람을 말한다.
1) 듣지 못하는 사람
2) 신체의 평형기능에 장애가 있는 사람
3) 의족 등을 사용하지 아니하고는 보행을 할 수 없는 사람이다.

9 도로교통법상 보행자 보호에 대한 설명 중 맞는 것은?

① 자전거를 끌고 걸어가는 사람은 보행자에 해당하지 않는다.
② 이륜자동차는 보행자보다 항상 우선하여 통행할 수 있다.
③ 시·도경찰청장은 보행자의 통행을 보호하기 위해 도로에 보행자 전용 도로를 설치할 수 있다.
④ 보행자 전용 도로에는 유모차를 끌고 갈 수 없다.

해설 자전거를 끌고 걸어가는 사람은 보행자이다. 이륜자동차는 보행자보다 항상 우선하여 통행할 수 있는 것은 아니며 보행자의 통행을 보호하기 위해 도로에 보행자 전용도로를 설치할 수 있고 보행자 전용도로에는 유모차를 끌고 갈 수 있다.

10 다음 중 보행자의 보호 의무에 대한 설명으로 맞는 것은?

① 무단 횡단하는 술 취한 보행자를 보호할 필요가 없다.
② 교통정리를 하고 있는 도로에서 횡단 중인 보행자는 통행을 방해하여도 무방하다.
③ 보행자 신호기에 녹색 신호가 점멸하고 있는 경우 차량이 진행해도 된다.
④ 교통정리를 하고 있는 교차로에서 우회전할 경우 신호에 따르는 보행자를 방해해서는 아니 된다.

해설 무단 횡단하는 술 취한 보행자도 보호의 대상이다. 보행자 신호기에 녹색신호가 점멸하고 있는 경우에도 보행자보호를 게을리 하지 말고 교통정리를 하고 있는 교차로에서 우회전할 경우 신호에 따르는 보행자를 방해해서는 아니 된다.

11 도로에서 운전 시 가장 안전한 운전 행동은?

① 긴급자동차가 뒤를 따라오는 경우 속도를 높여 같이 주행한다.
② 어린이 보호구역에서는 사고위험이 높으므로 신속하게 통과한다.
③ 보행자가 도로를 횡단을 하는 경우 일시정지하여 보행자를 보호한다.
④ 전방의 차량을 앞지르고자 할 때는 앞차의 우측으로 통행한다.

해설 어린이 보호구역에서는 매시 30킬로미터 이내로 주행한다. 전방의 차량을 앞지르기 할 때에는 앞차의 좌측으로 통행한다. 교차로나 그 부근에서 긴급자동차가 접근하는 경우에는 차마와 노면전차의 운전자는 교차로를 피하여 일시정지하여야 한다.〈개정 2018. 3. 27.〉모든 차와 노면전차의 운전자는 긴급자동차가 접근한 경우에는 긴급자동차가 우선통행할 수 있도록 진로를 양보하여야 한다.〈개정 2016. 12. 2., 2018. 3. 27.〉(도로교통법 제29조 제4항, 제5항)[시행일 : 2019. 3. 28.]

정답 7. ① 8. ② 9. ③ 10. ④ 11. ③

12 다음 중 보행자 보호에 대한 설명으로 바람직하지 않은 것은?

① 차로가 설치되지 않은 좁은 도로에서 보행자 옆을 지나가는 경우는 거리를 두고 서행한다.
② 횡단보도가 설치되지 않은 도로를 횡단하는 보행자와는 안전거리를 두고 서행한다.
③ 횡단보도를 통행하는 보행자를 발견 시에는 그 횡단보도 앞에서 일시정지한다.
④ 도로에 설치된 안전지대에 보행자가 있는 경우 안전한 거리를 두고 서행한다.

해설 도로교통법(보행자의 보호) ① 모든 차 또는 노면전차의 운전자는 보행자(자전거등에서 내려서 자전거 등을 끌거나 들고 통행하는 자전거등의 운전자를 포함한다)가 횡단보도를 통행하고 있거나 통행하려고 하는 때에는 보행자의 횡단을 방해하거나 위험을 주지 아니하도록 그 횡단보도 앞(정지선이 설치되어 있는 곳에서는 그 정지선을 말한다)에서 일시정지하여야 한다.
② 모든 차 또는 노면전차의 운전자는 교통정리를 하고 있는 교차로에서 좌회전이나 우회전을 하려는 경우에는 신호기 또는 경찰공무원등의 신호나 지시에 따라 도로를 횡단하는 보행자의 통행을 방해하여서는 아니 된다.
③ 모든 차의 운전자는 교통정리를 하고 있지 아니하는 교차로 또는 그 부근의 도로를 횡단하는 보행자의 통행을 방해하여서는 아니 된다.
④ 모든 차의 운전자는 도로에 설치된 안전지대에 보행자가 있는 경우와 차로가 설치되지 아니한 좁은 도로에서 보행자의 옆을 지나는 경우에는 안전한 거리를 두고 서행하여야 한다.
⑤ 모든 차 또는 노면전차의 운전자는 보행자가 횡단보도가 설치되어 있지 아니한 도로를 횡단하고 있을 때에는 안전거리를 두고 일시정지하여 보행자가 안전하게 횡단할 수 있도록 하여야 한다.
⑥ 모든 차의 운전자는 다음 각 호의 어느 하나에 해당하는 곳에서 보행자의 옆을 지나는 경우에는 안전한 거리를 두고 서행하여야 하며, 보행자의 통행에 방해가 될 때에는 서행하거나 일시정지하여 보행자가 안전하게 통행할 수 있도록 하여야 한다.
1) 보도와 차도가 구분되지 아니한 도로 중 중앙선이 없는 도로
2) 보행자우선도로
3) 도로 외의 곳
⑦ 모든 차 또는 노면전차의 운전자는 어린이 보호구역 내에 설치된 횡단보도 중 신호기가 설치되지 아니한 횡단보도 앞(정지선이 설치된 경우에는 그 정지선을 말한다)에서는 보행자의 횡단 여부와 관계없이 일시정지하여야 한다.

13 시내 도로를 매시 50킬로미터로 주행하던 중 도로를 횡단 중인 보행자를 발견하였다. 가장 적절한 조치는?

① 보행자가 횡단 중이므로 일단 급브레이크를 밟아 멈춘다.
② 보행자의 움직임을 예측하여 그 사이로 주행한다.
③ 서행하면서 비상점멸등을 점멸하여 뒤차에도 알리면서 안전하게 정지한다.
④ 보행자에게 경음기로 주의를 주며 다소 속도를 높여 통과한다.

해설 도로를 횡단 중인 보행자를 발견하였을 때, 보기 중 가장 적절한 조치는 서행하면서 비상등으로 뒤차에도 알리고 안전하게 정지하는 것이다.

14 지하도 또는 육교 등 도로횡단시설을 이용할 수 없는 지체장애인 등이 도로를 횡단하고 있을 경우 이륜자동차 운전자의 바람직한 운전방법은?

① 서행으로 통과한다.
② 일시정지해야 한다.
③ 신속하게 비켜 통과한다.
④ 경음기를 울려 주의를 주면서 통과한다.

해설 다음 각 목의 어느 하나에 해당하는 경우에는 일시정지할 것
지하도나 육교 등 도로 횡단시설을 이용할 수 없는 지체장애인이나 노인 등이 도로를 횡단하고 있는 경우

15 횡단보도가 설치되어 있지 아니한 도로를 보행자가 횡단하고 있는 것을 보았을 때 이륜자동차 운전자의 행동이다. 맞는 것은?

① 안전거리를 두고 서행한다.
② 안전거리를 두고 일시정지한다.
③ 경음기를 울리고 서행한다.
④ 감속하면서 보행자 뒤로 서행한다.

해설 모든 차 또는 노면전차의 운전자는 보행자가 횡단보도가 설치되어 있지 아니한 도로를 횡단하고 있을 때에는 안전거리를 두고 일시정지하여 보행자가 안전하게 횡단할 수 있도록 하여야 한다.

정답 12. ② 13. ③ 14. ② 15. ②

16 이륜자동차 운전자가 자전거를 끌고 도로를 횡단하는 사람을 발견하였을 때 가장 안전한 운전 행동은?

① 큰 소리로 주의를 주면서 감속하여 통과한다.
② 안전거리를 두고 일시정지한다.
③ 횡단을 못하도록 경음기를 울리면서 신속하게 통과한다.
④ 횡단하는 사람 뒤쪽 공간을 이용하여 서행한다.

해설 자전거를 끌고 가는 경우 보행자이므로 안전거리를 두고 일시정지를 하여야 한다.

2. 어린이 보호 및 통학버스 등의 출제문제

1 어린이 보호구역의 지정권자로 틀린 것은?

① 특별시장
② 광역시장
③ 광역시 외의 군의 군수
④ 경찰청장

해설 시장등은 교통사고의 위험으로부터 어린이를 보호하기 위하여 필요하다고 인정하는 경우에는 어느 하나에 해당하는 시설의 주변도로 가운데 일정 구간을 어린이 보호구역으로 지정하여 자동차 등과 노면전차의 통행속도를 시속 30킬로미터 이내로 제한할 수 있다.

2 도로교통법령상 '어린이 보호구역의 지정절차 및 기준'등에 관하여 필요한 사항을 정하는 공동부령 기관이 아닌 것은?

① 행정안전부
② 교육부
③ 보건복지부
④ 국토교통부

해설 (어린이 보호구역의 지정 및 관리) 어린이 보호구역의 지정절차 및 기준 등에 관하여 필요한 사항은 교육부, 행정안전부, 국토교통부의 공동부령으로 정한다.

3 도로교통법령상 어린이 보호구역으로 지정할 수 있는 어린이집은 원칙적으로 몇 명 이상의 보육시설을 말하는가?

① 100
② 150
③ 200
④ 300

해설 "행정안전부령으로 정하는 어린이집"이란 100명 이상의 보육시설을 말하며, 필요한 경우 100명 미만의 보육시설도 어린이 보호구역으로 지정할 수 있다.

4 어린이 보호구역내 설치할 수 있는 안전시설물이 아닌 것은?

① 방호울타리
② 모형 횡단보도
③ 과속방지시설
④ 어린이 보호구역 도로표지

해설 방호울타리, 과속방지시설, 도로반사경, 미끄럼 방지시설, 어린이 보호구역 도로표지 등을 설치할 수 있다. (어린이·노인 및 장애인 보호구역의 지정 및 관리에 관한 규칙 제7조)

5 도로교통법령상 어린이 보호구역에 관한 설명 중 맞는 것은?

① 유치원 앞에는 설치할 수 없다
② 시장 등은 차의 통행속도를 제한할 수 있다.
③ 어린이 보호구역에서의 어린이는 12세 미만인 자를 말한다.
④ 차량의 운행 속도를 매시 30킬로미터 이내로 제한할 수 없다.

해설 시장 등은 교통사고의 위험으로부터 어린이를 보호하기 위하여 필요하다고 인정하는 경우에는 다음 각 호의 어느 하나에 해당하는 시설이나 장소의 주변도로 가운데 일정 구간을 어린이 보호구역으로 지정하여 자동차등과 노면전차의 통행속도를 시속 30킬로미터 이내로 제한할 수 있다

6 어린이 보호구역에 대한 설명으로 맞는 것은?

① 초등학교 주출입문 100미터 이내의 도로 중 일정 구간을 말한다.
② 자동차의 운행 속도를 매시 40킬로미터 이내로 제한할 수 있다.
③ 어린이 보호구역 내 설치된 신호기의 보행 시간은 어린이 최고 보행 속도를 기준으로 한다.
④ 어린이 보호구역에서는 자동차 통행을 제한할 수 있다.

해설 어린이 보호구역은 초등학교 주출입문을 중심으로 반경 300미터 이내의 도로 중 일정구간을 보호구역으로 지정한다. 자동차의 운행속도를 매시 30킬로미터 이내로 제한할 수 있으며 차마의 통행금지나 제한을 둘 수 있으며 주·정차를 금지할 수 있다.

정답 16. ② (2) 1. ④ 2. ③ 3. ① 4. ② 5. ② 6. ④

7 어린이 보호구역 내의 신호등이 없는 횡단보도를 통과하려고 한다. 보행자가 없는 경우 올바른 통과방법은?

① 제한속도 이내로 통과한다.
② 보행자가 있는지 살피면서 서행으로 통과한다.
③ 일시정지 후 서행으로 통과한다.
④ 신속히 통과한다.

해설 (보행자의 보호): 모든 차 또는 노면전차의 운전자는 어린이 보호구역 내에 설치된 횡단보도 중 신호기가 설치되지 아니한 횡단보도 앞(정지선이 설치된 경우에는 그 정지선을 말한다)에서는 보행자의 횡단 여부와 관계없이 일시정지 하여야 한다.

8 어린이 보호구역 내 신호기가 없는 횡단보도를 통과할 때 가장 안전한 운전 방법은?

① 횡단하는 사람이 없을 때 가장 느리게 지나간다.
② 횡단하는 사람이 없으므로 최대한 빠른 속도로 통과한다.
③ 횡단하는 사람이 없더라도 일시정지 하여야 한다.
④ 횡단하는 사람이 있을 수 있으므로 경음기를 울리며 진행한다.

해설 어린이 보호구역 내 신호기가 없는 횡단보도를 통과할 때는 보행자의 횡단여부와 관계없이 일시정지 하여야 한다.

9 도로교통법령상 어린이 보호구역 내 신호기가 없는 횡단보도 앞에서 운전방법으로 맞는 것은?

① 신호기가 설치되지 않았으므로 안전한지 확인한 후 그대로 통과한다.
② 보행자의 횡단 여부와 관계없이 일시정지 한다.
③ 보행자가 있는 경우 보행을 방해해서는 안 되며 보행자가 없는 경우 그대로 통과한다.
④ 보행자의 횡단이 있는 경우 서행하며 경음기를 울려 경고하며 진행한다.

해설 어린이 보호구역 내 설치된 횡단보도 중 신호기가 설치되지 아니한 횡단보도 앞(정지선이 설치된 경우 그 정지선을 말한다)에서는 보행자의 횡단 여부와 관계없이 일시정지 한다.

10 어린이 보호구역을 주행 중 '차량신호등은 녹색이고 보행등은 적색'인 상태에서 횡단보도로 걸어가는 어린이를 발견하였다. 이 때 이륜차 운전자의 올바른 운전방법은?

① 어린이보다 빨리 통과할 수 있으므로 가속하여 횡단보도를 통과한다.
② 경음기를 울려 어린이가 횡단보도로 진입하지 못하도록 경고하면서 통과한다.
③ 어린이와 충분한 거리를 확보하기 위해 반대차로 쪽으로 통과한다.
④ 정지선 직전에 일시 정지하여 어린이가 횡단보도를 건널 때까지 기다린 후 통과한다.

해설 (보행자의 보호) ① 모든 차 또는 노면전차의 운전자는 보행자가 횡단보도를 통행하고 있거나 통행하려고 하는 때에는 보행자의 횡단을 방해하거나 위험을 주지 아니하도록 그 횡단보도 앞(정지선이 설치되어 있는 곳에서는 그 정지선을 말한다)에서 일시정지 하여야 한다.

11 '움직이는 빨간 신호등'이라는 어린이의 행동 특성 중 가장 적절하지 않은 것은?

① 어린이는 생각나는 대로 곧바로 행동하는 경향이 있다.
② 건너편 도로에서 부모가 부르면 좌 · 우를 확인하지 않고 뛰어가는 경향이 있다.
③ 횡단보도에 보행신호가 들어오자마자 앞만 보고 뛰는 경향이 있다.
④ 어린이는 행동이 매우 느리고 망설이는 경향이 있다.

해설 '움직이는 빨간 신호등'이라는 어린이의 행동특성은 어린이는 생각나는 대로 곧바로 행동하는 경향이 있으며 건너편 도로에서 부모가 부르면 좌 · 우를 확인하지 않고 뛰어가는 경향이 있다. 그리고 횡단보도에 보행신호가 들어오자마자 앞만 보고 뛰는 경향이 있다.

정답 7. ③ 8. ③ 9. ② 10. ④ 11. ④

12 어린이통학버스 요건과 운영 및 운행 등에 대한 설명이다. 틀린 것은?

① 어린이통학버스란 어린이를 교육대상으로 하는 시설에서 어린이의 통학 등에 이용되는 자동차를 말한다.
② 어린이통학버스를 운행하는 자는 어린이를 탑승시키고 운행할 때에만 경찰서장으로부터 교부받은 신고증명서를 어린이 통학버스 안에 비치하여야 한다.
③ 모든 차의 운전자는 어린이 또는 영유아를 태우고 있다는 표시를 하고 통학용으로 운행 중인 어린이통학버스를 안전하다 하더라도 앞지르지 못한다.
④ 어린이통학버스를 운영하는 자는 어린이통학버스에 어린이나 영유아를 태울 때에는 보호자를 함께 태우고 운행하여야 한다.

해설 1) "어린이통학버스"란 다음 각 목의 시설 가운데 어린이(13세 미만인 사람을 말한다. 이하 같다)를 교육대상으로 하는 시설에서 어린이 통학 등(현장체험학습 등 비상시적으로 이루어지는 교육활동을 위한 이동을 제외한다.)에 이용되는 자동차와...
이하생략(2024년 10월 25일 시행)
2) 어린이통학버스를 운영하는 자는 어린이통학버스 안에 제1항에 따라 발급받은 신고증명서를 항상 갖추어 두어야 한다.

13 중앙선이 설치되지 아니한 도로에서 어린이통학버스를 마주 보고 운행할 때 올바른 운행 방법은?

① 어린이가 타고 내리는 중임을 표시하는 점멸등이 작동 중인 경우 주의하면서 운행한다.
② 어린이가 타고 내리는 중임을 표시하는 점멸등이 작동 중인 경우 서행하면서 지나간다.
③ 어린이가 타고 내리는 중임을 표시하는 점멸등이 작동 중인 경우 일시정지하여 안전을 확인한 후 서행한다.
④ 어린이가 타고 내리는 중임을 표시하는 점멸등이 작동 중인 경우 안전하게 서행한다.

해설 "어린이통학버스"란 다음 각 목의 시설 가운데 어린이(13세 미만인 사람을 말한다. 이하 같다)를 교육대상으로 하는 시설에서 어린이 통학 등(현장체험학습 등 비상시적으로 이루어지는 교육활동을 위한 이동을 제외한다.)에 이용되는 자동차와...(어린이통학버스의 특별보호) ① 어린이통학버스가 도로에 정차하여 어린이나 영유아가 타고 내리는 중임을 표시하는 점멸등 등의 장치를 작동 중일 때에는 어린이통학버스가 정차한 차로와 그 차로의 바로 옆 차로로 통행하는 차의 운전자는 어린이통학버스에 이르기 전에 일시정지하여 안전을 확인한 후 서행하여야 한다.
② 중앙선이 설치되지 아니한 도로와 편도 1차로인 도로에서는 반대방향에서 진행하는 차의 운전자도 어린이통학버스에 이르기 전에 일시정지하여 안전을 확인한 후 서행하여야 한다.

14 편도 2차로 도로에서 1차로로 어린이통학버스가 어린이나 영유아를 태우고 있음을 알리는 표시를 하며 주행 중이다. 가장 안전한 운전 방법은?

① 2차로가 비어 있어도 앞지르기를 하지 않는다.
② 2차로 앞지르기하여 주행한다.
③ 경음기를 울려 전방 진로를 비켜 달라는 표시를 한다.
④ 반대 차로의 상황을 주시한 후 중앙선을 넘어 앞지르기 한다.

해설 "어린이통학버스"란 어린이(13세 미만인 사람을 말한다. 이하 같다)를 교육대상으로 하는 시설에서 어린이 통학 등(현장체험학습 등 비상시적으로 이루어지는 교육활동을 위한 이동을 제외한다.)에 이용되는 자동차와 가장 안전한 운전 방법은 2차로가 비어 있어도 앞지르기를 하지 않는 것이다. 모든 차의 운전자는 어린이나 영유아를 태우고 있다는 표시를 한 상태로 도로를 통행하는 어린이통학버스를 앞지르지 못한다.

3. 노인보호 등의 출제문제

1 도로교통법령상 노인보호구역의 지정권자로 맞는 것은?

① 노인대학장
② 대한노인협회장
③ 광역시 외의 군의 군수
④ 경찰청장

해설 (노인 및 장애인 보호구역의 지정 및 관리) 시장 등은 교통사고의 위험으로부터 노인 또는 장애인을 보호하기 위하여 필요하다고 인정하는 경우에는 시설의 주변도로 가운데 일정 구간을 노인 보호구역으로, 시설의 주변도로 가운데 일정 구간을 장애인 보호구역으로 각각 지정하여 차마와 노면전차의 통행을 제한하거나 금지하는 등 필요한 조치를 할 수 있다.

정답 12. ② 13. ③ 14. ① (3) 1. ③

2 도로교통법령상 노인보호구역 지정절차에 관하여 협의하는 기관이 아닌 것은?

① 행정안전부　　② 보건복지부
③ 국토교통부　　**④ 교육부**

해설 (노인 및 장애인 보호구역의 지정 및 관리): 노인 보호구역 또는 장애인 보호구역의 지정절차 및 기준 등에 관하여 필요한 사항은 행정안전부, 보건복지부 및 국토교통부의 공동부령으로 정한다.

3 도로교통법상 교통사고의 위험으로부터 노인의 안전과 보호를 위하여 지정하는 구역은?

① 고령자 보호구역　　② 노인 복지구역
③ 노인 보호구역　　④ 노인 안전구역

해설 교통사고의 위험으로부터 노인의 안전과 보호를 위하여 지정하는 구역은 노인 보호구역이다.

4 도로교통법령상 노인보호구역의 통행을 제한하는 등의 조치를 취할 수 있는 대상이 아닌 것은?

① 자동차　　② 우마차
③ 원동기장치자전거　　**④ 어린이 탑승 킥보드**

해설 (노인 및 장애인 보호구역의 지정 및 관리) ① 시장 등은 교통사고의 위험으로부터 노인을 보호하기 위하여 필요하다고 인정하는 경우에 노인보호구역으로 지정하여 차마와 노면전차의 통행을 제한하거나 금지하는 등 필요한 조치를 할 수 있다.

5 다음 중 도로교통법상 보호구역이 아닌 것은?

① 어린이 보호구역　　② 노인 보호구역
③ 장애인 보호구역　　**④ 영유아 보호구역**

해설 도로교통법령상 보호구역은 어린이·노인·장애인 보호구역이다.

6 노인보호구역에서 노인을 위해 시·도경찰청장이나 경찰서장이 할 수 있는 조치가 아닌 것은?

① 차마의 통행을 금지하거나 제한할 수 있다.
② 이면도로를 일방통행로로 지정·운영할 수 있다.
③ 차마의 운행속도를 매시 30킬로미터 이내로 제한할 수 있다.
④ 주출입문 연결도로에 노인을 위한 노상주차장을 설치할 수 있다.

해설 어린이·노인 및 장애인 보호구역의 지정 및 관리에 관한 규칙 제9조(보호구역에서의 필요한 조치) 제1항에 의하면 시·도경찰청이나 경찰서장은 보호구역에서 구간별·시간대별로 다음 각 호의 조치를 할 수 있다.
1. 차마의 통행을 금지하거나 제한하는 것.
2. 차마의 정차나 주차를 금지하는 것.
3. 운행속도를 시속 30킬로미터 이내로 제한하는 것.
4. 이면도로를 일방통행로로 지정·운영하는 것

7 이륜차 운전자가 주택가 이면도로의 노인보호구역에서 앞 서 걸어가는 노인을 발견하였다. 가장 올바른 운전방법은?

① 내 차 진행방향 앞으로 노인이 다가올 수 있으므로 빠르게 통과한다.
② 경음기를 계속 강하게 울리면서 통과한다.
③ 노인과의 간격을 유지하면서 서행으로 통과한다.
④ 경음기를 울려 노인이 걸음을 잠깐 멈추게 한 후 신속히 통과한다.

해설 (보행자의 보호): 모든 차의 운전자는 다음 각 호의 어느 하나에 해당하는 곳에서 보행자의 옆을 지나는 경우에는 안전한 거리를 두고 서행하여야 하며, 보행자의 통행에 방해가 될 때에는 서행하거나 일시정지하여 보행자가 안전하게 통행할 수 있도록 하여야 한다.
1) 보도와 차도가 구분되지 아니한 도로 중 중앙선이 없는 도로
2) 보행자우선도로
3) 도로 외의 곳

8 노인이 도로를 횡단할 때 가장 올바른 운전 방법은?

① 진행하던 속도로 지나간다.
② 안전거리를 유지하면서 일시정지 한다.
③ 반대차로를 이용하여 안전하게 주행한다.
④ 경음기를 울리면서 급정지 한다.

해설 주행 중 도로를 횡단하는 보행자를 발견하였을 때는 안전거리를 유지하며 일시정지 한다. 도로교통법 제49조제1항제2호

9 비가 내리는 날 노인보호구역을 통행하는 경우 올바른 운전방법은?

① 과속방지턱이 설치된 곳을 통과할 때는 길가장자리 쪽으로 통과한다.
② 비가 올 때는 노인의 통행이 거의 없으므로 신속히 통과한다.
③ 우산을 쓴 노인이 걸어가고 있을 때 주의하고 서행으로 통과한다.
④ 횡단보도를 건너는 노인이 있을 경우 노인 뒤쪽으로 서행하여 통과한다.

정답　2.④　3.③　4.④　5.④　6.④　7.③　8.②　9.③

해설 우산을 쓴 노인은 시야에 방해를 받을 수 있으므로 주의한다.

10 다음 중 도로교통법을 위반하지 않은 노인은?

① 횡단보도가 없는 도로를 가장 짧은 거리로 횡단하였다.
② 통행차량이 없어 횡단보로로 통행하지 않고 도로를 가로질러 횡단하였다.
③ 정차하고 있는 화물차 바로 뒤쪽으로 도로를 횡단하였다.
④ 보도에서 좌측으로 통행하였다.

해설 ①, ② 횡단보도가 설치되어 있지 않은 도로에서는 가장 짧은 거리로 횡단하여야 한다. ③ 보행자는 모든 차의 앞이나 뒤로 횡단하여서는 안 된다. ④ 보행자는 보도에서는 우측통행을 원칙으로 한다.

Chapter 12
정차 및 주차 등의 출제문제

1 다음 중 차도와 보도가 구분된 도로에서의 정차 방법으로 올바른 것은?

① 차도의 우측 가장자리에 정차하여야 한다.
② 보도에 정차하여 다른 차의 통행을 배려한다.
③ 차도의 좌측 가장자리에 정차하여야 한다.
④ 차도 위 편리한 곳에 정차하여야 한다.

해설 차도와 보도가 구분된 도로에서 정차하고자 하는 때에는 차도의 우측 가장자리에 정차하여야 한다.

2 도로교통법상 정차가 가능한 곳은?

① 안전지대로부터 7미터
② 버스정류장으로부터 7미터
③ 도로모퉁이로부터 7미터
④ 횡단보도로부터 7미터

해설 (정차 및 주차의 금지) ① 보도 위
② 교차로 가장자리나 도로 모퉁이로부터 5미터 이내
③ 안전지대로부터 10미터 이내
④ 버스정류장으로부터 10미터 이내
⑤ 횡단보도로부터 10미터 이내
⑥ 소화시설로부터 5미터 이내
⑦ 어린이보호구역

3 차도와 보도의 구분이 없는 도로에서 우측 가장자리로부터 중앙으로 50센티미터 이상의 거리를 두고 주차해야 하는 이유는?

① 자전거의 통행을 위해서
② 이륜자동차의 통행을 위해서
③ 보행자의 통행을 위해서
④ 차량의 통행을 위해서

해설 차도와 보도의 구분이 없는 도로에서 우측 가장자리로부터 중앙으로 50센티미터 이상의 거리를 두고 주차해야 하는 이유는 보행자의 통행을 위해서이다.

4 다음 중 도로교통법상 주차가 금지되는 곳은?

① 주차장법에 따라 차도와 보도에 걸쳐서 설치된 노상 주차장
② 보도와 차도가 구분된 도로의 주차구역
③ 교차로의 가장자리나 도로의 모퉁이로부터 5미터 이내
④ 주택가 이면도로의 거주자 우선 주차구역

해설 교차로의 가장자리나 도로의 모퉁이로부터 5미터 이내인 곳은 도로교통법상 주차 및 정차가 금지된 곳이다.

5 다음 중 도로교통법상 주·정차 금지구역으로 맞는 것은?

① 안전지대의 사방으로부터 각각 7미터 지점
② 교차로의 가장자리로부터 7미터 지점
③ 도로의 모퉁이로부터 7미터 지점
④ 비상소화장치가 설치된 곳으로부터 7미터 지점

해설 (정차 및 주차의 금지) ① 안전지대의 사방으로부터 각각 10미터 이내인 곳, ②③ 도로의 모퉁이나 교차로의 가장자리로부터 5미터 이내인 곳, ④ 비상소화장치로부터 5미터 이내인 곳

6 다음 중 이륜자동차의 주·정차에 대한 설명으로 가장 잘못된 것은?

① 주행 직후에 주·정차할 경우, 엔진 주위와 머플러 부분은 매우 뜨겁기 때문에 보행자에게 닿지 않도록 한다.
② 가급적 평평한 곳에 주·정차한다.
③ 지면이 연약한 곳에 지지대를 세우고 주·정차한다.
④ 보행자의 통행에 방해되는 곳에 주·정차하면 안 된다.

정답 10. ① Chapter 12 1. ① 2. ③ 3. ③ 4. ③ 5. ① 6. ③

해설 지지대를 잘 세우고 지탱할 수 있는 지면이 딱딱한 곳에 주·정차한다.

7 다음은 주·정차 방법에 대한 설명이다. 맞는 것은?

① 야간에는 도로에서 주차를 할 때 안전표지에 따르지 않아도 된다.
② 경찰공무원의 지시에 따를 때에는 다른 교통에 방해가 되어도 주·정차할 수 있다.
③ 차도와 보도의 구분이 없는 도로에 주차할 때에는 안전지대에도 할 수 있다.
④ 버스정류장에서 승객이 승차할 경우 정차는 가능하지만 주차는 할 수 없다.

해설 모든 차의 운전자는 도로에서 주·정차할 때 정해진 방법에 따라 다른 교통에 방해가 되지 않도록 하여야 하고, 안전표지 또는 경찰공무원 등의 지시에 따를 때와 고장으로 인하여 부득이 주차하는 때에는 그러하지 아니하다. 버스가 정류장에서 승객을 승하차할 때에는 주차와 정차 모두 가능하고, 안전지대는 주차와 정차가 금지되어 있는 장소이다.

Chapter 13
건널목 통과, 등화, 적재 등의 출제문제

1 이륜자동차의 운전자는 철길 건널목을 통과하려는 경우에는 건널목 앞에서 ( )하여야 한다. 다음 중 ( )에 알맞은 것은?

① 서행　　　　　② 정차 후 주차
③ 일시정지　　　④ 앞지르기

해설 철길건널목에서는 무조건 일시정지 해야 한다.

2 철길 건널목 통과 방법으로 맞는 것은?

① 철길 건널목 앞에서 일시정지하여 안전 여부를 확인 후 통과하여야 한다.
② 기차가 통과하지 않으면 신속히 통과한다.
③ 건널목 차단기가 내려지려 할 때는 빨리 통과한다.
④ 신호기 등이 표시하는 신호에 따르는 경우에도 일단 정지해야 한다.

해설 철길 건널목을 통과하고자 하는 때에는 건널목 앞에서 일시정지하여 안전한지 여부를 확인 후 통과하여야 한다.

다만, 신호기 등이 표시하는 신호에 따르는 경우에는 정지하지 아니하고 통과할 수 있다. 건널목의 차단기가 내려져 있거나 내려지려고 하는 경우 또는 건널목의 경보기가 울리고 있는 동안에는 그 건널목으로 들어가서는 아니된다.

3 이륜자동차가 철길 건널목 안으로 들어갈 수 있는 경우는?

① 건널목의 차단기가 내려져 있는 경우
② 건널목의 차단기가 내려가려고 하는 경우
③ 건널목의 경보기가 울리고 있는 경우
④ 신호기 등이 표시하는 신호에 따르는 경우

해설 건널목의 차단기가 내려져 있거나 내려지려고 하는 경우 또는 건널목의 경보기가 울리고 있는 동안에는 그 건널목으로 들어가서는 아니 된다.

4 이륜자동차 운전자가 철길건널목을 통과하다가 고장으로 건널목 안에서 차를 운행할 수 없는 경우 조치요령으로 가장 바르지 않는 것은?

① 동승자를 즉시 대피시킨다.
② 건널목 안에서 이륜자동차를 긴급 수리한다.
③ 비상 신호기를 사용하여 철도공무원에게 고장사실을 알린다.
④ 이륜자동차를 건널목 밖으로 끌고 나온다.

해설 (철길 건널목 통과) 모든 차 또는 노면전차의 운전자는 건널목을 통과하다가 고장 등의 사유로 건널목 안에서 차 또는 노면전차를 운행할 수 없게 된 경우는 즉시 승객을 대피시키고 비상 신호기 등을 사용하거나 그 밖의 방법으로 철도공무원이나 경찰공무원에게 그 사실을 알려야 한다.

5 다음 중 밤에 원동기장치자전거를 도로에서 운행하는 경우 반드시 켜야 하는 등화로 맞게 짝지어진 것은?

① 전조등 및 번호등　② 미등 및 번호등
③ 전조등 및 미등　　④ 전조등 및 차폭등

해설 원동기장치자전거는 전조등 및 미등을 켜야 한다고 규정되어 있다. 이륜 자동차는 전조등, 차폭등, 미등, 번호등 등을 켜야 한다.

정답　7. ②　　Chapter 13　1. ③　2. ①　3. ④　4. ②　5. ③

6 이륜자동차가 밤에 도로에서 운행하는 경우 켜야 하는 등화의 종류로 맞는 것은?

① 전조등, 차폭등　　② **전조등, 미등**
③ 전조등, 번호등　　④ 전조등, 안개등

해설 이륜자동차가 밤에 도로에서 운행하는 경우 켜야 하는 등화의 종류는 전조등과 미등이다.(도로교통법 시행령 19조)

7 도로교통법령상 안개가 낀 도로에서 원동기장치자전거를 운행하는 경우에 켜야 하는 등화는?

① 차폭등 및 번호등　　② 차폭등 및 미등
③ **전조등 및 미등**　　④ 번호등 및 전조등

해설 (밤에 도로에서 차를 운행하는 경우 등의 등화) ① 차 또는 노면전차의 운전자가 도로에서 차 또는 노면전차를 운행할 때 켜야 하는 등화(燈火)의 종류는 다음 각 호의 구분에 따른다.
1) 자동차: 자동차안전기준에서 정하는 전조등(前照燈), 차폭등(車幅燈), 미등(尾燈), 번호등과 실내조명등(실내조명등은 승합자동차와 「여객자동차 운수사업법」에 따른 여객자동차운송사업용 승용자동차만 해당한다)
2) 원동기장치자전거: 전조등 및 미등
3) 견인되는 차: 미등·차폭등 및 번호등
4) 노면전차: 전조등, 차폭등, 미등 및 실내조명등
5) 제1호부터 제4호까지의 규정 외의 차: 시·도경찰청장이 정하여 고시하는 등화

8 이륜자동차가 야간에 도로에서 정차하거나 주차할 때 반드시 켜야 하는 등화의 종류로 맞는 것은?

① 전조등
② 차폭등
③ 번호등
④ **후부반사기를 포함한 미등**

해설 (밤에 도로에서 차를 운행하는 경우 등의 등화) 차 또는 노면전차의 운전자가 도로에서 정차하거나 주차할 때 켜야 하는 등화의 종류는 다음 각 호의 구분에 따른다.
1. 자동차(이륜자동차는 제외한다): 자동차안전기준에서 정하는 미등 및 차폭등
2. 이륜자동차 및 원동기장치자전거: 미등(후부 반사기를 포함한다)
3. 노면전차: 차폭등 및 미등

9 도로교통법령상 밤에 고장등의 사유로 도로에서 이륜자동차를 정차 또는 주차하는 경우 켜야 하는 등화로 맞는 것은?

① 전조등　　② 차폭등
③ **미등**　　④ 번호등

해설 이륜자동차가 밤에 도로에서 정차 또는 주차하는 경우 켜야 하는 등화는 미등(후부반사기를 포함)을 켜야 한다.

10 다음 중 이륜자동차의 등화 조작 방법에 대한 설명으로 틀린 것은?

① 서로 마주보고 진행할 때는 전조등 불빛의 방향을 아래로 향하게 한다.
② 앞차의 바로 뒤를 따라갈 때는 전조등 불빛의 방향을 아래로 향하게 한다.
③ **앞차가 진로양보를 하지 않을 경우 전조등 불빛을 상하로 반복한다.**
④ 시·도경찰청장이 지정한 지역 이외의 교통이 빈번한 곳에서는 전조등 불빛의 방향을 계속 아래로 유지한다.

해설 전조등 불빛의 밝기를 함부로 조작하여 앞차의 운전을 방해해서는 안 된다.(마주보고 진행하는 경우 등의 등화 조작) ① 모든 차의 운전자는 밤에 운행할 때에는 다음 각 호의 방법으로 등화를 조작하여야 한다.
1) 서로 마주보고 진행할 때에는 전조등의 밝기를 줄이거나 불빛의 방향을 아래로 향하게 하거나 잠시 전조등을 끌 것. 다만, 도로의 상황으로 보아 마주보고 진행하는 차의 교통을 방해할 우려가 없는 경우에는 그러하지 아니하다.
2) 앞차의 바로 뒤를 따라갈 때에는 전조등 불빛의 방향을 아래로 향하게 하고, 전조등 불빛의 밝기를 함부로 조작하여 앞차의 운전을 방해하지 아니할 것
② 모든 차의 운전자는 교통이 빈번한 곳에서 운행할 때에는 전조등 불빛의 방향을 계속 아래로 유지하여야 한다. 다만, 시·도 경찰청장이 교통의 안전과 원활한 소통을 확보하기 위하여 필요하다고 인정하여 지정한 지역에서는 그러하지 아니하다.

11 앞차의 제동등이 켜졌을 때 취해야 할 조치로 가장 올바른 것은?

① 경음기를 울린다.　　② **감속한다.**
③ 진로 변경한다.　　④ 앞지르기를 한다.

해설 앞차의 제동등이 켜지면 감속해야 한다.

정답 6. ② 7. ③ 8. ④ 9. ③ 10. ③ 11. ②

12 자동차 및 자동차부품의 성능과 기준에 관한 규칙상 이륜자동차 안전기준에 대한 설명으로 가장 알맞은 것은?(대형 이륜 자동차 제외)

① 측차를 제외한 공차상태에서 길이는 2.5미터를 초과해서는 아니 된다.
② 측차를 제외한 공차상태에서 너비는 1.5미터, 높이 2.5미터를 초과해서는 아니 된다.
③ 기타형 이륜자동차의 차량총중량은 500킬로그램을 초과하지 아니하여야 한다.
④ 특수형 이륜자동차의 차량총중량은 700킬로그램을 초과하지 아니하여야 한다.

해설 자동차 및 자동차부품의 성능과 기준에 관한 규칙(국토교통부령)
제59조(길이·너비·높이) 이륜자동차는 측차를 제외한 공차상태에서 길이 2.5미터(대형의 경우에는 4미터), 너비 2미터, 높이 2미터를 초과하여서는 아니된다.
제60조(차량총중량) 이륜자동차의 차량총중량은 일반형 및 특수형의 경우에는 600킬로그램, 기타형의 경우에는 1천 킬로그램을 초과하지 아니하여야 한다.

13 도로교통법령상 이륜자동차의 적재용량은 안전기준을 넘지 아니 하여야 한다. 그 기준으로 틀린 것은?

① 높이는 지상으로부터 3미터의 높이
② 길이는 승차장치의 길이 또는 적재장치의 길이에 30센티미터를 더한 길이
③ 너비는 후사경의 높이보다 화물을 낮게 적재한 경우에는 그 화물을 확인할 수 있는 범위의 너비
④ 너비는 후사경의 높이보다 화물을 높게 적재한 경우에는 뒤쪽을 확인할 수 있는 범위의 너비

해설 이륜자동차의 적재용량은 지상으로부터 2미터의 높이이다.

Chapter 14
운전자 의무 및 준수사항 출제문제

1. 안전운전 및 준수사항 출제문제

1 다음 중 이륜자동차 운전자의 속도 준수에 대한 설명으로 가장 알맞은 것은?

① 일반도로에서는 법정속도를 준수하지 않아도 된다.
② 법정속도보다 안전표지가 지정하고 있는 제한속도를 우선 준수해야 한다.
③ 법정속도와 안전표지 제한속도가 다른 경우 어느 하나만 준수해도 된다.
④ 안전표지의 지정속도 보다 법정속도가 우선이다.

해설 일반도로에서는 법정속도를 준수해야 하며 법정속도보다 안전표지가 지정하고 있는 제한속도를 우선 준수해야 한다.

2 자전거 운전자가 지켜야 할 준수사항으로 맞지 않는 것은?

① 안전표지로 보도통행이 가능하더라도 보행자의 통행에 방해가 될 때에는 서행하여야 한다.
② 다른 차를 앞지르려면 앞차의 우측으로 통행할 수 있다.
③ 뒤에 따라오는 차보다 느린 속도로 가고자 하는 자전거 운전자는 도로의 우측가장자리로 피해 진로를 양보해야 한다.
④ 자전거횡단도가 없어 횡단보도를 이용해 도로를 횡단할 때는 자전거에서 내려 자전거를 끌고 가야 한다.

해설 1) 자전거등의 운전자는 서행하거나 정지한 다른 차를 앞지르려면 앞차의 우측을 통행할 수 있다. 이 경우 자전거등의 운전자는 정지한 차에서 승차하거나 하차하는 사람의 안전에 유의하여 서행하거나 필요한 경우 일시정지하여야 한다.
2) 자전거등의 운전자는 다음 각 호의 어느 하나에 해당하는 경우에는 보도를 통행할 수 있다. 이 경우 자전거등의 운전자는 보도 중앙으로부터 차도 쪽 또는 안전표지로 지정된 곳으로 서행하여야 하며, 보행자의 통행에 방해가 될 때에는 일시정지하여야 한다.

정답 12. ① 13. ① Chapter ⑭ (1) 1. ② 2. ①

3 운전자가 지켜야 할 준수사항으로 올바른 것은?

① 자신의 차 앞으로 진로변경을 하지 못하도록 앞차와의 거리를 좁힌다.
② 신호가 없는 횡단보도는 횡단하는 사람이 없으므로 최대한 빠른 속도로 통과한다.
③ 야간 운전 시 졸음이 오는 경우 그 자리에서 휴식을 취한 후 운전한다.
④ 어린이 보호구역 내에서는 제한속도를 지켜 안전하게 운전한다.

해설 어린이 보호구역에서는 어린이의 안전을 위해 제한속도를 준수하여야 하며 야간의 갓길정차는 매우 위험한 행동이며, 신호가 없는 횡단보도에서는 보행자를 위해 서행하여야 하며 진로변경 표시를 하는 차량을 발견한 경우 진로 변경을 완료하도록 양보 운전하여야 한다.

4 이륜자동차 운전자가 지켜야 할 준수사항으로 올바른 것은?

① 차도에 차량이 많이 정체될 경우 보도로 통행한다.
② 노인보호구역 내에서 노인이 보이지 않더라도 제한속도를 지켜 안전하게 운전한다.
③ 야간 운전 시 졸음이 오는 경우 길가장자리구역에 정차하여 잠시 휴식을 취한 후 운전한다.
④ 신호가 없는 횡단보도에 횡단하는 사람이 있어도 빠른 속도로 통과한다.

해설 노인보호구역에서는 노인의 안전을 위해 제한속도를 준수하여야 하며 길가장자리구역 정차는 매우 위험한 행동이고, 신호가 없는 횡단보도에서는 보행자의 안전을 위해 서행하여야 하며 보도로 통행하면 안 된다.

5 도로교통법상 이륜자동차 운전자의 준수사항이 아닌 것은?

① 정당한 사유 없이 연속적으로 경음기를 울리지 말아야 한다.
② 어린이가 도로에서 놀이를 할 때 일시정지 한다.
③ 정당한 사유 없이 속도를 급격히 높이는 행위를 하지 말아야 한다.
④ 뒷좌석에 동승자를 태우고 운행해서는 안 된다.

해설 뒷좌석에 동승자를 태우고 운행하는 것을 금지하는 규정은 없다.

6 원동기장치자전거 운전자의 준수 사항으로 맞는 것은?

① 진로 변경을 수시로 한다.
② 여름철 더운 날에는 안전모를 착용하지 않는다.
③ 물이 고인 곳을 지날 때는 피해를 주지 않기 위해 서행하며 진행한다.
④ 차도에 차량이 많이 정체될 경우 보도로 통행한다.

해설 진로 변경을 수시로 하면 위험하므로 자제한다. 더운 날에도 꼭 안전모를 착용하며 차도에 차량이 많이 정체될 경우 보도로 통행하지 않는다.

7 이륜자동차 운전자의 안전한 운전을 위한 태도로 맞는 것은?

① 택시가 정차한 경우 승객이 하차할 수 있으므로 주의하며 서행한다.
② 급한 전화가 올 수 있으므로 휴대용 전화기를 항상 손에 들고 운전한다.
③ 어린이가 타고 있다는 표시를 한 어린이통학버스를 앞지르기 한다.
④ 다른 차의 끼어들기 예방차원으로 앞차와 거리를 좁혀 운전한다.

해설 휴대용 전화기를 손에 들고 통화하며 운전해서는 안 된다. 또한 모든 차의 운전자는 어린이가 타고 있다는 표시를 한 통학용으로 운행 중인 어린이통학버스를 앞지르기 못하며, 사고를 예방하기 위해 안전거리를 확보하며 운전해야 한다.

8 이륜자동차 운전자의 준법의식으로 바람직하지 않은 것은?

① 느린 속도로 갈 때는 우측 가장자리로 피하여 진로를 양보해야한다고 생각하였다.
② 운전하던 중 긴급자동차가 뒤따라올 때에는 신속하게 진로를 양보하였다.
③ 교차로에서는 선진입이 우선이므로 먼저 진입하는 것이 좋다고 생각하였다.
④ 양보 표지가 설치된 도로를 주행하는 경우 항상 다른 도로의 주행 차량에 진로를 양보하였다.

해설 교차로는 통행우선 순위에 따라 통행하여야 하며 선진입을 강조할 경우 대형교통사고로 이어질 수 있다.

정답 3. ④ 4. ② 5. ④ 6. ③ 7. ① 8. ③

9 양보 운전에 대한 설명 중 맞는 것은?

① 저속 운행하는 경우 도로 좌측 가장자리로 피하여 진로를 양보한다.
② 긴급자동차가 뒤따라올 때에는 급정지 한다.
③ 교차로에서는 우선순위에 상관없이 다른 차량에 양보하여야 한다.
④ 양보 표지가 있는 경우 다른 도로의 주행 차량에 진로를 양보 한다.

> 해설 긴급자동차가 뒤따라오는 경우에는 진로를 양보하여야 한다. 또한 교차로에서는 통행 우선순위에 따라 통행을 하여야 하며, 양보 표지가 설치된 도로의 차량은 다른 차량에게 진로를 양보하여야 한다.

10 도로교통법상 공동위험행위란, 도로에서 ( ) 이상이 공동으로 2대 이상의 자동차등(개인형 이동장치 제외)을 정당한 사유 없이 앞뒤로 줄지어 통행하면서 다른 사람에게 위해를 가하는 것을 말한다. ( )안에 기준으로 맞은 것은?

① 1명　　② 2명　　③ 3명　　④ 4명

> 해설 공동위험행위란 이륜자동차 운전자는 도로에서 2명 이상이 공동으로 2대 이상의 이륜자동차를 정당한 사유 없이 앞뒤로 줄지어 통행하면서 다른 사람에게 위해를 주어서는 아니 된다.

11 도로교통법상 공동 위험행위에 해당하는 것은?

① 2 명의 고등학생이 1 대의 이륜자동차로 폭주하는 행위
② 1 대의 자동차가 과속 운전을 하는 행위
③ 3 대의 자동차와 1 대의 이륜자동차가 차량의 통행을 방해하는 행위
④ 수십 대의 이륜자동차가 주차장에 주차하는 행위

> 해설 (공동 위험행위의 금지) ① 자동차등(개인형 이동장치는 제외한다. 이하 이 조에서 같다)의 운전자는 도로에서 2명 이상이 공동으로 2대 이상의 자동차등을 정당한 사유 없이 앞뒤로 또는 좌우로 줄지어 통행하면서 다른 사람에게 위해를 끼치거나 교통상의 위험을 발생하게 하여서는 아니 된다.
> ② 자동차등의 동승자는 제1항에 따른 공동 위험행위를 주도하여서는 아니 된다.

12 다음 중 도로교통법상 공동위험행위 금지 규정에 대한 설명으로 옳지 않은 것은? (개인형 이동장치는 제외)

① 자동차와 원동기장치자전거만 대상이다.
② 앞뒤로 줄지어 통행하면서 교통상의 위험을 발생한 것을 말한다.
③ 법령에 의해 국가적 행사 중인 차량도 적용된다.
④ 공동 위험행위를 주도한 사람도 처벌 대상이다.

> 해설 ③ 법령에 의한 국가적 행사에는 적용되지 않는다. (공동 위험행위의 금지) ① 자동차등(개인형 이동장치는 제외한다. 이하 이 조에서 같다)의 운전자는 도로에서 2명 이상이 공동으로 2대 이상의 자동차등을 정당한 사유 없이 앞뒤로 또는 좌우로 줄지어 통행하면서 다른 사람에게 위해(危害)를 끼치거나 교통상의 위험을 발생하게 하여서는 아니 된다.
> ② 자동차등의 동승자는 공동 위험행위를 주도하여서는 아니 된다. 다음 각 호의 어느 하나에 해당하는 사람은 2년 이하의 징역이나 500만 원 이하의 벌금에 처한다.
> 1. 제46조제1항 또는 제2항을 위반하여 공동 위험행위를 하거나 주도한 사람

13 다음 중 이륜차 운전자가 정당한 사유 없이 다른 사람에게 피해를 주는 소음을 발생시킨 경우 처벌의 대상에 속하지 않는 것은?

① 급히 출발시키거나 속도를 급격히 높여 소음을 발생하는 경우
② 동력을 바퀴에 전달시키지 않고 원동기의 회전수를 증가시키는 행위
③ 반복적이거나 연속적으로 경음기를 울리는 행위
④ 졸음운전하는 승용자동차의 운전자를 발견하고 경음기를 울리는 행위

> 해설 운전자는 정당한 사유 없이 다음 각 목의 어느 하나에 해당하는 행위를 하여 다른 사람에게 피해를 주는 소음을 발생시키지 아니할 것
> 가. 자동차등을 급히 출발시키거나 속도를 급격히 높이는 행위
> 나. 자동차등의 원동기 동력을 차의 바퀴에 전달시키지 아니하고 원동기의 회전수를 증가시키는 행위
> 다. 반복적이거나 연속적으로 경음기를 울리는 행위

정답　9. ④　10. ②　11. ③　12. ③　13. ④

14 자동차등의 운전자가 운전 중에 휴대용 전화를 사용하면 단속이 되는 경우는?

① 각종 재해 신고 등 긴급한 필요가 있는 경우
② 자동차등이 정지하고 있는 경우
③ 자동차등을 운전 중 손으로 잡고 휴대용 전화를 사용하고 있는 경우
④ 긴급자동차를 운전하는 경우

> **해설** (모든 운전자의 준수 사항 등 자동차등이 정지하고 있거나, 각종 범죄 신고 등 긴급한 경우, 긴급 자동차 등을 이용하는 경우 등에만 휴대전화 사용이 가능하다. 또한 안전운전에 장애를 주지 않는 장치인 손으로 잡지 아니하고 휴대전화를 사용할 수 있는 장치인 경우에도 사용이 가능하며 기타 이동 중에는 사용할 수 없다.

15 다음 중 이륜자동차 운전자의 의무 중 금지행위가 아닌 것은?

① 술에 취한 상태에서 운전하는 행위
② 무면허 상태에서 운전하는 행위
③ 과로한 상태에서 운전하는 행위
④ 전조등을 켜고 운전하는 행위

> **해설** 이륜자동차 운전자의 의무 중 금지되는 행위에는 술에 취한 상태에서 운전하는 행위, 무면허 상태에서 운전하는 행위, 과로한 상태에서 운전하는 행위 등이 있다.

16 이륜자동차 운전자의 주의사항이다. 틀린 것은?

① 자동차 운전자의 눈에 잘 띄지 않으므로 더욱 주의해야 한다.
② 차체의 균형 유지에 많은 주의를 기울여야 한다.
③ 이륜자동차는 바퀴가 2개이므로 승용차보다 제동력이 좋다.
④ 운전자의 안전을 위해 안전모는 반드시 착용해야 한다.

> **해설** 자동차 운전자의 눈에 잘 띄지 않으므로 더욱 주의해야 하며 차체의 균형유지에 많은 주의를 기울여야 하고 이륜자동차는 바퀴가 2개이므로 승용차보다 제동력이 떨어진다.

17 도로교통법령상 야간에 자전거 등의 운전자 준수사항으로 틀린 것은?

① 전조등과 미등을 켜거나 야광띠 등 발광장치를 착용하여야 한다. .
② 동승자에게도 인명보호 장구를 착용하도록 하여야 한다.
③ 개인형 이동장치는 발광장치 미착용에 대한 처벌은 없다.
④ 운전자는 인명보호 장구를 착용하여야 한다.

> **해설** (특정 운전자의 준수사항) 자전거등의 운전자는 밤에 도로를 통행하는 때에는 전조등과 미등을 켜거나 야광띠 등 발광장치를 착용하여야 한다. 또한 등화점등 불이행·발광장치 미착용(자전거 운전자는 제외한다)은 1만 원의 범칙금이 부과된다.

18 경찰공무원은 이륜자동차의 안전운전을 위해 현장에서 불법부착장치를 제거할 수 있다. 제거할 수 있는 대상이 아닌 것은?

① 교통단속용 장비의 기능을 방해하는 장치
② 규정에 맞지 않은 광폭타이어
③ 경찰관서에서 사용하는 무전기와 동일한 주파수의 무전기
④ 긴급자동차가 아닌 자동차에 부착된 경광등, 사이렌 또는 비상등

> **해설** 교통단속용 장비의 기능을 방해하는 장치, 경찰관서에서 사용하는 무전기와 동일한 주파수의 무전기, 긴급자동차가 아닌 자동차에 부착된 경광등, 사이렌 또는 비상등은 경찰공무원이 제거할 수 있다.

19 다음 중 도로교통법상 원동기장치자전거 운전자의 위반행위로 처벌되지 않는 것은?

① 음주운전
② 운전 중 영상표시장치 조작
③ 원동기장치자전거 앞면 창유리의 가시광선 투과율
④ 주·정차 위반

> **해설** 창유리의 가시광선 투과율 기준은 자동차의 앞면과 운전석 좌·우 옆면 창유리에만 있다.(도로교통법시행령 제28조)

정답 14. ③ 15. ④ 16. ③ 17. ③ 18. ② 19. ③

20 자전거등의 운전자가 지켜야 할 준수사항이 아닌 것은?

① 자전거의 구조물 중 보행자에게 위해를 줄 우려가 있는 금속재 모서리는 둥글게 가공한 상태에서 운전한다.
② 마약 등 약물의 영향과 그 밖의 사유로 정상적인 운전을 하지 못할 상태에서는 운전하여서는 아니 된다.
③ 밤에 도로를 통행하는 때에는 전조등과 미등을 켜거나 야광띠 등 발광장치를 하여야 한다.
④ 운전자가 안전을 위하여 안전모를 착용하면 동승자는 착용을 하지 않아도 된다.

해설 1) 자전거등의 운전자는 자전거도로 및 「도로법」에 따른 도로를 운전할 때에는 행정안전부령으로 정하는 인명보호장구를 착용하여야 하며, 동승자에게도 이를 착용하도록 하여야 한다.
2) 자전거 등이 교통안전에 위험을 초래하지 않도록 보행자에게 위해를 줄 우려가 있는 금속재 모서리는 둥글게 가공하거나 고무, 플라스틱 등으로 덮여 있어야 한다.

21 이륜자동차 운전자의 준수사항이다. 틀린 것은?

① 차를 급히 출발시키거나 속도를 급격히 높이지 않는다.
② 차의 원동기 동력을 바퀴에 전달시키지 아니하고 회전수를 증가시키지 않는다.
③ 야간에는 시야확보를 위해 안전모를 착용하지 않는다.
④ 좌우로 줄지어 통행하면서 교통상의 위험을 발생시키지 않는다.

해설 (운전자의 준수사항) ① 자동차등을 급히 출발시키거나 속도를 급격히 높이지 않는 행위
② 자동차등의 원동기 동력을 바퀴에 전달시키지 아니하고 원동기의 회전수를 증가시키지 않는 행위
③ 반복적이거나 연속적으로 경음기를 울리지 않는 행위
④ 좌우로 줄지어 통행하면서 다른 사람에게 위해를 주거나 교통상의 위험을 발생시키지 않는 행위

22 다음 중 도로교통법에 따른 운전자 준수사항으로 잘못된 것은?

① 자전거의 운전자는 교통안전에 위험을 초래할 수 있는 자전거를 운전해서는 아니 된다.
② 이륜자동차의 운전자는 동승자에게도 인명보호 장구를 착용하도록 하여야 한다.
③ 원동기장치자전거 운전자는 동승자에게 인명보호 장구를 착용할 것을 권고할 필요는 없다.
④ 개인형 이동장치 운전자는 법령에서 정하는 승차정원을 초과하여 동승자를 태우고 운전하여서는 아니 된다.

해설 이륜자동차와 원동기장치자전거(개인형 이동장치는 제외한다.)의 운전자는 행정안전부령으로 정하는 인명보호 장구를 착용하고 운행하여야 하며, 동승자에게도 착용하도록 하여야 한다.

23 이륜자동차 운전자와 동승자의 안전모착용 의무에 대한 설명으로 옳지 않은 것은?

① 안전모를 미착용한 운전자는 범칙금 2만 원을 부과 받는다.
② 동승자가 안전모를 미착용 한 경우 운전자는 과태료 2만 원을 부과 받는다.
③ 안전기준이 미치지 못한 안전모를 착용한 것은 단속대상이다.
④ 안전모를 착용하지 않고 이륜자동차를 끌고 가는 것도 단속대상이다.

해설 짧은 거리를 끌고 갈 때는 운전이 아니므로 안전모착용의무가 없어 단속대상이 아니다. 안전모 미착용운전자는 범칙금 2만 원, 동승자 미착용은 운전자에게 과태료 2만 원이 부과된다. 안전기준에 미치지 못한 경우 안전모 착용이라고 할 수 없어 단속대상이 된다.

2. 음주운전금지 및 과로한 때 등의 운전금지 출제문제

1 도로교통법에서 정한 운전이 금지되는 술에 취한 상태의 기준으로 맞는 것은?

① 혈중알코올농도 0.03퍼센트 이상인 상태로 운전
② 혈중알코올농도 0.06퍼센트 이상인 상태로 운전
③ 혈중알코올농도 0.08퍼센트 이상인 상태로 운전
④ 혈중알코올농도 0.09퍼센트 이상인 상태로 운전

해설 운전이 금지되는 술에 취한 상태의 기준은 혈중 알코올 농도가 0.03퍼센트 이상으로 한다.

정답 20. ④ 21. ③ 22. ③ 23. ④ (2) 1. ①

2 도로교통법상 경찰공무원의 개인형 이동장치에 대한 위험방지를 위한 조치로 틀린 것은?

① 운전자가 혈중알코올농도 0.03% 이상이면 운전의 금지를 명할 수 있다.
② 운전자가 혈중알코올농도 0.03% 이상이면 개인형 이동장치를 몰수할 수 있다.
③ 운전자가 술을 마시고 운전하는 것이 인정되는 경우 운전면허증의 제시를 요구할 수 있다.
④ 운전자가 무면허 운전을 하고 있는 것이 인정되는 경우 운전면허증의 제시를 요구할 수 있다.

해설 (위험방지를 위한 조치) ① 경찰공무원은 자동차등 또는 노면전차의 운전자가 무면허 운전 등 금지와 술 취한 상태에서의 운전금지 그리고 과로한 때 등의 운전금지 규정을 위반하여 자동차등 또는 노면전차를 운전하고 있다고 인정되는 경우에는 자동차등 또는 노면전차를 일시정지시키고 그 운전자에게 자동차 운전면허증(이하 "운전면허증"이라 한다)을 제시할 것을 요구할 수 있다.
② 경찰공무원은 제44조 및 제45조를 위반하여 자동차등 또는 노면전차를 운전하는 사람이나 제44조를 위반하여 자전거등을 운전하는 사람에 대하여는 정상적으로 운전할 수 있는 상태가 될 때까지 운전의 금지를 명하고 차를 이동시키는 등 필요한 조치를 할 수 있다.
③ 제2항에 따른 차의 이동조치에 대해서는 제35조제3항부터 제7항까지 및 제36조의 규정을 준용한다.

3 다음 중 도로교통법상 술에 취한 상태에서의 운전 금지에 대한 설명 중 옳지 않은 것은?

① 모든 건설기계를 포함한 자동차등, 노면전차 및 자전거가 대상이다.
② 도로가 아닌 곳에서의 운전도 단속 대상이다.
③ 주차할 목적으로 짧은 거리를 운전한 것도 단속대상이다.
④ 형사처벌 기준은 혈중알코올농도 0.02퍼센트 이상이다.

해설 운전이 금지되는 술에 취한 상태의 기준은 운전자의 혈중알코올농도가 0.03퍼센트 이상인 경우로 한다.

4 다음 중 이륜자동차를 혈중알코올농도 0.03퍼센트 이상 0.08퍼센트 미만인 상태로 처음 운전한 경우, 형사처벌 규정은?

① 1년 이하의 징역이나 500만 원 이하의 벌금
② 1년 이하의 징역이나 1천만 원 이하의 벌금
③ 2년 이하의 징역이나 1천만 원 이하의 벌금
④ 2년 이하의 징역이나 2천만 원 이하의 벌금

해설 혈중 알코올 농도 0.03퍼센트 이상 0.08 퍼센트 미만 상태로 처음 운전하면 1년 이하의 징역이나 500만 원 이하의 벌금

5 다음 중 음주가 운전 능력에 미치는 영향으로 가장 알맞은 것은?

① 졸음운전의 가능성이 낮아진다.
② 인지력을 증가시킨다.
③ 운전 능력을 향상시킨다.
④ 집중력을 저하시킨다.

해설 반응을 느리게 만들며 인지력 저하, 운전능력 저하와 집중력을 저하시킨다.

6 피로가 운전자의 신체에 미치는 영향을 바르게 설명한 것은?

① 위급 상황에서의 대처 능력이 높아진다.
② 시야가 좁아진다.
③ 인지 반응 시간이 짧아진다.
④ 판단력이 높아진다.

해설 피로할 경우 위급 상황 시 대처 능력이 저하되고, 인지 반응 시간이 길어지며 판단력이 낮아진다.

7 운전자의 피로가 운전 행동에 미치는 영향을 바르게 설명한 것은?

① 주변 자극에 대해 반응 동작이 빠르게 나타난다.
② 시력이 떨어지고 시야가 넓어진다.
③ 지각 및 운전 조작 능력이 떨어진다.
④ 치밀하고 계획적인 운전 행동이 나타난다.

해설 주변 자극에 대해 반응 동작이 느리게 나타나며 시력이 떨어지고 시야가 좁아진다. 감각이 무뎌지고 비계획적인 행동이 나타난다.

정답 2.② 3.④ 4.① 5.④ 6.② 7.③

8 다음 중 음주로 인한 일반적인 신체특성 및 판단에 대한 설명으로 가장 거리가 먼 것은?

① 신체 반응속도는 평소보다 느려져 사고 예방 및 대처 능력이 떨어진다.
② 판단력, 사고력, 순발력 등 두뇌 활동이 평소보다 느려져 사고 위험이 높아 질 수 있다.
③ 평소보다 이성적이며 과감한 결단을 할 수 있다.
④ 졸음으로 이어질 가능성이 높아 매우 위험하다.

해설 음주로 인한 과감한 결단은 이성을 기반으로 하기 보다는 감정에 치우치기 쉽기 때문에 매우 위험하다.

9 피로 및 과로, 졸음운전과 관련된 설명 중 옳은 것은?

① 도로 환경과 운전 조작이 단조로운 상황에서의 운전은 수면 부족과 관계없이 졸음운전을 유발할 수 있다.
② 변화가 적고 위험 사태의 출현이 적은 도로에서는 주의력이 향상되어 졸음운전 행동이 줄어든다.
③ 피로하거나 졸음이 오면 위험상황에 대한 대처가 민감해진다.
④ 음주운전을 할 경우 대뇌의 기능이 활성화되어 졸음운전의 가능성이 적어진다.

해설 교통 환경의 변화가 단조로운 고속도로 등에서의 운전은 시가지 도로나 일반도로에서 운전하는 것 보다 주의력이 둔화되고 수면 부족과 관계없이 졸음운전 행동이 많아진다. 피로하거나 졸음이 오면 위험상황에 대한 대처가 둔해진다. 아울러 음주운전을 할 경우 대뇌의 기능이 둔화되어 졸음운전의 가능성이 높아진다.

10 다음 중 피로 또는 졸음운전에 대한 설명으로 틀린 것은?

① 졸음운전 예방을 위하여 외부 공기순환을 차단하여야 한다.
② 졸음운전은 주행흐름에 비해 과도하게 낮거나 높은 속도로 주행하는 경향이 있다.
③ 졸음운전은 시속100킬로미터 주행 시 1초에 약 28미터를 눈을 감은 채로 주행하는 것이다.
④ 2시간마다 충분한 휴식을 하는 것이 좋다.

해설 졸음운전은 음주운전과 동시에 발생할 가능성이 크고 음주운전보다 사망률이 높으며, 과속운전보다 치사율이 높다. 또한, 주행흐름에 비해 과도하게 낮거나 높은 속도로 주행하는 경향이 있으며 졸음운전은 시속 100킬로미터 주행 시 1초에 28미터를 눈을 감은 채로 주행하는 것과 같이 위험하기 때문에 2시간마다 15분 정도 휴식하는 것이 좋다.

11 음주 또는 약물 등을 섭취했을 때 나타나는 운전자의 감각변화에 대한 설명으로 가장 바르지 않은 것은?

① 복잡하고 좁은 시내 주행의 경우 실제속도보다 더 빠르게 느낄 수 있다.
② 주변시야가 확 트인 고속도로 주행의 경우 실제속도보다 더 느리게 느낄 수 있다.
③ 주변 상황 변화에 대한 대응이 더 어려울 수 있다.
④ 인지능력은 떨어지지만 판단과 조작은 빠르게 수행할 수 있다.

해설 음주 또는 약물 등을 섭취했을 때 나타나는 운전자의 감각변화로는 복잡하고 좁은 시내 주행의 경우 실제속도보다 더 빠르게 느끼거나 주변시야가 확 트인 고속도로 주행의 경우 실제속도보다 오히려 더 느리게 느낄 수 있다. 다른 차의 전조등 불빛 때문에 속도판단을 잘못할 수 있으며, 인지, 판단, 조작능력은 모두 떨어진다.

3. 난폭 및 보복운전금지와 교통안전교육 출제문제

1 다음 중 도로교통법상 '난폭운전 금지' 적용 대상 차종으로 맞는 것은?

① 개인형 이동장치   ② 이륜자동차
③ 전기자전거   ④ 자전거

해설 자동차등(개인형 이동장치는 제외한다.)의 운전자는 동법에서 정한 9개 유형의 위반 중 둘 이상의 행위를 연달아 하거나, 하나의 행위를 지속 또는 반복하여 다른 사람에게 위협 또는 위해를 가하거나 교통상의 위험을 발생하게 하여서는 아니 된다.

2 다음 중 도로교통법상 난폭운전 금지 규정에 대한 설명으로 옳지 않은 것은? (개인형 이동장치는 제외)

① 자동차와 원동기장치자전거 운전자가 대상이다.
② 모든 법규위반 중 둘 이상 또는 하나의 행위를 지속·반복해야 한다.
③ 위협 또는 위해를 가하거나 교통상의 위험이 발생되어야 한다.
④ 1년 이하의 징역이나 500만 원 이하의 벌금에 처한다.

정답 8. ③ 9. ① 10. ① 11. ④ (3) 1. ② 2. ②

해설 (난폭운전 금지) 자동차등(개인형 이동장치는 제외한다)의 운전자는 다음 각 호 중 둘 이상의 행위를 연달아 하거나, 하나의 행위를 지속 또는 반복하여 다른 사람에게 위협 또는 위해를 가하거나 교통상의 위험을 발생하게 하여서는 아니 된다.
1) 신호 또는 지시 위반
2) 중앙선 침범
3) 속도의 위반
4) 횡단 · 유턴 · 후진 금지 위반
5) 안전거리 미확보, 진로변경 금지 위반, 급제동 금지 위반
6) 앞지르기 방법 또는 앞지르기의 방해금지 위반
7) 정당한 사유 없는 소음 발생
8) 고속도로에서의 앞지르기 방법 위반
9) 고속도로등에서의 횡단 · 유턴 · 후진 금지 위반
제151조의2(벌칙) 자동차등의 운전자가 제46조의3을 위반하여 난폭운전을 한 경우에는 1년 이하의 징역이나 500만원 이하의 벌금에 처한다.

3 이륜자동차 운전자가 보복할 목적으로 뒤따르는 승용차 앞에서 급제동한 경우 어떻게 되는가?

① 급제동 금지 위반에 대한 범칙금이 발부된다.
② 형법상 특수협박죄가 적용되어 형사입건 된다.
③ 형사입건 되면 벌점 40점 부과된다.
④ 구속되면 벌점 100점 부과된다.

해설 ① 급제동 금지규정은 고의가 없는 것을 말한다. 형사입건 시 통고처분은 안 된다. 대처할 수 없는 상태에서 발생하였으므로 고의 급제동에 따른 앞차가 가해자, 뒤차가 피해자가 된다.
② 형법 제268조(특수협박)에서 단체 또는 다중의 위력을 보이거나 위험한 물건을 휴대하여 죄를 범한 경우 7년 이하의 징역 또는 1천만 원 이하의 벌금에 처한다. 이륜자동차도 위험한 물건이므로 이륜자동차를 이용하여 보복하는 행위는 특수협박죄에 해당된다.
③ ④ 자동차등을 이용하여 특수협박, 특수폭행, 특수상해, 특수 손괴하여 형사입건 된 때는 100일 정지, 구속된 때는 취소된다(도로교통법 시행규칙 별표28).

4 다음 중 이륜자동차 운전자가 보복운전으로 구속된 경우 운전면허 행정처분은?

① 면허정지 40일   ② 면허정지 60일
③ 면허정지 100일   ④ 면허취소

해설 이륜차의 운전자가 보복운전으로 구속된 경우의 운전면허 행정처분은 취소된다.

5 다음 중 특별교통안전 권장교육 대상자가 아닌 사람은?

① 운전면허를 받은 사람 중 교육을 받으려는 날에 65세 이상인 사람
② 운전면허효력 정지처분을 받고 그 정지기간이 끝나지 아니한 초보운전자로서 특별교통안전 의무교육을 받은 사람
③ 교통법규 위반 등으로 인하여 운전면허효력 정지처분을 받을 가능성이 있는 사람
④ 적성검사를 받지 않아 운전면허가 취소된 사람

해설 도로교통법 제73조(교통안전교육) ③ 다음 각 호의 어느 하나에 해당하는 사람이 시 · 도경찰청장에게 신청하는 경우에는 대통령령으로 정하는 바에 따라 특별교통안전 권장교육을 받을 수 있다. 이 경우 권장교육을 받기 전 1년 이내에 해당 교육을 받지 아니한 사람에 한정한다.
1. 교통법규 위반 등 사유 외의 사유로 인하여 운전면허효력 정지처분을 받게 되거나 받은 사람
2. 교통법규 위반 등으로 인하여 운전면허효력 정지처분을 받을 가능성이 있는 사람
3. 특별교통안전 의무교육을 받은 사람
4. 운전면허를 받은 사람 중 교육을 받으려는 날에 65세 이상인 사람

Chapter 15
운전면허제도 및 취소정지 벌칙범칙행위 출제문제

1. 운전면허 및 적성검사·국제면허 출제문제

1 도로교통법상 제2종 원동기장치자전거면허를 취득할 수 있는 사람의 연령 기준은?

① 13세   ② 14세   ③ 15세   ④ 16세

해설 제2종 원동기장치자전거의 경우에는 16세 미만인 사람은 운전면허를 받을 수 없다.

2 도로교통법상 제2종 소형면허를 취득할 수 있는 연령 기준으로 맞는 것은?

① 15세 이상   ② 16세 이상
③ 17세 이상   ④ 18세 이상

해설 18세 미만(원동기장치자전거의 경우에는 16세미만) 인 사람은 운전면허를 받을 수 없고, 제1종 대형면허 및 제1종 특수면허를 받으려는 경우로서 19세 미만이 거나 자동차(이륜자동차를 제외한다)의 운전경험이 1 년 미만인 사람은 운전면허를 받을 수 없다.

3 다음 중 제2종 소형면허에 대한 설명으로 틀린 것은?

① 모든 이륜자동차를 운전할 수 있다.
② 원동기장치자전거를 운전할 수 있다.
③ 국제운전면허를 발급 받을 수 있다.
④ 16세가 되면 취득할 수 있다.

해설 18세 미만인 사람은 운전면허를 받을 수 없다.(원동 기장치자전거의 경우에는 16세 미만)

4 도로교통법상 운전면허에 대한 설명으로 맞는 것은?(「교통약자 이동편의 증진법」상 교통약자 제외)

① 13세를 초과하는 사람은 운전면허 없이도 개인형 이동장치를 운전할 수 있다.
② 16세 이상의 사람이 개인형 이동장치를 운전하려면 운전면허를 취득해야 한다.
③ 어린이가 최고속도 시속 20km 이하인 개인형 이동장치를 운전하려면 운전면허를 취득해야 한다.
④ 성인이 최고속도 시속 20km 이하인 개인형 이동장치를 운전하려는 경우 운전면허 취득의 무가 없다.

해설 자동차를 운전하려는 사람은 시·도경찰청장으로부터 운전면허를 받아야 한다. 다만, 원동기를 단 차 중 「교통약자 이동편의 증진법」제2조제1호에 따른 교통 약자가 최고속도 시속 20킬로미터 이하로만 운행될 수 있는 차를 운전하는 경우에는 그러하지 아니하다. 개인형 이동장치를 운전하려는 사람은 16세 이상으로 원동기장치자전거 운전면허를 받아야 한다.
개인형 이동장치: 원동기장치자전거 중 시속 25킬로 미터 이상으로 운행할 경우 전동기가 작동하지 아니하고 차체 중량이 30킬로그램 미만의 것으로서 행정안 전부령으로 정하는 것을 말한다.

5 제2종 소형면허 소지자가 운전할 수 있는 차량은?

① 3톤 미만의 지게차　② 승용자동차
③ 원동기장치자전거　④ 3륜 승용자동차

해설 제2종 소형면허로 운전할 수 있는 차량은 이륜자동차 원동기장치자전거

6 제2종 소형면허로 운전할 수 없는 차량은?

① 배기량 100시시 이륜자동차
② 배기량 125시시 이륜자동차
③ 배기량 250시시 이륜자동차
④ 배기량 800시시 경승용자동차

해설 제2종 소형면허로 운전할 수 있는 차량은 이륜자동차와 원동기장치자전거이고 배기량 800시시 경승용자동차를 운전하기 위해서는 제2종 보통면허나, 제1종 보통면허 또는 제1종 대형면허가 있어야 한다.

7 도로교통법상 제2종 원동기장치자전거면허로 운전할 수 없는 차량은?

① 배기량 100시시 다륜형 이륜자동차
② 배기량 49시시 이륜자동차
③ 배기량 200시시 이륜자동차
④ 최고정격출력 10킬로와트의 원동기를 단 차

해설 "원동기장치자전거"란 다음 각 목의 어느 하나에 해당하는 차를 말한다.
가. 자동차관리법 제3조에 따른 이륜자동차 가운데 배기량 125시시 이하(전기를 동력으로 하는 경우에는 최고정격출력 11킬로와트 이하)의 이륜자동차
나. 그 밖에 배기량 125시시 이하(전기를 동력으로 하는 경우에는 최고정격출력 11킬로와트 이하)의 원동기를 단 차(「자전거 이용 활성화에 관한 법률」 제2조제1호의2에 따른 전기자전거 및 제21호의3에 따른 실외이동로봇은 제외한다.

8 다음은 도로교통법상 단속 대상이 되는 이륜차 및 원동기장치자전거 운전자의 행위이다. 해당 없는 것은?

① 이륜자동차를 횡단보도 내에 주차하는 경우
② 밤에 원동기장치자전거 운전자가 전조등 및 미등을 켜지 않고 운전하는 경우
③ 이륜자동차의 운전자가 인명보호용 장구를 착용하지 않고 운전하는 경우
④ 제2종 보통면허로 원동기장치자전거를 운전한 경우

해설 원동기장치자전거는 제2종 보통면허로 운전이 가능하다. 그 외는 통고처분 대상이다.

정답　3. ④　4. ②　5. ③　6. ④　7. ③　8. ④

9 원동기장치자전거 면허를 받은 사람이 제2종 소형면허를 취득하고자 할 때 면제되는 시험이 아닌 것은?

① 적성　　② 기능　　③ 법령　　④ 점검

해설 도로교통법시행령 별표3 운전면허시험의 면제되는 시험과목은 적성, 법령, 점검과목이다.

10 제2종 소형면허를 받은 사람이 제2종 보통면허를 취득하고자 할 때 면제되는 시험은?

① 적성　　② 기능　　③ 법령　　④ 점검

해설 제2종 소형면허를 받은 사람이 제2종 보통면허를 취득하고자 할 때 면제되는 시험은 적성이다.

11 다륜형 원동기장치자전거로 운전면허시험에 합격한 사람의 운전면허증 기재 내용으로 맞는 것은?

① A　　② J　　③ M　　④ E

해설 다륜형 원동기장치자전거로 운전면허시험에 합격한 사람의 운전면허증에 J로 기재한다. 삼륜 이상의 원동기장치자전거를 다륜형 원동기장치자전거 라고 한다.

12 제2종 원동기장치자전거면허의 적성검사 기준으로 맞는 것은?

① 두 눈을 동시에 뜨고 잰 시력이 0.4 이상이어야 한다.
② 한쪽 눈을 보지 못하는 사람은 다른 한쪽 눈의 시력이 0.6 이상이어야 한다.
③ 55데시벨의 소리를 들을 수 있어야 한다.
④ 보청기를 사용하는 사람은 40데시벨의 소리를 들을 수 있어야 한다.

해설 제2종 운전면허를 취득하고자 하는 사람은 두 눈을 동시에 뜨고 잰 시력이 0.5 이상이어야 하며, 한쪽 눈을 보지 못하는 사람은 다른 한쪽 눈의 시력이 0.6 이상이어야 한다. 청력에는 제한이 없다.

13 다음은 도로교통법상 운전면허를 받을 수 없는 기간에 대한 설명이다. 잘못 연결된 것은?

① 무면허운전 3회 이상: 위반한 날부터 2년
② 혈중알코올농도 0.03퍼센트 이상 상태로 운전 중 교통사고 2회 이상: 취소된 날부터 2년
③ 무면허운전 중 사람을 다치게 하고 도주: 위반한 날부터 5년
④ 혈중알코올농도 0.03퍼센트 이상 상태로 운전 중 사람을 다치게 하고 도주: 취소된 날부터 5년

해설 제44조제1항 또는 제2항을 위반(제43조 또는 제96조제3항을 함께 위반한 경우도 포함한다)하여 운전을 하다가 2회 이상 교통사고를 일으킨 경우에는 운전면허가 취소된 날(제43조 또는 제96조제3항을 함께 위반한 경우에는 그 위반한 날을 말한다)부터 3년

14 운전면허 없이 원동기장치자전거를 운전하여 형사입건 되었을 때 운전면허 취득 결격기간이 부여되는 경우는?

① 벌금형이 확정된 경우
② 기소유예의 결정이 있는 경우
③ 선고유예의 판결이 확정된 경우
④ 「소년법」제32조에 따른 보호처분의 결정이 있는 경우

해설 벌금 미만의 형이 확정되거나 선고유예의 판결이 확정된 경우 또는 기소유예나 소년법 제32조에 따른 보호처분의 결정이 있는 경우에는 운전면허 취득 결격기간을 부여하지 않는다.

15 도로교통법상 초보운전자의 기준은 처음 운전면허를 받은 날부터 얼마가 경과되지 아니한 사람을 말하는가?

① 2년　　② 3년　　③ 4년　　④ 5년

해설 초보 운전자라 함은 처음 운전면허를 받은 날(처음 운전면허를 받은 날부터 2년이 경과되기 전에 운전면허의 취소처분을 받은 경우에는 그 후 다시 운전면허를 받은 날을 말한다)부터 2년이 경과되지 아니한 사람을 말한다.

16 다음 중 제2종 소형면허를 받은 사람(65세 이상 제외)의 갱신기간은?

① 3년　　② 5년　　③ 7년　　④ 10년

해설 최초의 운전면허갱신기간은 운전면허시험에 합격한 날부터 기산 하여 65세 미만은 10년이며, 65세 이상 75세 미만은 5년, 75세 이상은 3년, 한쪽 눈만 보지 못하는 사람으로 1종 보통면허를 취득한 사람의 갱신기간 또한 3년이다.

17 국제운전면허증을 교부 받을 수 없는 사람은?

① 제1종 대형견인차면허를 받은 사람
② 제1종 보통면허를 받은 사람
③ 제2종 소형면허를 받은 사람
④ 제2종 원동기장치자전거면허를 받은 사람

정답 9. ②　10. ①　11. ②　12. ②　13. ②　14. ①　15. ①　16. ④　17. ④

해설 국내운전면허를 받은 사람은 국제운전면허증을 교부 받을 수 있으나, 원동기장치 자전거면허나 연습운전면허를 받은 사람은 제외한다.

18 경찰공무원이 현장에서 운전면허증을 제출받아 보관할 수 있는 경우가 아닌 것은?

① 교통사고를 일으킨 경우
② 고속도로에서 전용차로를 위반하여 과태료 처분을 받게 되는 경우
③ 운전면허의 취소처분 또는 정지처분의 대상이 된다고 인정되는 경우
④ 외국에서 발급한 국제운전면허증 또는 상호인정외국면허증을 가진 사람으로서 범칙행위를 한 경우

해설 경찰공무원이 현장에서 운전자에게 운전면허증을 제출받아 보관할 수 있는 경우는 교통사고를 일으킨 경우, 운전면허의 취소처분 또는 정지처분의 대상이 된다고 인정되는 경우, 외국에서 발급한 국제운전면허증 또는 상호인정 외국면허증을 가진 사람으로서 범칙행위를 한 경우임

19 다음 중 운전면허증을 잃어버렸거나 헐어 못 쓰게 되었을 경우 재발급권자는?

① 군수   ② 시장
③ 도지사   ④ 시·도경찰청장

해설 운전면허증을 잃어버렸거나 헐어 못 쓰게 되었을 때에는 시·도경찰청장에게 신청하여 다시 발급받을 수 있다.

2. 운전면허 취소 정지 처분 출제문제

1 누산 점수 초과로 인한 운전면허 취소 기준으로 옳은 것은?

① 1년간 100점 이상   ② 2년간 191점 이상
③ 3년간 271점 이상   ④ 5년간 301점 이상

해설 (1) 벌점·누산점수 초과로 인한 면허 취소
1회의 위반·사고로 인한 벌점 또는 연간 누산점수가 다음 표의 벌점 또는 누산점수에 도달한 때에는 그 운전면허를 취소한다.

기 간	벌점 또는 누산점수
1년 간	121점 이상
2년 간	201점 이상
3년 간	271점 이상

2 제2종 소형면허 운전면허 취소 사유에 해당하는 것은?

① 정기 적성검사 기간 만료 다음 날부터 적성검사를 받지 아니하고 6개월을 초과한 경우
② 운전면허 행정처분 기간 중 이륜자동차를 운전한 때
③ 난폭운전으로 형사입건된 때
④ 공동위험행위로 형사입건된 때

해설 ① 적성검사 1년 초과 시 취소
③ 난폭운전으로 형사입건된 때 벌점 40점으로 정지처분 대상
④ 공동위험행위로 형사입건된 때 벌점 40점으로 정지처분 대상이고, 구속된 때에는 취소처분 대상이다.

3 도로교통법령상 운전자의 위반 행위 중 운전면허 취소처분 기준으로 틀린 것은? (1회 위반 시)

① 공동위험행위로 구속된 때
② 제한속도보다 매시 100킬로미터 초과 속도위반
③ 교통사고를 일으키고 구호 조치를 하지 아니한 때
④ 운전면허 행정처분 기간 중 운전행위

해설 속도위반(100Km/h 초과)은 운전자에게 벌점 100점이 부과된다.

4 다음 이륜자동차의 도로교통법상 운전면허 취소 대상이 아닌 것은?

① 공동위험행위로 구속된 때
② 보복운전으로 구속된 때
③ 난폭운전으로 구속된 때
④ 주차된 차량만 손괴한 후 도주한 때

해설 ④ 주차된 차만 손괴 후 도주한 때는 사고원인행위에 대한 벌점과 사고 후 미조치에 대한 15점을 부과받으며 취소대상은 아니다. 공동위험행위로 구속된 때, 보복운전으로 구속된 때, 난폭운전으로 구속된 때 등은 운전면허 취소대상이다.

5 다음 이륜자동차 운전자의 도로교통법 위반행위 중 운전면허 취소사유로 맞는 것은?

① 처음으로 혈중알코올농도 0.07퍼센트 상태에서 운전한 경우
② 운전면허취득 결격기간 중 운전면허를 받은 경우
③ 난폭운전으로 형사 입건된 경우
④ 물적 피해가 발생한 교통사고를 일으킨 후 도주한 경우

정답 18. ② 19. ④ (2) 1. ③ 2. ② 3. ② 4. ④ 5. ②

해설 처음으로 혈중알코올농도 0.07퍼센트 상태에서 운전한 경우는 벌점 100점, 난폭운전으로 형사 입건된 경우는 벌점 40점, 물적 피해가 발생한 교통사고를 일으킨 후 도주한 경우는 벌점 15점 부과한다.

6 도로교통법령상 운전면허 관리에 대한 설명으로 올바른 것은?

① 제1종 면허소지자는 7년마다 갱신을 하여야 한다.
② 1년 이내 중앙선침범과 신호위반을 각 1회씩 한 경우 40일간 운전면허가 정지된다.
③ 단속 경찰공무원 등을 폭행하여 형사입건된 경우 운전면허가 취소된다.
④ 제2종 면허소지자는 10년마다 적성검사를 받아야 한다.

해설 중앙선침범(벌점 30점)과 신호위반(벌점 15점)을 각1회씩 한 경우 45일간 운전면허가 정지된다.
운전자가 단속 경찰공무원 등을 폭행하여 형사입건된 경우 운전면허가 취소 제1종, 제2종 운전면허의 갱신 주기는 10년(65세 미만)이며, 제1종 운전면허는 적성검사를 받아야 한다.

7 다음 중 운전면허 정지처분을 받는 경우는?(현재 처분벌점 없음)

① 교통사고를 야기하여 벌점 40점을 받은 경우
② 교통법규를 위반하여 벌점 30점을 받은 경우
③ 교통법규를 위반하여 벌점 20점을 받은 경우
④ 음주운전으로 인사사고를 야기한 경우

해설 교통법규를 위반하여 벌점 30점을 받은 경우에는 면허정지처분을 받지 아니하며 음주운전으로 인사사고를 야기한 경우에는 운전면허가 취소된다.

8 이륜자동차 운전자가 어린이 보호구역 내에서 제한속도를 위반하여 어린이를 다치게 했을 때 처벌은?

① 피해자가 형사처벌을 요구할 경우에만 형사처벌 된다.
② 피해자의 처벌 의사에 관계없이 형사처벌 된다.
③ 종합보험에 가입되어 있는 경우에는 형사처벌 되지 않는다.
④ 피해자와 합의하면 형사처벌 되지 않는다.

해설 어린이 보호구역에서 제한속도를 위반하여 어린이를 다치게 하는 경우 종합보험가입여부, 피해자와 합의 여부와 상관없이 형사입건 된다.

9 다음 중 이륜자동차 운전자가 공동위험행위를 하여 형사 입건된 경우 운전면허 행정처분은?

① 면허정지 40일
② 면허정지 60일
③ 면허정지 100일
④ 면허취소

해설 자동차등의 운전자가 도로에서 2명 이상이 공동으로 2대 이상의 자동차등을 정당한 사유 없이 앞뒤로 또는 좌우로 줄지어 통행하면서 다른 사람에게 위해를 끼치거나 교통상의 위험을 발생하게 하는 공동위험행위로 구속된 때 운전면허를 취소한다.
정지처분 개별기준 4의2. 형사 입건된 때는 40점

3. 운전면허 벌점·벌금 등의 출제문제

1 이륜자동차 운전자가 자전거 전용차로를 통행한 경우 벌점은?

① 없음   ② 10점   ③ 15점   ④ 30점

해설 이륜자동차의 운전자가 자전거 전용차로를 통행할 경우 벌점은 10점이다.
제15조(전용차로의 설치) ① 시장등은 원활한 교통을 확보하기 위하여 특히 필요한 경우에는 시·도경찰청장이나 경찰서장과 협의하여 도로에 전용차로(차의 종류나 승차 인원에 따라 지정된 차만 통행할 수 있는 차로를 말한다. 이하 같다)를 설치할 수 있다.
② 전용차로의 종류, 전용차로로 통행할 수 있는 차와 그 밖에 전용차로의 운영에 필요한 사항은 대통령령으로 정한다.
③ 제2항에 따라 전용차로로 통행할 수 있는 차가 아니면 전용차로로 통행하여서는 아니 된다. 다만, 긴급자동차가 그 본래의 긴급한 용도로 운행되고 있는 경우 등 대통령령으로 정하는 경우에는 그러하지 아니하다.

2 도로교통법령상 법규 위반 시 운전자에게 15점의 벌점이 부과되는 경우는? (보호구역 제외)

① 신호·지시 위반
② 중앙선 침범
③ 보행자 보호 불이행
④ 도로를 통행하고 있는 차마에서 밖으로 물건을 던지는 행위

해설 중앙선 침범(30점), 보행자 보호 불이행(10점), 도로를 통행하고 있는 차마에서 밖으로 물건을 던지는 행위(10점)

정답 6. ③ 7. ① 8. ② 9. ① (3) 1. ② 2. ①

3 이륜자동차 운전자가 보호구역이 아닌 도로에서 중앙선 침범하여 경상 1명의 인적피해 교통사고를 발생시킨 경우 벌점은?

① 30점　② 35점　③ 45점　④ 60점

> **해설** 운전면허 취소·정지처분 기준에 따라 중앙선 침범 시 벌점 30점, 경상 1명당 벌점 5점이 부과되어 벌점은 35점이다.

4 다음 중 도로교통법상 가장 높은 벌점이 부과되는 위반사항은?

① 신호위반
② 중앙선침범
③ 지정차로 통행위반
④ 일반도로 버스전용차로 통행

> **해설** 신호위반 15점, 중앙선침범 30점, 지정차로 통행위반 10점, 일반도로 버스전용차로 통행 위반 10점

5 도로교통법령상 이륜자동차 운전자가 최고속도보다 시속 80킬로미터를 초과하고 100킬로미터 이하로 운전한 처벌기준은?

① 30만 원 이하의 벌금 또는 구류
② 100만 원 이하의 벌금 또는 구류
③ 6개월 이하의 징역이나 200만 원 이하의 벌금
④ 1년 이하의 징역이나 500만 원 이하 벌금

> **해설** 매시 80킬로미터 초과 100킬로미터 이하 속도로 자동차등을 운전한 사람은 30만원이하의 벌금 또는 구류에 처한다.

6 최고 제한속도를 매시 100킬로미터 초과하여 운전한 이륜자동차 운전자의 처벌기준은? (1회 위반)

① 1년 이하의 징역이나 300만 원 이하의 벌금에 처한다.
② 6개월 이하의 징역이나 200만 원 이하의 벌금 또는 구류에 처한다.
③ 100만 원 이하의 벌금 또는 구류에 처한다.
④ 30만 원 이하의 벌금 이나 구류에 처한다.

> **해설** ② 다음 각 호의 어느 하나에 해당하는 사람은 100만 원 이하의 벌금 또는 구류에 처한다.
> 1. 고속도로, 자동차전용도로, 중앙분리대가 있는 도로에서 제13조제3항을 고의로 위반하여 운전한 사람
> 2. 최고속도보다 시속 100킬로미터를 초과한 속도로 자동차 등을 운전한 사람최고 제한속도를 매시 100킬로미터 초과 운전한 이륜자동차 운전자는 100만 원 이하의 벌금 또는 구류에 처한다.

7 이륜자동차 운전자의 도로교통법 위반사항 중 벌점 40점에 해당하는 경우가 아닌 것은?

① 난폭운전으로 형사입건 된 때
② 공동위험행위로 형사입건 된 때
③ 속도위반(40km/h 초과 60km/h 이하)한 때
④ 범칙금 납부기간 만료일부터 60일이 경과될 때까지 즉결심판을 받지 아니한 때

> **해설** 속도위반(40km/h 초과 60km/h 이하)은 벌점 30점, 난폭운전 죄로 형사입건, 공동위험행위로 형사입건, 범칙금 납부기간 만료일부터 60일이 경과될 때까지 즉결심판을 받지 아니한 때 벌점 40점.

8 다음 중 도로교통법령상 과로(졸음운전 포함)로 인하여 정상적으로 운전하지 못할 우려가 있는 상태에서 자동차를 운전한 사람에 대한 벌칙 기준으로 맞는 것은?

① 처벌하지 않는다.
② 10만 원 이하의 벌금이나 구류에 처한다.
③ 20만 원 이하의 벌금이나 구류에 처한다.
④ 30만 원 이하의 벌금이나 구류에 처한다.

> **해설** (과로한 때 등의 운전 금지), 30만 원 이하의 벌금이나 구류에 처한다.

9 도로교통법상 이륜자동차가 고속도로나 자동차전용도로를 주행할 경우 처벌 내용으로 맞는 것은? (긴급자동차 제외)

① 범칙금 6만 원에 해당하는 통고처분 대상이다.
② 과태료 10만 원 부과대상이다.
③ 30만 원 이하의 벌금이나 구류의 대상이다.
④ 처벌규정이 없다.

> **해설** (통행 등의 금지) 자동차(이륜자동차는 긴급자동차만 해당한다) 외의 차마의 운전자 또는 보행자는 고속도로등을 통행하거나 횡단하여서는 아니 된다. 30만 원 이하의 벌금이나 구류에 처한다.
> 6. 제63조를 위반하여 고속도로등을 통행하거나 횡단한 사람

정답 3. ②　4. ②　5. ①　6. ③　7. ③　8. ④　9. ③

10 다음 중 과로한 때(졸음운전 포함) 등의 운전금지에 대한 설명으로 옳은 것은?

① 질병운전은 포함되지 않는다.
② 안전운전의무위반에 따른 범칙금(통고처분) 발부 대상이다.
③ 30만 원 이하의 벌금이나 구류에 처한다.
④ 벌점 30점이 부과된다.

> **해설** (과로한 때 등의 운전 금지)
> 1) 자동차등(개인형 이동장치는 제외한다) 또는 노면전차의 운전자는 술에 취한 상태 외에 과로, 질병 또는 약물(마약, 대마 및 향정신성의약품과 그 밖에 행정안전부령으로 정하는 것을 말한다. 이하 같다)의 영향과 그 밖의 사유로 정상적으로 운전하지 못할 우려가 있는 상태에서 자동차등 또는 노면전차를 운전하여서는 아니된다.
> 2) 과로·질병으로 인하여 정상적으로 운전하지 못할 우려가 있는 상태에서 자동차등을 운전한 사람은 30만 원 이하의 벌금이나 구류에 처해진다. 졸음운전과 같은 개념이고, 통고처분대상이 아니며, 벌점은 없다.

11 도로교통법상 이륜자동차 운전 중 내비게이션을 조작한 경우 운전자에 대한 범칙금과 벌점은?

① 범칙금 2만 원, 벌점 10점
② 범칙금 2만 원, 벌점 15점
③ 범칙금 4만 원, 벌점 10점
④ 범칙금 4만 원, 벌점 15점

> **해설** 이륜자동차 운전 중 영상표시장치 조작 4만 원, 벌점 15

12 갑은 도로에서 이륜차를 운전하던 중 탑승자가 없는 주차된 차량을 살짝 긁었으나 본인의 인적사항을 알리지 않고 현장을 떠났다. 이 때 갑에 대한 행정처분으로 옳은 것은?

① 운전면허 취소처분 대상이다.
② 인적사항을 알리지 않았으므로 벌점 15점이 부과된다.
③ 사고원인에 대해서는 벌점을 부과하지 않는다.
④ 도로가 아닌 곳에서 발생되었더라도 벌점을 부과한다.

> **해설** 인적사항을 남기지 않고 현장을 떠난 경우 사고발생 시의 조치의무위반이 되며 벌점 15점이 부과된다. 그러나 도로가 아닌 곳에서는 벌점을 부과할 수 없다.

13 도로교통법령상 도로에서 이륜자동차 운전자가 물적 피해 교통사고를 일으킨 후 도주 한 때 벌점 기준은?

① 15점 ② 20점 ③ 30점 ④ 40점

> **해설** 이륜차의 운전자가 물적피해 교통사고를 일으킨 후 도주한 때의 벌점은 15

14 도로교통법상 이륜자동차 운전자의 신호위반사고로 경상 2명, 중상 2명의 피해자가 발생한 경우 운전자에게 부과되는 벌점은?

① 35점 ② 50점 ③ 55점 ④ 70점

> **해설** 신호위반 15점, 경상 5점, 중상 15점(신호위반 15점 + 경상(2명) 10점 + 중상(2명) 30점 = 55점

15 이륜자동차 운전 중 교통사고 결과에 대한 벌점 기준으로 바르지 않은 것은?

① 5일 미만의 치료를 요하는 의사의 진단이 있는 사고: 2점
② 3주 미만 5일 이상의 치료를 요하는 의사의 진단이 있는 사고: 10점
③ 3주 이상의 치료를 요하는 의사의 진단이 있는 사고: 15점
④ 사고 발생 시부터 72시간 이내에 사망한 때: 90점

> **해설** (사고결과에 대한 벌점기준) 3주 미만 5일 이상의 치료를 요하는 의사의 진단이 있는 사고는 5점

16 이륜자동차 운전자가 다음 사유로 정지처분을 받게 될 경우 무위반·무사고 서약에 의한 벌점을 공제할 수 있는 것은?

① 혈중알코올농도 0.05퍼센트 상태로 운전한 때
② 다른 사람의 이륜자동차를 훔치고 이를 운전한 때
③ 난폭운전으로 형사입건된 때
④ 공동위험행위로 형사입건된 때

> **해설** 벌점 공제 교통사고로 사람을 사망에 이르게 하거나 (음주운전)·(난폭운전)·(보복운전)·(자동차이용 범죄) 및 (자동차 강·절도) 중 어느 하나에 해당하는 사유로 정지처분을 받게 될 경우에는 공제할 수 없다.

정답 10. ③ 11. ④ 12. ② 13. ① 14. ③ 15. ② 16. ④

17 도로교통법상 이륜자동차 운전 중 교통사고를 일으킨 운전자에 대한 행정처분으로 옳지 않은 것은?

① 본인의 상해결과에 대한 벌점은 부과되지 않는다.
② 동승자의 상해결과에 대한 벌점은 부과된다.
③ 동승자가 친·인척인 경우에는 벌점은 부과되지 않는다.
④ 보행자와의 사고에 있어 보행자의 과실이 큰 경우에는 벌점을 1/2로 감경된다.

해설 동승자와의 신분상 관계에 상관없이 벌점이 부과된다.(도로교통법 시행규칙 별표 28 제3호 나목)

18 도로교통법령상 이륜자동차 운전자가 오전 8시부터 오후 8시까지 사이에 어린이 보호구역 안에서 제한속도를 10km/h 초과한 경우 부과되는 벌점으로 맞는 것은?

① 10점 ② 15점 ③ 20점 ④ 30점

해설 어린이 보호구역 안에서 오전 8시부터 오후 8시까지 사이에 제한속도를 20km/h 이내에서 초과한 경우에는 벌점 15점을 부과한다.

19 이륜자동차 운전자가 오전 9시경 제한속도 매시 30킬로미터인 어린이 보호구역에서 매시 72킬로미터 속도로 주행한 경우 범칙금과 벌점으로 맞는 것은?

① 8만 원, 60점 ② 6만 원, 40점
③ 4만 원, 30점 ④ 2만 원, 15점

해설 어린이 보호구역 안에서 오전 8시부터 오후 8시까지 사이에 속도위반을 한 이륜자동차 운전자에 대해서는 기준의 2배에 해당하는 벌점을 부과하고 범칙금도 가중된다. 매시 40킬로미터 초과 60킬로미터 이하의 경우 벌점 30점이다.

20 보호구역이 아닌 일반도로에서 이륜자동차 운전자가 보도주행 시 범칙금과 벌점으로 맞는 것은?

① 2만원, 10점 ② 3만원, 15점
③ 4만원, 10점 ④ 5만원, 15점

해설 통행구분 위반 이륜자동차등 4만원
통행구분위반(보도침범) 벌점 10점

21 이륜자동차 운전자가 보호구역이 아닌 도로에서 신호위반하여 중상 2명의 인적피해 교통사고를 발생시킨 경우 벌점은?

① 15점 ② 30점 ③ 45점 ④ 60점

해설 운전면허 취소·정지처분 기준에 따라 신호위반 벌점 15점, 중상 1명당 15점

22 도로교통법령상 오후 7시에 어린이 보호구역내에서 법규위반 시 2배의 벌점이 부과되지 않는 것은?

① 앞지르기위반
② 신호·지시위반
③ 속도위반
④ 보행자 보호 불이행

해설 어린이 보호구역내에서 오전 8시부터 오후 8시까지 사이에 신호·지시위반, 속도 위반, 보행자보호 불이행(정지선위반 포함)의 위반행위를 한 운전자에게 2배에 해당하는 벌점을 부과한다.

23 이륜자동차 운전자가 어린이를 태우고 있다는 표시를 하고 도로를 통행하는 어린이 통학버스를 앞지르기한 경우 범칙금과 벌점으로 맞는 것은?

① 9만 원, 40점 ② 6만 원, 30점
③ 3만 원, 15점 ④ 2만 원, 10점

해설 이륜자동차 운전자가 어린이를 태우고 있다는 표시를 하고 도로를 통행하는 어린이 통학버스를 앞지르기한 경우 범칙금 6만 원과 30점의 벌점이 부과된다.

24 도로교통법령상 원동기장치자전거(개인형 이동장치 제외) 운전자가 오후 5시경 노인 보호구역에서 신호위반한 경우 범칙금과 벌점으로 맞는 것은?

① 10만 원, 40점 ② 8만 원, 30점
③ 6만 원, 15점 ④ 4만 원, 10점

해설 노인 보호구역 안에서 오전 8시부터 오후 8시까지 사이에 신호위반을 한 원동기장치자전거 운전자에 대해서는 벌점의 2배에 해당하는 벌점을 부과하고 범칙금도 가중된다.

정답 17. ③ 18. ② 19. ① 20. ③ 21. ③ 22. ① 23. ② 24. ②

25 원동기장치자전거 운전자가 노인 보호구역내 운전 중 안전운전 불이행으로 노인에게 2주 진단 상해를 입힌 경우 어떻게 되는가?

① 종합보험에 가입되어 있으면 처벌되지 않는다.
② 항상 형사 처벌된다.
③ 노인과 형사 합의해도 처벌된다.
④ 운전자보험에만 가입되어 있으면 처벌되지 않는다.

해설 노인 보호구역 내 노인에게 상해를 입히는 교통사고의 경우 어린이 보호구역과는 달리 일반 교통사고로 처리된다.

26 무위반 · 무사고 서약에 의한 벌점 공제(착한운전 마일리지)에 대한 설명으로 맞는 것은?

① 무위반 · 무사고 서약을 하고 2년간 이를 실천해야 한다.
② 10점의 특혜점수를 부여한다.
③ 벌점초과로 취소처분을 받게 될 경우 누산점수에서 특혜점수를 공제한다.
④ 부여된 특혜점수는 사용하지 않을 경우 5년 뒤 소멸된다.

해설 무위반 · 무사고 서약을 하고 1년간 이를 실천해야 한다. 취소처분을 받게 될 경우 사용하지 못하고 정지처분을 받게 될 경우 누산점수에서 특혜점수를 공제한다. 부여된 특혜점수는 소멸되지 않고 누적된다.

27 운전면허행정처분 이의신청에 대한 설명으로 틀린 것은?

① 행정처분을 받은 날부터 60일 이내에 신청하여야 한다.
② 주소지를 관할하는 시 · 도경찰청장에게 이의신청을 하여야 한다.
③ 이의신청이 인용되면 취소처분의 경우 벌점 100점으로 변경한다.
④ 이의신청과는 별도로 행정심판을 제기할 수 있다.

해설 (2) 감경기준
위반행위에 대한 처분기준이 운전면허의 취소처분에 해당하는 경우에는 해당 위반행위에 대한 처분벌점을 110점으로 하고, 운전면허의 정지처분에 해당하는 경우에는 처분 집행일수의 2분의 1로 감경한다. 다만, 다목(1)에 따른 벌점 · 누산점수 초과로 인한 면허취소에 해당하는 경우에는 면허가 취소되기 전의 누산점수 및 처분벌점을 모두 합산하여 처분벌점을 110점으로 한다.

4. 과태료 등의 출제문제

1 도로교통법령상 이륜자동차가 제한속도를 매시 20킬로미터 이하로 초과하였을 경우 과태료로 맞는 것은? (보호구역 제외)

① 1만 원　　② 2만 원
③ 3만 원　　④ 4만 원

해설 도로교통법 시행령 별표6 제한속도를 20km/h이하 초과의 경우 이륜자동차는 3만 원의 과태료를 부과한다.

2 배달용 이륜자동차가 오후 3시경 제한속도 매시 30킬로미터인 노인 보호구역에서 매시 51킬로미터로 주행한 경우 고용주등에 대한 과태료 부과기준으로 맞는 것은?

① 11만 원　　② 9만 원
③ 7만 원　　④ 5만 원

해설 어린이 보호구역 및 노인 · 장애인 보호구역에서의 과태료 부과기준으로 법 제17조 제3항을 위반하여 제한 속도를 준수하지 않은 차의 고용주 등에 대하여 20km/h 초과 40km/h 이하의 경우 이륜자동차 등은 7만 원의 과태료를 부과한다.

3 다음 중 이륜자동차 운전자가 동승자에게 인명보호 장구를 착용시키지 않았을 때 처벌 규정으로 맞는 것은?

① 범칙금 2만 원　　② 범칙금 3만 원
③ 과태료 2만 원　　④ 과태료 3만 원

해설 (특정 운전자의 준수사항) ③ 이륜자동차와 원동기장치자전거(개인형 이동장치는 제외한다)의 운전자는 행정안전부령으로 정하는 인명보호 장구를 착용하고 운행하여야 하며, 동승자에게도 착용하도록 하여야 한다.

4 도로교통법상 개인형 이동장치의 동승자가 인명보호 장구를 착용하지 않은 경우 운전자에 대한 과태료 부과기준은?

① 10만 원 이하 과태료
② 20만 원 이하 과태료
③ 30만 원 이하 과태료
④ 40만 원 이하 과태료

해설 이륜자동차와 원동기장치자전거의 운전자는 행정안전부령으로 정하는 인명보호장구를 착용하고 운행하여야 하며 동승자에게도 착용하도록 하여야 한다.

정답　25. ①　26. ②　27. ③　(4) 1. ③　2. ③　3. ③　4. ②

5 어린이 보호 및 과태료 부과에 관한 설명으로 맞는 것은?

① 교통이 빈번한 도로에서 어린이를 놀게 한 어린이 보호자에게는 과태료 5만 원이 부과된다.
② 도로에서 어린이가 개인형 이동장치를 운전하게 한 어린이 보호자에게는 과태료 10만 원이 부과된다.
③ 도로에서 어린이가 자전거를 타는 경우 인명보호 장구를 착용하도록 하지 않은 어린이 보호자에게는 과태료 2만 원이 부과된다.
④ 어린이 동승자에게 인명보호 장구를 착용하도록 하지 않은 이륜자동차 운전자에게는 과태료 6만 원이 부과된다.

해설 1) 어린이가 개인형 이동장치를 운전하게 한 어린이의 보호자에게 과태료 10만원을 부과한다.(도로교통법 제160조 제2항 제9호),
2) 교통이 빈번한 도로에서 어린이를 놀게 한 어린이 보호자, 도로에서 어린이가 자전거를 타는 경우 인명보호 장구를 착용하도록 하지 않은 어린이 보호자에게는 과태료가 부과되지 않는다. 어린이 동승자에게 인명보호 장구를 착용하도록 하지 않은 이륜자동차 운전자에게 과태료 2만 원을 부과한다.

6 무인단속장비에 의해 제한속도 위반으로 단속된 경우에 대한 설명이다. 맞는 것은?

① 위반 차종과 속도에 관계없이 동일한 범칙금 또는 과태료가 부과된다.
② 과태료와는 별도로 벌점 처분도 받게 된다.
③ 위반 행위를 한 운전자가 밝혀진 경우에는 과태료 처분을 받게 된다.
④ 과태료를 기한 내에 납부하지 않을 경우 최고 75퍼센트의 가산금이 부과된다.

해설 무인단속 장비에 의해 속도위반으로 단속된 경우, 승용차, 화물차 등 차종에 따라 범칙금과 과태료가 다르고 속도 위반(20킬로미터 이하, 20킬로미터 초과 40킬로미터 이하, 40킬로미터 초과 60킬로미터 이하, 60킬로미터 초과 등) 정도에 따라 범칙금과 과태료가 각각 다르다.
과태료 부과 처분을 받고 기한 내 납부하지 않을 경우에는 부과 금액의 최저 5퍼센트에서 최고 75퍼센트의 가산된 처분을 받게 되며 과태료 처분 시에는 범칙금과 달리 별도의 벌점 처분은 없다.
– 위반 운전자가 밝혀지면 범칙금을 부과하고 벌점 처분을 받게된다.

7 영상기록매체에 의하여 입증될 경우 고용주등에게 과태료를 부과할 수 있는 것으로 틀린 것은?

① 보행자 보호 불이행
② 교차로 통행방법 위반
③ 버스 전용차로 위반
④ 교차로 양보운전 위반

해설 차가 신호위반, 통행구분 위반, 중앙선 침범, 지정차로 위반, 전용차로 위반, 제한속도 위반, 끼어들기, 교차로 통행방법 위반, 보행자보호 불이행, 긴급자동차 우선통행 위반, 주·정차 위반, 적재물 추락방지조치 위반 등 위반사실이 사진, 비디오테이프나 그 밖의 영상기록매체 의하여 입증된 경우 고용주 등에게 과태료를 부과할 수 있다.

8 유료도로법령상 그 통행료 외에 할인 받은 통행료의 10배 부가통행료 부과 사유가 아닌 것은?

① 통행권을 위조 또는 변조하여 할인받은 경우
② 자신의 통행권을 타인의 통행권과 교환하여 할인받은 경우
③ 타인 소유의 통행료 감면대상자임을 증명하는 증표를 행사하여 할인받은 경우
④ 하이패스 단말기 없이 하이패스 차로로 통행한 경우

해설 유료도로법 시행령 제14조(부가통행료 부과·수납)에 따라 ④의 경우 부가통행료 10배 부과 대상 시점은 기한경과(단계별 고지 후) 및 상습미납차량으로 고객과실에 따라 20회 이상 미(수)납일 때 부과된다.

5. 범칙행위 및 범칙금 등의 출제문제

1 이륜자동차 운전자가 자전거전용차로로 주행할 경우 도로교통법령상 처벌은 어떻게 되는가? (이륜자동차 통행금지표지 없음)

① 4만 원의 범칙금으로 통고처분 된다.
② 3만 원의 범칙금으로 통고처분 된다.
③ 2만 원의 과태료가 부과된다.
④ 처벌되지 않는다.

해설 이륜자동차 운전자가 자전거전용차로로 주행하는 경우 일반도로 전용차로 통행 위반으로 3만 원의 범칙금으로 통고 처분 된다.

정답 5. ② 6. ④ 7. ④ 8. ④ (5) 1. ②

2 도로교통법령상 이륜자동차가 앞차와 안전거리를 유지하지 않고 뒤따르며 운행하였을 경우 범칙금액은?

① 1만 원　② 2만 원　③ 3만 원　④ 4만 원

> **해설** 일반도로 안전거리 미확보의 경우 이륜자동차는 1만 원의 범칙금을 부과한다.

3 긴급자동차 양보의무를 위반한 이륜자동차 운전자의 범칙금액은?

① 3만 원　② 4만 원　③ 6만 원　④ 7만 원

> **해설** 긴급자동차에 대한 양보·일시정지 위반의 경우 이륜자동차등 4만 원

4 이륜자동차 운전자가 밤에 전조등을 켜지 않고 운전 시 범칙금액은?

① 1만 원　② 2만 원　③ 3만 원　④ 4만 원

> **해설** (차와 노면전차의 등화) 모든 차 또는 노면전차의 운전자는 다음 각 호의 어느 하나에 해당하는 경우에는 대통령령으로 정하는 바에 따라 전조등(前照燈), 차폭등(車幅燈), 미등(尾燈)과 그 밖의 등화를 켜야 한다.
> 1. 밤(해가 진 후부터 해가 뜨기 전까지를 말한다. 이하 같다)에 도로에서 차 또는 노면전차를 운행하거나 고장이나 그 밖의 부득이한 사유로 도로에서 차 또는 노면전차를 정차 또는 주차하는 경우 도로교통법 시행령 [별표8] 밤에 등화 점등·조작 불이행한 경우 이륜자동차는 1만원의 범칙금을 부과한다.

5 철길 건널목 앞에서 일시정지하지 않고 통과하다가 기차와 충돌하여 인명 피해 사고가 난 경우 운전자는 어떤 처벌을 받는가?

① 종합보험에 가입되었거나 피해자와 합의되면 형사 처벌을 받지 않는다.
② 도로교통법의 철길 건널목 통과 방법 위반에 따른 행정 처벌만 받는다.
③ 철길 건널목 통과 방법 위반으로 인적 피해 사고가 난 것이므로 형사 처벌된다.
④ 철길 건널목에서의 사고는 도로교통법이나 교통사고처리특례법으로 처리되지 않는다.

> **해설** 철길 건널목 앞에서 일시 정지 않고 통과하다가 기차와 충돌하여 인명 피해 사고가 난 경우 운전자는 형사 처벌된다.

6 도로교통법령상 이륜자동차와 원동기장치자전거 통행방법 및 범칙금에 대한 설명으로 맞는 것은?

① 이륜자동차가 교차로 신호를 위반하는 경우 범칙금 7만 원에 해당한다.
② 이륜자동차가 횡단보도를 통행하는 경우 내려서 끌고 가야한다.
③ 원동기장치자전거는 자전거 통행방법에 따라 통행하여야 한다.
④ 원동기장치자전거는 중앙선침범으로 적발되면 범칙금 5만 원이다.

> **해설** (범칙행위 및 범칙금액) 이륜자동차가 신호위반하면 4만 원, 원동기장치자전거가 중앙선을 침범하는 경우 4만 원의 범칙금에 해당하며, 원동기장치자전거는 차도를 통행하여야 하고 이륜자동차가 횡단보도를 통행하는 경우 내려서 끌고 가야 한다.

7 도로교통법령상 이륜자동차 운전자의 법규위반에 대한 처벌로 틀린 것은?

① 안전모 등 인명보호장구를 미착용한 경우에는 범칙금 2만 원
② 난폭운전한 경우에는 1년 이하 징역 또는 500만 원 이하의 벌금
③ 보도통행 등 통행구분을 위반한 경우에는 범칙금 4만 원
④ 운전 중 휴대용 전화를 사용한 경우에는 범칙금 2만 원

> **해설** 운전 중 휴대용 전화를 사용한 경우에는 범칙금 4만 원, 난폭운전 금지, 벌칙 1년 이하 징역 또는 500만 원 이하 벌금

8 다음은 도로교통법상 단속 대상이 되는 이륜차 및 원동기장치자전거 운전자의 행위이다. 통고처분할 수 있는 것은?

① 이륜자동차를 혈중알코올농도 0.1퍼센트 상태로 운전한 경우
② 이륜자동차를 운전면허가 취소 된 후에 운전한 경우
③ 원동기장치자전거를 자동차전용도로에서 운전한 경우
④ 원동기장치자전거를 운전하다 보행자보호 의무를 위반한 경우

정답 2. ①　3. ②　4. ①　5. ③　6. ②　7. ④　8. ④

해설 보행자보호를 위반하면 통고처분에 해당하지만 그 외에는 형사입건 사항이다.

9 도로교통법령상 자전거를 음주운전 하다가 경찰공무원의 측정에 불응한 경우 범칙금은?

① 10만 원 ② 5만 원
③ 3만 원 ④ 처벌되지 않는다.

해설 자전거 음주운전 범칙금 10만 원

10 도로교통법령상 개인형 이동장치(PM)에 대한 정의 및 위반 시 처분내용으로 맞는 것은?

① 전기를 동력으로 사용하는 교통수단으로 최고 속도가 시속 30km 미만, 차체 중량이 30kg 미만을 말한다.
② 음주운전 측정불응 시 범칙금 10만 원이 부과된다.
③ 승차정원을 초과하여 동승자를 태우고 운전하면 범칙금 4만 원이 부과된다.
④ 인명보호장구(안전모)를 착용하지 않고 운전하면 범칙금 4만 원이 부과된다.

해설 도로교통법 시행령 별표8, 최고속도 시속 25km 미만, 차체 중량 30kg 미만, 음주운전 측정 불응 시 범칙금 13만 원 부과, 승차정원을 초과하여 동승자를 태우고 운전하면 범칙금 4만원이 부과, 안전모 미착용시 범칙금 2만 원 부과

11 도로교통법령상 개인형 이동장치에 관한 처벌규정으로 맞지 않은 것은?

① 어린이가 개인형 이동장치를 운전하게 한 보호자는 10만 원의 과태료처분을 받는다.
② 개인형 이동장치를 무면허 상태로 운전 시 5만 원의 범칙금이 부과된다.
③ 개인형 이동장치 운전 시 인명보호장구를 착용하지 않은 운전자는 2만 원의 범칙금이 부과된다.
④ 개인형 이동장치를 혈중알코올농도 0.05% 상태로 운전 시 10만 원의 범칙금이 부과된다.

해설 (무면허운전 등의 금지), (범칙행위 및 범칙금액) 운전면허를 받지 아니하거나 운전면허의 효력이 정지된 경우에는 자동차등을 운전하여서는 아니 되며 개인형이동 장치의 무면허운전은 범칙금 10만 원이 부과된다.

12 장애인 보호구역에서 이륜자동차 운전자가 교통법규 위반(오전 11시) 시 범칙금이 가중되는 행위에 해당되는 것은?

① 통행금지 · 제한 위반
② 중앙선 침범
③ 운전 중 휴대전화 사용
④ 진로 변경 방법 위반

해설 어린이 보호구역 및 노인 · 장애인보호구역에서 오전 8시부터 오후 8시까지 신호 · 지시 위반, 횡단보도 보행자 횡단방해, 속도위반, 통행금지 · 제한 위반, 보행자 통행 방해 또는 보호 불이행, 정차 · 주차 금지 위반 등을 할 경우 범칙금을 가중하여 부과한다.

13 이륜자동차 운전자가 오전 10시경 어린이 보호구역내에서 다음의 위반을 하였다. 범칙금이 가중될 수 있는 것은?

① 중앙선 침범
② 운전 중 휴대전화사용
③ 주 · 정차 금지 위반
④ 진로 변경방법 위반

해설 오전 8시부터 오후 8시까지 어린이 보호구역내에서 신호 · 지시위반, 횡단보도 보행자횡단방해, 속도위반, 통행금지 · 제한 위반, 보행자 통행 방해 또는 보호 불이행, 주 · 정차 금지 위반의 경우 범칙금이 가중된다.

14 원동기장치자전거 운전자가 ( )부터 ( )까지 어린이 보호구역내에서 횡단보도 보행자의 횡단을 방해할 경우 범칙금이 가중된다. ( )에 순서대로 맞는 것은? (개인형 이동장치 제외)

① 오전 7시, 오후 7시
② 오전 8시, 오후 8시
③ 오전 9시, 오후 9시
④ 오전 10시, 오후 10시

해설 원동기장치자전거(개인형 이동장치 제외) 운전자가 오전 8시부터 오후 8시까지 어린이 보호구역내에서 횡단보도 보행자의 횡단을 방해할 경우 범칙금이 가중된다.

정답 9. ① 10. ③ 11. ② 12. ① 13. ③ 14. ②

15 도로교통법령상 원동기장치자전거(개인형 이동장치 제외) 운전자가 오후 3시경 어린이 보호구역내에서 통행금지·제한사항을 위반한 경우 범칙금으로 맞는 것은?

① 8만 원　　② 6만 원
③ 2만 원　　④ 1만 원

해설 이륜자동차등 범칙금 6만 원, 자전거등(개인형 이동장치 포함) 범칙금 5만 원

16 이륜자동차를 의무보험에 가입하지 아니하고 운행한 보유자의 범칙금액은?(1회 위반, 교통사고 제외)

① 5만 원　　② 7만 원
③ 10만 원　　④ 20만 원

해설 이륜자동차를 의무보험에 가입하지 아니하고 운행한 보유자의 범칙금액은 10만 원이다.(자동차손해배상 보장법 시행령 별표6)

17 원동기장치자전거 운전자가 보행자 신호등이 없는 횡단보도로 횡단하는 노인을 뒤늦게 발견하여 급제동을 하였으나 노인에게 2주 진단 상해를 입혔다. 올바른 설명은?

① 보행자 신호등이 없으므로 운전자는 과실이 전혀 없다.
② 운전자에게 민사 및 형사 책임이 있다.
③ 횡단한 노인만 형사 처벌 된다.
④ 종합보험에 가입되어 있으면 운전자에게 형사 책임이 없다.

해설 횡단보도에서의 보행자 보호의무를 위반하여 운전한 경우 운전자에게 민사 및 형사 책임이 있다.(교통사고처리특례법 제3조 제1항 제6호)

18 이륜자동차 운전자가 어린이 보호구역 내에서 운전 중 안전운전 불이행으로 어린이를 다치게 하였을 경우 어떻게 되는가?

① 어린이 부모와 형사 합의하면 처벌되지 않는다.
② 형사 처벌된다.
③ 종합보험에 가입되어 있으면 처벌되지 않는다.
④ 운전자 보험에 가입되어 있으면 처벌되지 않는다.

해설 어린이 보호구역내에서 운전 중 어린이를 다치게 하면 형사 처벌한다.(교통사고처리특례법 제3조 제2항 11호)

19 도로 이외의 곳에서 이륜자동차 운전자가 처음으로 혈중알코올농도 0.11퍼센트 상태에서 운전하였을 경우 그 운전자는 어떻게 되는가?

① 운전면허를 취소한다.
② 운전면허를 정지한다.
③ 형사처벌 하지 않는다.
④ 형사처벌 한다.

해설 0.2% 이상 : 2년 이상 5년 이하 징역 또는 1천만 원 이상 2천만 원 이하 벌금
0.08% 이상 0.2% 미만 : 1년 이상 2년 이하 징역 또는 500만 원 이상 1천만 원 이하 벌금

20 이륜자동차 운전자가 최초 음주운전으로 벌금 이상의 형이 확정된 날부터 몇 년 이내에 음주운전하면 가중 처벌되는가?

① 10년　② 15년　③ 20년　④ 25년

해설 이륜자동차 운전자가 최초 운전으로 벌금 이상의 형이 확정된 날로부터 몇 년 이내에 음주운전하면 가중처벌 되는 것은 10년

21 이륜자동차 운전자가 음주운전으로 형사입건 된 후 운전면허가 취소되었다. 다음 중 운전면허 행정처분을 반드시 취소해야 하는 경우는?

① 기소유예 처분을 받은 경우
② 선고유예 처분을 받은 경우
③ 무죄 확정 판결을 받은 경우
④ 벌금형 확정 판결을 받은 경우

해설 혐의 없음, 불기소처분을 받거나 무죄확정 판결을 받은 경우 운전면허 행정처분을 취소해야 한다.

22 다음 원동기장치자전거(개인형 이동장치 제외) 운전자의 위반행위 중 도로 외의 장소에서도 형사 처벌하는 것은?

① 무면허 운전　　② 약물 운전
③ 공동 위험행위　④ 난폭 운전

해설 음주운전, 과로·약물운전, 교통사고 야기 시 조치불이행은 도로외의 장소에서도 형사 처벌한다.

정답　15. ②　16. ③　17. ②　18. ②　19. ④　20. ①　21. ③　22. ②

Chapter 16
교통사고 및 응급 처치 출제문제

1 교통사고 발생 시 현장에서 운전자가 취해야 할 순서로 맞는 것은?

① 현장 증거 확보 → 경찰서 신고 → 사상자 구호
② 경찰서 신고 → 사상자 구호 → 현장 증거 확보
③ 즉시 정차 → 사상자 구호 → 경찰서 신고
④ 즉시 정차 → 경찰서 신고 → 사상자 구호

해설 사고가 발생하면 즉시 정차하여 사상자가 발생하였는지 여부를 확인한 후 사상자 구호 등 경찰관서에 신고하는 등의 조치를 하여야 한다.

2 다음 중 교통사고 발생 시 가장 먼저 취해야 할 응급조치 방법은?

① 부상자의 상태를 확인하기 전에 안전한 곳으로 옮긴다.
② 부상자 응급조치를 할 때에는 가장 먼저 인공호흡을 실시한다.
③ 부상자 응급조치 전 차량파손 여부부터 확인한다.
④ 의식이 있는지를 확인하고 의식이 없을 때에는 우선 가슴압박을 실시한다.

해설 응급조치란 돌발적인 각종 사고로 인한 부상자나 병의 상태가 위급한 환자를 대상으로 전문인에 의한 치료가 이루어지기 전에 실시하는 즉각적이고 임시적인 처치로 병의 악화와 상처의 조속한 처치를 위해 행하여지는 모든 행동을 말한다. 교통사고로 인한 호흡과 의식이 없는 부상자 발생 시에는 가장 먼저 가슴압박을 실시 한 후 기도확보, 인공호흡 순으로 실시한다. 또한 함부로 부상자를 움직이지 않고 전문의료진이 도착할 때까지 가급적 그대로 두는 것이 좋다.

3 교통사고 발생 시 부상자의 의식 상태를 확인하는 방법으로 가장 먼저 해야 할 것은?

① 부상자의 맥박 유무를 확인한다.
② 말을 걸어보거나 어깨를 가볍게 두드려 본다.
③ 어느 부위에 출혈이 심한지 살펴본다.
④ 입안을 살펴서 기도에 이물질이 있는지 확인한다.

해설 의식 상태를 확인하기 위해서는 부상자에게 말을 걸어보거나, 어깨를 가볍게 두드려 보거나, 팔을 꼬집어서 확인하는 방법이 있다.

4 이륜자동차 운행 중 부주의로 보행자를 충돌하여 보행자가 쓰러진 경우 가장 먼저 해야 할 응급조치는?

① 부상자가 의식이 있는지 어깨를 두드려 보고 큰소리로 물어본다.
② 부상자에게 즉시 심폐 소생술을 실시한다.
③ 부상자의 기도를 확보한다.
④ 부상자의 다리에 출혈이 있으면 지혈을 한다.

해설 가장 먼저 의식이 있는지를 파악하여야 한다.

5 교통사고 부상자 발생 시 의식이 없는 부상자에게 가장 먼저 해야 할 응급조치는?

① 보험사에 교통사고 신고
② 가슴압박
③ 안전한 장소로 급히 이동
④ 출혈부위 지혈

해설 응급조치란 돌발적인 각종 사고로 인한 부상자나 병의 상태가 위급한 환자를 대상으로 전문인에 의한 치료가 이루어지기 전에 실시하는 즉각적이고 임시적인 처치로 병의 악화와 상처의 조속한 처치를 위해 행하여지는 모든 행동을 말한다. 교통사고로 인한 호흡과 의식이 없는 부상자 발생 시에는 가장 먼저 가슴압박을 실시 한 후 기도확보, 인공호흡 순으로 실시한다. 또한 함부로 부상자를 움직이지 않고 전문의료진이 도착할 때까지 가급적 그대로 두는 것이 좋다.

6 교통사고 부상자의 응급 처치 방법으로 가장 알맞은 행동은?

① 의식이 없는 부상자는 엎드리게 해서 이물질을 제거한다.
② 의식이 있는 부상자는 심리적 안정을 취하도록 한다.
③ 기도에 이물질이 있는 경우 우선 인공호흡을 실시한다.
④ 골절된 경우 그 부위를 손으로 강하게 압박한다.

해설 교통사고로 인한 호흡과 의식이 없는 부상자 발생 시에는 가장 먼저 가슴압박을 실시 한 후 기도확보, 인공호흡 순으로 실시한다. 골절된 경우에 강한 압박은 오히려 부상을 크게 할 수 있다.

정답 Chapter 16 1. ③ 2. ④ 3. ② 4. ① 5. ② 6. ②

7 교통사고로 목 부상이 아주 심한 부상자의 응급처치 방법으로 가장 적절한 것은?

① 부상자에게 직접 구호 조치를 한다.
② 상태를 확인하기 위하여 부상자를 갓길로 이동한다.
③ 후속 사고 예방을 위해 신속히 차량을 1차로로 이동한다.
④ 함부로 부상자를 옮기지 말고 119에 신고한다.

> 해설 부상이 심각한 경우 꼭 필요한 경우가 아니면 함부로 부상자를 움직이지 않아야 한다. 척추 골절의 경우 척추 신경을 상하게 하여 전신 장애를 초래할 수 있으므로 119 등에 신고한다.

8 경미한 부상자가 피를 흘리고 있다. 응급처치 요령으로 가장 옳은 것은?

① 출혈이 경미한 경우 깨끗한 거즈나 헝겊으로 누른다.
② 지혈대를 사용할 경우 심장에서 먼 곳을 묶어 지혈한다.
③ 출혈 부위는 심장보다 낮은 곳에 있어야 한다.
④ 경미한 부상이므로 계속해서 운전하게 한다.

> 해설 응급처치 요령으로 가장 옳은 것은 심장과 가까운 곳을 세게 묶어 지혈하며 출혈 부위는 심장보다 높은 곳에 있어야 한다.

9 자동심장충격기(AED)의 사용 순서로 올바른 것은?

① 패드부착 – 전원켜기 – 심장리듬분석 – 심장충격
② 전원켜기 – 패드부착 – 심장리듬분석 – 심장충격
③ 패드부착 – 심장리듬분석 – 전원켜기 – 심장충격
④ 전원켜기 – 심장리듬분석 – 패드부착 – 심장충격

> 해설 자동심장충격기 AED(자동제세동기) – 환자의 가슴에 제세동 패치를 부착하여 심장에 전기충격을 가함으로써 심장의 제동을 제거하고 심장활동을 정상화하여 환자의 생명을 구하고 심장정지로 인한 뇌손상 및 장애를 극복하여 응급환자의 생존율을 높일 수 있는 장비

10 이륜자동차 운전 중 교통사고로 인한 응급상황 발생 시 대응 요령으로 가장 맞지 않은 것은?

① 먼저 침착함을 유지한다.
② 운전자 본인의 안전을 우선 확보한다.
③ 부상자가 있는 경우 의식이 있는지 확인한다.
④ 경찰공무원이 도착할 때까지 사고 차량을 현장에 그대로 둔다.

> 해설 먼저 침착함을 유지하며 안전을 우선 확보한다. 부상자가 있는 경우 의식이 있는지 확인하며 사고 차량은 2차 사고 예방을 위하여 안전한 곳으로 이동시킨다.

11 교통사고 발생 시 대처방법으로 가장 적절한 것은?

① 경미한 사고의 경우에는 부상자를 그냥 두고 가도 된다.
② 복잡한 교차로에서는 차를 그 자리에 세우고 시비를 가린다.
③ 즉시 정차하고 사상자가 발생하였을 때에는 구호조치를 한다.
④ 차를 이동할 수 없을 때에는 아무 조치 없이 도로에 차를 세워둔다.

> 해설 교통사고가 발생했을 때에는 즉시 정차하고 사상자가 발생하였을 때에는 바로 구호조치를 한다. 아무리 경미한 사고라 할지라도 부상자가 발생하였을 때에는 적절한 조치를 해야 하며 절대 그냥 두고 가서는 안 된다. 또한 복잡한 교차로에서 사고가 발생하였을 때에는 현장사진을 충분히 확보한 후 안전한 곳으로 차를 이동시켜 다른 차량에게 방해되지 않도록 한다. 만약 차를 이동할 수 없을 때에는 비상등 및 삼각대 등의 조치를 하여 후속사고를 방지하도록 한다.

12 다음 중 이륜자동차 운전자의 교통사고 발생 시 조치사항으로 옳지 않은 것은?

① 사상자를 구호한다.
② 다른 교통에 장해가 없도록 한다.
③ 긴급한 상황이 아니더라도 동승자로 하여금 필요한 조치나 신고를 대신 하게 한 후 계속 운전한다.
④ 주·정차된 차량만 손괴한 경우라도 피해자에게 인적사항을 제공해야 한다.

> 해설 ③ 긴급한 경우에만 동승자로 하여금 필요한 조치나 신고를 하게 한 후 계속 운전할 수 있다.
>   1) 차의 운전 등 교통으로 인하여 사람을 사상하거나 물건을 손괴한 경우 사상자를 구호하는 등 필요한 조치를 취해야 하고, 피해자에게 인적 사항을 제공하지 않으면 범칙금 발부대상이 되고, 위험방지와 원활한 소통을 위하여 필요한 조치를 한 경우 경찰에 신고하여야 하고 긴급자동차, 부상자를 운반중인 차 및 우편물자동차등의 운전자는 긴급한 경우 동승자로 하여금 대신 사고처리하게 하고 계속 운전할 수 있다

정답 7. ④ 8. ① 9. ② 10. ④ 11. ③ 12. ③

13 다음 중 교통사고 발생 시 조치할 사항으로 맞는 것은?

① 쌍방 간에 합의해야만 경찰에 신고할 수 있다.
② 보험회사에 신고하면 경찰 신고와 동일한 효력이 있다.
③ 즉시 차량을 이동하여 사고현장을 벗어난다.
④ 경미한 물적 피해 사고는 당사자 간에 사고 내용과 연락처를 각자 자필로 기록하여 교환한다.

> 해설 (사고발생 시의 조치) ① 경찰 신고는 언제든지 가능하다. ② 경찰 신고는 보험회사 연락과는 별개이다. ③ 사고 후 즉시 정차하지 않으면 도주죄로 처벌 받을 수 있기 때문에 주의해야 한다.

14 교통사고가 발생했을 때 즉시 안전한 곳으로 이동시켜야 하는 환자는?

① 다리 골절상을 입은 환자
② 교통사고로 인해 화재 위험이 있는 차량 내에 있는 환자
③ 횡단 중 차량에 치여 의식이 없는 환자
④ 몸이 아파서 그대로 있고 싶다고 말하는 환자

> 해설 부상자를 움직이게 하는 것은 단순 골절이 복합 골절이 되는 경우가 있어 부상을 더 악화시킬 수 있다. 즉 필요한 경우가 아닌 한 응급의료기관에 맡겨야 한다. 필요한 경우는 즉각적인 위험이 있는 화재, 산소 부족, 심한 교통 체증, 익수, 악천 후 붕괴 직전의 건물, 감전 위험 등이 될 수 있다.

15 이륜자동차가 골목길을 주행 중 보행하는 어린이와 부딪히는 사고가 발생했을 때 운전자의 올바른 조치는?

① 어린이가 살짝 부딪힌 것 같아 조치 없이 그냥 지나갔다.
② 어린이에게 물어 보니 괜찮다고 하여 그냥 지나갔다.
③ 어린이가 잘못하였다고 생각되어 그냥 지나갔다.
④ 어린이의 부모에게 연락하고 112에도 신고하였다.

> 해설 어린이는 의사능력이 부족하다고 보아 어린이가 괜찮다고 하더라도 조치 없이 가버리면 도주에 해당할 수 있으므로 부모 등 보호자에게 연락하고 신고를 하여야 한다.

16 이륜자동차를 운전 중 승차인원이 없는 주차된 차량과 사고를 유발할 경우 적절한 조치는?

① 도로에서 원활한 소통을 위하여 필요한 조치를 한 경우에는 연락처를 남길 필요가 없다.
② 사고가 발생한 상대 차량 소유주에게 이름과 전화번호 등을 제공해야 한다.
③ 아파트단지 내 사고인 경우 도로가 아니기 때문에 소유주에게 연락처를 제공하지 않아도 된다.
④ 도로 외 장소에서는 위험방지를 위한 조치를 할 필요가 없다.

> 해설 피해자에게 인적 사항(성명·전화번호·주소 등을 말한다.

17 다음 중 교통사고 발생 시 경찰관서에 지체 없이 신고해야 할 사항으로 가장 적절한 것은?

① 사고 차량 안에 있는 모든 물건 및 손괴정도
② 사고가 발생한 곳의 교통량 및 주변 약도
③ 사상자 수 및 부상 정도
④ 사상자의 직업과 가족관계

> 해설 교통사고발생 시 지체 없이 경찰관서에 신고해야 될 사항은 사고가 일어난 곳, 사상자 수 및 부상정도, 손괴한 물건 및 손괴정도, 그 밖의 조치사항 등이다.

18 교통사고 발생 시 운전자 등의 조치 요령으로 바람직하지 않은 것은?

① 안전한 장소로 대피한다.
② 112 또는 119로 신고한다.
③ 2차사고 예방에 필요한 조치를 한다.
④ 엔진 시동을 켜고 경찰공무원을 기다린다.

> 해설 교통사고가 발생하면 가장 먼저 안전한 장소로 대피하고, 안전이 확인되면 2차 사고를 예방하기 위한 조치를 한 후, 112 등에 신고하고(사고 지점을 스프레이 등으로 정확하게 표시하고 사고 현장을 사진 촬영한 후), 안전한 장소로 차를 이동시키고 엔진 시동을 끈다.

19 교통사고를 발생시킨 운전자의 신고행위를 방해하는 사람에 대한 설명으로 옳은 것은?

① 목격자인 경우는 처벌되지 않는다.
② 피해자인 경우는 처벌되지 않는다.
③ 누구든지 처벌된다.
④ 처벌 조항은 없다.

정답 13. ④ 14. ② 15. ④ 16. ② 17. ③ 18. ④ 19. ③

해설 (사고발생 시 조치에 대한 방해의 금지) 교통사고가 일어난 경우에는 누구든지 운전자등의 조치 또는 신고행위를 방해하여서는 아니 된다.
① 다음 각 호의 어느 하나에 해당하는 사람은 6개월 이하의 징역이나 200만원 이하의 벌금 또는 구류에 처한다.
5. 교통사고 발생 시의 조치 또는 신고 행위를 방해한 사람

20 교통사고 목격 시 운전자가 취해야 할 가장 적절한 행동은?
① 부상 정도에 상관없이 부상자를 이동시킨다.
② 나와는 무관한 일이므로 사고 현장을 재빨리 이탈한다.
③ 도주하는 차량이 있다면 추적하여 검거한다.
④ 경찰관서나 119에 신고할 때 부상 정도를 설명한다.

해설 경미한 부상은 안전한 곳으로 이동하지만, 심각한 경우에는 2차 피해의 우려가 있으므로 함부로 이동하면 위험하다.
도주 차량이 있더라도 추적하는 것은 위험하므로 차의 종류나 차 번호 등을 기억하였다가 신고한다.

21 교통사고를 일으킬 가능성이 가장 높은 운전자는?
① 운전에만 집중하는 운전자
② 급출발, 급제동, 급차로 변경을 반복하는 운전자
③ 승용차나 자전거에게 안전거리를 확보하는 운전자
④ 조급한 마음을 버리고 양보하는 마음을 갖춘 운전자

해설 운전이 미숙한 운전자에게는 배려와 양보가 중요하며 급출발, 급제동, 급차로 변경을 반복하여 운전하면 교통사고를 일으킬 가능성이 높다.

22 이륜차 교통사고의 특성으로 가장 거리가 먼 것은?
① 인명보호장구의 미착용 시 부상 위험이 높다.
② 크기가 작아 사각지대에 의한 사고가 발생하기 쉽다.
③ 동승자가 있을 경우 동승자의 부상위험이 없다.
④ 미끄러운 도로에서 단독사고 발생 위험이 높다.

해설 이륜차는 균형유지가 어려워 안전성이 떨어지고 운전자 뿐만 아니라 동승자도 부상위험이 높다.

23 주행 중 이륜자동차의 엔진 시동이 갑자기 꺼진 경우 조치로 가장 적절치 못한 것은?
① 신속히 도로의 가장자리 안전한 장소로 이동한 후 점검한다.
② 뒤따르는 차와의 2차사고 예방을 위해 고장자동차의 표지를 설치한다.
③ 비상점멸등을 작동한 후 그 자리에서 계속 엔진시동을 걸어 본다.
④ 터널 안에서는 비상주차대를 이용하여 정차한 후 비상전화로 신고한다.

해설 2차사고 예방을 위해 도로의 가장자리로 이동하여 고장자동차의 표지를 설치한 후 안전이 확보된 상태에서 점검한다. 특히 터널 안은 매우 위험하므로 비상주차대를 이용하여 정차한 후 비상전화로 신고하여야 한다.

Chapter 17
교통사고 처리의 특례 등의 출제문제

1 교통사고처리 특례법상 교통사고의 정의로 가장 올바른 것은?
① 차마의 교통으로 인하여 사람을 사상하거나 물건을 손괴하는 것
② 차의 교통으로 인하여 사람을 사상하거나 물건을 손괴하는 것
③ 차마의 교통으로 인하여 사람을 사상하는 것
④ 차의 교통으로 인하여 사람을 사상하는 것

해설 교통사고처리 특례법 제2조(정의) 교통사고란 차의 교통으로 인하여 사람을 사상하거나 물건을 손괴하는 것을 말한다.

2 교통사고처리 특례법 제3조(처벌의 특례) 제2항 각호에 규정된 12개 예외 항목에 해당하지 않는 것은?
① 끼어들기의 금지를 위반하여 운전한 경우
② 교통정리를 하는 경찰공무원의 신호를 위반하여 운전한 경우
③ 승객의 추락 방지의무를 위반하여 운전한 경우
④ 진로변경 방법을 위반하여 운전한 경우

정답 20. ④ 21. ② 22. ③ 23. ③ Chapter ⑰ 1. ② 2. ④

> **해설** 교통사고 처리 특례법 제3조 처벌의 특례에 규정된 12개 항목에 해당하지 않는 것은 진로변경 방법을 위한 운전자

3 교통사고처리특례법 제3조(처벌의 특례) 제2항 단서 제3호의 제한속도를 초과하는 기준은?

① 매시 20킬로미터 ② 매시 15킬로미터
③ 매시 10킬로미터 ④ 매시 5킬로미터

> **해설** 제한속도를 시속 20킬로미터 초과하여 운전한 경우

4 교통사고처리특례법상 피해자의 명시된 의사에 반하여 공소를 제기할 수 있는 속도위반 교통사고는? (어린이 보호구역제외)

① 당해 도로의 제한속도를 시속 5킬로미터 초과하여 운전하다 인적피해사고를 야기한 경우
② 당해 도로의 제한속도를 시속 10킬로미터 초과하여 운전하다 인적피해사고를 야기한 경우
③ 당해 도로의 제한속도를 시속 15킬로미터 초과하여 운전하다 인적피해사고를 야기한 경우
④ 당해 도로의 제한속도를 시속 20킬로미터 초과하여 운전하다 인적피해사고를 야기한 경우

> **해설** 당해 도로의 제한속도를 시속 20킬로미터 초과하여 운전하다 인적피해사고를 야기한 경우에만 속도위반으로 형사 처벌된다.

5 이륜자동차 운전자가 보도를 주행 중 지나가는 보행자를 다치게 했을 때 처벌은?

① 피해자와 합의하면 형사처벌 되지 않는다.
② 종합보험에 가입되어 있어도 형사처벌 된다.
③ 종합보험에 가입되어 있는 경우 형사처벌 되지 않는다.
④ 책임보험과 운전자보험에 가입되어 있는 경우 형사처벌 되지 않는다.

> **해설** 이륜자동차를 타고 보도통행을 하다가 보행자를 충격을 입히는 경우 종합보험가입여부, 피해자와 합의 여부와 상관없이 형사입건 된다.

6 승용차를 운전 중 보행자 신호등이 없는 횡단보도를 건너던 초등학생을 들이받아 경상을 입힌 경우 가장 알맞은 설명은?

① 교통사고처리특례법상 처벌의 특례 예외에 해당하여 형사 처벌을 받는다.
② 종합보험에 가입되어 있으면 형사 처벌을 받지 않는다.
③ 피해자가 어린이이기 때문에 보호자에게 연락만 하면 된다.
④ 피해자에게 인적 사항을 알려 줄 필요는 없다.

> **해설** 교통사고처리특례법상 처벌의 특례 예외 12개 조항(횡단보도보행자보호의무)에 해당되어 형사처벌을 받는다.

7 다음 중 교통사고처리특례법상 종합보험에 가입된 이륜자동차 운전자에 대한 형사처벌 대상이 아닌 것은?

① 중앙선 침범으로 인해 마주 오는 차와 충돌하여 2주 상해를 입힌 사고
② 규정 속도 25킬로미터 초과 운전 중 앞차를 추돌하여 2주 상해를 입힌 사고
③ 골목길에서 보행하고 있는 노인을 충돌하여 3주 상해를 입힌 사고
④ 신호등 없는 횡단보도에서 보행자를 충돌하여 3주 상해를 입힌 사고

> **해설** 골목길에서의 인적피해 교통사고는 도로교통법 제48조 제1항 안전운전의무위반 등 적용되어 경과실로 처리된다.
> ① 교통사고처리특례법 제3조제2항 단서 제2호 중앙선침범
> ② 교통사고처리특례법 제3조제2항 단서 제3호 제한속도 시속 20킬로미터 초과
> ④ 교통사고처리특례법 제3조제2항 단서 제6호 횡단보도 보행자보호의무위반

정답 3. ① 4. ④ 5. ② 6. ① 7. ③

8 이륜차 운전자가 종합보험에 가입되어 있어도 교통사고처리특례법상 형사처벌 될 수 있는 경우는?

① 제한속도 매시 15킬로미터를 초과한 상태로 앞차를 추돌하여 앞 차 운전자가 부상을 입은 경우
② 졸음운전으로 미끄러져 안전모를 착용하지 않은 동승자에게 부상 입힌 경우
③ 마약 등 약물의 영향으로 정상운전이 불가한 상태에서 앞 차를 추돌하여 앞 차 운전자가 부상을 입은 경우
④ 보도·차도 구분 없는 길가장자리구역을 침범하여 보행자에게 경상을 입힌 경우

해설 교통사고처리특례법 제3조(처벌의 특례) ① 차의 운전자가 교통사고로 인하여 「형법」 제268조의 죄를 범한 경우에는 5년 이하의 금고 또는 2천만원 이하의 벌금에 처한다.
② 차의 교통으로 제1항의 죄 중 업무상과실치상죄(業務上過失致傷罪) 또는 중과실치상죄(重過失致傷罪)와 「도로교통법」 제151조의 죄를 범한 운전자에 대하여는 피해자의 명시적인 의사에 반하여 공소(公訴)를 제기할 수 없다. 다만, 차의 운전자가 제1항의 죄 중 업무상과실치상죄 또는 중과실치상죄를 범하고도 피해자를 구호(救護)하는 등 「도로교통법」 제54조제1항에 따른 조치를 하지 아니하고 도주하거나 피해자를 사고 장소로부터 옮겨 유기(遺棄)하고 도주한 경우, 같은 죄를 범하고 「도로교통법」 제44조제2항을 위반하여 음주측정 요구에 따르지 아니한 경우(운전자가 채혈 측정을 요청하거나 동의한 경우는 제외한다)와 다음 각 호의 어느 하나에 해당하는 행위로 인하여 같은 죄를 범한 경우에는 그러하지 아니하다. 〈개정 2016. 1. 27., 2016. 12. 2.〉
1. 신호위반
2. 제한속도위반(제한속도보다 20km가 초과된 상태)
3. 음주운전(혈중 알코올 농도 기준 0.03% 이상) 및 약물(마약 등)
4. 무면허
5. 횡단보도 위 사고
6. 보도침범 후 사고
7. 어린이 보호구역
8. 앞지르기, 끼어들기 위반
9. 중앙선 침범 위반
10. 철길 건널목 통과방법 위반
11. 승객 추락방지 의무 위반(승객이 내리다가 차가 갑자기 출발하거나 문을 닫지 않았는데 달리는 경우)
12. 화물차 내용물 관리 위반(화물 적재물 낙하)
※ 졸음운전은 아직 처벌 명확한 처벌 규정에 없으나 졸음운전 상태에서 12대 중과실이 포함되면 사안에 따라 처벌이 중하게 될 수 있다.

9 자동차손해배상보장법령상 다음 중 이륜자동차 사용 신고 시 반드시 가입해야 하는 보험은?

① 종합보험 ② 상해보험
③ 책임보험 ④ 운전자보험

해설 책임보험은 자동차를 구매하거나 소유한 사람이라면 무조건 의무적으로 가입해야 한다. 혹시 모를 사고발생의 경우 최소한의 피해자 보호가 책임보험의 목적이다. 책임보험에 가입하지 않을 경우 과태료가 부과되고 신규 및 이전 등록과 정기검사를 받을 수 없게 된다.

Chapter 18
이륜자동차의 등록과 검사 등 출제문제

1 자동차관리법령상 이륜자동차 사용신고 대상의 기준은?

① 매시 10킬로미터 이상
② 매시 15킬로미터 이상
③ 매시 20킬로미터 이상
④ 매시 25킬로미터 이상

해설 "국토교통부령으로 정하는 이륜자동차"란 최고속도가 매시 25킬로미터 이상인 이륜자동차를 말한다. 다만, 다음 각 호의 어느 하나에 해당하는 이륜자동차로서 국토교통부장관이 정하여 고시하는 이륜자동차는 제외한다.
1. 산악지형이나 비포장도로에서 주로 사용할 목적으로 제작된 이륜자동차 중 차동장치가 없는 이륜자동차
2. 그 밖에 주된 용도가 도로 운행 목적이 아닌 것으로서 조향장치 및 제동장치 등을 손으로 조작할 수 없거나 자동차의 주요한 구조적 장치의 설치 또는 장착 등이 현저히 곤란한 이륜자동차

2 다음 중 자동차관리법령상 시장·군수·구청장에게 사용신고를 해야 하는 이륜자동차는?

① 최고속도가 매시 25킬로미터 이상인 배기량 49시시 이륜자동차
② 산악지형에서 주로 사용할 목적으로 제작된 차동장치가 없는 이륜자동차
③ 주된 용도가 도로 운행 목적이 아닌 것으로서 조향장치 및 제동장치 등을 손으로 조작할 수 없는 이륜자동차
④ 의료용 스쿠터

정답 8. ③ 9. ③   Chapter ⑱ 1. ④ 2. ①

해설 최고속도가 매시 25킬로미터 이상인 이륜자동차는 사용신고를 하여야 하는 이륜자동차이다.

3 자동차손해배상보장법령상 다음 중 이륜자동차 사용 신고 시 반드시 가입해야 하는 보험은?

① 종합보험 ② 상해보험
③ 책임보험 ④ 운전자보험

해설 책임보험은 자동차를 구매하거나 소유한 사람이라면 무조건 의무적으로 가입해야 한다. 혹시 모를 사고발생의 경우 최소한의 피해자 보호가 책임보험의 목적이다. 책임보험에 가입하지 않을 경우 과태료가 부과되고 신규 및 이전등록과 정기검사를 받을 수 없게 된다.

4 자동차관리법령상 이륜자동차에 번호판을 부착하지 않고 운행한 운전자에게 부과하는 과태료로 맞는 것은?(1회 위반한 경우)

① 30만 원 ② 50만 원
③ 70만 원 ④ 100만 원

해설 (이륜자동차번호판의 부착의무) ① 이륜자동차는 그 후면의 보기 쉬운 곳에 국토교통부령으로 정하는 이륜자동차번호판을 붙이지 아니하고는 운행하지 못한다. 이륜자동차번호판을 부착하지 않고 운행하면 30만원의 과태료

5 자동차관리법령상 이륜자동차의 소유권이 매매로 인해 이전된 경우에 변경신고 기한의 기준으로 맞는 것은?

① 매수한 날로부터 7일 이내
② 매수한 날로부터 10일 이내
③ 매수한 날로부터 15일 이내
④ 매수한 날로부터 30일 이내

해설 (이륜자동차의 사용 신고 등) ① 국토교통부령으로 정하는 이륜자동차(이하 "이륜자동차"라 한다)를 취득하여 사용하려는 자는 국토교통부령으로 정하는 바에 따라 시장·군수·구청장에게 사용 신고를 하고 이륜자동차 번호의 지정을 받아야 한다.
② 이륜자동차의 소유자는 신고 사항 중 국토교통부령으로 정하는 변경 사항이 있거나 이륜자동차 사용을 폐지한 경우에는 시장·군수·구청장에게 신고하여야 한다.(신고사항의 변경신고) ①이륜자동차의 소유자는 신고한 사항중 이륜자동차의 사용본거지, 소유자의 성명(명칭) 또는 주민등록번호가 변경되거나 이륜자동차의 소유권이 이전된 경우에는 다음 각호의 구분에 따라 이륜자동차 신고사항변경신고서(전자문서로 된 신고서를 포함한다)를 시장·군수 또는 구청장에게 제출하여야 한다.
1. 이륜자동차의 사용본거지가 변경되거나 소유자의 성명(명칭) 또는 주민등록번호가 변경된 경우: 그 사유가 발생한 날부터 30일 이내
2. 소유권이 이전된 경우
 가. 매매의 경우: 매수한 날(잔금지급일)부터 15일 이내
 나. 증여의 경우: 증여를 받은 날부터 20일이내
 다. 상속의 경우: 상속개시일이 속하는 달의 말일부터 6개월 이내
 라. 기타의 경우: 그 사유가 발생한 날부터 15일이내

6 자동차관리법령상 사용신고 대상 이륜자동차의 변경 신고기준에 대한 설명으로 바르지 않은 것은?

① 기타 사유로 소유권이 이전된 경우 사유발생한 날로부터 15일 이내 변경신고를 하여야 한다.
② 매매로 소유권이 이전된 경우 매수한 날로부터 20일 이내 변경신고를 하여야 한다.
③ 이륜자동차의 사용본거지 등 변경 시 그 사유 발생일로부터 30일 이내 변경신고를 하여야 한다.
④ 상속으로 소유권이 이전된 경우 상속개시일이 속하는 달의 말일부터 6개월 이내 변경신고를 하여야 한다.

해설 (신고사항의 변경신고) 매매로 소유권이 이전된 경우 매수한 날부터 15일 이내 변경신고를 하여야 한다. 이륜자동차의 사용본거지 등 변경 시 그 사유발생일로부터 30일 이내 변경신고를 하여야 한다.
상속으로 소유권이 이전된 경우 상속개시일이 속하는 달의 말일부터 6개월 이내 변경신고를 하여야 한다.
기타 사유로 소유권이 이전된 경우 사유발생한 날로부터 15일 이내 변경신고를 하여야 한다.

7 이륜자동차 신조차의 경우 최초 정기검사 주기는?

① 5년 ② 4년 ③ 3년 ④ 2년

해설 대기환경보전법 시행규칙 [별표 23의2] 2. 이륜자동차 정기검사의 주기는 2년으로 한다. 다만 신조차로서 "자동차 관리법"제48조 제1항에 따라 신고된 이륜자동차의 경우 최초 주기는 3년이다.

정답 3. ③ 4. ① 5. ③ 6. ② 7. ③

8 자동차관리법령상 자동차검사에 대한 설명으로 옳은 것은?

① 신규등록 이후 일정기간마다 실시하는 정기검사는 유효기간 만료일 전후 각각 31일 내이다.
② 비사업용 승용차의 정기검사는 1년마다 실시한다. 다만, 최초 정기검사는 2년이다.
③ 사업용 승용차의 정기검사는 2년마다 실시한다. 다만, 최초 정기검사는 4년이다.
④ 소형승합 및 소형화물차의 정기검사는 2년마다 실시한다.

해설 (자동차 검사) 비사업용 승용차의 정기검사는 2년마다 실시하며, 다만, 최초 정기검사는 4년이다. 사업용 승용차의 정기검사는 1년마다 실시하며, 다만, 최초 정기검사는 2년이다. 소형승합 및 소형화물차의 정기검사는 1년마다 실시한다.

9 다음 중 이륜자동차의 정기검사 항목이 아닌 것은?

① 배출가스 검사
② 소음검사
③ 차대번호 동일성 검사
④ 소유자의 운전면허 유효성 검사

해설 이륜자동차의 정기검사 항목은 차대번호의 동일 여부 검사와 배출가스검사 그리고 소음검사이다. 아닌 것은 소유자 운전면허 유효성 검사다.

10 다음 중 자동차관리법령상 이륜자동차의 튜닝에 대한 설명으로 가장 알맞은 것은?

① 이륜자동차를 튜닝하는 경우 경찰서장에게 신고해야 한다.
② 이륜자동차의 튜닝은 어떠한 경우에도 할 수 없다.
③ 이륜자동차를 승인받지 않고 튜닝하는 경우 처벌대상이다.
④ 이륜자동차의 소유주는 허가 없이 튜닝 할 수 있다.

해설 자동차관리법 제34조(튜닝) 제1항 자동차소유자가 국토교통부령으로 정하는 항목에 대하여 튜닝을 하려는 경우에는 시장·군수·구청장의 승인을 받아야 한다. 자동차관리법 제80조(벌칙) 5의2 승인받지 않은 튜닝은 2년이하의 징역 또는 2천만원 이하의 벌금에 처한다.
※ 2014년 개정된 자동차관리법에서 구조·장치 변경이라는 용어를 튜닝으로 명명함.

Chapter 19
안전운전과 사람의 능력 출제문제

1. 안전운전 출제문제

1 다음 중 운전행동과정을 올바른 순서로 연결한 것은?

① 인지 → 판단 → 조작
② 판단 → 인지 → 조작
③ 조작 → 판단 → 인지
④ 인지 → 조작 → 판단

해설 운전 행동과정은 인지→판단→조작의 순서로 이루어지며 이 가운데 한 가지 과정이라도 잘못되면 교통사고로 이어지기 때문에 주의하여야 한다.

2 운전 중에 어떤 상황이 발생하면, 그 상황을 인지하고 어떻게 행동할 것인지를 ( )한 다음 자동차의 핸들·등화장치 등을 조작하게 된다. 괄호 안에 맞는 것은?

① 인지   ② 판단   ③ 조작   ④ 작동

해설 운전 중에 어떤 상황이 발생하면 그 상황을 인지하고, 어떻게 행동(운전)할 것인지를 판단한 다음 자동차의 핸들, 변속기어, 브레이크, 가속페달, 경음기, 등화장치 등을 조작하게 된다.

3 다음 중 원동기장치자전거 운전 시 유의할 점은?

① 기동성이 부족하다.
② 승용자동차 운전자의 시야에 잘 띄지 않아 사고 위험성이 높다.
③ 차체가 크고 무겁다.
④ 차체의 균형 잡기가 쉽다.

해설 이륜자동차는 차체가 작고 가벼워 기동성이 뛰어나지만 차체의 균형 잡기가 어렵고 자동차 운전자의 시야에 잘 띄지 않아 사고 위험성이 높다.

4 다음 중 이륜자동차가 방향을 전환하거나 회전할 때 사용하는 방법으로 가장 중요한 것은?

① 이륜자동차 발판에 발을 놓는 위치
② 브레이크 장치를 조작하는 것
③ 기어를 변속하는 것
④ 운전자의 몸을 기울이는 것

정답 8. ① 9. ④ 10. ③ **Chapter 19** (1) 1. ① 2. ② 3. ② 4. ④

해설 이륜자동차가 방향을 전환하거나 회전할 때 가장 영향을 미치는 것은 전환하는 방향으로 차체와 운전자의 몸을 기울여서 회전하기 때문이다.

5 다음은 이륜자동차의 주행위치에 대한 설명이다. 적절하지 못한 것은?

① 주행하는 차로의 가장자리로 주행한다.
② 주행하는 차로의 중앙으로 주행한다.
③ 차와 차 사이를 무리하게 끼어들지 않도록 한다.
④ 다른 자동차의 운전자 눈에 쉽게 띄는 위치를 선택한다.

해설 이륜자동차는 주행하는 차로의 중앙으로 주행하고 차와 차 사이를 무리하게 끼어들지 않도록 한다.

6 이륜자동차에 2인 승차 시 주의사항이다. 틀린 것은?

① 2인 승차는 균형을 잡기 어렵고 교통사고의 위험이 높아진다.
② 단독 승차 시 보다 감속하여 운행하며 급제동을 하지 않도록 한다.
③ 뒷좌석 승차자가 옆으로 걸쳐 앉으면 균형 유지가 쉽다.
④ 눈, 비로 인하여 도로가 미끄러우면 2인 승차를 하지 않도록 한다.

해설 이륜자동차에 2인 승차는 균형을 잡기 어렵고 교통사고의 위험이 높아진다. 단독 승차 시 보다 감속하여 운행하며 급제동을 하지 않도록 한다. 뒷좌석 승차자가 옆으로 걸쳐 앉으면 균형을 잃기 쉽다. 눈, 비로 인하여 도로가 미끄러우면 2인 승차를 하지 않는 것이 안전하다.

7 다음은 이륜자동차의 2인 승차(텐덤, tandem)에 대한 설명으로 적절하지 않는 것은?

① 무게가 증가하여 가속력은 높아지고 원심력은 작아진다.
② 운전자와 동승자의 일체화된 균형이 매우 중요하다.
③ 감속할 때 운전자와 동승자의 호흡이 매우 중요하기 때문에 미리 동승자에게 방법을 설명한다.
④ 눈이나 비가 와서 노면이 미끄러울 때에는 동승하지 않는다.

해설 동승자가 있는 경우는 무게가 증가하여 가속력은 떨어지고 원심력은 커진다.

8 이륜자동차가 주행 중 엔진이 꺼지면서 도로에서 멈추었을 때 가장 올바른 조치는?

① 차는 그대로 두고 운전자만 신속히 대피한다.
② 비상점멸등을 켜 놓고 운전자는 그 자리에서 다른 차에게 위험을 알린다.
③ 2차사고 예방을 위해 필요한 조치를 한 후 안전한 곳으로 이동한다.
④ 시동을 켜기 위해 계속적으로 반복해서 노력한다.

해설 주행 중 도로에서 차가 멈추었을 때에는 2차사고 예방을 위해 필요한 조치를 한 후 안전한 곳으로 이동한다.

9 승용자동차 운전 중 이륜자동차를 만났을 때 주의해야 할 특징이 아닌 것은?

① 이륜자동차가 다른 자동차들 사이로 주행하는 경우는 없다.
② 교차로에서 우회전할 때 말려드는 사고의 위험성이 존재함을 이해한다.
③ 승용자동차에 비해 차체가 작아서 사각지대에 들기 쉽다.
④ 서로 확인할 수 있는 위치임에도 차체가 작아서 멀리 있다고 판단하기 쉽다.

해설 이륜자동차가 다른 자동차들 사이로 주행하는 경우가 많아 교통사고 발생 빈도가 높다.

10 안전운전과 인명을 존중하는 인성을 가진 운전자는?

① 다른 운전자의 실수를 자신이 즉시 고쳐줘야 한다고 생각하는 사람
② 운전자 간 의사소통을 위해 방향지시등을 반드시 사용하는 사람
③ 운전 중 휴대전화를 자주 사용하는 사람
④ 약속시간에 쫓기듯 급하게 운전하는 사람

해설 인명을 존중하는 인성을 가지고 안전운전을 하기 위해서는 다른 운전자의 실수를 대비하거나 이해하는 마음, 운전자 간 서로 의사소통을 하기 위해 방향지시등 활용, 운전 중 휴대전화 사용을 자제해야 하며, 미리미리 출발하고 운전계획을 세워 약속시간에 늦지 않게 운전하는 것이 좋다.

정답 5. ① 6. ③ 7. ① 8. ③ 9. ① 10. ②

11 자동차 운전자의 올바른 태도로 가장 바르지 않은 것은?

① 운전 중에는 영상표시장치를 조작하지 않도록 한다.
② 뒤따르는 차보다 느린 속도로 주행하는 경우에도 차로를 준수한다.
③ 보도를 횡단하려는 경우에도 보행자의 통행을 방해하지 않도록 일시정지 한다.
④ 이륜자동차에 동승자가 있는 경우 반드시 인명보호장구를 착용하도록 한다.

해설 운전자의 올바른 태도로는 운전 중에 영상표시장치를 조작하지 않도록 하며, 보도를 횡단하려는 경우에도 보행자의 통행을 방해하지 않도록 반드시 일시정지 해야 하고, 이륜자동차에 동승자가 있는 경우 반드시 인명보호장구를 착용하여야 하며, 뒤따르는 차보다 느린 속도로 주행하는 경우에는 후방교통에 방해를 주지 않기 위해 진로를 양보하는 것이 필요하다.

12 이륜자동차의 안전한 운전 방법에 대한 설명이다. 가장 잘못된 것은?

① 차량과 같이 진행하면 위험성이 크므로 길가장자리구역으로 주행한다.
② 바람의 영향으로 차체가 흔들리기 쉽기 때문에 핸들을 꽉 잡고 주행한다.
③ 커브 길에서는 시야는 넓게 하고 시점은 멀리 하면서 자연스럽게 회전 한다.
④ 커브 길을 돌 때에는 차체에 몸을 기울이는 린 위드 방식으로 주행한다.

해설 이륜자동차는 주행하는 차로의 중앙으로 주행하고 차와 차 사이를 무리하게 끼어들지 않도록 한다. 시야는 넓게 하고 시점은 멀리하면서 자연스럽게 회전한다.

13 다음은 이륜차 운전자가 안전운전을 위해 버려야 할 의식 또는 습관이다. 해당하지 않는 것은?

① 평소 다른 차가 끼어들지 못하도록 앞차 뒤로 바싹 붙어 운전한다.
② 내가 먼저 가야 교통 소통이 된다는 생각으로 운전한다.
③ 남을 배려하는 순간 내가 뒤처진다는 마음으로 운전을 한다.
④ 보행자 신호가 적색으로 바뀌더라도 좌·우를 살피고 통과한다.

해설 보행자 신호가 바뀌더라도 좌·우를 살펴 늦게 걸어오는 보행자가 있는지 확인하고 진행해야 한다.

14 이륜자동차 안전운전에 대한 설명이다. 잘못된 것은?

① 커브 진입할 때 커브의 크기에 맞추어 감속하여야 한다.
② 회전할 때에는 감·가속을 하기 보다는 일정한 속도를 유지하는 것이 안전하다.
③ 커브길에서는 아웃-아웃-아웃 코스로 주행하는 것이 안전하다.
④ 회전할 때에는 핸들 조향보다는, 운전자의 몸을 안쪽으로 기울여 린 위드를 유지하며 진행하는 것이 가장 안전하다.

해설 이륜자동차는 커브길을 안전하게 진행하려면 아웃-인-아웃의 방법으로 진행하는 것이 주행 안정성을 유지하기에 용이하고, 코너링 할 때에는 린 위드, 린 인, 린 아웃의 방법 중 승차자의 무게 중심과 이륜자동차의 무게 중심이 겹치는 린위드 방식이 가장 안정적이다.

2. 특별한 도로상황에서 운전 출제문제

1 다음 중 이륜자동차의 곡선구간 주행방법으로 잘못된 것은?

① 커브 진입 시 커브의 크기에 맞추어 감속한다.
② 시야는 좁게 하고 시점은 가깝게 한다.
③ 회전할 때는 일정한 속도를 유지한다.
④ 원심력과 중력과의 균형을 잘 이루어야 한다.

해설 시야는 넓게 하고 시점은 멀리하면서 자연스럽게 회전한다.

2 이륜자동차가 도로의 모퉁이나 구부러진 길 운행 시 주의사항이다. 틀린 것은?

① 그 앞의 직선도로에서 충분히 속도를 줄인 후 서행으로 통과한다.
② 급 핸들이나 급브레이크 조작은 전복되거나 미끄러지게 된다.
③ 반대편 차가 중앙선을 넘어올 경우를 예상하고 속도를 높여 통과한다.
④ 같은 방향으로 우회전하는 차의 내륜차에 말려들지 않도록 주의한다.

정답 11. ② 12. ① 13. ④ 14. ③ (2) 1. ② 2. ③

해설 이륜자동차가 도로의 모퉁이나 구부러진 길 운행 시 반대편 차가 중앙선을 넘어올 경우를 예상하고 속도를 높여 통과하는 것은 매우 위험하므로 삼가야 한다.

3 이륜자동차의 커브길 주행 시 운전방법에 대한 설명으로 바르지 않는 것은?

① 차체와 같은 각도로 운전자의 몸을 기울이는 린 위드 방식으로 주행한다.
② 미리 속도를 줄여 일정한 속도를 유지한다.
③ 아웃-인-아웃 코스로 주행한다.
④ 운전자가 상체를 일으켜 시야 확보가 좋은 린 인 방식으로 주행한다.

해설 1) 린 위드: 회전할 때 가장 기본이 되는 기술로 차체와 같은 각도로 운전자의 몸을 기울이는 방법으로 승차자의 무게 중심과 이륜자동차의 무게 중심이 겹쳐져서 가장 안정적이다.
2) 린 아웃: 이륜자동차가 내측으로 기울인 각도보다 운전자가 상체를 일으킨 자세로 시야가 넓으며 비포장 도로에서 사용이 용이하다.
3) 린 인: 린아웃의 반대로 이륜자동차를 많이 기울이지 않고 운전자가 안쪽으로 상체를 기울이는 자세로 시야는 좋지 않으나 포장도로에서 고속주행에 용이한 자세이다.

4 앞차의 뒤를 따라 편도 1차로의 언덕길 정상 부근을 통과할 때 가장 안전한 운전 방법은?

① 전방이 잘 보이지 않으므로 중앙선 쪽으로 붙여 앞차를 따라 간다.
② 전방상황이나 반대편 상황을 잘 볼 수 없기 때문에 주의하면서 서행으로 뒤따른다.
③ 앞차를 뒤따라가면 전방상황을 알 수 없으므로 신속히 앞지르기 한다.
④ 앞차를 방어물 삼아 앞차와의 거리를 바싹 좁혀 뒤따라간다.

해설 제31조(서행 또는 일시정지할 장소) ① 모든 차 또는 노면전차의 운전자는 다음 각 호의 어느 하나에 해당하는 곳에서는 서행하여야 한다.
1) 교통정리를 하고 있지 아니하는 교차로
2) 도로가 구부러진 부근
3) 비탈길의 고갯마루 부근
4) 가파른 비탈길의 내리막
5) 시·도경찰청장이 도로에서의 위험을 방지하고 교통의 안전과 원활한 소통을 확보하기 위하여 필요하다고 인정하여 안전표지로 지정한 곳.
편도 1차로의 언덕길 정상부근은 전방상황이나 반대차로의 상황을 알 수 없으므로 앞차와의 안전거리를 유지하고 서행으로 뒤따른다.

5 급커브길을 주행 중일 때 가장 안전한 운전방법은?

① 급커브길 안에서 핸들을 신속히 꺾으면서 브레이크를 밟아 속도를 줄이고 통과한다.
② 급커브길 앞의 직선도로에서 속도를 충분히 줄인다.
③ 급커브길은 위험구간이므로 급가속하여 신속히 통과한다.
④ 급커브길에서 앞지르기 금지표지가 없는 경우 신속히 앞지르기 한다.

해설 ① 급커브길 안에서 핸들을 꺾으면서 브레이크를 밟으면 타이어가 옆으로 미끄러지면서 차량이 옆으로 미끄러질 수 있어 위험하다.
③ 커브길에서는 원심력이 작용하므로 서행하여야 한다.
④ 급커브길에서는 앞지르기 금지 표지가 없더라도 앞지르기를 하지 않는 것이 안전하다.(도로교통법 제22조)

3. 도로에서 안전운전과 이륜차의 특성 출제문제

1 이륜자동차가 자갈길이나 울퉁불퉁한 길을 운행할 때 가장 안전한 운전행동은?

① 핸들 조작은 최대한 크게 하는 것이 좋다.
② 미리 속도를 높여서 고단 기어를 사용하여 운전한다.
③ 차체의 균형에만 주의하면 된다.
④ 저단 기어를 사용하여 일정한 속도를 유지한다.

해설 이륜자동차의 자갈길 운전은 노면이 고르지 않고, 자갈로 인해 타이어 손상이나 핸들 움직임이 커질 수 있다. 최대한 핸들 조작을 작게 하면서 속도를 줄이고, 저단기어를 사용하여 일정 속도를 유지하여 지나가는 것이 좋다.

2 다음 중 이륜자동차 안전운전에 대한 설명으로 가장 옳은 것은?

① 차량 정체로 길이 막히면 보도를 이용하여 주행한다.
② 과속방지턱을 통과할 때에는 속도를 유지하며 과속방지턱이 없는 길가장자리구역으로 주행한다.
③ 비가 올 때는 감속하여 운행한다.
④ 굽은 도로에서는 고속으로 주행한다.

정답 3. ④ 4. ② 5. ② (3) 1. ④ 2. ③

해설 이륜자동차는 차도를 이용해야 하며, 과속 방지턱은 속도를 줄여 안전하게 통과한다. 비가 오면 감속하고 굽은 도로에서는 속도를 줄여 안전하게 통과한다.

3 황색 점선 중앙선을 넘어 앞지르기 시도하던 중 반대차로에서 차가 빠르게 접근하고 있다. 가장 안전한 운전 방법은?

① 앞지르기를 중지하고 주행 중이던 차로로 복귀한다.
② 전조등을 켜고 경음기를 울려서 마주 오는 차의 양보를 유도하여 앞지르기한다.
③ 최대한 속도를 높여 빠르게 앞차의 전방으로 앞지르기한다.
④ 그 자리에 그대로 멈추거나 갓길로 피한다.

해설 앞지르기는 가급적 삼가되 부득이 앞지르기를 할 경우에는 전방 및 반대 방향의 교통 상황을 충분히 살펴 안전이 확인된 상태에서만 해야 한다. 황색 점선에서는 반대 방향의 교통 상황을 살펴서 안전하게 앞지르기를 시도해야 하는데, 마주 오는 차가 예상외로 빨리 접근하여 위험을 느꼈을 때에는 이를 곧 중지해야 한다.

4 다음 중 도로에서 안전운전 방법으로 가장 알맞은 것은?

① 병목 구간에서는 앞차 뒤로 바싹 붙어 운전한다.
② 보행자와 함께 횡단보도를 안전하게 주행한다.
③ 황색 신호가 켜지면 신호를 준수하기 위하여 교차로 내에 정지한다.
④ 어린이 보호구역에서는 제한속도를 준수한다.

해설 어린이 보호구역에서는 제한속도를 준수하며 안전한 도로 통행을 위해서는 남을 배려하는 마음으로 양보 운전을 하여야 한다.

5 다음 중 보행자에 대한 배려운전으로 가장 알맞은 것은?

① 횡단하는 사람이 있을 수 있으므로 경음기를 울리며 진행한다.
② 이면 도로에서는 보행자보다 이륜자동차가 우선이다.
③ 보행자를 항상 배려하며 방어운전을 한다.
④ 횡단하는 사람이 없을 때에는 빠르게 지나간다.

해설 운전 중 교통 약자인 보행자에 대해서는 항상 배려하고 방어 운전을 해야 한다. 또한 보행자 우선의 운전 문화를 정착해야 한다.

6 다음 중 이륜자동차 특성으로 맞는 것은?

① 후사경으로 볼 수 없는 사각지대가 발생하지 않는다.
② 제동할 때에는 엔진 브레이크를 사용할 수 없다.
③ 커브 길을 돌 때 속도를 낮출 필요가 없다.
④ 속도가 느려지거나 정지하면 넘어지려 한다.

해설 2개의 바퀴를 사용하기 때문에 차체의 균형 잡기가 어렵고 속도가 느려지거나 정지하면 넘어지려는 특징이 있다.

7 다음 중 이륜자동차 특징에 대한 설명으로 적절하지 않은 것은?

① 이륜자동차는 보호막이 없고 균형 유지가 어렵다.
② 야간에는 이륜자동차가 잘 보이지 않는다.
③ 자동차 운전자의 시야를 벗어나지 않는다.
④ 구부러진 길에서 급제동하면 미끄러질 수 있다.

해설 1. 보호막이 없고 균형유지가 어렵다.
2. 커브길에서 미끄러질 수 있다.
3. 야간에는 오토바이가 잘 보이지 않는다.
4. 자동차 운전자의 시야를 벗어나기 쉽다.
5. 눈, 비가 올 때 급제동하면 미끄러지기 쉽다.
6. 1차 사고의 피해보다 2차 사고의 피해가 크다.

8 이륜차 운행의 특성으로 가장 거리가 먼 것은?

① 충돌 시 균형을 유지하기 쉽다.
② 커브 길에서 급제동을 하면 미끄러지기 쉽다.
③ 외부에 노출되어 있어 사고 시 부상 위험이 높다.
④ 눈이나 비가 올 때 사고 위험이 높다.

해설 이륜차 교통사고 시 균형을 유지하기 어렵다.

9 다음은 이륜자동차의 주행 특성에 대한 설명이다. 잘못된 것은?

① 사륜자동차와 달리 과속방지턱이나 돌 등을 피해서 주행하기 때문에 주행 차로 주변을 보는 경향이 있다.
② 사륜자동차와 달리 바람의 영향을 운전자가 직접 받기 때문에 핸들조정에 어려움이 있다.
③ 커브 길을 돌 때에는 핸들조작만을 사용하여 방향을 전환한다.
④ 커브 길을 돌 때에는 엔진브레이크를 사용하여 미리 속도를 줄인다.

정답 3. ① 4. ④ 5. ③ 6. ④ 7. ③ 8. ① 9. ③

해설 커브 길을 돌 때에는 핸들만 조작하는 것이 아니라 차제를 기울여서 전환하여야 한다.

10 다음 중 사륜자동차와 비교하였을 때 이륜자동차의 특성으로 볼 수 없는 것은?

① 뛰어난 기동성 ② 주차 편의성
③ 순간적인 가속도 ④ 우수한 충격 흡수력

해설 운전자의 신체가 외부에 노출되어 있어 충돌 시 운전자가 공중으로 날아오르거나 도로 바닥에 넘어지는 등 매우 위험한 상황으로 이어진다.

11 다음 중 이륜자동차 코너링 자세 중 비포장도로에서 사용하는 자세는 무엇인가?

① 린 위드(lean with)
② 린 아웃(lean out)
③ 린 브레이크(lean brake)
④ 린 인(lean in)

해설 린 아웃(lean out): 이륜자동차 내측으로 기울인 각도보다 운전자가 상체를 일으킨 자세로 시야가 넓으며 비포장도로에서 사용하는 자세

12 이륜차 바퀴의 회전이 증가할수록 회전축을 일정하게 유지시켜 좌우 안정성을 높여주는 것은?

① 자이로스코프 효과 ② 원심력 효과
③ 구심력 효과 ④ 캐스터

해설 자이로스코프 효과: 자이로스코프는 각운동량 원리를 이용한 기계이다. 어느 방향으로든 자유롭게 회전할 수 있는 바퀴가 회전할 때 기계의 방향이 바뀌더라도 회전축이 일정하게 유지된다는 사실을 이용한다.
1) 원심력: 구심력이 작용하여 가속 운동하는 물체에 구심력과 반대 방향으로 작용한다고 보는 가상적인 힘을 말하며, 구심력과 크기가 같다. 가속 운동하는 물체의 기준틀이 뉴턴의 운동 법칙에 따라 운동 현상을 기술하기 위해 도입된 개념이다.
2) 구심력: 원운동하는 물체에서 원의 중심방향으로 작용하는 일정한 크기의 힘. 물체의 운동방향에 수직으로 작용한다. 아무런 외부힘이 작용하지 않으면 물체는 등속직선운동을 한다. 물체의 운동방향을 바꾸려면 외적인 힘이 필요하다.
3) 캐스터: 차량 측면에서 볼 때 자동차, 모터사이클, 자전거, 기타 탈것의 기울어져 있는 상태를 말한다.

4. 이륜차의 제동 등의 출제문제

1 다음 중 이륜자동차에 사용되는 브레이크의 종류가 아닌 것은?

① 앞바퀴 브레이크 ② 뒷바퀴 브레이크
③ 배기 브레이크 ④ 엔진 브레이크

해설 배기 브레이크는 대형차에 사용하는 브레이크이고, 이륜자동차에는 앞바퀴 브레이크와 뒷바퀴 브레이크, 엔진 브레이크가 사용된다.

2 이륜자동차의 운행 중 제동방법이다. 가장 안전한 운전방법은?

① 전륜 브레이크만 작동하는 것이 안전하다.
② 후륜 브레이크만 작동하는 것이 안전하다.
③ 전륜 브레이크와 후륜 브레이크를 동시에 작동하는 것이 안전하다.
④ 후륜 브레이크를 먼저 작동하고 전륜 브레이크를 나중에 작동하는 것이 안전하다.

해설 이륜자동차의 운행 중 제동방법이다. 가장 안전한 운전방법은 전륜 브레이크와 후륜 브레이크를 동시에 작동하는 것이 안전하다.

3 이륜자동차의 제동에 대한 설명이다. 잘못된 것은?

① 앞바퀴 브레이크를 강하게 작동하면 전도되기 쉽다.
② 뒷바퀴 브레이크를 강하게 작동하면 옆으로 미끄러진다.
③ 앞바퀴 브레이크와 뒷바퀴 브레이크를 동시에 작동하면 위험하다.
④ 뒷바퀴 브레이크를 사용할 때에는 오른쪽 발끝으로 브레이크 페달 중앙을 서서히 밟는다.

해설 안정적인 제동을 위해서는 앞바퀴와 뒷바퀴 브레이크를 동시에 사용하되 여러 번 나누어 작동하는 것이 좋다.

4 다음 중 이륜자동차 운전의 특성에 대한 설명이 아닌 것은?

① 운전자의 신체가 외부에 노출되어 있다.
② 회전하고자 하는 방향으로 차체와 운전자의 몸을 기울여서 회전한다.
③ 승용자동차에 비해 기동성이 뛰어나다.
④ 이륜자동차의 브레이크는 뒷바퀴만 작동된다.

정답 10. ④ 11. ② 12. ① (4) 1. ③ 2. ③ 3. ③ 4. ④

해설 이륜자동차의 브레이크는 앞바퀴와 뒷바퀴가 따로 작동된다.

5 다음은 이륜자동차 특성에 대한 설명이다. 잘못된 것은?

① 이륜자동차 운전자의 복장은 눈에 잘 띄는 소재로 구성된 옷과 가죽제품의 장갑과 신발 및 보호대를 갖추어야 한다.
② 이륜자동차 브레이크는 앞바퀴와 뒷바퀴가 동시에 작동되도록 되어 있다.
③ 승용자동차보다 뛰어난 기동성과 넓은 시야를 확보할 수 있다.
④ 일반적으로 승용자동차에 비해 순간 가속도가 우수한 편이다.

해설 이륜자동차 브레이크는 앞바퀴와 뒷바퀴를 따로 조작할 수 있도록 되어 있다.

6 이륜자동차가 고속 주행 중 브레이크가 작동되지 않는 경우 가장 적절한 조치 방법은?

① 즉시 시동을 끄고 속력을 줄인다.
② 저단 기어로 변속하면서 뛰어내린다.
③ 운전대를 급 조작하여 회전하면서 속도를 줄인다.
④ 가속그립에서 손을 떼어 엔진브레이크를 걸고, 순차적으로 기어를 변속하여 속도를 줄인다.

해설 브레이크가 작동되지 않는 경우, 가속그립에서 손을 떼어 엔진브레이크를 걸고, 저단기어로 변속하여 감속하면서 속도를 서서히 줄여야 한다.

7 긴 내리막길을 주행할 때에 엔진 브레이크를 사용하는 이유로 가장 알맞은 것은?

① 엔진에 무리가 오는 것을 방지하기 위하여
② 연료를 절약하기 위하여
③ 브레이크 장치의 페이드 현상을 방지하기 위하여
④ 차량의 수명이 단축되는 것을 방지하기 위하여

해설 긴 내리막길이나 뜨거운 노면 위에서 브레이크 페달을 자주 밟는 경우에는 패드와 브레이크라이닝이 가열되어 페이드(Fade)현상(자동차가 빠른 속도로 달릴 때 제동을 걸면 브레이크가 잘 작동하지 않는 현상)을 일으키기 쉽다.
그러므로 긴 내리막길을 내려갈 때에는 가능하면 엔진브레이크를 사용하고, 필요한 경우에만 풋-브레이크를 사용해야 한다.

8 이륜자동차가 눈길이나 빙판길 주행 중 갑자기 미끄러질 때 가장 안전한 운전 방법은?

① 브레이크를 빨리 밟는다.
② 고단 기어로 변속한다.
③ 미끄러지는 방향으로 핸들을 돌린다.
④ 미끄러지는 반대 방향으로 핸들을 돌린다.

해설 눈길이나 빙판길에서는 차가 방향을 잃고 미끄러지는 일이 많으므로 급 핸들 조작이나 급 브레이크 조작은 절대 삼가야 한다. 만약 주행 중에 차가 미끄러지는 경우에는 핸들을 미끄러지는 방향으로 돌려야 한다. 그렇지 않고 핸들을 반대 방향으로 돌리게 되면 차가 방향성을 잃고 더 미끄러져 도로를 이탈하게 된다.

9 겨울철 노면 살얼음과 도로결빙 상황에 대한 설명으로 틀린 것은?

① 노면 살얼음은 도로 표면에 코팅한 것처럼 얇은 얼음 막이 생기는 현상이다.
② 노면 살얼음은 추운 겨울에 다리 위, 터널 출입구, 그늘진 도로 등 온도가 낮은 곳에서 주로 발생한다.
③ 아스팔트보다 콘크리트로 포장된 도로가 결빙이 더 많이 발생한다.
④ 아스팔트보다 콘크리트로 포장된 도로가 결빙이 더 늦게 녹는다.

해설 콘크리트보다 아스팔트로 포장된 도로가 결빙이 더 늦게 녹기 때문에 주의하여 운전한다.

10 다음은 이륜자동차가 급정지 시 제동효과를 높이기 위한 힘의 분배에 대한 설명이다. 맞는 것은?

① 앞바퀴에 많이 가해지도록 되어 있다.
② 뒷바퀴에 많이 가해지도록 되어 있다.
③ 양쪽 바퀴 서로 균등하게 가해지도록 되어 있다.
④ 양쪽 바퀴 서로 힘의 분배를 하지 않도록 되어 있다.

해설 이륜자동차가 급제동할 때 제동효과를 높이기 위해 제동할 때 힘의 분배를 앞바퀴에 많이 가해지도록 되어 있다.

정답 5. ② 6. ④ 7. ③ 8. ③ 9. ④ 10. ①

11 이륜자동차가 커브 길에서 급제동 할 경우 ( )이 작동하여 미끄러져 넘어지기 쉽다. ( )에 가장 맞는 것은?

① 충격력　　　② 원심력
③ 관성　　　　④ 마찰력

해설 이륜자동차가 커브 길에서 급제동하면 원심력이 작용하여 미끄러져 넘어지기 쉽다.

5. 안개 및 야간 등의 출제문제

1 짙은 안개로 인해 가시거리가 짧을 때 가장 안전한 운전 방법은?

① 전방이 잘 보이지 않을 때에는 중앙선을 넘어가도 된다.
② 전조등을 켜고 경음기를 울려서 마주 오는 차의 양보를 유도하여 앞지르기 한다.
③ 전조등이나 안개등을 켜서 자신의 위치를 알리며 운전한다.
④ 안개 구간은 속도를 내서 빨리 빠져나간다.

해설 안개 구간에서는 전조등을 켜서 자신의 위치를 알리고, 속도를 줄이고 앞차와의 거리를 충분히 확보하고 운전한다.

2 갑자기 전방 70미터 앞이 잘 보이지 않는 안개 지역을 통과할 때 가장 안전한 운전 방법은?

① 전조등을 켜고 신속하게 안개 지역을 통과한다.
② 전조등과 비상 점멸등을 켜고 서행한다.
③ 비상 점멸등만 켜고 가속운행 한다.
④ 앞에서 주행하는 차의 바로 뒤를 따라 주행한다.

해설 도안개 지역을 통과하는 방법으로 전조등과 비상 점멸등을 작동하여 다른 차에 자신이 진행하고 있다는 신호를 보내면서 서행하여야 한다.

3 이륜자동차가 안개로 인해 가시거리가 100미터 이내인 도로를 운행할 때 가장 안전한 운전방법은?

① 최고속도의 100분의 20을 줄인 속도로 운행한다.
② 전방확인이 어려우므로 앞차를 바싹 따라간다.
③ 전방확인을 위해 전조등은 상향으로 조정한다.
④ 전조등이나 안개등을 켜고 상황에 따라 비상등을 켠다.

해설 이륜자동차가 안개로 인해 가시거리가 100미터 이내인 도로를 운행할 때 가장 안전한 운전방법은 전조등이나 안개등을 켜고 상황에 따라 비상등을 켠다. 시야 확보가 전혀 안 되는 경우에는 길 가장자리나 안전한 장소로 이동한 후 안개가 걷힐 때까지 잠시 주행을 멈추는 것도 필요하다.

4 이륜자동차가 안개지역을 주행할 때 안전운전행동이다. 틀린 것은?

① 전조등, 비상등을 켜고 충분히 감속하되 급가속·급감속을 삼가 한다.
② 앞차의 미등, 차선, 가드레일 등을 기준삼아 안전거리를 유지한다.
③ 터널 입구와 강변도로, 하천 인근 도로에서는 더욱 주의한다.
④ 가시거리가 100미터 이내인 경우에는 최고속도의 100분의 20을 줄인 속도로 운행한다.

해설 이륜자동차가 안개지역을 주행할 때는 100분의 50을 줄인 속도로 운행하여야 한다. 폭우·폭설·안개 등으로 가시거리가 100미터 이내일 때는 최고속도의 100분의 50을 줄인 속도로 운행하여야 한다.

5 야간운전 시 가장 안전한 운전방법은?

① 해가 지고 날씨가 어두워지기 시작하더라도 운전자의 시야가 잘 확보되면 전조등을 켜지 않아도 된다.
② 야간은 주간보다 시력이 떨어지고 시야가 좁아지므로 감속운전 한다.
③ 전조등 불빛이 앞차의 뒷부분을 비출 수 있는 거리까지 접근하여 운전한다.
④ 장애물을 쉽게 발견할 수 있도록 시선을 되도록 가까운 곳에 둔다.

해설 ① 야간운전 시 전조등은 운전자의 시야 확보 외에도 다른 운전자에게 내 차의 위치를 알려주는 기능을 하므로 어두워지기 시작하면 즉시 켜야 한다.
③ 야간운전 시에는 어두운 주변환경으로 인해 교통상황을 정확하게 인식하기 어려우므로 앞차와의 차간거리를 주간보다 길게 잡는 것이 안전하다.
④ 눈의 시선을 먼 곳에 두어 장애물을 일찍 발견하여야 한다.

정답　11. ②　(5) 1. ③　2. ②　3. ④　4. ④　5. ②

6 다음 중 이륜자동차의 야간운전에 대한 설명으로 틀린 것은?

① 주간보다 거리 판단을 훨씬 정확하게 할 수 있다.
② 전방의 장애물 발견이 어렵기 때문에 주간보다 훨씬 낮은 속도로 주행한다.
③ 한적한 산길에서는 상향등을 켜고 주행하는 것이 다른 운전자의 눈에 잘 띄게 한다.
④ 앞서 가는 자동차의 등화가 위·아래로 움직이면 노면상태가 불량하다는 것을 의미하므로 주의한다.

해설 야간에는 불빛에 의존하여 물체의 원근과 속도를 판단하기 때문에 주간과 같이 거리 판단을 정확하게 할 수 없다.

7 이륜자동차의 야간 운전이 주간 운전보다 위험성이 높은 이유는?

① 상대적인 속도 감각의 안정으로 이어지는 안전운전
② 집중력과 위험 대처 능력 향상
③ 물체 인식의 신속성과 정확성 향상
④ 물체 인식의 어려움과 시인성 저하

해설 주간 운전에 비해 야간 운전은 상대적으로 속도감이 저하되며 음주 운전을 하게 될 확률도 높아지면서 난폭 운전으로 이어질 수 있다. 야간에는 시인성이 크게 떨어진다.

8 야간 운전의 특성으로 틀린 것은?

① 길 가장자리를 걸어가는 보행자가 잘 보이지 않는다.
② 길 가장자리를 주행하는 자전거를 뒤늦게 발견하기 쉽다.
③ 마주 오는 대형차의 전조등으로 인한 현혹현상에 노출되기 쉽다.
④ 야간은 시인성이 낮아 교통사고 발생 가능성이 적다.

해설 야간 운전 시에는 주간 운전보다 시야의 제한 및 시인성의 저하가 나타나므로 사고의 위험성이 매우 높다.

9 이륜차 운전자의 안전한 야간 운전 요령으로 가장 거리가 먼 것은?

① 방향 전환 전에 반드시 방향지시등을 작동한다.
② 야광조끼를 착용하거나 안전모에 반사체를 부착하는 것이 좋다
③ 해가 저물기 전에 미리 전조등을 켠다.
④ 속도가 빠른 경우에 장애물을 회피하기가 쉬워진다.

해설 야간에는 전방의 장애물을 발견하기 어려우며, 속도가 빠른 경우에 장애물 회피가 곤란해진다. 따라서 주간보다 속도를 낮추고 안전거리를 확보하는 게 도움이 된다.

10 야간에 마주 오는 차의 전조등 불빛으로 인한 눈부심을 피하는 방법으로 올바른 것은?

① 전조등 불빛을 정면으로 보지 말고 자기 차로의 바로 아래쪽을 본다.
② 전조등 불빛을 정면으로 보지 말고 도로 우측의 가장자리 쪽을 본다.
③ 눈을 가늘게 뜨고 자기 차로 바로 아래쪽을 본다.
④ 눈을 가늘게 뜨고 좌측의 가장자리 쪽을 본다.

해설 대향 차량의 전조등에 의해 눈이 부실 경우에는 전조등의 불빛을 정면으로 보지 말고, 도로 우측의 가장자리 쪽을 보면서 운전하는 것이 바람직하다.

11 이륜자동차 운전자가 커브 길 야간 운전 중 맞은편 차량으로 인하여 눈이 부실 경우 가장 안전한 운전 방법은?

① 눈을 감고 운전한다.
② 최대한 가속하여 빠져 나온다.
③ 도로의 우측가장자리를 본다.
④ 도로의 중앙을 계속 본다.

해설 눈이 부실 경우 도로의 우측가장자리를 보면서 운전하는 것이 안전하다.

정답 6. ① 7. ④ 8. ④ 9. ④ 10. ② 11. ③

12 야간 주행 시 이륜차 운전자가 주의해야 할 사항으로 가장 거리가 먼 것은?

① 주변 불빛에 의존하기 때문에 물체의 원근과 속도를 판단하기 쉽다.
② 증발현상이 나타날 경우 전방의 장애물을 발견하기 어렵다.
③ 주·정차된 차량 주변의 사각지대에서 나오는 보행자를 조심해야 한다.
④ 주간보다 충분한 안전거리를 확보하는 것이 사고예방에 도움이 된다.

> 해설 야간에는 전조등, 주변 불빛에 의존하기 때문에 물체의 원근과 속도를 판단하기가 쉽지 않다. 보행자 증발현상이란 내 차 전조등이 비추는 범위와 마주 오는 차량 전조등의 비추는 범위가 만나는 지점에 있는 대상이 빛 속에 숨어서 안 보이는 현상

13 다음 중 주간 보다 야간 운전에 나타날 위험성이 가장 높은 것은?

① 경제 운전
② 시야의 제한 및 시인성 저하
③ 난폭 운전
④ 과속 운전

> 해설 야간 운전 시에는 주간 운전보다 시야의 제한 및 시인성의 저하가 나타나므로 사고의 위험성이 매우 높다.

14 야간에 도로 상의 보행자나 물체들이 일시적으로 안 보이게 되는 "증발 현상"이 일어나기 쉬운 위치는?

① 반대 차로의 가장자리
② 주행 차로의 우측 부분
③ 도로의 중앙선 부근
④ 도로 우측의 가장자리

> 해설 야간에 도로 상의 보행자나 물체들이 일시적으로 안 보이게 되는 "증발 현상"이 일어나기 쉬운 위치는 도로의 중앙선 부근이다.

15 야간운전 중 발생하는 현혹현상과 관련된 설명으로 가장 타당한 것은?

① 현혹현상은 시력이 낮은 운전자에게 주로 발생한다.
② 현혹현상은 고속도로에서만 발생되는 현상이다.
③ 주로 동일방향 차량에 의하여 발생한다.
④ 주행 중 잦은 현혹현상의 발생은 사고의 위험성을 증가시키는 요인이다.

> 해설 현혹현상은 눈부심으로 인한 일시 시력상실상태로 대부분 반대 방향의 차량으로 인해 발생하게 되는 현상으로 어느 도로에서나 발생할 수 있으며 시력과는 크게 관련이 없다.

16 이륜자동차가 야간에 골목길을 주행 중이다. 올바른 운전방법은?

① 골목길에서는 접촉사고가 자주 발생하므로 야간에는 신속히 통과한다.
② 골목길 교차로가 한산할 때는 전조등을 상향으로 조작하면서 신속히 통과한다.
③ 마주 오는 차의 불빛으로 통행여부를 알 수 있어 불빛이 없을 때는 신속히 통과한다.
④ 골목길은 보행자가 갑자기 나타날 수 있으므로 서행으로 통과한다.

> 해설 야간에는 가급적 앞지르기를 자제하고 주행차로를 이용하여 앞차와의 안전거리를 충분히 유지하면서 주행하여야 한다. 더불어 골목길은 보행자가 갑자기 나타날 수 있으므로 서행으로 통과한다.

17 야간에 도로에서 로드킬(road kill)을 예방하기 위한 운전 방법 및 발생하였을 때 조치요령으로 틀린 것은?

① 동물이 출현할 가능성이 높은 도로에서는 감속 운행을 한다.
② 도로에 고라니가 있는 경우 상향등을 켜서 도망가게 한다.
③ 동물의 사체는 전염병이 있을 수 있으므로 함부로 만지지 않는다.
④ 동물과 사고가 발생하면 도로관리청에 신고한다.

> 해설 상향등을 켜는 경우 고라니 같은 종들은 불빛을 보면 순간적으로 방향 감각을 상실하게 되어 불빛 방향으로 달려들거나 그 자리에 멈춰설 수 있어 전조등을 끄는 것이 좋다.

정답 12. ① 13. ② 14. ③ 15. ④ 16. ④ 17. ②

6. 강풍·폭우 등의 이상기후시의 운전 출제문제

1 다음 중 강풍이나 돌풍 상황에서 가장 올바른 운전방법은?

① 핸들을 양손으로 꽉 잡고 차로를 유지한다.
② 바람에 관계없이 속도를 높인다.
③ 표지판이나 신호등, 가로수 부근에 주차한다.
④ 산악 지대나 다리 위, 터널 출입구에서는 강풍의 위험이 거의 없다.

해설 강풍이나 돌풍은 산악지대나 높은 곳, 다리 위, 터널 출입구 등에서 발생하기 쉬우므로 그러한 지역을 지날 때에는 주의한다. 이러한 상황에서는 핸들을 양손으로 꽉잡아 차로를 유지하며 속도를 줄여야 안전하다. 또한 강풍이나 돌풍에 표지판이나 신호등, 가로수들이 넘어질 수 있으므로 근처에 주차하지 않도록 한다.

2 이륜자동차 운전자가 겨울철 교량에서의 운전 방법으로 가장 안전한 것은?

① 강풍에 대비하여 핸들을 양손으로 꽉 잡고 차로를 유지한다.
② 다리 위에서 다른 차를 앞지르기 한다.
③ 경치를 보기 위하여 다리 위에서 주차를 한다.
④ 노면 살얼음에 상관없이 운전한다.

해설 모든 차의 운전자는 다리 위에서는 다른 차를 앞지르기 못한다.(도로교통법 제22조 제3항 제3호)
모든 차의 운전자는 다리 위에서 주차를 해서는 아니 된다.(도로교통법 제33조 제1호)

3 강풍이나 돌풍이 발생하기 쉬운 장소로 가장 적당하지 않은 곳은?

① 산악지대 고갯마루 부근
② 지하터널 내
③ 터널 출입구
④ 다리 위

해설 산악지대나 높은 곳, 다리 위, 터널 출입구 등은 강풍이나 돌풍이 발생하기 쉽다.

4 도로를 주행 중 갑자기 폭우가 내리기 시작하였다. 올바른 운전방법은?

① 소하천 교량에 물이 범람하고 있더라도 가속하여 진입한다.
② 도로의 중앙선을 무시하고 주행한다.
③ 과속을 해서라도 벗어나기 위해 노력한다.
④ 지하차도는 배수시설 고장 등으로 침수 위험이 있어 우회한다.

해설 지하차도는 국지성 호우 시 급격한 하천범람, 배수시설 용량초과 등으로 순식간에 침수될 수 있으므로 우회하여 진행한다.

5 이륜자동차 운전 중 폭우로 도로의 일부가 물에 잠긴 구간을 만났을 경우 가장 바람직한 운전방법은?

① 핸들을 꼭 잡고 가속하여 빠른 속도로 통과한다.
② 핸들을 꼭 잡고 서행으로 통과한다.
③ 가급적 우회도로를 이용한다.
④ 물에 잠긴 구간에 진입하여 시동이 꺼지면 다시 시동을 걸고 빠져 나온다.

해설 국지적 폭우 등으로 도로가 물에 잠기는 경우 가급적 우회도로를 이용하는 것이 가장 바람직하다. 바퀴의 절반 이상이 물에 잠긴다면 지나갈 수 없으므로 진입하면 안 되며 통과 중 시동이 꺼졌을 경우 다시 시동을 걸면 엔진이 파손된다.

6 물에 잠겨 있는 지하차도 상황에서 이륜자동차 운전자의 가장 안전한 운전 방법은?

① 최대한 빠른 속도로 지하차도를 통과한다.
② 차량 전체가 물에 잠기지 않으면 통과 가능하므로 지하차도로 그냥 지나간다.
③ 지하차도로 통과하다가 시동이 꺼지면 시동이 걸릴 때까지 계속 시동을 건다.
④ 물에 잠기지 않은 다른 도로로 우회한다.

해설 폭우로 인하여 물에 잠겨 있는 지하차도를 차량이 지나갈 수 없다. 침수된 지역에서 시동이 꺼졌을 경우 다시 시동을 걸면 엔진이 망가진다.

정답 (6) 1. ① 2. ① 3. ② 4. ④ 5. ③ 6. ④

7 악천후 조건에서 안전하게 운전하는 가장 효과적인 방법은?

① 빠른 속도로 운전하여 가능한 빨리 악천후를 벗어나려고 한다.
② 평소보다 차간거리를 더 길게 유지하며 운전한다.
③ 전조등과 안개등을 끄고 운전하여 다른 운전자의 시야를 방해하지 않는다.
④ 정기적인 휴식 없이 계속 운전하여 목적지에 최대한 빨리 도착한다.

> 해설 악천후에는 속도를 줄이고, 차간 거리를 더 길게 두고, 안개등 등을 켜는 등 평소보다 더 안전운전이 되도록 하여야 한다.

8 도로의 움푹 패인 곳을 포트홀이라고 한다. 안전한 대응 요령으로 틀린 것은?

① 콘크리트보다는 아스팔트로 포장된 도로에서 많이 발생하므로 주의한다.
② 제설 작업으로 약해진 도로 노면 틈 사이로 빗물이 유입되면서 균열로 인하여 발생하므로 해빙기에 특히 유의한다.
③ 포트홀을 통과할 때에는 최대한 빠른 속도로 진행한다.
④ 포트홀을 발견한 경우 도로관리청에 신고하여 신속히 도로를 보수할 수 있도록 해야 한다.

> 해설 포트홀은 겨울철 제설 작업으로 약해진 도로 노면 틈 사이로 빗물이 유입되면서 균열로 인하여 발생하고 도로에 차량의 잦은 이동으로 아스팔트의 표면이 떨어져 나가 도로에 구멍이 파이는 현상을 말한다. 포트홀을 통과할 때에는 감속하며 서행으로 진행한다.

9 포트홀(pothole, 도로의 움푹 패인 곳)에 대한 설명으로 틀린 것은?

① 포트홀에 의한 교통사고는 이륜자동차보다 사륜자동차가 쉽게 발생한다.
② 교통사고 예방을 위하여 포트홀 주변에는 감속하여 통과한다.
③ 포트홀로 인해 자동차에 강한 충격이 전해졌다면 가까운 정비소를 찾는다.
④ 포트홀은 콘크리트보다는 아스팔트로 포장된 도로에서 많이 발생한다.

> 해설 포트홀은 빗물에 의해 지반이 약해지고 균열이 발생한 상태로 차량의 잦은 이동으로 아스팔트의 표면이 떨어져 나가 도로에 구멍이 파이는 현상을 말한다. 포트홀에 의한 교통사고는 사륜자동차보다 이륜자동차가 쉽게 발생한다.

7. 터널, 화재, 지진 등의 운전 출제문제

1 터널에서의 운전과 관련된 내용으로 맞는 것은?

① 터널 안에서는 점선구간에서도 진로 변경할 수 없다.
② 터널 안은 앞지르기 금지 장소이다.
③ 터널 진입 시 명순응 현상이 주로 발생한다.
④ 터널에서 나가는 경우 암순응 현상이 주로 발생한다.

> 해설 교차로, 다리 위, 터널 안 등은 앞지르기가 금지된 장소이며, 터널 진입 시 암순응 현상이 발생하고 터널에서 나가는 경우 명순응 현상이 주로 발생하므로 주의해야 한다. 백색 점선의 노면표시의 경우 진로변경이 가능하다.

2 편도 2차로의 일반도로 터널 안을 주행할 때 올바른 운전방법은?

① 터널 안이라 하더라도 백색점선으로 차선이 구분된 경우 진로변경이 가능하다.
② 터널 안은 앞지르기 금지장소가 아니므로 앞차가 서행할 때는 앞지르기가 가능하다.
③ 터널 안은 전방시야가 밝지 않으므로 앞 차량을 바싹 따라간다.
④ 앞차가 서행하고 터널 내 통행량이 적은 경우에는 앞지르기가 가능하다.

> 해설 앞지르기 금지장소 터널 안은 앞지르기 금지장소이고 터널 안을 주행 할 때는 앞차와의 안전거리를 충분히 유지하여야 한다. 다만 터널 안이라 하더라도 백색점선으로 차선이 이루어진 경우 진로변경은 가능하다.

3 일반도로의 '터널구간'에 대한 겨울철 특성에 대한 설명으로 가장 옳은 것은?

① 혹한기에만 결빙된다.
② 시작점과 끝나는 지점은 지면과 접해있어 결빙되지 않는다.
③ 지열로 인해 터널 밖보다 기온이 높아 결빙되지 않는다.
④ 터널 입구와 터널 출구는 특히 위험하다.

> 정답 7. ② 8. ③ 9. ① (7) 1. ② 2. ① 3. ④

해설 터널의 입구와 출구는 일반도로보다 빨리 얼고 늦게 해빙되므로, 터널 진입 전 충분히 감속하여야 한다.

4 터널 안 화재가 발생했을 때 이륜자동차 운전자의 행동으로 가장 올바른 것은?

① 도난 방지를 위해 이륜자동차의 잠금장치를 잠그고 열쇠를 가지고 터널 밖으로 대피한다.
② 화재로 인해 터널 안은 연기로 가득차기 때문에 그대로 대기한다.
③ 차량 사이로 지그재그 운전하며 출구로 나온다.
④ 엔진 시동을 끄고 열쇠는 꽂아둔 채 신속하게 내려 대피한다.

해설 터널 안 화재가 발생했을 때 이륜자동차를 이동시킬 수 있으므로 엔진을 끈 후 키를 꽂아둔 채 신속하게 하차하고 대피해야 한다.

5 교통사고로 인한 화재와 관련해 운전자의 행동으로 가장 알맞은 것은?

① 구조대의 활동이 본격적으로 시작되면 반드시 같이 구조 활동을 해야 한다.
② 긴장감 해소를 위해 담배를 피워도 무방하다.
③ 위험 물질 수송 차량과 충돌한 경우엔 사고 지점에서 빠져나와야 한다.
④ 화재가 발생하더라도 부상자는 절대 건드리지 말아야 한다.

해설 구조대의 활동이 본격적으로 시작되면 구조 활동에 참여하지 말고 현장에서 물러나야 한다. 유류 및 가스 유출의 위험이 있기 때문에 담배를 피우면 안 된다. 화재가 발생했다면 부상자를 적절하게 구호해야 한다.

6 이륜차 화재 예방방법으로 가장 거리가 먼 것은?

① 엔진오일 등 정기적인 점검과 관리를 한다.
② 연료장치와 전기장치의 불법 개조를 금한다.
③ 연료 주유 시에 정전기를 예방한다.
④ 화재 진압을 위한 소화기를 의무적으로 비치한다.

해설 소방시설 실치 및 관리에 관한 법률 제11조(자동차에 설치 또는 비치하는 소화기) 제1항 「자동차관리법」 제3조 제1항에 따른 자동차 중 다음 각 호의 어느 하나에 해당하는 자동차를 제작·조립·수입·판매하려는 자 또는 해당 자동차의 소유자는 차량용 소화기를 설치하거나 비치하여야 한다.
1. 5인승 이상의 승용자동차
2. 승합자동차
3. 화물자동차
4. 특수자동차

7 지진이 발생할 경우 안전한 대처 요령은?

① 지진이 발생하면 신속하게 주행하여 지진지역을 벗어난다.
② 차간거리를 충분히 확보한 후 도로의 우측에 정차한다.
③ 차를 두고 대피할 필요가 있을 때는 차의 시동을 켜 둔다.
④ 지진 발생과 관계없이 계속 주행한다.

해설 지진이 발생할 경우 차를 운전하는 것이 불가능하다. 충분히 주의를 하면서 교차로를 피해서 도로 우측에 정차시키고, 라디오의 정보를 잘 듣고 부근에 경찰관이 있으면 지시에 따라서 행동한다. 차를 두고 대피할 경우 차의 시동은 끄고 열쇠를 꽂은 채 대피한다.

Chapter 20
경제운전(연료절약) 출제문제

1 자동차등을 운행 시 가장 연료를 절약할 수 있는 속도를 일컫는 용어는?

① 최저속도   ② 최고속도
③ 경제속도   ④ 법정속도

해설 연료를 절약할 수 있는 가장 좋은 속도는 경제속도이다.

2 친환경·경제운전 방법으로 가장 알맞은 것은?

① 경제속도를 준수한다.
② 급가속과 급회전을 한다.
③ 이륜자동차 점검은 소모품 교환 시에만 한다.
④ 오르막길과 내리막길에서는 타력주행과 관성주행을 한다.

해설 급가속과 급회전을 삼가며 이륜자동차 점검은 수시 또는 정기적으로 하며 오르막길과 내리막길에서는 타력주행과 관성주행을 하지 않는 것이 좋으며 경제속도를 준수한다.

정답 4. ④ 5. ③ 6. ④ 7. ② Chapter 20 1. ③ 2. ①

3 다음 중 연료를 절감할 수 있는 운전 방법으로 가장 알맞은 것은?

① 항상 최고속도 이상으로 주행한다.
② 내리막길에서는 시동을 끄고 내려온다.
③ 타이어 공기압을 낮춘다.
④ 급출발·급제동은 하지 않는다.

해설 급가감속은 연비를 낮추는 원인이 되고, 타이어 공기압을 지나치게 낮추면 타이어의 직경이 줄어들어 연비가 낮아지며, 내리막길에서 시동을 끄게 되면 브레이크 배력 장치가 작동되지 않아 제동이 되지 않으므로 올바르지 못한 운전방법이다.

4 이륜자동차의 연료절감 효과를 높이는 가장 바람직한 방법은?

① 급출발, 급정지는 가급적 하지 않는다.
② 타이어의 공기압은 항상 부족하게 한다.
③ 목적지까지 가능한 가속하여 빨리 간다.
④ 여유 공간에 짐을 가득 싣는다.

해설 이륜자동차의 연료절감 효과를 높이는 가장 바람직한 방법은 급출발, 급정지, 급가속, 급핸들 조작 등은 가급적하지 않는 것이 연료절감에 매우 효과적이다.

5 연비를 향상시키는데 가장 적합한 운전습관을 갖고 있는 운전자는?

① 출발할 때 항상 급출발하는 운전자
② 운행할 때 주로 정속주행 하는 운전자
③ 정차할 때 항상 급제동하는 운전자
④ 저단 기어로 주행하는 운전자

해설 급제동, 급가속, 급출발은 연료 소비를 증가시키므로 주의하고 정속주행하면 연료를 절감할 수 있다.

6 친환경·경제운전을 하기 위한 올바른 운전습관이 아닌 것은?

① 공회전을 최소화 한다.
② 경제속도를 유지한다.
③ 출발은 신속하고 빠르게 한다.
④ 관성주행을 활용한다.

해설 출발 전 공회전은 30초~1분 이내로, 정차 시 기어는 중립모드(N)로 한다. 도착 후 공회전은 30초~1분 이내로 출발은 여유 있게 정지는 서서히 하는 것이 바람직하다.

7 다음 중 친환경 운전에 해당하는 것은?

① 타이어 압력은 적정하게 유지할 필요가 없다.
② 정속 주행을 생활화하고 브레이크 페달을 자주 밟지 않는다.
③ 연료가 떨어질 때를 대비해 가득 주유한다.
④ 엔진 보호를 위해 공회전을 생활화 한다.

해설 타이어 압력은 적정하게 유지해야 하며 정속 주행을 생활화하고 브레이크 페달을 자주 밟지 않는다. 연료는 적정량(최대저장용량의 1/2 또는 2/3정도)주유하는 것이 좋다. 엔진 공회전은 연료소비와 환경오염의 주범이 된다.

8 친환경 경제운전으로 가장 알맞은 경우는?

① 교통 체증이 없더라도 경제속도로 정속 주행한다.
② 차량 수명 연장을 위해 평소 출발 전과 도착 후 5분씩 공회전을 한다.
③ 타이어의 접지면적을 증가시키기 위해 공기압을 5퍼센트 정도 낮게 유지한다.
④ 주행 안정성을 위해 트렁크에 약 10킬로그램 정도의 짐을 항상 유지한다.

해설 친환경 경제운전을 위해 급출발·급가속·급제동을 하지 않고, 경제속도 시속 80킬로미터를 유지하고, 불필요한 공회전을 자제하며 타이어 적정 공기압을 유지하고 자동차 무게를 가볍게 하며 불필요한 브레이크 사용을 줄여야 한다.

9 친환경·경제운전에 대한 설명으로 가장 알맞은 것은?

① 정보운전을 생활화하는 것이 좋다.
② 유사연료를 사용하면 연료절감이 된다.
③ 되도록 짐을 가득 싣는 것이 좋다.
④ 타이어는 장거리 주행 시나 명절 때만 점검한다.

해설 정보운전(사전운행계획, 교통정보 활용 등)을 생활화하는 것이 좋다. 유사연료는 절대 사용하지 말고 되도록 짐은 적당히 싣고 타이어는 수시로 점검한다.

10 연비를 높일 수 있는 가장 좋은 운전방법은?

① 타이어 공기압을 낮춘다.
② 연료는 수시로 가득 채운다.
③ 주행할 때는 저단기어를 주로 사용한다.
④ 트렁크에 불필요한 짐을 싣지 않는다.

정답 3.④ 4.① 5.② 6.③ 7.② 8.① 9.① 10.④

해설 타이어 공기압을 낮추거나 연료를 수시로 가득 채우는 경우 또는 저단 기어를 사용하는 경우, 차량의 중량을 늘이는 경우는 연비를 낮게 하는 대표적인 방법이다.

11 다음 중 친환경 경제운전으로 인한 효과와 거리가 먼 것은?

① 차량의 화물 적재물을 줄이는 것으로는 연료 절감효과가 없다.
② 타이어의 교체 시기를 늦출 수 있어 차량 유지비를 절감할 수 있다.
③ 환경위험이 심각한 온실가스 배출을 줄여 환경을 보호할 수 있다.
④ 급조작, 급출발을 하지 않는 운전습관을 통해 교통사고를 줄일 수 있다.

해설 에코 드라이브로 인한 효과는 경제성, 안전성, 친환경성이다.
연비를 높여 연료비를 절감하고 타이어 교체시기를 늦출 수 있고 차량의 유지 보수비와 수리비도 절감할 수 있다.
에코 드라이브를 통해 안전한 운전 습관을 만들 수 있다. 안전한 운전 습관을 통해 교통사고도 줄일 수 있다. 또한 지구 온난화로 인한 환경 위험이 심각한 상황에서 온실가스의 배출을 줄이는 등 친환경 효과가 있다.
1. 교통정보의 생활화, 2. 엔진 예열 최소화, 3. 자동차 출발을 부드럽게, 4. 관성 주행 활용, 5. 정속 주행 유지, 6. 경제속도 준수, 7. 공회전 최소화, 8. 화물 적재물 줄이기, 9. 적정한 타이어 공기압 체크, 10. 에어컨 사용 억제, 11. 소모품 관리 철저

12 다음 중 친환경 경제운전과 가장 거리가 먼 것은?

① 출발 전 도로 및 기상정보와 교통정보를 활용하여 최적의 경로로 운행한다.
② 엔진 예열시간은 계절에 관계없이 10분 이상 하는 것이 좋다.
③ 급출발을 하지 않고 출발할 때 부드럽게 가속한다.
④ 연료공급 차단기능을 활용하여 운전을 한다.

해설 차종·계절별로 다를 수 있으나 약 30초~2분 정도면 충분하다.
연료공급 차단기능(Fuel cut)이란 일정속도 이상일 때 가속페달에서 발을 떼면 연료공급이 완전 차단되면서 오직 관성으로 이동하는 것.

13 다음 중 친환경 운전을 잘 실천하고 있지 않은 운전자는?

① 타이어 공기압을 항상 적정하게 유지하는 운전자
② 정속 주행을 생활화하고 급가속을 하지 않는 운전자
③ 급출발이나 급제동을 하지 않는 운전자
④ 에어컨을 항상 켜고 주행하는 운전자

해설 에어컨은 필요시만 켤 수 있도록 하며 처음에 켤 때는 고단으로 켠 후 저단으로 낮추는 것이 효율적이다.

14 다음 중 친환경 경제운전과 가장 거리가 먼 것은?

① 급가속, 급감속 등을 하지 않는다.
② 불필요한 짐은 빼고 연료는 절반 정도 채워 운행한다.
③ 주기적으로 차량 점검 및 소모품 관리를 한다.
④ 에어컨 작동은 고단으로 계속 유지하는 것이 연료절감에 도움이 된다.

해설 에어컨 작동은 고단에서 시작하여 저단으로 유지하는 것이 좋으며 여름에는 그늘에 주차를 하고 출발 전 문 여닫기를 하여 더운 공기를 빼내면 좋다

15 다음 중 친환경 차량에 해당하지 않은 것은?

① 하이브리드자동차   ② 전기자동차
③ 수소전기자동차   ④ 가솔린자동차

해설 친환경 차량은 청정 연료를 사용하거나 대기 오염물질을 배출하지 않는 등 자연환경을 오염시키지 않는 자동차를 말한다.

Chapter 21
이륜차의 점검 등의 출제문제

1 이륜자동차 운행 및 관리점검에 대한 설명이다. 틀린 것은?

① 배기량 125시시 이륜자동차도 번호판을 부착해야 한다.
② 운전자와 동승자 모두 안전모를 착용해야 한다.
③ 타이어, 연료상태 등은 항상 출발 후 점검하는 습관을 가지는 것이 좋다.
④ 과로 등으로 몸이 피로한 때에는 운전을 하지 않는 것이 좋다.

정답 11. ① 12. ② 13. ④ 14. ④ 15. ④   Chapter 21 1. ③

해설 이륜자동차 운행 및 관리점검 출발 전 타이어, 연료 등의 상태를 점검하는 습관을 가지는 것이 좋다.

2 안전한 이륜차 운행을 위한 사전 점검요령이다. 잘못된 것은?

① 엔진오일 게이지로 양이나 색깔, 점도 등을 확인한다.
② 연료탱크 캡을 열고 라이터나 손전등을 이용해 눈으로 확인한다.
③ 브레이크를 작동시켜 누유 등을 점검한다.
④ 배터리 터미널 풀림이나 부식 등을 눈으로 확인한다.

해설 계기판을 통해 연료를 확인하고 필요시 보충한다. 주의할 점은 연료탱크 캡을 열고 라이터 등을 통해 눈으로 확인하는 것은 유증기 등으로 인한 이륜차 화재 등 큰 사고로 이어질 수 있다.

3 이륜자동차의 운행 전 점검사항이다. 틀린 것은?

① 이륜자동차의 구조 및 장치가 안전 기준에 적합하지 않으면 운행하지 않는다.
② 이륜자동차는 오랫동안 공회전을 해야만 출발할 때 부드러우며 연료 절감에도 도움이 된다.
③ 이륜자동차를 운전하기 전에 타이어의 공기압 및 마모상태 등을 확인한다.
④ 이륜자동차를 운전하기 전에 뒤쪽에서 진행하는 차량을 볼 수 있도록 후사경을 조절한다.

해설 이륜자동차는 오랫동안 공회전을 하면 출발할 때 절대적으로 부드러운 것은 아니며 친환경 경제운전에 반감되는 운전이다.

4 다음은 이륜자동차 브레이크 점검방법에 대한 설명이다. 잘못된 것은?

① 브레이크 레버 유격은 이륜자동차를 가볍게 움직이면서 레버를 당겨서 점검하고 필요시 조정한다.
② 브레이크액은 소모품이 아니므로 교환하지 않고 점검해서 보충만 하면 된다.
③ 브레이크 패드와 디스크 판은 수시로 마모상태를 점검하고 필요시 교환한다.
④ 브레이크액이 새는 곳은 없는지 점검하고 새는 곳이 있으면 수리한다.

해설 브레이크액은 소모품으로 브레이크 오일이 노후하면 브레이크 성능이 떨어지기 때문에 교환주기에 맞추어 교환하여야 한다.

5 이륜자동차 타이어 점검에 대한 설명으로 가장 알맞은 것은?

① 공기압 점검은 항상 육안으로 한다.
② 타이어의 마모상태는 안전운전과 상관없다.
③ 타이어 공기압이 적으면 제동효과는 우수하다.
④ 주기적인 타이어 점검은 안전운전에 도움이 된다.

해설 주기적인 타이어 마모상태, 트래드 점검은 안전운전에 도움이 되며 공기압도 계절별로 적정공기압을 유지하는 것이 제동효과에 뛰어나다.

6 수막현상에 대한 설명으로 가장 적절한 것은?

① 수막현상이 발생하더라도 핸들 조작의 결과는 평소와 별 차이를 보이지 않는다.
② 새 타이어일수록 수막현상이 발생할 가능성이 낮다.
③ 타이어와 노면 사이의 접촉면이 좁을수록 수막현상의 가능성이 높아진다.
④ 수막현상을 예방하기 위해서 가장 중요한 것은 빗길에서 평상시와 같은 속도를 유지한다.

해설 수막현상이 발생하면 핸들 조작이 어렵고 새 타이어일수록 수막현상이 발생할 가능성이 낮다. 또한, 타이어와 노면사이의 접촉면이 좁을수록 수막현상의 가능성이 낮다 그리고 수막현상을 예방하기 위해서 가장 중요한 것은 빗길에서 평소보다 감속하는 것이다.

Chapter 22
엔진, 배터리, 전기차 충전 등의 출제문제

1 다음은 이륜자동차 엔진오일의 역할에 대한 설명이다. 잘못된 것은?

① 윤활작용을 한다.
② 엔진 성능향상을 위한 가열작용을 한다.
③ 세척작용을 한다.
④ 마모방지작용을 한다.

해설 엔진오일은 엔진을 식혀 주는 냉각작용을 한다.

정답 2. ② 3. ② 4. ② 5. ④ 6. ②   Chapter 22 1. ②

2 전기자동차의 고전압 배터리 시스템에 화재 발생 시 주의사항이 아닌 것은?

① 화재가 발생한 경우 신속히 시동을 끈다.
② 소화 시 이산화탄소를 액화해 충전한 소화기를 사용한다.
③ 화재진압이 불가능한 경우에는 안전한 곳으로 대피한다.
④ 소방서에 전기자동차 화재인지 여부를 알릴 필요는 없다.

해설 소방서 등에 연락하여 전기자동차 화재임을 즉시 알리고 조치를 받는다.

3 환경친화적 자동차 충전시설의 충전구역에 주차할 수 있는 차량으로 맞는 것은?

① 수소전기자동차
② 하이브리드자동차
③ 외부충전식하이브리드자동차
④ LPG가스 차량

해설 환경친화적 자동차의 개발 및 보급 촉진에 관한 법률(약칭:친환경자동차법) 제11조의2(환경친화적 자동차의 전용주차구역 등) 제7항 누구든지 다음 각 호의 어느 하나에 해당하지 아니하는 자동차를 환경친화적 자동차 충전시설의 충전구역에 주차하여서는 아니 된다.
1. 전기자동차
2. 외부 전기 공급원으로부터 충전되는 전기에너지로 구동 가능한 하이브리드자동차

4 환경친화적 자동차의 개발 및 보급 촉진에 관한 법률상 환경친화적 자동차에 대한 충전 방해행위의 기준이 아닌 것은?

① 충전구역의 앞이나 뒤, 양 측면에 물건 등을 쌓거나 주차하여 충전을 방해하는 행위
② 충전구역의 진입로에 물건 등을 쌓거나 주차하여 충전을 방해하는 행위
③ 환경친화적 자동차 충전시설을 과실로 훼손하는 행위
④ 충전구역임을 표시한 구획선 또는 문자 등을 지우거나 훼손하는 행위

해설 환경친화적 자동차의 개발 및 보급 촉진에 관한 법률(약칭: 친환경자동차법) 제18조의8(환경친화적 자동차에 대한 충전 방해행위의 기준 등) ① 법 제11조의2제9항 후단에 따른 충전 방해행위의 기준은 다음 각 호와 같다.

1. 환경친화적 자동차 충전시설의 충전구역(이하 "충전구역"이라 한다) 내에 물건 등을 쌓거나, 충전구역의 앞이나 뒤, 양 측면에 물건 등을 쌓거나 주차하여 충전을 방해하는 행위
2. 환경친화적 자동차 충전시설 주변에 물건 등을 쌓거나 주차하여 충전을 방해하는 행위
3. 충전구역의 진입로에 물건 등을 쌓거나 주차하여 충전을 방해하는 행위
4. 제2항에 따라 충전구역임을 표시한 구획선 또는 문자 등을 지우거나 훼손하는 행위
5. 환경친화적 자동차 충전시설을 고의로 훼손하는 행위
6. 전기자동차 또는 외부충전식하이브리드자동차를 제18조의7제1항제1호에 따른 급속충전시설의 충전구역에 2시간 이내의 범위에서 산업통상자원부장관이 정하여 고시하는 시간이 지난 후에도 계속 주차하는 행위
7. 전기자동차 또는 외부충전식하이브리드자동차를 제18조의7제1항제2호에 따른 완속충전시설(산업통상자원부장관이 주택규모와 주차여건 등을 고려하여 고시하는 단독주택 및 공동주택에 설치된 것은 제외한다)의 충전구역에 14시간 이내의 범위에서 산업통상자원부장관이 정하여 고시하는 시간이 지난 후에도 계속 주차하는 행위
8. 환경친화적 자동차의 충전시설을 전기자동차 또는 외부충전식하이브리드자동차의 충전 외의 용도로 사용하는 행위

제16조(과태료) ① 제11조의2제9항을 위반하여 충전 방해행위를 한 자에게는 100만원 이하의 과태료를 부과한다.

Chapter 23
타이어 장치 등의 출제문제

1 다음은 이륜자동차 타이어 공기압이 과다한 경우에 대한 설명이다. 잘못된 것은?

① 미끄러지기 쉽다.
② 트레드의 중앙부가 빨리 마모된다.
③ 접지면이 좁아진다.
④ 핸들이 무거워진다.

해설 타이어 공기압이 부족하면 핸들이 무겁고 연료 낭비가 심해진다.

정답 2. ④ 3. ③ 4. ③   Chapter 23   1. ④

2 다음은 이륜자동차 타이어 공기압이 부족한 경우에 대한 설명이다. 잘못된 것은?

① 접지 면이 넓어진다.
② 연료 낭비가 심해진다.
③ 고속주행 시 타이어 파열 등으로 인한 사고를 예방할 수 있다.
④ 미끄러짐은 적어진다.

> **해설** 타이어 공기압이 부족하면 고속주행 시 열이 발생하여 타이어 파열 등으로 사고가 발생할 수 있다.

3 자동차 타이어 관리에 대한 설명으로 가장 맞는 것은?

① 타이어 트레드가 완전 마모될 때까지 사용한다.
② 타이어 공기압은 높을수록 좋다.
③ 타이어의 위치는 주기적으로 교환해 주는 것이 좋다.
④ 타이어와 연비는 상관관계가 없다.

> **해설** 타이어의 수명을 연장하기 위해서는 타이어의 위치를 주기적으로 교환해 주는 것이 좋다. 또한 타이어의 공기압은 적정하게 하고, 타이어 트레드가 마모한계점(1.6mm)에 도달한 경우는 교환해 주어야 한다.

4 이륜자동차 타이어의 단면 형상이 원형구조를 가지고 있는 이유로 가장 맞는 것은?

① 제동할 때 제동력을 높이기 위함이다.
② 차체 균형을 쉽게 잡을 수 있도록 하기 위함이다.
③ 회전할 때 원심력과 균형을 유지하기 위함이다.
④ 도로 바닥에 넘어지지 않도록 하기 위함이다.

> **해설** 이륜자동차의 타이어의 단면 형상이 원형인 구조를 가지는 것은 회전할 때 원심력과 균형을 유지하기 위함이다.

5 다음 중 이륜자동차 타이어의 특성에 대한 설명이다. 맞는 것은?

① 타이어 단면 형상이 원형의 구조로 되어 있다.
② 트레드가 없는 구조로 되어 있다.
③ 앞바퀴와 뒷바퀴의 크기가 모두 같은 구조로 되어 있다.
④ 자동차 디이어보다 제동거리가 짧다.

> **해설** 회전할 때 원심력과 균형 유지를 위해 타이어 단면 형상이 원형의 구조로 되어 있으며, 트레드가 있고, 앞바퀴와 뒷바퀴의 크기가 다르다.

6 자동차 및 자동차부품의 성능과 기준에 관한 규칙상 이륜자동차 공기압 타이어의 표기 기준에 대한 설명으로 틀린 것은?

① 타이어 트레드 부분에는 트레드 깊이가 1.6밀리미터까지 마모된 것을 표시하는 트레드 마모지시기를 표기할 것
② 타이어의 최소한 한쪽면에 제작사명 또는 제작사를 표시하는 기호를 양각 또는 음각으로 표기할 것
③ 타이어의 최소한 한쪽면에 제작번호 또는 그에 상당하는 기호를 양각 또는 음각으로 표기할 것
④ 타이어의 최소한 한쪽면에 타이어의 호칭을 표시하는 기호를 양각 또는 음각으로 표기할 것

> **해설** 자동차 및 자동차부품의 성능과 기준에 관한 규칙 별표 1의2
> 이륜자동차 공기압 타이어의 타이어 트레드 부분에는 트레드 깊이가 0.8밀리미터까지 마모된 것을 표시하는 트레드 마모지시기를 표기해야 한다.

정답 2. ③ 3. ③ 4. ③ 5. ① 6. ①

Chapter 24

사진형 출제문제

1 회전교차로 통행방법으로 바르지 않은 2가지는?

[도로상황]
- 회전교차로

① 회전교차로에서는 시계방향으로 통행하여야 한다.
② 회전교차로에 진입하려는 경우에는 진입하기에 앞서 서행하거나 일시정지하여야 한다.
③ 회전교차로 안에서 진행하고 있는 차가 회전교차로에 진입하려는 차에게 진로를 양보하여야 한다.
④ 회전교차로 진입을 위하여 방향지시등을 켠 차가 있으면 그 뒤차는 앞차의 진행을 방해하여서는 아니된다.
⑤ 회전교차로 내에서는 주차나 정차를 하여서는 아니된다.

해설 차의 운전자는 회전교차로에서는 반시계방향으로 통행하여야 한다(도로교통법 제25조의2 제1항). 차의 운전자는 회전교차로에 진입하려는 경우에는 이미 진행하고 있는 다른 차가 있는 때에는 그 차에 진로를 양보하여야 한다(도로교통법 제25조의2 제2항)

2 회전교차로 통행방법으로 바르지 않은 2가지는?

[도로상황]
- 회전교차로

① 주변 상가에 급한 용무가 있으면 교차로 가장자리에 정차해도 된다.
② 횡단보도에 보행자신호등이 없으면 보행자가 건너는 중이라도 차는 일시정지할 필요가 없다.
③ 회전교차로에서는 반시계방향으로 진행하여야 한다.
④ 회전교차로에 진입하려는 경우에는 이미 진행하고 있는 다른 차가 있는 때에는 그 차에 진로를 양보하여야 한다.
⑤ 회전교차로에 진입하려는 경우와 회전교차로에서 나가려는 경우에는 방향지시등으로 진로를 표시해야 한다.

해설 교차로에서는 주차와 정차가 금지된다(도로교통법 제32조 제1호). 신호등이 없는 횡단보도라고 하더라도 보행자가 횡단보도를 통행하고 있는 경우에는 차의 운전자는 횡단보도 앞에서 일시정지하여야 한다(도로교통법 제27조 제1항).

정답 Chapter 24 1. ①, ③ 2. ①, ②

3 가장 안전한 운전방법에 대한 설명 2가지는?

[도로상황]

■ 회전교차로

① 무단횡단하는 보행자가 있다면 서행이나 일시정지하여 보행자를 보호해야 한다.
② 교차로에서 다른 차를 앞지르려고 할 때에는 그 차의 왼쪽으로 앞지르기해야 한다.
③ 회전교차로에 진입하려고 할 때에는 속도를 높여 급하게 진입 한다.
④ 주변 상가에 급한 용무가 있을 경우 중앙 안전지대에 주차할 수 있다.
⑤ 회전교차로 안에서 밖으로 진출하려고 할 때에는 오른쪽 방향지시등을 켜야 한다.

해설 교차로에서의 앞지르기는 금지된다(도로교통법 제22조 제3항 제1호). 차의 운전자는 회전교차로에 진입하려는 경우에는 이미 진행하고 있는 다른 차가 있는 때에는 그 차에 진로를 양보하여야 하지(도로교통법 제25조의2 제2항) 이미 회전하는 차가 진로를 양보할 의무는 없다. 교차로에서는 주차와 정차가 금지된다(도로교통법 제32조 제1호).
우회전 또는 진로를 오른쪽으로 바꾸려는 때에는 오른쪽 방향지시등을 켜도록 하고 있으며(도로교통법 시행규칙 별표2) 회전교차로에서 진출하려는 경우는 방향지시등을 켜도록 하고 있다(도로교통법 제38조 제1항).

4 가장 안전한 운전방법에 대한 설명 2가지는?

[도로상황]

■ 3차로 도로 중 2차로로 운전 중
■ 전방에 신호등이 있는 교차로
■ 유턴금지 표지 있음
■ 전방 신호등에 있는 안전표지는 "직진 후 좌회전"이라는 신호현 시 순서를 나타내고 있음

① 2차로에서 좌회전할 수 있다.
② 다른 차마에 방해가 되지 않는다면 유턴이 가능하다.
③ 좌회전을 하려면 좌회전 대기 중인 차를 앞질러 맨 앞에서 좌회전 신호를 기다리면 된다.
④ 우회전하려면 도로의 우측 가장자리를 서행하면서 우회전해야 한다.
⑤ 녹색등화에 좌회전할 수 없고, 녹색화살표의 등화에 좌회전할 수 있다.

해설 교차로에서 좌회전하려는 경우에는 1차로를 따라 통행해야 한다(도로교통법 제25조 제2항). 교차로에서 우회전하려는 경우에는 도로의 우측 가장자리로 서행하면서 우회전해야 한다(도로교통법 제25조 제1항). 신호기의 신호에 따라 정지하고 있는 차 앞으로 끼어드는 행위는 끼어들기 위반에 해당한다(도로교통법 제23조, 제22조 제2항 제1호). 비보호좌회전표지 없는 신호등의 녹색등화에 좌회전하면 신호위반에 해당한다(대법원 2005. 7. 28 2004도5848 판결 참조).

정답 3. ①, ⑤ 4. ④, ⑤

5 가장 안전한 운전방법에 대한 설명 2가지는?

[도로상황]
- 전방에 고원식횡단보도
- 노면에 "양보"라 쓰여 있음
- 우회전 후 다른 도로에 합류하는 가속차로 있음

① 좌측 도로를 진행하는 자동차 앞으로 급격히 끼어든다.
② 다른 도로로 합류할 때에는 방향지시등을 켤 필요가 없다.
③ 횡단보도를 횡단하려는 보행자가 있다면 정지선에 일시정지 한다.
④ 전방 합류하고자 하는 지점이 정체되는 경우 안전지대를 가로질러 진입한다.
⑤ 횡단보도에 개인형 이동장치를 끌고 가는 사람이 있다면 일시정지 한다.

해설 차의 진로를 변경하려는 경우에 그 변경하려는 방향으로 오고 있는 다른 차의 정상적인 통행에 장애를 줄 우려가 있을 때에는 진로를 변경하여서는 아니 된다(도로교통법 제19조 제1항). 운전자는 진로를 바꾸려고 하는 경우에는 방향지시등으로써 그 행위가 끝날 때까지 신호를 하여야 한다(도로교통법 제38조 제1항). 모든 차 또는 노면전차의 운전자는 보행자(제13조의2제6항에 따라 자전거등에서 내려서 자전거등을 끌거나 들고 통행하는 자전거등의 운전자를 포함한다)가 횡단보도를 통행하고 있거나 통행하려고 하는 때에는 보행자의 횡단을 방해하거나 위험을 주지 아니하도록 그 횡단보도 앞(정지선이 설치되어 있는 곳에서는 그 정지선을 말한다)에서 일시정지하여야 한다(도로교통법 제27조 제1항). 고원식횡단보도표시(도로교통법 시행규칙 별표6 일련번호 533)은 과속방지턱 노면에 설치하므로 이륜차 운전자라면 이곳을 지날 때 감속할 필요가 있다. 또한 안전지대를 통과하여 진입하는 것은 금지하고 있다.

6 전방 교차로에서 이륜차가 우회전하려는 경우에 가장 안전한 운전방법에 대한 설명 2가지는?

[도로상황]
- 전방 택시가 우회전차로에 정지 중

① 택시가 승객을 하차시키는 경우에 이를 주의하며 운전할 필요는 없다.
② 방향전환 하고자 하는 지점 30m 전방에서부터 오른쪽 방향지시등을 켠다.
③ 미리 가장 우측 차로에서 순서에 따라 서행하면서 우회전한다.
④ 전방에 우회전하려는 다른 자동차들을 좌측으로 앞질러서 우회전할 수 있다.
⑤ 택시가 정지 중이므로 보도를 이용하여 통행한다.

해설 버스, 택시는 승객의 승하차를 위하여 급차선 하는 경우가 많아 특히 이륜차 운전자는 주의하여야 한다(경찰인재개발원, 싸이카 운전요원 양성 교재). 모든 차의 운전자는 교차로에서 우회전을 하려는 경우에는 미리 도로의 우측 가장자리를 서행하면서 우회전하여야 한다. 이 경우 우회전하는 차의 운전자는 신호에 따라 정지하거나 진행하는 보행자 또는 자전거등에 주의하여야 한다(도로교통법 제25조 제1항). 우회전하려는 경우 교차로에 이르기 전 30m부터 방향지시등을 조작한다(도로교통법 시행령 별표2). 위험을 방지하기 위하여 정지하거나 서행하고 있는 차 앞으로 끼어드는 행위는 끼어들기 위반에 해당한다(도로교통법 제23조, 제22조 제2항 제3호).

정답 5. ③, ⑤ 6. ②, ③

7 가장 안전한 운전방법에 대한 설명 2가지는?

[도로상황]
- 전방 차량신호등 적색등화 점등
- 횡단보도에서 보행자 횡단 중

① 교차로에 차가 없다면 녹색등화가 켜지기 전에 출발한다.
② 보행자에게 경음기를 울려 횡단을 재촉한다.
③ 보행자 횡단보도 통행에 방해가 되지 않으면 일시정지 하지 않고 우회전할 수 있다.
④ 직진하려는 경우 적색등화 이므로 안전거리를 두고 정지한다.
⑤ 우회전하려는 경우 정지선 직전에 일시정지한 후 안전을 확인하고 우회전한다.

해설 예측출발의 경우도 신호위반에 해당한다. 모든 차의 운전자는 교차로에서 우회전을 하려는 경우에는 미리 도로의 우측 가장자리를 서행하면서 우회전하여야 한다(도로교통법 제25조 제1항). 버스, 택시는 승객의 승하차를 위하여 급차선 하는 경우가 많아 특히 이륜차 운전자는 주의하여야 한다(경찰인재개발원, 싸이카 운전요원 양성 교재). 위험을 방지하기 위하여 정지하거나 서행하고 있는 차 앞으로 끼어드는 행위는 끼어들기 위반에 해당한다(도로교통법 제23조, 제22조 제2항 제3호). 차량신호등 적색의 등화일 때, 차마는 정지선의 직전에 정지하여야 한다(도로교통법 시행규칙 별표2). 차량신호등 적색의 등화일 때, 우회전하려는 경우라면 정지선의 직전에서 일시정지한 후 우회전할 수 있다(도로교통법 시행규칙 별표2).

8 이륜차가 2차로 진행 중이다. 가장 안전한 운전방법에 대한 설명 2가지는?

[도로상황]
- 전방 차량신호등 녹색등화 점등
- 전방에 단속카메라
- 전방에 "30"이라 쓰여져 있는 안전표지
- 전방에 "비보호"라 쓰여져 있는 안전표지

① 단속카메라를 피해 보도로 주행한다.
② 교통상황에 따라 차량신호등 녹색등화에 우회전할 수 있다.
③ 좌회전할 경우에도 2차로로 계속 주행한다.
④ 도로 통행 속도 이내로 주행한다.
⑤ 도로 우측 가장자리에 잠시 정차할 수 있다.

해설 차량신호등 녹색의 등화에 비보호좌회전표지가 있는 경우라면 좌회전할 수 있다(도로교통법 시행규칙 별표 2). 고속도로 외의 도로에서 이륜차는 오른쪽 차로로 통행해야 한다(도로교통법 시행규칙 별표9). 자동차의 운전자는 제한속도보다 빠르게 운전해서는 아니된다(도로교통법 제17조 제3항). 교차로, 교차로의 가장자리나 도로의 모퉁이로부터 5m이내인 곳, 시도경찰청장이 정한 곳에서는 주차와 정차가 금지된다(도로교통법 제32조 제1호, 제2호, 제7호).

정답 7. ④, ⑤   8. ②, ④

9 이륜차가 진행 중이다. 가장 안전한 운전방법에 대한 설명 2가지는?

[도로상황]
- 공사 중인 도로
- 전방 차량신호등 적색등화 점등

① 중앙선을 넘어 앞지르기 한 후 1차로로 복귀할 수 있다.
② 다른 차량들 사이로 진행하여 정지선 직전에 정지한다.
③ 백색실선 구간에서는 진로변경을 할 수 없다.
④ 이륜차의 주행차로는 오른쪽 차로이다.
⑤ 정체되는 상황에서 길가장자리구역으로 진행할 수 있다.

🟢해설 차마의 운전자는 중앙선의 우측 부분을 통행해야 한다(도로교통법 제13조 제3항). 신호기의 신호에 따라 정차한 차량을 앞질러서 끼어드는 행위는 끼어들기 위반에 해당한다(도로교통법 제23조, 제22조 제2항 제1호). 고속도로 외의 도로에서 이륜차는 오른쪽 차로 통행해야 한다(도로교통법 시행규칙 별표9). 차마(자전거등은 제외한다)의 운전자는 안전표지로 통행이 허용된 장소를 제외하고는 자전거도로 또는 길가장자리구역으로 통행하여서는 아니된다(도로교통법 제13조 제6항).

10 이륜차 운전 중이다. 가장 안전한 운전방법에 대한 설명 2가지는?

[도로상황]
- 좌회전 금지표지가 있음
- 전방에 "30"이라 쓰여 있는 안전 표지
- 전방교차로 차량신호등 적색 등화 점등

① 신호대기 중인 다른 자동차를 앞지르기할 수 없다.
② 차량신호등 적색등화 이므로 다른 차량들 사이로 진행한다.
③ 비보호좌회전 안전표지가 없더라도 차량신호등 녹색등화가 켜질 때는 좌회전할 수 있다.
④ 시속 30km 이내로 주행할 수 있다.
⑤ 교차로에 이르기 전에 중앙선을 넘어 유턴할 수 있다.

🟢해설 신호기의 신호에 따라 정차한 차량을 앞질러서 끼어드는 행위는 끼어들기 위반에 해당한다(도로교통법 제23조, 제22조 제2항 제1호). 고속도로 외의 도로에서 이륜차는 오른쪽 차로로 통행해야 한다(도로교통법 시행규칙 별표9).

정답 9. ③, ④   10. ①, ④

11 이륜차 운전 중이다. 가장 안전한 운전방법에 대한 설명 2가지는?

【 도로상황 】
- 비보호좌회전표지 있음
- 4색 신호등
- 좌측차로 없어짐 표지가 있음

① 좌회전할 일이 없어도 계속 왼쪽 차로로 주행할 수 있다.
② 앞서 가는 차가 진로변경 중이므로 서행하며 안전거리를 유지한다.
③ 적색신호에도 좌회전이 가능한 교차로이다.
④ 전방에 차로가 감소하는 점을 유의하며 운전한다.
⑤ 앞차를 앞지르기하려고 할 때는 그 차의 오른쪽으로 앞지르기한다.

해설 고속도로 외의 도로에서 이륜차는 오른쪽 차로로 통행해야 한다(도로교통법 시행규칙 별표9). 모든 차의 운전자는 다른 차를 앞지르려면 앞차의 좌측으로 통행하여야 한다(도로교통법 제21조 제1항).

12 이륜차 운전 중이다. 가장 안전한 운전방법에 대한 설명 2가지는?

【 도로상황 】
- 노면에 "40"이라 쓰여있음
- 좌측에 100m 앞부터 어린이 보호 구역임을 알리는 표지

① 이 장소에서 주차와 정차는 할 수 없다.
② 좌회전할 일이 없어도 계속 왼쪽 차로로 주행할 수 있다.
③ 어린이 등하교시간 이외에는 제한 속도보다 20% 가속하여 운전할 수 있다.
④ 도로가 한산하므로 차로를 넘나들며 운전한다.
⑤ 터널을 통과 할 때는 명순응, 암순응에 유의하며 운전한다.

해설 고속도로 외의 도로에서 이륜차는 오른쪽 차로로 통행해야 한다(도로교통법 시행규칙 별표9). 터널은 진입 시 암순응(어둠적응), 진출시 명순응(밝음적응)에 유의하여야 한다.

정답 11. ②, ④ 12. ①, ⑤

13 이륜차 운전 중이다. 가장 안전한 운전방법에 대한 설명 2가지는?

[도로상황]
- 전방차량신호등은 녹색등화와 왼쪽 녹색화살표등화가 점등
- 램프가 연결된 육교가 설치되어 있음

① 백색실선 구간에서 진로변경할 수 없다.
② 신속한 이동을 위하여 육교를 통하여 주행할 수 있다.
③ 안전지대에서 정차는 가능하나 주차는 할 수 없다.
④ 안전지대를 가로질러 진로변경할 수 있다.
⑤ 전방 신호가 변경될 경우를 대비하며 주행한다.

해설 고속도로 외의 도로에서 이륜차는 오른쪽 차로로 통행해야 한다(도로교통법 시행규칙 별표9). 차마의 운전자는 안전지대 등 안전표지에 의하여 진입이 금지된 장소에 들어가서는 아니 된다(도로교통법 제13조 제5항).

14 이륜차 운전 중이다. 가장 안전한 운전방법에 대한 설명 2가지는?

[도로상황]
- 전방 차량신호등 적색등화 점등
- 전방 보행자신호등 녹색등화 점등
- 교차로의 직전에 정지선과 횡단보도가 있음

① 탑승한 채 횡단보도를 횡단할 수 있다.
② 횡단보도를 횡단하려고 할 때에는 하차하여 끌고 가야한다.
③ 운전할 때에는 안전모를 착용해야 한다.
④ 차량신호등이 적색등화이면 횡단보도를 지나 정지하여야 한다.
⑤ 보행자가 횡단보도를 횡단하더라도 정지선에 일시정지하지 않고 우회전할 수 있다.

해설 모든 차 또는 노면전차의 운전자는 보행자(제13조의2제6항에 따라 자전거등에서 내려서 자전거등을 끌거나 들고 통행하는 자전거등의 운전자를 포함한다)가 횡단보도를 통행하고 있거나 통행하려고 하는 때에는 보행자의 횡단을 방해하거나 위험을 주지 아니하도록 그 횡단보도 앞(정지선이 설치되어 있는 곳에서는 그 정지선을 말한다)에서 일시정지하여야 한다(도로교통법 제27조 제1항). 차량신호등이 적색의 등화를 현시한 경우라면 정지선의 직전에 정지하여야 하고, 우회전하려면 정지선에서 일시정지한 후 우회전할 수 있다(도로교통법 시행규칙 별표2).

정답 13. ①, ⑤ 14. ②, ③

15 가장 안전한 운전방법에 대한 설명 2가지는?

[도로상황]
- 차도 우측에 자전거를 끌고 가는 보행자 있음
- 노면에 "30"이라 쓰여 있음
- 많은 보행자가 보도를 통행하는 상황

① 차도에 있는 보행자를 피해 속도를 높여 진행한다.
② 이륜차는 보도로 주행할 수 있다.
③ 시속 30킬로미터 이내로 주행한다.
④ 보행자에게 위험을 주지 않도록 주의하면서 운전한다.
⑤ 도로변에 주차할 수 있다.

해설 차마의 운전자는 보도와 차도가 구분된 도로에서는 차도로 통행하여야 한다(도로교통법 제13조 제1항). 황색실선이 표시된 구간은 주정차가 금지된 구간이다(도로교통법 제32조 제7호).

16 이륜차 운전 중이다. 가장 안전한 운전방법에 대한 설명 2가지는?

[도로상황]
- 반대방향에서 중앙선을 넘어서 진행해 오는 자동차가 있는 상황

① 안전모는 반드시 착용하고 주변의 교통상황을 잘 살피며 운전한다.
② 중앙선 침범한 차량에 대비하여 길가장자리구역으로 운전한다.
③ 중앙선 침범한 차량에 대비하여 속도를 높여 빠르게 진행한다.
④ 중앙선 침범한 차량에 대비하여 차로 내 우측편으로 진행한다.
⑤ 차도의 교통상황이 혼잡하므로 도로 좌측 편 보도로 주행한다.

해설 이륜자동차와 원동기장치자전거(개인형 이동장치는 제외한다)의 운전자는 행정안전부령으로 정하는 인명보호 장구를 착용하고 운행하여야 하며, 동승자에게도 착용하도록 하여야 한다(도로교통법 제50조 제3항). 차마(자전거 등은 제외한다)의 운전자는 안전표지로 통행이 허용된 장소를 제외하고는 자전거도로 또는 길가장자리구역으로 통행하여서는 아니 된다(도로교통법 제13조 제6항). 차마의 운전자는 보도와 차도가 구분된 도로에서는 차도로 통행하여야 한다(도로교통법 제13조 제1항).

정답 15. ③, ④ 16. ①, ④

17 이륜차 운전 중이다. 가장 안전한 운전방법에 대한 설명 2가지는?

[도로상황]
- 비포장 이면도로
- 보행보조기를 밀고 가는 어르신 있음
- 도로 좌우측에 주차된 차량이 있음

① 이면도로에서는 보행자를 보호할 의무가 없다.
② 보행자가 있다면 일정한 간격을 두고 급가속하여 피해간다.
③ 주차된 차량 사이로 보행자가 뛰어나올 수 있으므로 주의하며 운전한다.
④ 경음기를 지속적으로 울리면서 빠르게 통과한다.
⑤ 노면이 고르지 못하므로 감속 운전한다.

해설 차마의 운전자는 도로(보도와 차도가 구분된 도로에서는 차도를 말한다)의 중앙(중앙선이 설치되어 있는 경우에는 그 중앙선을 말한다. 이하 같다) 우측 부분을 통행하여야 한다(도로교통법 제13조 제3항). 모든 차의 운전자는 보도와 차도가 구분되지 아니한 도로 중 중앙선이 없는 도로에서 보행자의 옆을 지나는 경우에는 안전한 거리를 두고 서행하여야 하며, 보행자의 통행에 방해가 될 때에는 서행하거나 일시정지하여 보행자가 안전하게 통행할 수 있도록 하여야 한다(도로교통법 제27조 제6항 제1호).

18 이륜차 운전 중이다. 가장 안전한 운전방법에 대한 설명 2가지는?

[도로상황]
- 차량 신호등 적색등화
- 전방에 화물차와 승용차는 신호대기중
- 전방에 과속방지턱 설치됨

① 차량신호등이 녹색의 등화가 되기 전까지는 흰색 승용차 뒤에서 신호대기한다.
② 전방 흰색 승용차를 왼쪽으로 앞지르기한다.
③ 전방 흰색 승용차를 오른쪽으로 앞지르기한다.
④ 차로의 우측 가장자리를 이용하여 계속 진행한다.
⑤ 과속방지턱에 주의하면서 운전한다.

해설 중앙선을 넘어드는 방식으로 앞지르기하는 것은 중앙선침범에 해당한다. 모든 차의 운전자는 다른 차를 앞지르려면 앞차의 좌측으로 통행하여야 한다(도로교통법 제21조 제1항). 이륜자동차의 운전자는 차로의 중앙으로 진행해야 하고 우회전할 때를 제외하고는 도로의 우측 가장자리로 진행할 수 없다.

정답 17. ③, ⑤ 18. ①, ⑤

19 이륜차 운전 중이다. 가장 안전한 운전방법에 대한 설명 2가지는?

[도로상황]
- 공사 중인 편도 2차로 도로

① 주변 작업자의 안전을 살피며 서행한다.
② 앞서가는 흰색차량이 속도를 높일 수 있도록 지속적으로 경음기를 울리고 상향등을 켠다.
③ 차도 교통상황이 혼잡할 때에는 시속 20킬로미터 미만으로 보도를 주행한다.
④ 앞서가는 흰색차량과 안전거리를 유지하며 주행한다.
⑤ 전방의 도로 상황을 파악하기 위해 계속 일어선 자세로 운전한다.

> **해설** 이륜차는 보도를 통행할 수 없다(도로교통법 제13조 제1항). 이륜차를 일어선 채로 운전하면 조향장치나 제동장치 조작이 힘들기 때문에 위험상황에 대한 대처 능력이 저하된다.

20 이륜차 운전 중이다. 가장 안전한 운전방법 2가지는?

[도로상황]
- 공사 중인 사거리 교차로

① 좌회전하고자 할 때는 교차로 중심 바깥쪽으로 최대한 크게 회전한다.
② 좌회전하고자 할 때는 속도를 높여 린 인(Lean in)자세로 운전한다.
③ 우회전하고자 할 때는 속도를 높여 크게 회전한다.
④ 우회전하고자 할 때는 즉시 정지할 수 있는 속도로 주행한다.
⑤ 공사 구간에서는 특히 작업자의 안전에 주의하며 운전한다.

> **해설** 모든 차의 운전자는 교차로에서 좌회전을 하려는 경우에는 미리 도로의 중앙선을 따라 서행하면서 교차로의 중심 안쪽을 이용하여 좌회전하여야 한다(도로교통법 제25조 제2항). 린 인(Lean in)이란 린 아웃의 반대로 이륜자동차를 많이 기울이지 않고 운전자가 안쪽으로 상체를 기울이는 자세로 시야는 좋지 않으나 포장도로에서 고속주행 시 사용되는 자세이다. 모든 차의 운전자는 교차로에서 우회전을 하려는 경우에는 미리 도로의 우측 가장자리를 서행하면서 우회전하여야 한다(도로교통법 제25조 제1항). 차마의 운전자는 보도와 차도가 구분된 도로에서는 차도로 통행하여야 한다(도로교통법 제13조 제1항).

정답 19. ①, ④ 20. ④, ⑤

21 이륜차 운전 중이다. 가장 안전한 운전방법에 대한 설명 2가지는?

【도로상황】
- 전방 2차로에 작업차량 있음

① 도로 왼편 상가 방문을 위하여 탑승한 채로 횡단보도와 보도를 가로질러 주행한다.
② 반대편 신호대기중인 차량사이로 보행자가 나타날 수 있으므로 주의하며 운전한다.
③ 공사현장을 지날 때에는 충분하게 감속하여 주행한다.
④ 감속하기 위하여 고속기어에서 저속기어로 급격히 변속한다.
⑤ 전방 차량 정체 시 공사차량 우측 공간을 이용하여 진행한다.

해설 차마의 운전자는 보행자나 다른 차마의 정상적인 통행을 방해할 우려가 있는 경우에는 차마를 운전하여 도로를 횡단하거나 유턴 또는 후진하여서는 아니 된다(도로교통법 제18조 제1항). 차마의 운전자는 보도와 차도가 구분된 도로에서는 차도로 통행하여야 한다(도로교통법 제13조 제1항).

22 이륜차를 운전 중이다. 가장 안전한 운전방법에 대한 설명 2가지는?

【도로상황】
- 보행자가 신호등이 없는 횡단보도를 건너려고 서있는 상태

① 도로 왼편 아파트를 방문하는 경우 승차한 채로 횡단보도를 주행한다.
② 정지선 또는 횡단보도 직전에 일시정지 한다.
③ 시속 40킬로미터 이내로 주행하여야 한다.
④ 전화가 왔을 때에는 휴대폰 화면의 통화버튼을 눌러 통화한다.
⑤ 보도를 이용하여 신속하게 주행한다.

해설 차마의 운전자는 보행자나 다른 차마의 정상적인 통행을 방해할 우려가 있는 경우에는 차마를 운전하여 도로를 횡단하거나 유턴 또는 후진하여서는 아니 된다(도로교통법 제18조 제1항). 모든 차 또는 노면전차의 운전자는 보행자(제13조의2제6항에 따라 자전거등에서 내려서 자전거등을 끌거나 들고 통행하는 자전거등의 운전자를 포함한다)가 횡단보도를 통행하고 있거나 통행하려고 하는 때에는 보행자의 횡단을 방해하거나 위험을 주지 아니하도록 그 횡단보도 앞(정지선이 설치되어 있는 곳에서는 그 정지선을 말한다)에서 일시정지하여야 한다(도로교통법 제27조 제1항). 고원식횡단보도표시(도로교통법 시행규칙 별표6 일련번호 533)은 과속방지턱 노면에 설치하므로 이륜차 운전자라면 이곳을 지날 때 감속할 필요가 있다. 운전자는 자동차등 또는 노면전차의 운전 중에는 휴대용 전화(자동차용 전화를 포함한다)를 사용하면 아니된다(도로교통법 제49조 제1항 제10호). 차마의 운전자는 보도와 차도가 구분된 도로에서는 차도로 통행하여야 한다(도로교통법 제13조 제1항).

정답 21. ②, ③ 22. ②, ③

23 이륜차 운전 중이다. 가장 안전한 운전방법에 대한 설명 2가지는?

【 도로상황 】
- 상가 주변 이면도로
- 보도와 차도가 구분 없는 도로
- 전방 좌측에 보행자가 걸어 가는 중

① 주차된 차량 사이에서 보행자가 갑자기 차도에 진입 할 수 있으므로 주의하며 운전한다.
② 왼쪽에 있는 보행자와 안전한 거리를 두고 서행한다.
③ 주변의 교통상황을 살피기 위해 안전모를 벗고 운전한다.
④ 도로의 좌측부분을 주행하면서 보행자에게 경음기를 울려 보행자가 길을 비켜주도록 유도한다.
⑤ 가속하면서 보행자와 최대한 가까이 붙어 지나쳐간다.

해설 모든 차의 운전자는 보도와 차도가 구분되지 아니한 도로 중 중앙선이 없는 도로에서 보행자의 옆을 지나는 경우에는 안전한 거리를 두고 서행하여야 하며, 보행자의 통행에 방해가 될 때에는 서행하거나 일시정지하여 보행자가 안전하게 통행할 수 있도록 하여야 한다(도로교통법 제27조 제1항 제6호). 차마의 운전자는 도로(보도와 차도가 구분된 도로에서는 차도를 말한다)의 중앙(중앙선이 설치되어 있는 경우에는 그 중앙선을 말한다. 이하 같다) 우측부분을 통행하여야 한다(도로교통법 제13조 제3항).

24 이륜차 운전 중이다. 가장 안전한 운전방법에 대한 설명 2가지는?

【 도로상황 】
- 신호등 없는 횡단보도
- 사거리 교차로
- 횡단보도를 횡단하려는 보행자가 교차로 우측 모퉁이에 대기 중

① 우회전할 때에는 보행자를 피하기 위해서 최단거리로 보도를 통행한다.
② 우회전할 때에는 미리 오른쪽 방향지시등을 작동시킨다.
③ 경음기를 계속 작동하여 보행자가 양보하도록 한다.
④ 횡단보도 앞 정지선에서 일시정지한다.
⑤ 속도를 높여 횡단보도를 재빨리 지나간다.

해설 차마의 운전자는 보도와 차도가 구분된 도로에서는 차도 통행하여야 한다(도로교통법 제13조 제1항). 차마의 운전자는 보행자나 다른 차마의 정상적인 통행을 방해할 우려가 있는 경우에는 차마를 운전하여 도로를 횡단하거나 유턴 또는 후진하여서는 아니 된다(도로교통법 제18조 제1항). 모든 차 또는 노면전차의 운전자는 보행자(제13조의 2제6항에 따라 자전거등에서 내려서 자전거등을 끌거나 들고 통행하는 자전거등의 운전자를 포함한다)가 횡단보도를 통행하고 있거나 통행하려고 하는 때에는 보행자의 횡단을 방해하거나 위험을 주지 아니하도록 그 횡단보도 앞(정지선이 설치되어 있는 곳에서는 그 정지선을 말한다)에서 일시정지하여야 한다(도로교통법 제27조 제1항).

정답 23. ①, ② 24. ②, ④

25 이륜차 운전 중이다. 가장 안전한 운전방법에 대한 설명 2가지는?

[도로상황]
- 신호등 없는 횡단보도
- 'ㅏ'형 삼거리 교차로
- 보행자 2명이 횡단보도를 횡단 중

① 안전을 위해 항상 안전모를 착용하고 운전한다.
② 우회전할 때에는 보행자를 피하기 위해서 보도를 통행한다.
③ 보행자를 피해서 도로 좌측부분으로 신속하게 진행한다.
④ 횡단보도 앞 정지선에서 일시정지한다.
⑤ 감속하면서 보행자 뒤로 지나간다.

해설 차마의 운전자는 보도와 차도가 구분된 도로에서는 차도로 통행하여야 한다(도로교통법 제13조 제1항). 모든 차 또는 노면전차의 운전자는 보행자(제13조의2제6항에 따라 자전거등에서 내려서 자전거등을 끌거나 들고 통행하는 자전거등의 운전자를 포함한다)가 횡단보도를 통행하고 있거나 통행하려고 하는 때에는 보행자의 횡단을 방해하거나 위험을 주지 아니하도록 그 횡단보도 앞(정지선이 설치되어 있는 곳에서는 그 정지선을 말한다)에서 일시정지하여야 한다(도로교통법 제27조 제1항).

26 이륜차 운전 중이다. 가장 안전한 운전방법에 대한 설명 2가지는?

[도로상황]
- 적색점멸 신호가 작동 중
- 횡단보도에 보행자가 횡단 중
- 내리막 길, 사거리 교차로
- 노면에 "정지"라고 쓰여 있고, 우측에 "정지"라고 쓰여 있는 안전표지가 있음

① 자전거횡단도를 이용하여 탑승한 채로 신속하게 횡단한다.
② 보행자가 있는 경우 이를 피하기 위해서 보도로 통행한다.
③ 주변에 용무가 있으면 도로변에 잠시 주차한다.
④ 보행자가 없더라도 횡단보도 앞 정지선에서 일시정지한다.
⑤ 내리막길에서는 제동거리가 길어지므로 미리 감속한다.

해설 자전거횡단도는 자전거등의 운전자가 교차로를 횡단할 수 있는 노면표시이다(도로교통법 제15조의2). 차마의 운전자는 보도와 차도가 구분된 도로에서는 차도로 통행하여야 한다(도로교통법 제13조 제1항). 일시정지 표지가 있는 경우에는 운전자는 일시정지해야 한다(도로교통법 제31조 제2항 제2호).

정답 25. ①, ④ 26. ④, ⑤

27 이륜차 운전 중이다. 가장 안전한 운전방법에 대한 설명 2가지는?

[도로상황]
- 보도와 차도의 구분이 없고 중앙선이 없는 도로
- 보행자 2명이 걸어가고 있음
- 도로 좌측에 주차된 차량들이 있음

① 주차된 차량 사이에서 보행자가 도로를 횡단할 수 있으므로 주의하며 운전한다.
② 보행자와 거리를 두고 서행하여야 한다.
③ 주변의 교통상황을 살피기 위해 안전모를 벗고 운전한다.
④ 도로의 좌측부분을 주행하면서 보행자에게 계속 경음기를 울린다.
⑤ 가속하며 보행자와 최대한 가까이 붙어 지나쳐 간다.

해설 모든 차의 운전자는 보도와 차도가 구분되지 아니한 도로 중 중앙선이 없는 도로에서 보행자의 옆을 지나는 경우에는 안전한 거리를 두고 서행하여야 하며, 보행자의 통행에 방해가 될 때에는 서행하거나 일시정지하여 보행자가 안전하게 통행할 수 있도록 하여야 한다(도로교통법 제27조 제1항 제6호). 차마의 운전자는 도로(보도와 차도가 구분된 도로에서는 차도를 말한다)의 중앙(중앙선이 설치되어 있는 경우에는 그 중앙선을 말한다. 이하 같다) 우측부분을 통행하여야 한다(도로교통법 제13조 제3항).

28 이륜차 운전 중이다. 가장 안전한 운전방법에 대한 설명 2가지는?

[도로상황]
- 비가 내려 노면이 젖은 상태인 내리막길
- 보행자가 차도를 횡단하는 중
- 70m 전방에 차량신호등 적색등화 점등
- 우측에 주차된 승용차가 있음

① 제한속도보다 20% 감속하여 운전한다.
② 주차된 차량 주변에서 보행자가 차도에 진입할 수 있으므로 주의하면서 운전한다.
③ 시선유도봉이 설치된 도로에서는 도로의 왼편으로 주행할 수 있다.
④ 무단횡단하는 보행자의 앞에서는 일시정지하거나 서행할 필요가 없다.
⑤ 차량신호등이 적색등화이므로 기어를 중립에 놓고 타력주행을 한다.

해설 비가 내려 노면이 젖은 경우 최고속도보다 20% 감속하여 운전해야 한다(도로교통법 시행규칙 제19조 제2항 제1호).
차마의 운전자는 도(보도와 차도가 구분된 도로에서는 차도를 말한다)의 중앙(중앙선이 설치되어 있는 경우에는 그 중앙선을 말한다. 이하 같다) 우측 부분을 통행하여야 한다(도로교통법 제13조 제3항). 기어를 타력주행하면 브레이크 제동거리가 길어져 위험하다.

정답 27. ①, ② 28. ①, ②

29 이륜차 운전 중이다. 가장 안전한 운전방법에 대한 설명 2가지는?

[도로상황]
- 어린이 보호구역
- 신호등 없는 횡단보도에 어린이가 우산을 쓴 채 횡단하는 중
- 학교 등하교도우미가 횡단보도에서 수신호를 하는 중
- 비가 내려 노면이 젖은 상태

① 급한 전화가 올 수 있으므로 휴대용 전화기를 항상 손에 들고 운전한다.
② 휴대용 전화기의 영상표시를 계속 보면서 운전한다.
③ 횡단보도 보행자 보행여부에 관계없이 일시정지한다.
④ 노면 수막현상을 이용하기 위해서 평소보다 가속 운전한다.
⑤ 어린이 보호구역이므로 어린이 안전에 더욱 유의하며 운전한다.

해설 비가 내려 노면이 젖어있는 경우 최고속도의 100분의 20을 줄인 속도로 운행하여야 한다(도로교통법 시행규칙 제19조 제2항 제1호 가목). 수막현상이란 비가 와서 물이 고여 있는 노면 위를 고속으로 달릴 때 타이어와 노면 사이에 물의 막이 생기는 현상을 말한다(자동차용어사전). 어린이 보호구역 내 설치된 횡단보도 중 신호기가 설치되지 아니한 횡단보도에서는 보행자의 횡단여부와 관계없이 일시정지 한다(도로교통법 제27조 제7항).

30 이륜차 운전 중이다. 가장 안전한 운전방법에 대한 설명 2가지는?

[도로상황]
- 보도와 차도 구분이 없는 주택가 이면도로
- 비가 내려 노면이 젖은 상태
- 전방 건설기계는 저속으로 진행 중
- 도로 우측에는 주차된 차량들이 있음

① 우천 시 시야에 방해가 되므로 안전모를 벗고 운전한다.
② 주차된 차량 사이에서 보행자가 나타날 수 있으므로 주의하면서 운전한다.
③ 오버런(Over run) 현상을 이용하여 가속할 준비를 한다.
④ 엔진회전속도를 레드존(Red Zone)까지 올려 급출발 한다.
⑤ 건설기계와 안전거리를 유지하며 서행한다.

해설 이륜자동차와 원동기장치자전거(개인형 이동장치는 제외한다)의 운전자는 행정안전부령으로 정하는 인명보호 장구를 착용하고 운행하여야 하며, 동승자에게도 착용하도록 하여야 한다(도로교통법 제50조 제3항). 비가 내려 노면이 젖어있는 경우 최고속도의 100분의 20을 줄인 속도로 운행하여야 한다(도로교통법 시행규칙 제19조 제2항 제1호 가목). 오버런(Over run)이란 엔진을 허용 최고 회전수 이상으로 회전시키는 것을 말한다. 엔진 회전속도계(RPM)의 레드존(Red Zone)은 엔진에 허용되는 최고 회전수 이상으로 회전이 될 때 표시된다.

정답 29. ③, ⑤ 30. ②, ⑤

31 이륜차 운전 중이다. 가장 안전한 운전방법에 대한 설명 2가지는?

[도로상황]
- 보도와 차도 구분이 없는 상가 이면도로
- 도로 우측에 줄지어 주차된 차량들이 있음
- 도로 좌측에서 보행자들이 걸어 오고 있음
- 도로 곳곳에 철제 맨홀뚜껑이 있음

① 여름철에는 안전모 내부에 땀이 차므로 안전모를 벗고 운전한다.
② 맨홀뚜껑 위는 마찰력이 크므로 속도를 높여 주행한다.
③ 주차된 차량 중 갑자기 출발하는 차가 있을 수 있으므로 주의하며 서행한다.
④ 보행자와 안전한 거리를 두고 서행하며 지나간다.
⑤ 주차된 차량 사이에서 보행자가 나타날 경우는 없으므로 전방만 주시하면 된다.

해설 맨홀뚜껑은 마찰이 적어 이륜차가 미끄러져 넘어지기 쉽다. 모든 차의 운전자는 보도와 차도가 구분되지 아니한 도로 중 중앙선이 없는 도로에서 보행자의 옆을 지나는 경우에는 안전한 거리를 두고 서행하여야 하며, 보행자의 통행에 방해가 될 때에는 서행하거나 일시정지하여 보행자가 안전하게 통행할 수 있도록 하여야 한다(도로교통법 제27조 제1항 제6호).

32 이륜차 운전 중이다. 가장 안전한 운전방법에 대한 설명 2가지는?

[도로상황]
- 보도와 차도가 구분된 중앙선이 있는 도로
- 보행자의 도로 횡단이 많은 상황

① 보행자가 모두 통행할 때까지 일시정지한다.
② 다른 보행자도 갑자기 차도로 나올 수 있다는 점을 유의하며 운전한다.
③ 가속하여 보행자와 최대한 가까이 붙어 주행한다.
④ 보행자가 없는 좌측 도로로 운전한다.
⑤ 보행자의 안전을 위해 서행하며 경음기를 지속적으로 울려 경고한다.

해설 모든 차 또는 노면전차의 운전자는 보행자가 제10조 제3항에 따라 횡단보도가 설치되어 있지 아니한 도로를 횡단하고 있을 때에는 안전거리를 두고 일시정지하여 보행자가 안전하게 횡단할 수 있도록 하여야 한다(도로교통법 제27조 제5항). 차마의 운전자는 도로(보도와 차도가 구분된 도로에서는 차도를 말한다)의 중앙(중앙선이 설치되어 있는 경우에는 그 중앙선을 말한다. 이하 같다) 우측 부분을 통행하여야 한다(도로교통법 제13조 제3항).

정답 31. ③, ④ 32. ①, ②

33 이륜차 운전 중이다. 가장 안전한 운전방법에 대한 설명 2가지는?

【 도로상황 】
- 보도와 차도가 구분된 중앙선이 있는 도로
- 보행자의 도로 횡단이 많은 상황
- 차도 우측에서 자전거를 끌고 가는 사람이 있음
- 전방 30미터 앞 횡단보도를 통행하는 자전거 운전자 있음

① 자전거를 끌고 가는 사람은 보행자로 인정된다.
② 교통상황이 혼잡하므로 속도를 줄이고 좌우를 잘 살펴 운전한다.
③ 급정지 후 이륜차에서 내려 무단횡단 하는 보행자에게 화를 낸다.
④ 횡단보도를 통행하는 자전거 운전자는 보호대상이 아니므로 빠른 속도로 지나친다.
⑤ 횡단보도가 아닌 도로를 횡단하는 보행자는 보호대상이 아니므로 빠른 속도로 지나친다.

해설 무단횡단하는 보행자라고 할지라도 운전자로서는 보호 운전을 해야 한다(도로교통법 제48조 제1항 참조).

34 이륜차 운전 중이다. 가장 안전한 운전방법에 대한 설명 2가지는?

【 도로상황 】
- 전방 차량신호등 적색등화 점등
- 보행자가 횡단보도를 횡단하고 있음
- 사거리 교차로
- 우회전삼색등, 차량보조등 없음

① 직진하려는 경우 횡단보도에 들어가 녹색등화를 기다린다.
② 우회전 하려는 경우 정지선에 일시정지한 후 보행자를 방해하지 않고 우회전한다.
③ 우회전 하려는 경우 교차로를 통행하고 있는 다른 차량에 주의하면서 우회전한다.
④ 차량신호등이 적색등화이므로 우회전을 하지 못한다.
⑤ 잠시 주차하는 경우 최대한 횡단보도에 근접하여 주차한다.

해설 적색등화에는 정지선 직전에 정지하여야 하고, 적색등화에 우회전하려는 경우에는 정지선 직전에 일시정지한 후 보행자를 방해하지 않고 우회전할 수 있다(도로교통법 시행규칙 별표2).

정답 33. ①, ② 34. ②, ③

35 이륜차 운전 중이다. 가장 안전한 운전방법에 대한 설명 2가지는?

[도로상황]
- 차량신호등 황색점멸 등화
- "천천히" 라 쓰여 있는 안전표지
- 도로 우측에 반사경
- 비가 내려 노면이 젖은 상태
- 노면 곳곳에 포트홀이 있는 상태

① 다른 교통 또는 안전표지의 표시에 주의하면서 진행한다.
② 차량통행이 없으므로 서행이나 일시정지하지 않고 진행한다.
③ 즉시 정지할 수 있는 속도로 주행한다.
④ 포트홀을 피해가기 위해 급하게 진로변경하여 진행한다.
⑤ 포트홀을 통과할 때에는 가속하여 재빠르게 지나간다.

해설 황색등화의 점멸. 차마는 다른 교통 또는 안전표지의 표시에 주의하면서 진행할 수 있다.(도로교통법 시행규칙 제6조 제2항). 차가 서행하여야 할 장소임을 지정하는 표지(도로교통법 시행규칙 제8조 제2항 일련번호 226) 포트홀이란 아스팔트 표면에 생기는 국부적인 작은구멍을 말한다(토목용어사전). 포트홀은 이륜차 주행시 가장 주의해야 할 곳 중 하나이다(경찰인재개발원, 싸이카 운전요원 양성 교재).

36 이륜차 운전 중이다. 가장 안전한 운전방법에 대한 설명 2가지는?

[도로상황]
- 도로 우측에 안전표지
- 고갯마루 도로 오르막
- 비가 내려 노면이 젖은 상태

① 낙석의 우려가 있는 장소이므로 주의하여 운전한다.
② 전방상황을 알 수 없으므로 속도를 줄여 고갯마루를 통과한다.
③ 고갯마루 도로이기 때문에 길가장자리를 이용하여 주행한다.
④ 젖은 노면은 건조한 노면보다 제동거리가 줄어들기 때문에 가속하여 운전한다.
⑤ 앞서가는 저속차량이 있을 경우에는 중앙선 좌측부분을 이용하여 앞지르기한다.

해설 모든 차의 운전자는 같은 방향으로 가고 있는 앞차의 뒤를 따르는 경우에는 앞차가 갑자기 정지하게 되는 경우 그 앞차와의 충돌을 피할 수 있는 필요한 거리를 확보하여야 한다.(도로교통법 제19조). 낙석의 우려가 있는 장소가 있음을 알리는 낙석도로 표지(도로교통법 시행규칙 제8조 제2항 일련번호 130).

정답 35. ①, ③ 36. ①, ②

37 이륜차 운전 중이다. 가장 안전한 운전방법에 대한 설명 2가지는?

[도로상황]
- 비가 내려 노면이 젖은 상태
- 도로 우측에 안전표지
- 우로 굽은 오르막 도로

① 핸들 조작은 최대한 크게 하는 것이 좋다.
② 주변의 교통상황을 살피기 위해 안전모를 벗고 운전한다.
③ 전방시야가 확보되지 않으므로 중앙선에 바싹 붙어서 주행한다.
④ 반대차로 내리막 경사를 이용하는 차량에 주의하며 주행 차로 내 우측편을 이용하여 주행한다.
⑤ 굽은 도로로 시야 확보가 곤란하므로 주의하면서 주행한다.

해설 이륜차 운전시 안전모는 착용하여야 한다. 도로에 중앙선이 있는 경우 중앙선의 우측으로 주행하여야 한다.

38 이륜차 운전 중이다. 가장 안전한 운전방법에 대한 설명 2가지는?

[도로상황]
- 전방에 차량신호등 점멸 중
- 노면 곳곳에 포트홀

① 전방 및 좌우 교통상황을 정확히 확인한 후 신호 및 지시에 따라 교차로를 통과한다.
② 포트홀을 통과할 때에는 직전에서 급제동하거나 급가속한다.
③ 적색등화의 점멸 신호인 경우 일시정지 하지 않고 서행하며 주행할 수 있다.
④ 황색등화의 점멸 신호인 경우 정지선의 직전에 일시정지 하여야 한다.
⑤ 노면표시에 의해서 좌회전할 수 없다.

해설 적색등화의 점멸. 차마는 정지선이나 횡단보도가 있을 때에는 그 직전이나 교차로의 직전에 일시정지한 후 다른 교통에 주의하면서 진행할 수 있다.(도로교통법 시행규칙 제6조 제2항). 차가 좌회전하는 것을 금지하는 표지(도로교통법 시행규칙 제8조 제2항 일련번호 214). 포트홀은 이륜차 주행시 가장 주의해야 할 곳 중 하나이다(경찰인재개발원, 싸이카 운전요원 양성 교재).

정답 37. ④, ⑤ 38. ①, ⑤

39 이륜차 운전 중이다. 가장 안전한 운전방법에 대한 설명 2가지는?

[도로상황]
- 도로 우측에 안전표지
- 노면에 양보 노면표시
- 노면에 흙과 먼지가 있음
- 현재 2차로에서 운전 중

① 노면에 흙과 먼지가 있으므로 이 구간을 가속하여 재빨리 지나간다.
② 좌측차로가 없어지므로 중앙선 좌측으로 진로변경하여 진행한다.
③ 2차로에서 진로변경시 1차로를 주행 중인 차마가 있을 경우 양보하며 진행한다.
④ 1·2차로를 나란히 주행 중인 경우 1차로를 주행하는 차가 우선한다.
⑤ 속도를 높여 차로가 감소하는 구간을 빨리 지나간다.

해설 편도 2차로 이상의 도로에서 우측차로가 없어질 때 알리는 표지(도로교통법 시행규칙 제8조 제2항 일련번호 119).
차가 도로를 양보하여야 할 장소임을 지정하는 표지(도로교통법 시행규칙 제8조 제2항 일련번호 228).

40 이륜차 운전 중이다. 가장 안전한 운전방법에 대한 설명 2가지는?

[도로상황]
- 비가 내려 노면이 젖어 있고, 물웅덩이가 있음
- 도로 우측에 "야생동물주의"라고 쓰여 있는 안전표지

① 물웅덩이가 있는 구간을 지날 때에는 가속하여 진행한다.
② 야생동물의 출현에 주의하며 운전하여야 한다.
③ 최고속도의 100분의 20을 줄인 속도로 운행하여야 한다.
④ 반대차로에서 고인물이 튀는 경우가 발생할 수 있으므로 우측 길가장자리구역으로 진행한다.
⑤ 반대차로가 비어 있으므로 반대 차로로 주행한다.

해설 비가 내려 노면이 젖어 있는 경우 최고속도의 100분의 20을 줄여 감속 운행해야한다. (도로교통법 시행규칙 제19조 제2항 제1호).

정답 39. ③, ④ 40. ②, ③

41 이륜차 운전 중이다. 가장 안전한 운전방법에 대한 설명 2가지는?

[도로상황]
- 겨울철 다리 위에서 운전하는 상황

① 노면 살얼음을 주의하며 운전한다.
② 진행 중에 휴대전화를 받기 위하여 잠시 주차할 수 있다.
③ 진로를 변경하여 진행할 수 있다.
④ 앞지르기를 할 수 있다.
⑤ 횡풍에 주의하며 속도를 줄여 주행한다.

해설 모든 차의 운전자는 다리 위에서는 다른 차를 앞지르기 못한다.(도로교통법 제22조 제3항 제3호). 모든 차의 운전자는 터널 안 및 다리 위에서 주차를 해서는 아니된다.(도로교통법 제33조 제1호)

42 이륜차 운전 중이다. 가장 안전한 운전방법에 대한 설명 2가지는?

[도로상황]
- 전방 교차로에서 좌회전하려는 상황
- 작동 되지 않는 차량 신호기

① 좌회전을 하려는 경우에는 미리 도로의 중앙선을 따라 서행하면서 교차로의 중심 안쪽을 이용하여 좌회전 한다.
② 좌회전을 하기 위하여 신호를 하는 차가 있는 경우에는 신호를 한 앞차의 진행을 방해해서는 아니된다.
③ 앞차와 거리를 최대한 바싹 붙여 진행할 경우 방향지시기 신호 없이 좌회전할 수 있다.
④ 교차로의 가장자리나 도로의 모퉁이로부터 5미터 이내에 주정차할 수 있다.
⑤ 전방 횡단보도에 보행자가 있을 경우 차량 통행이 보행자보다 우선한다.

해설 모든 차의 운전자는 교차로에서 좌회전을 하려는 경우에는 미리 도로의 중앙선을 따라 서행하면서 교차로의 중심 안쪽을 이용하여 좌회전하여야 한다. 제1항부터 제3항까지의 규정에 따라 우회전이나 좌회전을 하기 위하여 손이나 방향지시기 또는 등화로써 신호를 하는 차가 있는 경우에 그 뒤차의 운전자는 신호를 한 앞차의 진행을 방해하여서는 아니 된다.(도로교통법 제25조).

정답 41. ①, ⑤ 42. ①, ②

43 이륜차 운전 중이다. 가장 안전한 운전방법에 대한 설명 2가지는?

[도로상황]
- 비가 내려 노면이 젖어 있고, 물웅덩이가 있는 상황
- 노면에 "노인보호구역"이라 쓰여 있음
- 노면에 "30"이라 쓰여 있음
- 전방에 과속방지턱 있음

① 빗길에서는 브레이크 페달을 여러 번 나누어 밟는 것보다는 급제동하는 것이 안전하다.
② 물이 고인 곳을 지날 때는 보행자나 다른 차에 물이 튈 수 있으므로 속도를 줄여서 주행한다.
③ 과속방지턱 직전에서 급정지한 후 주행한다.
④ 시속 24km 이하의 속도로 운전한다.
⑤ 빗길의 경우 공주거리가 길어지므로 속도를 높여 빗물이 고인 구간을 통과한다.

🟢 해설 비가 내려 노면이 젖어 있는 경우 최고속도의 100분의 20을 줄여 감속 운행해야한다(도로교통법 시행규칙 제19조 제2항 제1호). 제49조(모든 운전자의 준수사항 등) ① 모든 차 또는 노면전차의 운전자는 다음 각 호의 사항을 지켜야 한다. 1. 물이 고인 곳을 운행할 때에는 고인 물을 튀게 하여 다른 사람에게 피해를 주는 일이 없도록 할 것
비가 오는 날 주행 시에는 평소보다 속도를 줄이고 보행자 또는 다른 차에 물이 튈 수 있으므로 주의해야 한다.

44 이륜차 운전 중이다. 가장 안전한 운전방법에 대한 설명 2가지는?

[도로상황]
- 어린이 보호구역으로 통행제한 속도는 시속 30km
- 직진하려는데, 차량신호등이 황색등화로 바뀐 상황
- 전방 화물차는 계속 진행하는 상황

① 급격히 가속하여 화물차를 우측으로 앞지르기 한다.
② 아직 교차로 진입 전이라면, 정지선 또는 횡단보도 직전에 정지한다.
③ 차마의 일부라도 이미 교차로에 진입한 경우에는 신속히 교차로 밖으로 진행하여야 한다.
④ 방향을 우측으로 바꾸어 보도를 통행한다.
⑤ 신호위반 단속카메라를 피하기 위해 도로 좌측 부분을 이용하여 교차로를 통과한다.

🟢 해설 차마는 정지선이 있거나 횡단보도가 있을 때에는 그 직전이나 교차로의 직전에 정지하여야 하며, 이미 교차로에 차마의 일부라도 진입한 경우에는 신속히 교차로 밖으로 진행하여야 한다.(도로교통법 시행규칙 제6조 제2항).

정답 43. ②, ④ 44. ②, ③

45 화물차를 뒤따라가는 중이다. 충분한 안전거리를 두고 운전해야 하는 이유 2가지는?

[도로상황]
- 전방에 화물차가 직진하는 중
- 전방에 화물차에 적재물이 가득 실려 있는 상황
- 어린이 보호구역으로 통행제한 속도는 시속 30km

① 전방 시야를 확보하는 것이 위험에 대비할 수 있기 때문이다.
② 화물차에 실린 적재물이 떨어질 수 있기 때문이다.
③ 뒤 차량이 앞지르기하는 것을 방해할 수 있기 때문이다.
④ 공기저항이 줄어들어 연비가 절감되기 때문이다.
⑤ 화물차의 뒤를 바싹 따라 주행하면 안전하기 때문이다.

🟢해설 화물차 뒤를 따라갈 경우 충분한 안전거리를 유지해야만 전방 시야를 넓게 확보할 수 있다. 이것은 운전자에게 전방을 보다 넓게 확인할 수 있고 어떠한 위험에도 대처할 수 있도록 도와준다.(도로교통법 제19조)

46 이륜차 주행 중이다. 가장 안전한 운전방법에 대한 설명 2가지는?

[도로상황]
- 우로 굽은 내리막 도로
- 노면에 모래나 흙이 곳곳에 산재

① 도로에 쌓여있는 모래나 흙 등으로 도로가 미끄러울 수 있으므로 주의하며 주행한다.
② 핸들이나 브레이크를 급하게 조작하면 전도되거나 미끄러지기 쉬우니 감속하여 주행한다.
③ 반대편 차가 중앙선을 넘어올 경우를 예상하고 속도를 높여 주행한다.
④ 이륜차는 제동력이 좋아 속도를 높여 주행한다.
⑤ 앞쪽 상황을 확인할 수 없으므로 도로의 좌측으로 통행한다.

🟢해설 이륜차가 도로의 구부러진 길 운행 시 반대편 차가 중앙선을 넘어올 경우를 예상하고 속도를 높여 통과하는 것은 매우 위험하다.

정답 45. ①, ②   46. ①, ②

47 이륜차 운전 중이다. 가장 안전한 운전방법에 대한 설명 2가지는?

[도로상황]
- 어린이 보호구역
- 교차로 비보호좌회전 표지

① 어린이 보호구역에서도 이륜차는 잠시 정차할 수 있다.
② 차량신호등 녹색의 등화에 1차로에서 좌회전 할 수 있다.
③ 차량신호등 녹색의 등화가 켜졌다면 아직 횡단 중인 어린이가 있더라도 주의하며 진행한다.
④ 보도에 어린이가 없는 경우라면 이륜차는 보도로 통행할 수 있다.
⑤ 어린이 보호구역에 설정된 제한속도 이내로 주행한다.

해설 어린이 보호구역은 주차와 정차가 금지된다(도로교통법 제32조 제8호). 차량신호등 녹색의 등화에 비보호좌회전 표지가 있는 경우라면 좌회전할 수 있다(도로교통법 시행규칙 별표2). 차량신호등이 바뀐 경우라도 횡단보도에 횡단중인 보행자가 있다면 보호할 의무가 있다(도로교통법 제48조 제1항 참조). 보도와 차도가 구분된 도로에서 차마는 차도로 통행하여야 한다(도로교통법 제13조 제1항 본문). 자동차의 운전자는 제한속도보다 빠르게 운전해서는 아니된다(도로교통법 제17조 제3항).

48 이륜차 운전 중이다. 가장 안전한 운전방법에 대한 설명 2가지는?

[도로상황]
- 어린이 보호구역
- 교차로 비보호좌회전 표지

① 보도를 주행할 때에는 보행자에 주의하면서 진행한다.
② 차량신호등 녹색의 등화가 켜지더라도 도로를 횡단하는 어린이가 있는지 주의하면서 진행한다.
③ 비보호좌회전표지가 있으므로 차량신호등 적색의 등화에 좌회전할 수 있다.
④ 도로 건너편으로 가야 할 경우 이륜차를 타고 횡단보도를 건넌다.
⑤ 차량신호등이 녹색 등화로 바뀌는 경우 어린이 통학버스 앞의 상황에 주의하며 진행한다.

해설 차마의 운전자는 보도와 차도가 구분된 도로에서는 차도로 통행하여야 한다(도로교통법 제13조 제1항). 차량신호등 녹색의 등화에 비보호좌회전표지가 있는 경우라면 좌회전할 수 있다(도로교통법 시행규칙 별표2). 차량신호등이 바뀐 경우라도 횡단보도에 횡단 중인 보행자가 있다면 보호할 의무가 있다(도로교통법 제48조 제1항 참조). 차마의 운전자는 보행자나 다른 차마의 정상적인 통행을 방해할 우려가 있는 경우에는 차마를 운전하여 도로를 횡단하거나 유턴 또는 후진하여서는 아니 된다(도로교통법 제18조 제1항). 고원식횡단보도표시(도로교통법 시행규칙 별표6 일련번호 533)은 과속방지턱 노면에 설치하므로 이륜차 운전자라면 이곳을 지날 때 감속할 필요가 있다.

정답 47. ②, ⑤   48. ②, ⑤

49 이륜차 운전 중이다. 가장 안전한 운전방법에 대한 설명 2가지는?

[도로상황]
- 어린이 보호구역
- 교차로 비보호좌회전 표지
- 전방에 어린이통학버스 정차 중

① 전방에 어린이통학버스에서 어린이가 하차 할 경우를 대비하여 주의하며 진행한다.
② 차량신호등 녹색의 등화가 켜졌지만 전방 횡단보도에 어린이가 아직 있으므로 일시정지한다.
③ 가장 오른쪽 차로에서 좌회전할 수 있다.
④ 보도를 통행해야 할 경우 탑승한 채로 보도로 진행한다.
⑤ 주변 상가에 가야하는 경우 도로 우측 가장자리에 잠시 주차한다.

해설 모든 차 또는 노면전차의 운전자는 보행자(제13조의2제6항에 따라 자전거등에서 내려서 자전거등을 끌거나 들고 통행하는 자전거등의 운전자를 포함한다)가 횡단보도를 통행하고 있거나 통행하려고 하는 때에는 보행자의 횡단을 방해하거나 위험을 주지 아니하도록 그 횡단보도 앞(정지선이 설치되어 있는 곳에서는 그 정지선을 말한다)에서 일시정지하여야 한다(도로교통법 제27조 제1항). 모든 차의 운전자는 교차로에서 좌회전을 하려는 경우에는 미리 도로의 중앙선을 따라 서행하면서 교차로의 중심 안쪽을 이용하여 좌회전하여야 한다(도로교통법 제25조 제2항 본문). 차마의 운전자는 보도와 차도가 구분된 도로에서는 차도로 통행하여야 한다(도로교통법 제13조 제1항). 어린이 보호구역에서 주정차는 금지된다(도로교통법 제32조 제8호).

50 이륜차 운전 중이다. 가장 안전한 운전방법에 대한 설명 2가지는?

[도로상황]
- 편도2차로 어린이 보호구역
- 교차로 비보호좌회전 표지
- 운전자는 2차로 주행 중

① 전방에 주차된 차를 앞지르려고 할 때에는 앞차의 오른쪽으로 앞지르기 한다.
② 주차와 정차를 할 수 없다.
③ 좌회전하려면 1차로로 이동한 후에 좌회전한다.
④ 직진하려면 1차로 택시와 2차로 주차된 차량 사이로 빠르게 진행한다.
⑤ 이륜차를 세워둔 채 하차하여 불법주차 한 운전자와 시비·다툼을 한다.

해설 모든 차의 운전자는 다른 차를 앞지르려면 앞차의 좌측으로 통행하여야 한다(도로교통법 제21조 제1항). 어린이 보호구역에서 주정차는 금지된다(도로교통법 제32조 제8호). 모든 차의 운전자는 교차로에서 좌회전을 하려는 경우에는 미리 도로의 중앙선을 따라 서행하면서 교차로의 중심 안쪽을 이용하여 좌회전하여야 한다(도로교통법 제25조 제2항). 차로란 차마가 한줄로 통행하도록 하는 도로의 부분을 말하고(도로교통법 제2조 제5호), 차마의 운전자는 차로를 따라 통행해야 한다(도로교통법 제14조 제2항). 도로에서 자동차등(개인형 이동장치는 제외한다. 이하 이 조에서 같다) 또는 노면전차를 세워둔 채 시비·다툼 등의 행위를 하여 다른 차마의 통행을 방해하여서는 아니된다(도로교통법 제49조 제1항 제5호).

정답 49. ①, ② 50. ②, ③

51 이륜차 운전 중이다. 가장 안전한 운전방법에 대한 설명 2가지는?

[도로상황]
- 노인보호구역
- 우천으로 노면이 젖어 있는 상황
- 우측 택시 정류장(택시 정차 중)
- 노면에 시속 30km 제한속도 표시

① 노인보호를 위해 미리 보도로 진입한다.
② 노인보호구역임을 알리고 있으므로 미리 충분히 감속한다.
③ 승객을 승하차 시킨 택시가 급격히 1차로로 진로변경할 수 있으므로 주의하며 운전한다.
④ 노면이 젖어 있으므로 시속 30킬로미터로 운전한다.
⑤ 정차되어 있는 택시 좌측으로 바싹 붙여 속도를 높여 노인보호구역을 벗어난다.

해설 버스, 택시는 승객의 승하차를 위하여 급차선 변경하는 경우가 많아 이륜차 운전자는 특히 주의하여야 한다. 비가 내려 노면이 젖어 있는 경우 최고속도의 100분의 20을 줄여 감속 운행해야한다(도로교통법 시행규칙 제19조 제2항 제1호).

52 이륜차 운전 중이다. 어린이 보호구역에 관한 설명으로 가장 옳은 것 2가지는?

[도로상황]
- 어린이 보호구역
- 교차로 비보호좌회전 표지
- 전방 횡단보도에 어린이 보행자 횡단 중

① 유치원 시설의 주변도로를 어린이 보호구역으로 지정할 수 있다.
② 어린이 보호구역에서는 경음기 사용이 제한된다.
③ 특수학교의 주변도로는 어린이 보호구역으로 지정할 수 없다.
④ 차량 신호등이 적색등화이므로 비보호좌회전 할 수 있다.
⑤ 어린이 보호구역에서 신호위반을 하면 8만원의 범칙금이 부과된다.

■ 정답 : ①, ⑤

해설 도로교통법 제12조에 의하면, 어린이 보호구역으로 지정하여 자동차등의 통행속도를 시속 30킬로미터 이내로 제한할 수 있다. 「초·중등교육법」제38조 및 제55조에 따른 초등학교 또는 특수학교도 가능하다. 일반도로에서의 신호위반은 이륜차 기준 4만원이나 어린이 보호구역에서 신호위반은 이륜차 기준 8만원의 범칙금이 부과된다(도로교통법 시행령 별표8, 별표10).

정답 51. ②, ③ 52. ①, ⑤

53 이륜차 운전 중이다. 가장 안전한 운전방법에 대한 설명 2가지는?

[도로상황]
- 어린이 보호구역
- 횡단보도 대기 중인 보행자 있음
- 보도에 보행자 방호 울타리 설치
- 차량 신호등이 녹색등화에서 황색등화로 바뀜

① 어린이 보호구역에서는 잠시 정차할 수 있다.
② 적색신호가 아니므로 재빨리 정지선을 통과한다.
③ 횡단보도에 진입하려는 보행자에 대비한다.
④ 통행속도를 준수하고 어린이의 안전에 주의하면서 운행하여야 한다.
⑤ 어린이 보호구역에서는 어린이들이 주의하기 때문에 사고가 발생하지 않는다.

해설 학교 앞 이면도로 횡단보도는 어린이 보호구역 내이므로 최고속도는 30km/h이내를 준수하고, 어린이의 움직임에 주의하면서 전방을 잘 살펴야 한다. 어린이 보호구역내 사고는 안전운전 불이행, 보행자 보호 의무위반, 불법 주·정차, 신호위반 등 법규를 지키지 않는 것이 원인이다. 그리고 보행자가 횡단할 때에는 반드시 일시정지한 후 보행자의 횡단이 끝나면 안전을 확인하고 통과하여야 한다.

54 이륜차 운전 중이다. 가장 안전한 운전방법에 대한 설명 2가지는?

[도로상황]
- 학교 앞 신호등 없는 횡단보도
- 좌측 보도에 어린이 보행 중
- 어린이 보호구역

① 제한속도 이내로 운전하는 경우 보행자 스스로 주의하므로 그대로 진행한다.
② 등하교 시간을 제외하고는 자유롭게 주차가 가능하다.
③ 어린이가 갑자기 도로로 뛰어들 수 있으므로 주의하면서 전방을 잘 살핀다.
④ 보행자가 횡단하지 않는 경우라 할지라도 반드시 정지선에 일시정지 해야 한다.
⑤ 주차는 불가능하나 정차는 가능하다.

해설 학교 앞 이면도로 횡단보도는 어린이 보호구역 내이므로 최고속도는 30km/h이내를 준수하고, 어린이의 움직임에 주의하면서 전방을 잘 살펴야 한다. 어린이 보호구역내 사고는 안전운전 불이행, 보행자 보호 의무위반, 불법 주·정차, 신호위반 등 법규를 지키지 않는 것이 원인이다. 그리고 보행자가 횡단할 때에는 반드시 일시정지한 후 보행자의 횡단이 끝나면 안전을 확인하고 통과하여야 한다.

정답 53. ③, ④ 54. ③, ④

55 이륜차 운전 중이다. 가장 안전한 운전방법에 대한 설명 2가지는?

[도로상황]
- 어린이 보호구역 횡단보도
- 전방 차량신호 적색등화 보행자 녹색등화에 따라 어린이가 횡단 중
- "비보호좌회전"이라고 쓰여 있는 안전표지

① 일시정지하지 않고 보행자를 피해 천천히 진행한다.
② 차의 통행이 없는 때에도 주차는 불가능하다.
③ 어린이가 횡단보도를 다 건널 때까지 일시정지한다.
④ 교차로에 차량이 없을 경우 차량 적색신호에 비보호좌회전할 수 있다.
⑤ 우회전하는 택시를 따라 주의하며 우회전한다.

해설 학교 앞 이면도로 횡단보도는 어린이 보호구역 내이므로 최고속도는 30km/h이내를 준수하고, 어린이의 움직임에 주의하면서 전방을 잘 살펴야 한다. 어린이 보호구역내 사고는 안전운전 불이행, 보행자 보호의무위반, 불법 주·정차, 신호위반 등 법규를 지키지 않는 것이 원인이다. 그리고 보행자가 횡단할 때에는 반드시 일시정지한 후 보행자의 횡단이 끝나면 안전을 확인하고 통과하여야 한다.

56 이륜차 운전 중이다. 가장 안전한 운전방법에 대한 설명 2가지는?

[도로상황]
- 어린이 보호구역
- 중앙선 시선 유도봉 설치

① 앞차가 없으므로 제한속도를 지키지 않고 주행해도 된다.
② 주·정차 할 수 없다.
③ 보행자가 무단횡단을 할 수 있으므로 주의하면서 전방을 잘 살피며 진행한다.
④ 어린이 보호구역에서는 어린이들이 주의하기 때문에 절대 사고가 발생하지 않는다.
⑤ 건너편 상가에 진입할 때에는 시선 유도봉 사이를 통과해 주의하면서 진입한다.

해설 학교 앞 이면도로 횡단보도는 어린이 보호구역 내이므로 최고속도는 30km/h이내를 준수하고, 어린이의 움직임에 주의하면서 전방을 잘 살펴야 한다. 어린이 보호구역내 사고는 안전운전 불이행, 보행자 보호의무위반, 불법 주·정차, 신호위반 등 법규를 지키지 않는 것이 원인이다. 그리고 보행자가 횡단할 때에는 반드시 일시정지한 후 보행자의 횡단이 끝나면 안전을 확인하고 통과하여야 한다.

정답 55. ②, ③   56. ②, ③

57 이륜차 운전 중이다. 가장 안전한 운전방법에 대한 설명 2가지는?

[도로상황]
- 어린이 보호구역
- 교차로 비보호좌회전 표지
- 전방 차량 신호 녹색등화 점등

① 시속 30킬로미터 이하로 주행한다.
② 어린이 보호구역이므로 신호에 상관없이 무조건 일시정지 한다.
③ 주차는 할 수 없으나 정차는 할 수 있다.
④ 횡단보도를 통행할 때에는 보행자 유무와 상관없이 경음기를 사용하며 빠르게 주행한다.
⑤ 우측 보행자 방호 울타리가 설치되어 있다 하더라도 보행자에 주의하며 운전한다.

해설 학교 앞 이면도로 횡단보도는 어린이 보호구역 내이므로 최고속도는 30km/h이내를 준수하고, 어린이의 움직임에 주의하면서 전방을 잘 살펴야 한다. 어린이 보호구역내 사고는 안전운전 불이행, 보행자 보호 의무위반, 불법 주·정차, 신호위반 등 법규를 지키지 않는 것이 원인이다. 그리고 보행자가 횡단할 때에는 반드시 일시정지한 후 보행자의 횡단이 끝나면 안전을 확인하고 통과하여야 한다.

58 이륜차 운전 중이다. 가장 안전한 운전방법에 대한 설명 2가지는?

[도로상황]
- 어린이 보호구역(편도 1차로)
- 교차로 비보호좌회전 표지

① 반대편 어린이통학버스가 정차하여 어린이가 내리는 표시를 한 경우 일시정지하여 안전을 확인한 후 서행한다.
② 적색신호일 때 비보호좌회전 할 수 있다.
③ 보행자가 무단횡단을 하지 않도록 경음기를 연속적으로 사용하며 빠르게 주행한다.
④ 횡단보도의 보행자가 무단횡단 할 때에는 우측 보도로 주행한다.
⑤ 어린이 보호구역이므로 갑작스러운 위험에 대비하여 서행한다.

해설 학교 앞 이면도로 횡단보도는 어린이 보호구역 내이므로 최고속도는 30km/h이내를 준수하고, 어린이의 움직임에 주의하면서 전방을 잘 살펴야 한다. 어린이 보호구역내 사고는 안전운전 불이행, 보행자 보호 의무위반, 불법 주·정차, 신호위반 등 법규를 지키지 않는 것이 원인이다. 그리고 보행자가 횡단할 때에는 반드시 일시정지한 후 보행자의 횡단이 끝나면 안전을 확인하고 통과하여야 한다.

정답 57. ①, ⑤ 58. ①, ⑤

59 이륜차 운전 중이다. 가장 안전한 운전방법에 대한 설명 2가지는?

【 도로상황 】
- 공사 중인 어린이 보호구역
- 전방 신호등 없는 횡단보도 있음

① 공사 때문에 노면 상태가 좋지 않으므로 주의하며 진행한다.
② 어린이 보호구역 내 횡단보도가 있기 때문에 일시정지 한다.
③ 주차 또는 정차를 할 수 있다.
④ 어린이 보호구역 구간은 표지판으로부터 30미터의 거리를 의미한다.
⑤ 어린이 보호구역이긴 하나 공사현장 도로이기에 속도와 상관없이 진행해도 된다.

해설 어린이 보호구역 내이므로 최고속도는 30km/h이내를 준수하고, 어린이를 발견할 때에는 어린이의 움직임에 주의하면서 전방을 잘 살펴야 한다. 어린이 보호구역내 사고는 안전운전 불이행, 보행자 보호의무위반, 불법 주·정차, 신호위반 등 법규를 지키지 않는 것이 원인이다. 그리고 보행자가 횡단할 때에는 반드시 일시정지한 후 보행자의 횡단이 끝나면 안전을 확인하고 통과하여야 한다.

60 이륜차 운전 중이다. 가장 안전한 운전방법에 대한 설명 2가지는?

【 도로상황 】
- 어린이 보호구역 버스정류장 앞 편도 1차로 도로
- 황색점멸신호등 있는 교차로
- 전방 우측 버스정류장에 버스를 기다리는 사람 있음

① 어린이 보호구역이라도 버스정류장은 모든 차량이 정차할 수 있다.
② 어린이 보호구역이므로 어린이의 갑작스런 횡단에 주의하며 운전한다.
③ 버스정류장에 버스가 정차하고 있을 때에는 반대편 차량에 주의하면서 앞지르기 한다.
④ 어린이 보호구역에서의 최저속도는 시속 30킬로미터이다.
⑤ 버스정류장의 대기 승객이 차도로 내려올 수 있음에 유념하고 주행한다.

해설 어린이 보호구역 내이므로 최고속도는 30km/h이내를 준수하고, 어린이를 발견할 때에는 어린이의 움직임에 주의하면서 전방을 잘 살펴야 한다. 어린이 보호구역내 사고는 안전운전 불이행, 보행자 보호의무위반, 불법 주·정차, 신호위반 등 법규를 지키지 않는 것이 원인이다. 그리고 보행자가 횡단할 때에는 반드시 일시정지한 후 보행자의 횡단이 끝나면 안전을 확인하고 통과하여야 한다.

정답 59. ①, ② 60. ②, ⑤

61 이륜차 운전 중이다. 가장 안전한 운전방법에 대한 설명 2가지는?

[도로상황]
- 어린이 보호구역
- 교차로 비보호좌회전 표지

① 진행방향에 차량이 없으므로 도로 우측에 정차할 수 있다.
② 어린이 보호구역이라도 어린이가 없을 경우에는 속도를 준수하지 않아도 된다.
③ 어린이 보호구역내 횡단보도 보행자 횡단 방해에 따른 범칙금은 8만원이다.
④ 어린이가 갑자기 뛰어 나올 수 있으므로 주위를 잘 살피며 진행한다.
⑤ 어린이 보호구역으로 지정된 구간은 최대한 속도를 내어 신속하게 통과한다.

해설 어린이 보호구역 내이므로 최고속도는 30km/h이내를 준수하고, 어린이를 발견할 때에는 어린이의 움직임에 주의하면서 전방을 잘 살펴야 한다. 어린이 보호구역내 사고는 안전운전 불이행, 보행자 보호의무 위반, 불법 주·정차, 신호위반 등 법규를 지키지 않는 것이 원인이다. 그리고 보행자가 횡단할 때에는 반드시 일시정지한 후 보행자의 횡단이 끝나면 안전을 확인하고 통과하여야 한다. 이륜자동차등 횡단보도 보행자 횡단 방해 범칙금 8만원(도로교통법 시행령 별표10)

62 이륜차 운전 중이다. 가장 안전한 운전방법에 대한 설명 2가지는?

[도로상황]
- 경찰순찰차가 사이렌, 경광등을 켜고 긴급출동 중인 상황
- 도로 우측은 보도가 없음
- 우측에는 보행자가 마주보고 보행 중

① 속도를 높여 경찰순찰차의 뒤를 바싹 따라간다.
② 우측 길가장자리구역은 주·정차 금지구역이다.
③ 길가장자리구역을 통행 중인 보행자에 주의하면서 운전한다.
④ 보행자를 지나친 후부터 바로 길가장자리구역으로 주행한다.
⑤ 좌회전할 예정이 없다면 2차로로 주행한다.

해설 경광등과 사이렌을 켠 긴급자동차는 우선통행권을 가지고(도로교통법 제29조 제6항), 이 경우 긴급자동차는 여러 위반이 적용되지 않으므로(도로교통법 제30조), 그 뒤를 바로 따라가는 행위는 매우 위험할 뿐만 아니라 다른 운전자의 양보를 받는 긴급자동차를 이용하여 빠르게 진행하려는 얌체운전에 해당한다. 모든 차의 운전자는 다른 차를 앞지르려면 앞차의 좌측으로 통행하여야 한다(도로교통법 제21조 제1항). "길가장자리구역"이란 보도와 차도가 구분되지 아니한 도로에서 보행자의 안전을 확보하기 위하여 안전표지 등으로 경계를 표시한 도로의 가장자리 부분을 말한다(도로교통법 제2조 제11호). 차마(자전거등은 제외한다)의 운전자는 안전표지로 통행이 허용된 장소를 제외하고는 자전거도로 또는 길가장자리구역으로 통행하여서는 아니 된다(도로교통법 제13조 제6항). 이륜차는 고속도로 외의 도로에서 오른쪽 차로로 통행해야 한다(도로교통법 시행규칙 별표9).

정답 61. ③, ④ 62. ③, ⑤

63 긴급자동차와 관련된 설명으로 옳은 것 2가지는?

[도로상황]
- 소방차가 사이렌, 경광등을 켜고 긴급출동 중인 상황

① 긴급자동차는 긴급하고 부득이한 경우에도 도로의 좌측 부분을 통행할 수 없다.
② 긴급자동차는 특별한 사정이 있어도 정지신호에는 항상 정지해야 한다.
③ 교차로 부근에서 긴급자동차가 접근하는 경우에는 다른 차의 운전자는 교차로를 피하여 일시정지해야 한다.
④ 교차로 부근이 아닌 곳에서 긴급자동차가 접근하는 경우에는 다른 차의 운전자는 진로를 양보해야 한다.
⑤ 긴급자동차는 긴급출동할 때도 제한 속도를 준수해야 한다.

해설 긴급자동차는 제13조제3항에도 불구하고 긴급하고 부득이한 경우에는 도로의 중앙이나 좌측 부분을 통행할 수 있다. 긴급자동차는 이 법이나 이 법에 따른 명령에 따라 정지하여야 하는 경우에도 불구하고 긴급하고 부득이한 경우에는 정지하지 아니할 수 있다. 긴급자동차의 운전자는 제1항이나 제2항의 경우에 교통안전에 특히 주의하면서 통행하여야 한다. 교차로나 그 부근에서 긴급자동차가 접근하는 경우에는 차마와 노면전차의 운전자는 교차로를 피하여 일시정지하여야 한다. 모든 차와 노면전차의 운전자는 제4항에 따른 곳 외의 곳에서 긴급자동차가 접근한 경우에는 긴급자동차가 우선통행할 수 있도록 진로를 양보하여야 한다(도로교통법 제29조).

64 이륜차 운전 중이다. 가장 안전한 운전방법에 대한 설명 2가지는?

[도로상황]
- 경찰순찰차 여러 대가 사이렌, 경광등을 켜고 긴급출동 중
- 전방 우측에는 택시가 직진 중
- 사거리 교차로

① 경찰순찰차의 뒤를 바싹 따라간다.
② 교차로 부근 후방에서 긴급자동차가 접근하는 경우에는 교차로를 피하여 일시정지한다.
③ 택시를 앞지르려고 할 때에는 그 차의 오른쪽으로 앞지른다.
④ 경찰순찰차와 택시 사이로 속도를 높여 진행한다.
⑤ 좌회전하려는 경우 미리 중앙선을 따라 서행하면서 교차로의 중심 안쪽을 이용하여 좌회전한다.

해설 교차로나 그 부근에서 긴급자동차가 접근하는 경우에는 차마와 노면전차의 운전자는 교차로를 피하여 일시정지하여야 한다. 모든 차와 노면전차의 운전자는 제4항에 따른 곳 외의 곳에서 긴급자동차가 접근한 경우에는 긴급자동차가 우선통행할 수 있도록 진로를 양보하여야 한다(도로교통법 제29조). 모든 차의 운전자는 다른 차를 앞지르려면 앞차의 좌측으로 통행하여야 한다(도로교통법 제21조 제1항). 황색실선은 주정차 모두 금지된다는 의미이다(도로교통법 시행규칙 별표6 일련번호 516). 이륜차는 고속도로 외의 도로에서 오른쪽 차로로 통행해야 한다(도로교통법 시행규칙 별표9). 모든 차의 운전자는 교차로에서 좌회전을 하려는 경우에는 미리 도로의 중앙선을 따라 서행하면서 교차로의 중심 안쪽을 이용하여 좌회전하여야 한다(도로교통법 제25조 제2항).

정답 63. ③, ④ 64. ②, ⑤

65 이륜차 운전 중이다. 가장 안전한 운전방법에 대한 설명 2가지는?

[도로상황]

- 경찰순찰차 여러 대가 사이렌, 경광등을 켜고 긴급출동 중
- 전방 우측에는 화물차가 직진 중
- 오거리 교차로 내

① 경찰순찰차와 충분한 안전거리를 확보한다.
② 좌회전 하려는 경우에는 속도를 높여 경찰순찰차의 좌측으로 좌회전 한다.
③ 우회전 하려는 경우에는 신속히 화물차의 앞을 가로질러 우회전 한다.
④ 교차로 부근에서 긴급자동차가 접근하는 경우에는 교차로를 피하여 일시정지한다.
⑤ 속도를 높여 경찰순찰차의 뒤를 바싹 따라간다.

해설 모든 차의 운전자는 다른 차를 앞지르려면 앞차의 좌측으로 통행하여야 한다(도로교통법 제21조 제1항). 교차로나 그 부근에서 긴급자동차가 접근하는 경우에는 차마와 노면전차의 운전자는 교차로를 피하여 일시정지하여야 한다(도로교통법 제29조 제4항). 경광등과 사이렌을 켠 긴급자동차는 우선통행권을 가지며(도로교통법 제29조 제6항), 이 경우 긴급자동차는 여러 위반이 적용되지 않으므로(도로교통법 제30조), 그 뒤를 바로 따라가는 행위는 매우 위험할 뿐만 아니라 다른 운전자의 양보를 받는 긴급자동차를 이용하여 빠르게 진행하려는 얌체운전에 해당한다.

66 이륜차 운전 중이다. 가장 안전한 운전방법에 대한 설명 2가지는?

[도로상황]

- 전방 회전교차로
- 회전교차로 진입 전 횡단보도가 설치된 도로
- 회전교차로 진입 전 편도 2차로 도로에서 1차로 진행

① 자전거를 끌고 가는 사람이 안전하게 횡단할 수 있도록 일시정지한다.
② 회전교차로에 진입하고자 할 때에는 회전하고 있는 차에게 진로를 양보한다.
③ 경음기를 울리면서 보행자 앞으로 신속히 주행한다.
④ 다른 차량의 통행에 방해가 되지 않을 경우 안전지대에 잠시 정차할 수 있다.
⑤ 회전교차로 진입 후 시계방향으로 회전한다.

해설 모든 차 또는 노면전차의 운전자는 보행자(제13조의2제6항에 따라 자전거등에서 내려서 자전거등을 끌거나 들고 통행하는 자전거등의 운전자를 포함한다)가 횡단보도를 통행하고 있거나 통행하려고 하는 때에는 보행자의 횡단을 방해하거나 위험을 주지 아니하도록 그 횡단보도 앞(정지선이 설치되어 있는 곳에서는 그 정지선을 말한다)에서 일시정지하여야 한다(도로교통법 제27조 제1항). 모든 차의 운전자는 회전교차로에 진입하려는 경우에는 서행하거나 일시정지하여야 하며, 이미 진행하고 있는 다른 차가 있는 때에는 그 차에 진로를 양보하여야 한다(도로교통법 제25조의2 제2항). 차마의 운전자는 도로(보도와 차도가 구분된 도로에서는 차도를 말한다)의 중앙(중앙선이 설치되어 있는 경우에는 그 중앙선을 말한다. 이하 같다) 우측 부분을 통행하여야 한다(도로교통법 제13조 제3항). 차마의 운전자는 보도와 차도가 구분된 도로에서는 차도로 통행하여야 한다(도로교통법 제13조 제1항).

정답 65. ①, ④ 66. ①, ②

67 이륜차 운전 중이다. 가장 안전한 운전방법에 대한 설명 2가지는?

[도로상황]
- 회전교차로 진입 전 횡단보도가 설치된 도로
- 회전교차로 진입 전 상황

① 전방 횡단보도를 이용하여 유턴할 수 있다.
② 전방의 도로를 횡단하는 이륜차를 피해 보도로 통행한다.
③ 회전교차로에서는 반시계 방향으로 통행한다.
④ 회전교차로에서는 회전 중인 차량이 진입하려는 차량보다 우선하므로 주의하며 진입한다.
⑤ 횡단보도를 통행하는 이륜차를 향해 급가속하여 상대방이 위법행위를 하고 있음을 경고한다.

해설 차마의 운전자는 도로(보도와 차도가 구분된 도로에서는 차도를 말한다)의 중앙(중앙선이 설치되어 있는 경우에는 그 중앙선을 말한다. 이하 같다) 우측 부분을 통행하여야 한다(도로교통법 제13조 제3항). 차마의 운전자는 보도와 차도가 구분된 도로에서는 차도로 통행하여야 한다(도로교통법 제13조 제1항). 모든 차의 운전자는 회전교차로에 진입하려는 경우에는 서행하거나 일시정지하여야 하며, 이미 진행하고 있는 다른 차가 있는 때에는 그 차에 진로를 양보하여야 한다(도로교통법 제25조의2 제2항).

68 이륜차 운전 중이다. 가장 안전한 운전방법에 대한 설명 2가지는?

[도로상황]
- 전통시장 이면도로

① 자전거와 안전거리를 유지하며 뒤따라간다.
② 이륜차의 통행속도가 현저히 느리다면 휴대전화를 사용할 수 있다.
③ 도로의 좌측에 주차할 수 있다.
④ 보행자와 충분한 간격을 두고 서행한다.
⑤ 급가속하거나 경음기를 울려 자전거와 보행자가 길을 비키도록 한다.

해설 앞지르려고 하는 모든 차의 운전자는 반대방향의 교통과 앞차 앞쪽의 교통에도 주의를 충분히 기울여야 하며, 앞차의 속도·진로와 그 밖의 도로상황에 따라 방향지시기·등화 또는 경음기(警音機)를 사용하는 등 안전한 속도와 방법으로 앞지르기를 하여야 한다(도로교통법 제21조). 도로에 주차하고자 할 때는 차도의 오른쪽 가장자리에 정차하여야 한다(도로교통법 시행령 제11조 제1항 제1호). 모든 차의 운전자는 보도와 차도가 구분되지 아니한 도로 중 중앙선이 없는 도로에서 보행자의 옆을 지나는 경우에는 안전한 거리를 두고 서행하여야 하며, 보행자의 통행에 방해가 될 때에는 서행하거나 일시정지하여 보행자가 안전하게 통행할 수 있도록 하여야 한다(도로교통법 제27조 제6항 제1호).

정답 67. ③, ④ 68. ①, ④

69 이륜차 운전 중이다. 가장 안전한 운전방법에 대한 설명 2가지는?

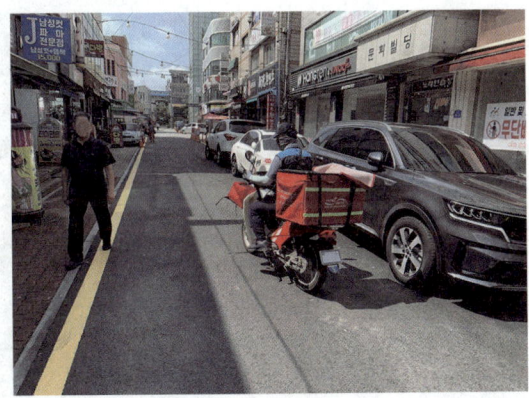

[도로상황]
■ 좌측 황색실선이 설치되어 있는 상가 이면도로

① 주·정차된 차량의 출발에 주의하며 주행한다.
② 보행자와 이륜차 사이로 속도를 높여 진행한다.
③ 상가를 방문하는 경우 도로의 좌측에 잠시 주차한다.
④ 보행자의 행동에 유의하며 안전한 간격을 두고 서행한다.
⑤ 보행자를 지나친 후 좌측 보도로 주행한다.

해설 앞지르려고 하는 모든 차의 운전자는 반대방향의 교통과 앞차 앞쪽의 교통에도 주의를 충분히 기울여야 하며, 앞차의 속도·진로와 그 밖의 도로상황에 따라 방향지시기·등화 또는 경음기(警音機)를 사용하는 등 안전한 속도와 방법으로 앞지르기를 하여야 한다(도로교통법 제21조). 도로에 주차하고자 할 때는 차도의 오른쪽 가장자리에 정차하여야 한다(도로교통법 시행령 제11조 제1항 제1호). 모든 차의 운전자는 보도와 차도가 구분되지 아니한 도로 중 중앙선이 없는 도로에서 보행자의 옆을 지나는 경우에는 안전한 거리를 두고 서행하여야 하며, 보행자의 통행에 방해가 될 때에는 서행하거나 일시정지하여 보행자가 안전하게 통행할 수 있도록 하여야 한다(도로교통법 제27조 제6항 제1호).

70 가장 안전한 운전방법에 대한 설명 2가지는?

[도로상황]
■ 주택가 이면도로

① 급가속하거나 경음기를 울려 보행보조용 의자차가 길을 비키도록 한다.
② 보행보조용 의자차의 방향전환을 예상하고 주의하며 운전한다.
③ 교차로 모퉁이 부분에 주차할 수 있다.
④ 보행보조용 의자차와 안전거리를 두고 서행한다.
⑤ 보행보조용 의자차는 보행자가 아니므로 일시정지나 서행할 필요가 없다.

해설 보행보조용 의자차는 동력에 의해 움직이더라도 보행자에 해당하고(도로교통법 제2조 제17호 가목 5)), 모든 차의 운전자는 보도와 차도가 구분되지 아니한 도로 중 중앙선이 없는 도로에서 보행자의 옆을 지나는 경우에는 안전한 거리를 두고 서행하여야 하며, 보행자의 통행에 방해가 될 때에는 서행하거나 일시정지하여 보행자가 안전하게 통행할 수 있도록 하여야 한다(도로교통법 제27조 제6항 제1호). 도로에 주차하고자 할 때는 차도의 오른쪽 가장자리에 정차하여야 한다(도로교통법 시행령 제11조 제1항 제1호).

정답 69. ①, ④ 70. ②, ④

71 가장 안전한 운전방법에 대한 설명 2가지는?

[도로상황]
- 노면이 고르지 못한 편도 1차로 도로

① 노면이 고르지 못한 도로이므로 신속하게 진행한다.
② 전방에 주차된 차량을 주의하며 서행한다.
③ 보행보조용 의자차의 우측 부분을 이용하여 앞지르기한다.
④ 보행보조용 의자차와 안전거리를 두고 뒤따른다.
⑤ 도로의 좌측 부분으로 통행한다.

해설 보행보조용 의자차는 동력에 의해 움직이더라도 보행자에 해당하고(도로교통법 제2조 제17호 가목 5), 보행자가 보도로 통행하지 않더라도 운전자는 보행자 보호의무가 있다(도로교통법 제48조 제1항 참조). 황색 실선은 주정차 모두 금지된다는 의미이다(도로교통법 시행규칙 별표6 일련번호 516).

72 이륜차 운전 중이다. 가장 안전한 운전방법에 대한 설명 2가지는?

[도로상황]
- 편도 1차로 자전거 우선도로
- 도로 우측 보행자 방호 울타리 설치
- 노인보호구역
- 도로 우측 버스정류장과 황색 복선의 설치

① 자전거 등이 차도에 갑자기 나타날 수 있음을 주의하면서 운전한다.
② 보행자 방호 울타리가 설치되어 있으므로 보행자가 도로에 나올 수 없다고 생각하며 운전한다.
③ 시속 50킬로미터로 주행한다.
④ 우측 버스정류장 앞에서 잠시 정차할 수 있다.
⑤ 횡단보도를 횡단하는 보행자가 있을 경우 정지선 이전에 일시정지 한다.

해설 자전거 우선도로란 자동차의 통행량이 대통령령으로 정하는 기준보다 적은 도로의 일부 구간 및 차로를 정하여 자전거등과 다른 차가 상호 안전하게 통행할 수 있도록 도로에 노면표시로 설치한 자전거도로이다(자전거 이용 활성화에 관한 법률 제3조 제4호). 시·도경찰청장이 도로에서의 위험을 방지하고 교통의 안전과 원활한 소통을 확보하기 위하여 필요하다고 인정하여 안전표지로 지정한 곳에서는 일시정지해야 한다(도로교통법 제31조 제2항 제2호).

정답 71. ②, ④ 72. ①, ⑤

73 도로시설물 점검 중인 상황에서 가장 안전한 운전 방법에 대한 설명 2가지는?

[도로상황]
- 전방 우측 가로등 시설물 점검
- 도로 양측에 보도 설치

① 가급적 작업자의 작업반경에 들어가지 않도록 안전한 간격을 유지한다.
② 서행하거나 일시정지하는 등 작업자와 주변 차량에 주의하며 진행한다.
③ 전방 우측에 작업자가 있으므로 중앙선을 넘어 반대차로로 주행한다.
④ 빠른 속도로 진행하여 작업에 방해되지 않도록 한다.
⑤ 작업자의 안전을 위해 도로의 좌측 보도로 주행한다.

해설 차마의 운전자는 도로(보도와 차도가 구분된 도로에서는 차도를 말한다)의 중앙(중앙선이 설치되어 있는 경우에는 그 중앙선을 말한다. 이하 같다) 우측 부분을 통행하여야 한다(도로교통법 제13조 제3항).

74 사진과 같은 상황에서 가장 안전한 운전방법에 대한 설명 2가지는?

[도로상황]
- ㅏ자형 교차로
- 횡단보도와 자전거횡단도가 설치됨
- 보행자는 횡단보도 횡단 중
- 전방에 자전거보행자겸용도로 표지
- 자전거보행자겸용도로에서 자전거 운전자가 다가오는 중

① 이륜차를 탑승한 채 자전거횡단도를 이용하여 횡단한다.
② 이륜차를 탑승한 채 횡단보도를 횡단한다.
③ 이륜차를 탑승한 채 자전거보행자겸용도로를 통행한다.
④ 이륜차에서 하차하여 끌고 횡단보도를 횡단한다.
⑤ 이륜차에서 하차하여 끌고 갈 때에도 보행자에 유의한다.

해설 보행자가 있으므로 횡단보도와 그 부근 자전거횡단도를 통행하는 것은 금지된다(도로교통법 제27조 제1항). 자전거 보행자겸용 도로에는 자전거등(자전거와 개인형이동장치)만 운전하여 통행할 수 있을 뿐, 이륜차는 운전하여 통행할 수 없다(도로교통법 제13조의2 제1항, 제6항).

정답 73. ①, ② 74. ④, ⑤

75 이륜차 운전 중이다. 가장 안전한 운전방법에 대한 설명 2가지는?

[도로상황]
- 자전거 우선도로
- 우로 굽은 도로

① 이륜차는 자전거와 동일하게 승용자동차보다 통행 우선권을 갖는다.
② 도로 우측의 길가장자리구역으로 주행한다.
③ 자전거 우선 도로이므로 자전거의 안전을 확보하며 운전한다.
④ 우로 굽은 도로이므로 전방의 상황에 유의한다.
⑤ 우로 굽은 도로에서 시야 확보를 위해 도로 좌측으로 주행한다.

해설 차마의 운전자는 도로(보도와 차도가 구분된 도로에서는 차도를 말한다)의 중앙(중앙선이 설치되어 있는 경우에는 그 중앙선을 말한다. 이하 같다) 우측 부분을 통행하여야 한다(도로교통법 제13조 제3항). 차마의 운전자는 보도와 차도가 구분된 도로에서는 차도로 통행하여야 한다. 다만, 도로 외의 곳으로 출입할 때에는 보도를 횡단하여 통행할 수 있다(도로교통법 제13조 제1항).

76 사진과 같은 상황에서 가장 안전한 운전방법에 대한 설명 2가지는?

[도로상황]
- 자전거 우선도로
- 전방 과속방지턱 설치
- 낙엽, 모래 등으로 노면상태 불량

① 자전거가 진로를 방해하므로 도로 좌측의 보도를 이용하여 재빨리 진행한다.
② 상향등과 경음기로 반대편 자동차에 주의를 주며 중앙선을 넘어 주행한다.
③ 자전거 운전자를 앞지르고자 할 때에는 자전거의 우측으로 앞지르기한다.
④ 노면에 있는 낙엽이나 모래에 의해 미끄러질 수 있으므로 속도를 줄인다.
⑤ 과속방지턱 부근에 이르기 전 미리 감속한다.

해설 차마의 운전자는 도로(보도와 차도가 구분된 도로에서는 차도를 말한다)의 중앙(중앙선이 설치되어 있는 경우에는 그 중앙선을 말한다. 이하 같다) 우측 부분을 통행하여야 한다(도로교통법 제13조 제3항). 차마의 운전자는 보도와 차도가 구분된 도로에서는 차도로 통행하여야 한다. 다만, 도로 외의 곳으로 출입할 때에는 보도를 횡단하여 통행할 수 있다(도로교통법 제13조 제1항). 앞지르려고 하는 모든 차의 운전자는 반대방향의 교통과 앞차 앞쪽의 교통에도 주의를 충분히 기울여야 하며, 앞차의 속도·진로와 그 밖의 도로상황에 따라 방향지시기·등화 또는 경음기(警音機)를 사용하는 등 안전한 속도와 방법으로 앞지르기를 하여야 한다(도로교통법 제21조 제3항). 모든 차의 운전자는 다른 차를 앞지르려면 앞차의 좌측으로 통행하여야 한다(도로교통법 제21조 제1항).

정답 75. ③, ④ 76. ④, ⑤

77 사진과 같은 상황에서 가장 안전한 운전방법에 대한 설명 2가지는?

【도로상황】
- 자전거 우선도로
- 노면 일부 젖어있고 물웅덩이 있음
- 낙석주의표지

① 노면이 젖어있는 곳을 지날 때에는 고인물을 가로지르며 운전한다.
② 전방 교통상황에 유의하며 운전한다.
③ 전방 차량을 앞지르기 하려고 할 때는 그 차의 오른쪽으로 앞지르기한다.
④ 낙석이 있을 수 있으므로 주의하며 운전한다.
⑤ 주변에 볼 일이 있다면, 도로의 우측에 주차한다.

해설 수막현상이란 달리고 있는 차량의 타이어와 노면 사이에 수막이 생겨 타이어가 노면 접지력을 상실하는 현상을 말한다(두산백과). 자전거 우선도로란 자동차의 통행량이 대통령령으로 정하는 기준보다 적은 도로의 일부 구간 및 차로를 정하여 자전거등과 다른 차가 상호 안전하게 통행할 수 있도록 도로에 노면표시로 설치한 자전거도로이다(자전거 이용 활성화에 관한 법률 제3조 제4호). 모든 차의 운전자는 다른 차를 앞지르려면 앞차의 좌측으로 통행하여야 한다(도로교통법 제21조 제1항). 사진의 표지는 낙석도로표지로 낙석우려지역에 설치한다(도로교통법 시행규칙 별표6 일련번호 130). 도로 우측에 설치된 황색실선은 주정차금지 구역이다.

78 이륜차 운전 중이다. 사진과 같은 상황에서 가장 안전한 운전방법에 대한 설명 2가지는?

【도로상황】
- 'ㅏ'형 교차로
- 시멘트 포장 도로, 노면에 모래와 먼지가 많은 포장도로

① 농어촌도로이므로 안전모는 착용하지 않아도 된다.
② 노면에 모래와 먼지가 많으므로 주의하면서 운전한다.
③ 도로 폭이 좁으므로 미리 일시정지하거나 감속하는 등 안전상황을 확인한다.
④ 농기계 운전자에게 방해가 되지 않도록 경음기는 절대 작동하지 않는다.
⑤ 우회전하고자 할 때에는 최대한 바깥쪽으로 돌면서 가속하여 우회전한다.

해설 농어촌도로도 도로교통법상 도로에 해당한다(도로교통법 제2조 제1호 다목). 농기계 운전 중에는 농기계 소음이 크므로 필요한 경우에는 경음기를 사용하여 농기계 운전자의 주의를 환기시킬 수 있다. 모든 차의 운전자는 교차로에서 우회전을 하려는 경우에는 미리 도로의 우측 가장자리를 서행하면서 우회전하여야 한다(도로교통법 제25조 제1항).

정답 77. ②, ④ 78. ②, ③

79 이륜차 운전 중이다. 가장 안전한 운전방법에 대한 설명 2가지는?

[도로상황]
- 'ㅓ'형 교차로
- 노면에 모래와 흙이 많은 포장도로
- 부분 재포장으로 노면이 고르지 않음

① 농어촌도로는 도로교통법상 음주운전 규정이 적용되지 않는다.
② 농어촌도로는 제한속도 규정이 없으므로 최대한 속도를 높여 운전한다.
③ 농기계 주변에서 작업자가 나타날 수 있으므로 주의하면서 운전한다.
④ 도로 노면 상태가 고르지 못하므로 감속하여 운전한다.
⑤ 좌회전하고자 할 때에는 최대한 바깥쪽으로 돌면서 가속한다.

해설 농어촌도로도 도로교통법상 도로이고, 음주운전은 금지된다(도로교통법 제44조). 농어촌도로도 도로교통법상 도로에 해당한다(도로교통법 제2조 제1호 다목). 제한속도 표지가 없더라도 일반도로의 최고속도는 60km/h이다(도로교통법 시행규칙 제19조 제1항 제1호 나목). 모든 차의 운전자는 교차로에서 좌회전을 하려는 경우에는 미리 도로의 중앙선을 따라 서행하면서 교차로의 중심 안쪽을 이용하여 좌회전하여야 한다(도로교통법 제25조 제2항).

80 이륜차 운전 중이다. 가장 안전한 운전방법에 대한 설명 2가지는?

[도로상황]
- 비포장 도로 공사현장

① 비포장도로를 지날 때에는 안전모는 착용하지 않는 것이 더 안전하다.
② 과속을 해서라도 재빨리 공사 현장을 통과한다.
③ 작업자의 작업반경에 들어가지 않아야 한다.
④ 공사현장에 방해가 될 수 있으므로 경음기는 절대 사용하지 않는다.
⑤ 공사현장에 이르기 전부터 일시정지하거나 감속하는 등 안전에 유의하며 운전한다.

해설 농어촌도로도 도로교통법상 도로에 해당한다(도로교통법 제2조 제1호 다목). 제한속도 표지가 없더라도 일반도로의 최고속도는 60km/h이다(도로교통법 시행규칙 제19조 제1항 제1호 나목). 공사 작업 중에는 작업 소음이 크므로 필요한 경우에는 경음기를 사용하여 공사 작업자의 주의를 환기시킬 수 있다.

정답 79. ③, ④ 80. ③, ⑤

81 다음 비보호좌회전 교차로에서 좌회전 하려는 경우 가장 안전한 운전방법 2가지는?

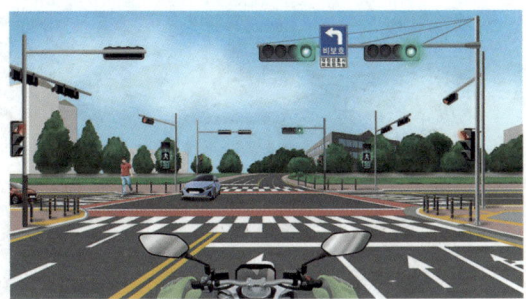

[도로상황]
- 전방 차량 신호등은 녹색
- 왼쪽 횡단보도에서 횡단하는 보행자
- 반대 방향에서 직진해 오는 승용차

① 적색 등화에서 좌회전한다.
② 비보호좌회전은 우선권이 있으므로 신속하게 좌회전한다.
③ 왼쪽 횡단보도에서 횡단하는 보행자가 있는 경우 좌회전하지 않는다.
④ 반대편 직진 차량의 진행에 방해를 주지 않을 때 좌회전한다.
⑤ 녹색 등화이므로 좌회전해서는 안 된다.

해설 비보호좌회전은 진행신호시 반대방면에서 오는 차량에 방해가 되지 아니하도록 좌회전을 조심스럽게 할 수 있으나 왼쪽 횡단보도에서 횡단하는 보행자가 있는 경우 좌회전하지 않는다. (도로교통법 시행규칙 별표 6) (일련번호 542)

82 다음 BRT(Bus Rapid Transit, 간선급행버스체계) 구간에서 가장 안전한 운전방법 2가지는?

[도로상황]
- 왼쪽 버스 정류장에 보행자들
- 오른쪽 보도에 있는 보행자들

① 경음기를 계속 사용하며 주행한다.
② 보행자의 무단 횡단이 많이 발생할 수 있으므로 주의하며 주행한다.
③ 왼쪽 버스 정류장에서 보행자가 횡단보도로 나올 수 있으므로 서행한다.
④ 보행신호등이 녹색 등화로 변경될 수 있으므로 신속하게 통과한다.
⑤ 버스가 운행되지 않은 시간에는 BRT 차로로 주행할 수 있다.

해설 BRT 차로는 24시간 버스전용차로로 보행자의 무단 횡단이 많이 발생할 수 있어 서행하며 주의해야 한다.

정답 81. ③, ④ 82. ②, ③

83 다음 상황에서 가장 안전한 운전방법 2가지는?

[도로상황]
- 편도 1차로 도로 주행 중
- 전방 차량 신호는 녹색 신호
- 버스에서 하차하는 사람들

① 버스 승객들이 하차 중이므로 일시정지한다.
② 전방 상황을 확인할 수 없으므로 시야 확보를 위해서 신속히 버스 왼쪽으로 주행한다.
③ 오른쪽 보도를 이용하여 하차한 사람들을 피해 주행한다.
④ 버스에서 하차한 사람들이 버스 앞쪽으로 갑자기 횡단할 수도 있으므로 주의한다.
⑤ 버스에서 하차한 사람들이 버스 뒤쪽으로 횡단을 할 수 있으므로 중앙선을 넘어 반대편 차로를 이용하여 앞지르기한다.

해설 정차 중인 버스 주변에는 무단 횡단하는 보행자가 있을 수 있으므로 일시정지 후 안전을 확인해야 하고 편도 1차로의 황색 실선이 설치된 도로에서는 앞지르기를 해서는 안 된다.

84 정체 중인 교차로에서 직진하려고 한다. 가장 안전한 운전방법 2가지는?

[도로상황]
- 1차로(직진금지 표시, 좌회전 표시) 한산
- 2, 3차로(직진 표시) 도로정체 중

① 정체가 없는 1차로로 차로 변경한 후 직진한다.
② 자동차와 자동차 사이로 지그재그 운전하면서 교차로를 통과한다.
③ 앞차와 안전거리를 유지하며 서행한다.
④ 교차로 안쪽이 정체되어 있더라도 차량 신호가 황색 등화인 경우 일단 진입한다.
⑤ 교차로 안에서 정지할 우려가 있을 때에는 차량 신호가 녹색 등화일지라도 교차로에 진입하지 않는다.

해설 도로교통법 제25조(교차로 통행방법) ⑤ 모든 차 또는 노면전차의 운전자는 신호기로 교통정리를 하고 있는 교차로에 들어가려는 경우에는 진행하려는 진로의 앞쪽에 있는 차 또는 노면전차의 상황에 따라 교차로(정지선이 설치되어 있는 경우에는 그 정지선을 넘은 부분을 말한다)에 정지하게 되어 다른 차 또는 노면전차의 통행에 방해가 될 우려가 있는 경우에는 그 교차로에 들어가서는 아니 된다.

정답 83. ①, ④   84. ③, ⑤

85. 운전자가 횡단보도를 이용하여 도로를 횡단하려고 한다. 가장 안전한 운전방법 2가지는?

[도로상황]
- 교통섬에 횡단하려고 하는 보행자가 많은 상황

① 교통섬에 사람이 많아 안전지대에서 전동킥보드에 탄 상태로 기다린다.
② 횡단보도 신호등이 녹색등화일 경우 보행자가 횡단하기 전에 전동킥보드를 운전하여 신속히 횡단한다.
③ 횡단보도 신호등이 적색등화라도 도로에 다른 자동차 통행이 없으면 전동킥보드를 운전하여 횡단한다.
④ 전동킥보드에서 내려 교통섬의 안전한 장소에서 기다린다.
⑤ 횡단보도 신호등이 녹색등화일 때 전동킥보드를 끌고 횡단한다.

해설 도로교통법 제13조의2(자전거등의 통행방법의 특례) ⑥ 자전거등의 운전자가 횡단보도를 이용하여 도로를 횡단할 때에는 자전거등에서 내려서 자전거등을 끌거나 들고 보행하여야 한다.

86. 대형버스를 따라 우회전하려고 한다. 가장 안전한 운전방법 2가지는?

[도로상황]
- 전방에 대형버스 우회전 방향지시기 작동 중
- 우회전 전용 삼색등 없음

① 측면과 뒤쪽의 안전을 반드시 확인하고 대형버스의 사각지대에 주의하며 우회전한다.
② 우회전 후 횡단보도에 횡단하는 보행자가 있는 경우 일시정지한다.
③ 대형버스 우측 옆에 붙어서 나란히 우회전한다.
④ 1차로로 차로 변경한 후 1차로에서 우회전한다.
⑤ 우측 보도를 이용하여 우회전한다.

해설 차마는 우회전하려는 경우 정지선, 횡단보도 및 교차로의 직전에서 정지한 후 신호에 따라 진행하는 다른 차마의 교통을 방해하지 않고 우회전할 수 있다.(도로교통법 시행규칙 별표2) 도로교통법 제27조(보행자의 보호) ① 모든 차 또는 노면전차의 운전자는 보행자(제13조의2제6항에 따라 자전거등에서 내려서 자전거등을 끌거나 들고 통행하는 자전거등의 운전자를 포함한다)가 횡단보도를 통행하고 있거나 통행하려고 하는 때에는 보행자의 횡단을 방해하거나 위험을 주지 아니하도록 그 횡단보도 앞(정지선이 설치되어 있는 곳에서는 그 정지선을 말한다)에서 일시정지하여야 한다. 이륜자동차 운전자는 측면과 뒤쪽의 안전을 반드시 확인하고 사각에 주의하여야 한다. 신호에 따라 직진하는 이륜자동차 운전자는 측면 교통을 방해하지 않는 한 녹색 또는 적색에서 우회전할 수 있으나 내륜차(內輪差)와 사각에 주의하여야 한다.

정답 85. ④, ⑤ 86. ①, ②

87 다음 상황에서 가장 안전한 운전방법 2가지는?

[도로상황]
- 보행자 통행이 많은 편도 1차로 도로
- 전방에 적색 점멸 신호등 교차로

① 교차로에서 서행하며 주행한다.
② 교차로 직전에 일시정지한 후 안전을 확인하고 주행한다.
③ 교차로에서 그대로 주행한다.
④ 경음기를 울리며 빠른 속도로 주행한다.
⑤ 무단 횡단 보행자가 있을 수 있으므로 주의하며 운전한다.

해설 적색 등화의 점멸의 뜻은 차마는 정지선이나 횡단보도가 있을 때에는 그 직전이나 교차로의 직전에 일시정지한 후 다른 교통에 주의하면서 진행할 수 있다.(도로교통법 시행규칙 별표 2)

88 다음 상황에서 가장 안전한 운전방법 2가지는?

[도로상황]
- 후사경 속의 바싹 뒤따르는 택시
- 차량 신호등 녹색 등화에서 황색 등화로 변경
- 정지선을 통과한 전방의 흰색 승용차

① 속도를 높여 신속히 교차로를 통과한다.
② 파란색 자동차와 흰색 자동차 사이로 운전하면서 교차로를 통과한다.
③ 교차로 내에 정차한다.
④ 비상점멸등을 켜 후방의 택시가 안전거리를 유지할 수 있도록 유도한다.
⑤ 전방의 흰색 승용차가 급정지할 수 있으므로 서행한다.

해설 도로교통법 시행규칙 별표2 차마는 다른 교통 또는 안전표지의 표시에 주의하면서 진행할 수 있다.
교차로 부근에서 신호가 바뀌는 경우 안전거리를 유지하지 않아 후속 차량이 추돌 사고를 야기할 우려가 매우 높으므로 브레이크 페달을 살짝 밟거나 비상점멸등을 켜 차가 스스로 안전거리를 유지할 수 있도록 유도한다.

정답 87. ②, ⑤ 88. ④, ⑤

89 다음 상황에서 가장 안전한 운전방법 2가지는?

[도로상황]
- 전방 우측 보도에서 택시를 잡으려고 손을 흔드는 사람
- 전방에 택시가 주행 중

① 우측 보도의 사람이 택시를 잡기 위해 차도로 내려올 수 있으므로 경음기를 계속 울린다.
② 우측 보도의 사람이 택시를 잡기 위해 차도로 내려올 수 있으므로 주의하며 서행한다.
③ 전방에 택시가 승객을 태우려고 급정지할 수 있으므로 서행하며 대비한다.
④ 전방에 택시가 승객을 태우려고 급정지할 수 있으므로 급하게 1차로로 차로 변경한다.
⑤ 전방에 택시가 서행하는 경우 택시 우측 공간으로 통과한다.

해설 택시를 잡으려는 사람이 보이면 택시를 잡기 위해 차도로 나올 수 있으므로 주의하며 서행한다. 또한 택시는 승객을 태워야 한다는 생각으로 급정지할 수 있으므로 주의해야 한다.

90 다음과 같은 상황에서 가장 안전한 운전방법 2가지는?

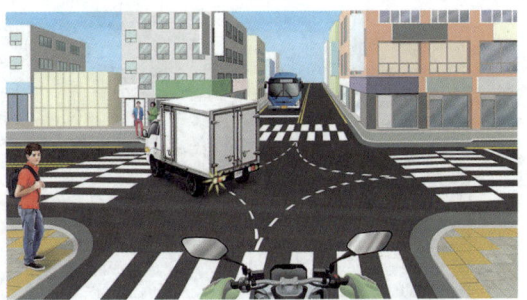

[도로상황]
- 신호등이 없는 교차로에서 좌회전하려는 상황
- 횡단보도 왼쪽에 보행자 횡단 대기 중
- 전방에 박스형 화물차 좌회전 중
- 전방 맞은편 도로에는 대형버스가 교차로에 접근 중

① 앞차가 왼쪽 횡단보도 앞에서 급정지할 수 있으므로 서행한다.
② 교차로에서 앞차가 느린 속도로 진행하는 경우 앞차의 오른쪽 부분을 이용하여 좌회전한다.
③ 선진입이 우선이므로 다른 도로에서 진입하는 차량보다 먼저 진입하기 위해 빠르게 진행한다.
④ 앞차에 가려 왼쪽 도로의 횡단보도 보행자가 안 보일 수 있으므로 안전을 확인하며 진행한다.
⑤ 맞은편 도로에서 직진하는 차량이 올 수 있으므로 신속히 앞차에 바싹 붙여 좌회전 한다.

해설 신호등이 없는 교차로에서 좌회전하기 위해서는 앞차가 좌회전 중 횡단보도 앞에서 급정지할 수 있으므로 서행하며, 다른 도로에서 진행하는 차량이 있는지 확인하며 양보 운전을 해야 한다. 그리고 앞차에 가려 왼쪽 도로의 횡단보도 보행자가 안보일 수 있으므로 안전을 확인하며 진행해야 한다.

정답 89. ②, ③ 90. ①, ④

91 다음과 같은 상황에서 가장 안전한 운전방법 2가지는?

[도로상황]
- 공사 구간 통행하려는 상황

① 정차차량과 공사구간 사이의 좁은 공간을 통해 주행한다.
② 왼쪽 차로가 정체 중이므로 공사구간 전에 일시정지 한다.
③ 왼쪽 차로로 끼어들기 어려운 경우 오른쪽 보도 위로 통행한다.
④ 방향지시기를 작동하여 왼쪽 차로 차량의 양보를 받은 후 안전하게 진로변경 한다.
⑤ 진행에 방해되는 작업자들을 이동시키기 위해 엔진회전음을 높이거나 경음기를 울려 경고한다.

해설 왼쪽 방향지시기를 작동하면서 왼쪽 차로로 안전하게 차로 변경하고, 왼쪽 차로가 정체 중일 경우 진행하는 차로에 일시 정지한다.

92 다음과 같은 상황에서 가장 안전한 운전방법 2가지는?

[도로상황]
- 중앙선이 없는 이면도로 교차로
- 이륜차 후사경에 뒤따르는 차량이 보임
- 보행자가 전방에 횡단보도 외 부분으로 길을 건너는 중

① 일시정지 하여 보행자가 안전하게 횡단할 때까지 기다린다.
② 보행자 앞부분으로 신속히 진행하면서 횡단하는 보행자에게 경고한다.
③ 횡단하는 보행자의 안전을 위해 경음기를 울려 보행자가 횡단하지 못하도록 한다.
④ 비상점멸등을 켜서 뒤차에게 위험상황을 알려준다.
⑤ 횡단보도가 아닌 곳으로 횡단하는 사람은 보호할 대상이 아니므로 신속히 진행한다.

해설 도로교통법 제27조(보행자의 보호) 보행자가 횡단보도가 설치되어 있지 아니한 도로를 횡단하고 있을 때에는 안전거리를 두고 일시 정지하여 보행자가 안전하게 횡단할 수 있도록 하여야 한다. 또한, 뒤차에게 위험을 알리기 위해 비상점멸등을 켠다.

정답 91. ②, ④ 92. ①, ④

93 다음 상황에서 바람직하지 않은 운전행동 2가지는?

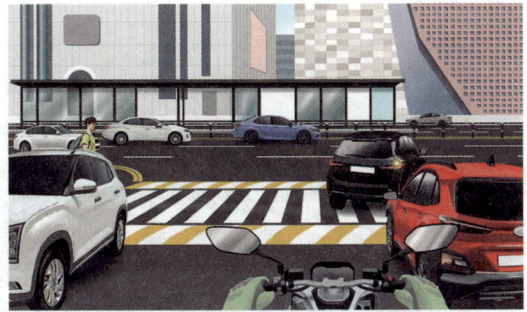

[도로상황]
- 중앙선 없는 도로에서 편도3차로로 합류하는 상황
- 횡단보도 왼쪽에는 횡단하려는 보행자
- 도로의 오른쪽에 빨간색 주차차량이 있음
- 전방 검은색 승용차는 약간 넓게 우회전 중

① 오른쪽 빨간색 주차차량의 출발에 대비한다.
② 횡단보도를 건너려는 보행자 보호를 위해 일시정지 한다.
③ 우회전 후 1차로로 신속히 진로변경 한다.
④ 합류하려는 도로의 주행차량에 방해가 되지 않도록 우회전 한다.
⑤ 우회전하는 검은색 차량의 오른쪽 공간을 이용하여 우회전 한다.

해설 오른쪽에 주차된 차량과 보행자의 갑작스러운 출현에 대비하여야 하며 우회전은 앞차량을 따라 순차적으로 우회전해야 하며, 차량의 오른쪽 공간으로 우회전하면 위험할 수 있다.

94 다음과 같은 도로에서 가장 안전한 운전방법 2가지는?

[도로상황]
- 오른쪽에 다수의 주차된 차량이 있는 왕복2차로의 'ㅓ'자형 교차로 주변에서 직진주행
- 전방에 자전거 진행 중
- 맞은편 도로에서 다수의 차량이 진행 중

① 경음기를 울려 자전거에 주의를 주고 앞질러 나간다.
② 주차된 차량의 오른쪽을 이용하여 주행한다.
③ 자전거와의 안전거리를 충분히 유지하며 서행한다.
④ 도로의 좌·우측 상황을 고려하기 보다는 신속하게 진행한다.
⑤ 앞서가는 자전거가 도로 중앙부분으로 들어올 수 있으므로 자전거의 움직임에 주의하여 진행한다.

해설 도로교통법 제19조(안전거리 확보 등) ② 자동차등의 운전자는 같은 방향으로 가고 있는 자전거등의 운전자에 주의하여야 하며, 그 옆을 지날 때에는 자전거등과의 충돌을 피할 수 있는 필요한 거리를 확보하여야 한다. 자전거가 앞차의 왼쪽을 통과하기 위해 도로의 중앙 쪽으로 이동이 예상되고, 전방 오른쪽 차량의 출발여부를 확인할 수 없는 상황이므로 서행하여야 한다. 또한 도로의 좌·우측 상황을 확인할 수 없으므로 안전을 확인할 필요가 있다.

정답 93. ③, ⑤ 94. ③, ⑤

95 다음 상황에서 가장 안전한 운전방법 2가지는?

[도로상황]

- 중앙선이 없는 이면도로 진행 중
- 전방에 다른 차량, 자전거 등이 진행해 오고 있는 중
- 주차차량과 주변에 다수의 보행자 있음
- 후방에는 승용차 접근 중

① 뒤따라오는 차량에게 방해를 주지 않도록 최대한 신속하게 통과한다.
② 맞은편에서 진행해 오는 차량에 대비하여 미리 보도를 통행한다.
③ 보행자의 통행을 피해 빠른 속도로 지그재그 주행한다.
④ 보행자가 주차차량을 피해 언제든지 도로 안쪽으로 진입할 수 있으므로 피할 수 있는 거리를 유지한다.
⑤ 주차된 차량들 중에서 갑자기 출발하는 차가 있을 수 있으므로 좌우를 잘 살피면서 서행한다.

해설 주차된 차량들 중에서 갑자기 출발하는 차가 있을 수 있으므로 좌우를 잘 살피면서 서행해야 하며 반대방향에서 진행해 올 수 있는 차량에 주의한다.

96 다음과 같은 상황에서 가장 안전한 운전방법 2가지는?

[도로상황]

- 전방에 신호등이 없는 횡단보도

① 한적한 교차로이므로 최대한 빠른 속도로 빠져나간다.
② 보행자가 안전하게 횡단하도록 정지선 직전에 일시정지 한다.
③ 보행자가 횡단을 완료할 때까지 기다린다.
④ 보행자의 횡단보도 진입을 늦추기 위해 경음기를 반복하여 사용한다.
⑤ 지그재그 운전을 반복하여 보행자를 보호한다.

해설 도로교통법 제27조(보행자의 보호) ① 모든 차 또는 노면전차의 운전자는 보행자(제13조의2제6항에 따라 자전거 등에서 내려서 자전거등을 끌거나 들고 통행하는 자전거등의 운전자를 포함한다)가 횡단보도를 통행하고 있거나 통행하려고 하는 때에는 보행자의 횡단을 방해하거나 위험을 주지 아니하도록 그 횡단보도 앞(정지선이 설치되어 있는 곳에서는 그 정지선을 말한다)에서 일시정지하여야 한다.

정답 95. ④, ⑤ 96. ②, ③

97 다음 상황에서 가장 안전한 운전방법 2가지는?

[도로상황]
- 야간, 전방에 신호등이 없는 횡단보도
- 오른쪽에는 다수의 주차차량 있음
- 왼쪽에서 오른쪽으로 보행자가 횡단 중
- 맞은편 대형버스가 전조등을 켠 채로 진행 중

① 보행자의 횡단이 끝나가므로 그대로 통과한다.
② 서행으로 진행하다가 정지선 직전에 일시정지 하여야 한다.
③ 전조등과 경음기를 사용하여 보행자에게 주의를 주며 통과한다.
④ 야간에는 충분한 시야 확보를 위해 계속 상향 등을 켜고 운전한다.
⑤ 맞은편 차량의 전조등에 의해 현혹현상이 발생하지 않도록 시선처리를 한다.

해설 야간운전은 주간보다 주의력을 더 집중하고 감속하는 것이 중요하다. 야간에는 시야가 전조등의 범위로 좁아져서 가시거리가 짧아지기 때문에 주변상황을 잘 살피고 안전하게 운전해야 한다. 야간에는 마주 오는 차의 전조등에 눈이 부셔(현혹현상) 시야가 흐려지지 않도록 주의하고, 상대방의 시야를 방해하지 않도록 하향등을 켜야 한다. 신호등이 없는 횡단보도 전에는 서행하며 보행자가 횡단하려고 하거나 횡단하고 있을 때에는 정지선에 일시정지하여 보행자를 보호해야 한다.

98 다음 상황에서 가장 안전한 운전방법 2가지는?

[도로상황]
- 중앙선이 없는 이면도로
- 도로 양쪽에 주차된 차량
- 전방에 자전거와 보행자 통행 중

① 공회전을 강하게 하여 보행자에게 경고하면서 진행한다.
② 통행을 알리기 위해 보행자에게 최대한 근접하여 빠른 속도로 빠져나간다.
③ 전방에 보행자나 자전거가 통행하고 있을 때에는 일정한 거리를 유지하며 서행한다.
④ 주차된 차량에서 문이 갑자기 열릴 것에 대비하여 서행한다.
⑤ 경음기를 지속적으로 사용하여 보행자가 길 가장자리로 통행할 수 있도록 유도한다.

해설 도로교통법 제27조(보행자의 보호) ⑥ 모든 차의 운전자는 다음 각 호의 어느 하나에 해당하는 곳에서 보행자의 옆을 지나는 경우에는 안전한 거리를 두고 서행하여야 하며, 보행자의 통행에 방해가 될 때에는 서행하거나 일시정지하여 보행자가 안전하게 통행할 수 있도록 하여야 한다. 〈개정 2022. 1. 11.〉
1. 보도와 차도가 구분되지 아니한 도로 중 중앙선이 없는 도로, 2. 보행자우선도로, 3. 도로 외의 곳
주택가 이면 도로에서 보행자의 통행이 빈번한 도로를 주행할 때에는 보행자 보호를 최우선으로 생각하면서 운행해야 하며, 특히 어린이들은 돌발 행동을 많이 하고, 이어폰 등으로 음악을 듣고 있는 경우에는 경음기 소리나 차의 엔진 소리를 듣지 못할 가능성이 많으므로 더욱 주의하여 운전해야 한다. 또 주차된 차의 문이 갑자기 열릴 수 있으므로 차 옆을 지날 때는 일정한 간격을 두고 운행해야 한다.

정답 97. ②, ⑤ 98. ③, ④

99 다음 상황에서 예측되는 가장 위험한 요소 2가지는?

[도로상황]
- 왕복2차로 도로 주행 중
- 전방 오른쪽에 정차 중인 택시, 이륜차 있음

① 도로 중앙으로 진입하려는 이륜차
② 앞 차량과 안전거리를 유지하기 위해 서행하는 전방의 승용차
③ 맞은편 도로에 있는 정류장에 정차 중인 시내버스
④ 택시에서 내려 보도를 따라 걸어가는 보행자
⑤ 버스 사이에서 도로를 횡단하려는 보행자

해설 전방에 택시가 손님을 승·하차하기 위해 멈춘 경우 뒤따르는 이륜차 등이 도로 중앙으로 진입하려는 경향이 있다.
또한 전방이나 맞은편에 일시정지 중인 대형차량 등이 있는 경우 차량사이로 도로를 가로지르려는 보행자가 있다면 미리 발견하기 어렵기 때문에 가능성을 예측하고 대비하는 것이 필요하다.

100 다음과 같은 상황에서 가장 안전한 운전방법 2가지는?

[도로상황]
- 야간에 횡단하는 보행자가 있는 횡단보도
- 맞은편 차량은 전조등을 켜고 주행 중
- 후사경으로 후방에서 접근하는 차량이 보임

① 횡단하는 보행자를 피해 통과한다.
② 뒤차가 접근하고 있으므로 안전을 위해 비상점멸등을 켠다.
③ 중앙선을 넘어 속도를 높여 통과한다.
④ 보행자의 횡단이 끝나가므로 현재의 속도로 통과한다.
⑤ 야간 운전 시 현혹이나 증발현상이 발생할 수 있으므로 속도를 줄인다.

해설 도로교통법 제27조(보행자의 보호) ① 모든 차 또는 노면전차의 운전자는 보행자(제13조의2제6항에 따라 자전거 등에서 내려서 자전거등을 끌거나 들고 통행하는 자전거등의 운전자를 포함한다)가 횡단보도를 통행하고 있거나 통행하려고 하는 때에는 보행자의 횡단을 방해하거나 위험을 주지 아니하도록 그 횡단보도 앞(정지선이 설치되어 있는 곳에서는 그 정지선을 말한다)에서 일시정지하여야 한다.
야간에 반대편 차로에 차가 서 있는 횡단보도로 접근할 때 보행자가 횡단을 끝내는 무렵이면 그대로 속도를 내어 진행하기 쉽다. 그러나 주택가 등에서는 흔히 서 있는 차량 뒤로 횡단하는 보행자도 있으며, 이 상황에서는 상대차의 불빛 때문에 그 뒤로 횡단하는 보행자가 있는지를 알기 어렵다. 따라서 속도를 줄여 횡단보도에 접근하되, 뒤따르는 차가 있는 경우는 뒤따르는 차에게도 비상등을 점멸하여 알려 주는 것이 좋다. 보행자 증발현상이란 내 차 전조등이 비추는 범위와 마주 오는 차량 전조등의 비추는 범위가 만나는 지점에 있는 대상이 빛 속에 숨어서 안보이는 현상

정답 99. ①, ⑤ 100. ②, ⑤

101 다음 상황에서 가장 안전한 운전방법 2가지는?

[도로상황]
- 중앙선이 없는 이면도로
- 맞은편 차량이 진행해 오는 중
- 도로 양쪽에 주차차량
- 반려동물을 동반한 보행자, 어린이 통행 중

① 도로 왼쪽으로 속도를 높여 신속히 통과한다.
② 이륜차가 우선권이 있으므로 먼저 가기 위해 전조등 불빛을 번쩍인다.
③ 경음기를 반복 사용하며 지그재그로 통과한다.
④ 반려동물이 갑자기 도로 안쪽으로 들어올 수 있으므로 대비한다.
⑤ 보행자가 갑자기 도로를 건너거나 도로 중앙으로 나올 수 있으므로 미리 속도를 줄인다.

해설 도로교통법 제27조(보행자의 보호) ⑥ 모든 차의 운전자는 다음 각 호의 어느 하나에 해당하는 곳에서 보행자의 옆을 지나는 경우에는 안전한 거리를 두고 서행하여야 하며, 보행자의 통행에 방해가 될 때에는 서행하거나 일시정지하여 보행자가 안전하게 통행할 수 있도록 하여야 한다. 〈개정 2022. 1. 11.〉
1. 보도와 차도가 구분되지 아니한 도로 중 중앙선이 없는 도로, 2. 보행자우선도로, 3. 도로 외의 곳
반려동물이 갑작스러운 행동을 할 수도 있고, 보행자가 반려동물을 피하기 위해 갑자기 도로 중앙으로 진입할 수 있기 때문에 충분한 안전거리를 유지하고, 서행하거나 일시정지하여 보행자의 움직임을 주시하면서 전방 상황에 대비하여야 한다.

102 다음 상황에서 가장 안전한 운전방법 2가지는?

[도로상황]
- 비오는 날, 편도 2차로 일방통행로
- 정차 중인 버스
- 횡단보도에 횡단 중인 보행자

① 신속히 통과하기 위해 보도를 통행한다.
② 버스를 추돌할 우려가 있으므로 버스 오른쪽 부분으로 진행한다.
③ 승용차와 버스 사이로 진행한다.
④ 미리 브레이크를 여러 번 작동하여 앞 차량 후방에 정지한다.
⑤ 빗길이므로 감속규정을 준수하고 균형을 유지하여 넘어지지 않도록 한다.

해설 물이 고인 빗길에서 급제동을 하게 되면 이륜차의 중심을 잃고 넘어지기 쉽다. 또한 2차로라 하여도 횡단보도 부근에서 제동하는 앞차를 피해 차로를 변경하여 그대로 진행하는 경우 앞차에 가려 보행자가 횡단하는지 알 수 없어 사고 위험이 커진다.

정답 101. ④, ⑤ 102. ④, ⑤

103 다음 상황에서 대비하여야 할 가장 위험한 요소 2가지를 고르시오.

[도로상황]
- 중앙선이 황색점선인 편도 1차로 도로

① 반대편 차로에서 진행해 오는 파란색 승용차
② 반대편 왼쪽에 정차되어 있는 흰색차
③ 왼쪽 건물 앞 공터에서 공놀이하는 다수의 어린이
④ 오른쪽 주차된 차들 사이로 뛰어나오는 보행자
⑤ 고장으로 오른쪽에 주차된 차

해설 교통사고는 미리 보지 못한 위험과 마주쳤을 때 발생하는 경우가 많다. 특히 주차된 차들로 인해 어린이 교통사고가 많이 발생하고 있는데, 어린이는 키가 작아 승용차에도 가려 잘 보이지 않게 되고, 또 어린이 역시 다가오는 차를 보지 못해 사고의 위험이 매우 높다. 그리고 주차된 차들로 인해 부득이 중앙선을 넘게 될 때에는 반대편 차량과의 위험에 유의하여야 하는데, 반대편 차가 알아서 피해갈 것이라는 안이한 생각보다는 속도를 줄이거나 정지하는 등의 적극적인 자세로 반대편 차에 방해를 주지 않도록 해야 한다.

104 다음과 같은 도로에서 사고 발생 가능성이 가장 높은 상황 2가지는?

[도로상황]
- 신호등 없는 교차로
- 왼쪽도로에서 오른쪽방향으로 일방통행

① 우회전 할 때 왼쪽 도로에서 승용차가 우회전하는 경우
② 직진할 때 교차로 건너편에서 화물차가 좌회전하는 경우
③ 직진할 때 내 뒤에 있는 후방 차량이 우회전하는 경우
④ 우회전 할 때 반대편 화물차가 직진하는 경우
⑤ 직진할 때 교차로 건너편에서 이륜차가 먼저 좌회전하려는 경우

해설 신호등이 없고 전방에 일방통행로가 있는 교차로에서는 직진이나 우회전할 때 반대편 차량의 움직임 및 왼쪽방향에서 진행하는 차량에 주의를 해야 한다. 반대편 도로에 있는 화물차 뒤쪽에서 차량이 성급히 진행할 수 있으므로 보이지 않는 공간이 있는 경우에는 속도를 줄여 이에 대비한다.

정답 103. ③, ④ 104. ②, ⑤

105 다음 상황에서 가장 안전한 운전행동 2가지는?

【도로상황】
- 전방에 전동킥보드 주행 중
- 전방에 주차된 화물차
- 맞은편 도로에서 차량 접근 중

① 반대편 차가 오고 있기 때문에 빠르게 앞지르기를 시도한다.
② 부득이하게 중앙선을 넘어가야 할 경우 맞은편 교통상황에 대비한다.
③ 화물차 앞에 보행자 등 보이지 않는 위험이 있을 수 있으므로 최대한 속도를 줄이고 위험을 확인하며 통과해야 한다.
④ 전동킥보드가 도로 중앙부분으로 진행할 수 있으므로 가급적 중앙선 왼쪽도로의 길가장자리 구역으로 통행한다.
⑤ 전방 주차된 화물차량 때문에 시야가 가려져 있으므로 시야확보를 위해 미리 화물차 오른쪽으로 주행한다.

해설 도로교통법 시행규칙 별표6 (일련번호 501) 중앙선 표시 황색점선은 반대방향의 교통에 주의하면서 일시적으로 반대편 차로로 넘어갈 수 있으나 진행방향 차로로 다시 돌아와야 함을 표시하는 것.
편도 1차로에 주차차량으로 인해 부득이하게 점선의 중앙선을 넘어야 할 경우 주변 차량에게 경음기나 전조등을 사용하여 자신의 행위를 알려줄 필요가 있다. 특히 주차차량의 차체가 큰 경우 보이지 않는 사각지대가 발생하므로 주차차량 앞까지 속도를 줄여 위험에 대한 확인이 필요하다.

106 다음 도로상황에서 우회전할 때 대비하여야 할 가장 큰 위험요소 2가지는?

【도로상황】
- 교차로에서 우회전 하려는 상황
- 후사경에 승용차 보임

① 후방에서 후진하는 자동차
② 왼쪽 도로에서 우회전하는 검은색 차
③ 뛰어서 횡단하려는 보행자
④ 오른쪽 도로에서 좌회전하려는 흰색 차
⑤ 오른쪽 건물 모퉁이에서 갑자기 나타나는 자전거

해설 아파트 단지를 들어가고 나갈 때 횡단보도를 통과하는 경우가 있는데 이때 좌우의 확인이 어려워 항상 일시정지하는 습관이 필요하다. 제27조(보행자의 보호) ① 모든 차 또는 노면전차의 운전자는 보행자(제13조의2제6항에 따라 자전거등에서 내려서 자전거등을 끌거나 들고 통행하는 자전거등의 운전자를 포함한다)가 횡단보도를 통행하고 있거나 통행하려고 하는 때에는 보행자의 횡단을 방해하거나 위험을 주지 아니하도록 그 횡단보도 앞(정지선이 설치되어 있는 곳에서는 그 정지선을 말한다)에서 일시정지하여야 한다.

정답 105. ②, ③ 106. ③, ⑤

107 다음 상황에서 가장 안전한 운전방법 2가지는?

[도로상황]
- 회전교차로에 진입 중
- 회전교차로에 진입하려는 전방의 흰색 승용차

① 회전교차로에서는 시계방향으로 통행하여야 한다.
② 회전교차로에 진입하려는 경우에는 서행하거나 일시정지하여야 한다.
③ 회전교차로에 진입하려는 차량은 이미 진행하고 있는 차량에 진로를 양보하여야 한다.
④ 회전교차로 안이 정체될 경우 중앙의 교통섬을 가로질러 통행할 수 있다.
⑤ 주변 차량의 움직임에 주의할 필요가 없다.

해설 도로교통법 제25조의2(회전교차로 통행방법) ① 모든 차의 운전자는 회전교차로에서는 반시계방향으로 통행하여야 한다.
② 모든 차의 운전자는 회전교차로에 진입하려는 경우에는 서행하거나 일시정지하여야 하며, 이미 진행하고 있는 다른 차가 있는 때에는 그 차에 진로를 양보하여야 한다.
③ 제1항 및 제2항에 따라 회전교차로 통행을 위하여 손이나 방향지시기 또는 등화로써 신호를 하는 차가 있는 경우 그 뒤차의 운전자는 신호를 한 앞차의 진행을 방해하여서는 아니 된다.

108 다음 상황에서 가장 안전한 운전방법 2가지는?

[도로상황]
- 회전교차로에 진입 중
- 회전교차로에 진입하려는 흰색 버스

① 교차로에 신속하게 진입하는 것이 중요하다.
② 전방만 주시하며 운전해야 한다.
③ 회전교차로에 진입하려는 차량이 회전차량보다 우선이라는 생각으로 운전한다.
④ 왼쪽 흰색 버스가 먼저 진입할 수 있어 주의하며 운전해야 한다.
⑤ 회전교차로 통행을 위하여 등화로써 신호를 하는 차가 있는 경우 그 뒤차의 운전자는 신호를 한 앞차의 진행을 방해하여서는 아니 된다.

해설 도로교통법 제25조의2(회전교차로 통행방법) ① 모든 차의 운전자는 회전교차로에서는 반시계방향으로 통행하여야 한다.
② 모든 차의 운전자는 회전교차로에 진입하려는 경우에는 서행하거나 일시정지하여야 하며, 이미 진행하고 있는 다른 차가 있는 때에는 그 차에 진로를 양보하여야 한다.
③ 제1항 및 제2항에 따라 회전교차로 통행을 위하여 손이나 방향지시기 또는 등화로써 신호를 하는 차가 있는 경우 그 뒤차의 운전자는 신호를 한 앞차의 진행을 방해하여서는 아니 된다.

정답 107. ②, ③ 108. ④, ⑤

109 다음 상황에서 가장 안전한 운전방법 2가지는?

[도로상황]
- 전방에 주행 중인 경운기
- 전방 오른쪽 비포장도로에서 좌회전하려는 파란색 승용차
- 반대편 도로에 주행 중인 황색 승용차
- 후방에 화물차

① 경운기 우측 길가장자리구역을 통행하여 앞지르기한다.
② 경운기와 충분한 안전거리를 두고 서행한다.
③ 중앙선을 넘어 반대편 차로를 통행하여 앞지르기한다.
④ 후방 화물차가 서행할 수 있도록 비상점멸등을 켠다.
⑤ 경음기를 연속적으로 사용하여 경운기가 우측으로 양보하게 한 후 신속하게 통과한다.

해설 도로교통법 시행규칙 별표6 (일련번호 501) 중앙선 표시 황색점선은 반대방향의 교통에 주의하면서 일시적으로 반대편 차로로 넘어갈 수 있으나 진행방향 차로로 다시 돌아와야 함을 표시하는 것.
황색 실선 구역에서는 절대로 앞지르기를 하여서는 안 된다. 그림과 같이 중앙선을 넘어 경운기를 앞지르기 할 때에는 반대편 차량의 속도가 예상보다 빨라 정면충돌 사고의 위험이 있다. 또한 우측 도로에서 차량이 우회전 혹은 중앙선을 침범하여 좌회전할 수 있으므로 이들 차량과의 사고 가능성도 염두에 두도록 한다.

110 다음 상황에서 가장 안전한 운전방법 2가지는?

[도로상황]
- 편도 2차로 터널 안에서 2차로로 주행 중
- 차선은 백색 실선

① 차로와 차로 사이로 주행한다.
② 터널 밖으로 나올 때 명순응 시간이 필요하므로 주의해야 한다.
③ 앞차가 비상점멸등을 켤 경우 함께 비상점멸등을 작동시키고 서행한다.
④ 터널 안에서는 속도감을 잃게 되므로 빠르게 통과한다.
⑤ 전방이 정체되는 경우 1차로로 진로변경할 수 있다.

해설 이륜차라도 차로를 잘 준수하여 주행하며 터널 밖으로 나올 때 명순응 시간이 필요하므로 주의해야 한다.
정체 등의 이유로 앞차가 비상점멸등을 켤 경우 함께 비상점멸등을 작동시키고 서행한다.
터널 안에서는 속도감을 잃게 되므로 서행하며 백색 실선 구역에서는 진로변경을 하여서는 안 된다.

정답 109. ②, ④   110. ②, ③

111 다음 상황에서 가장 안전한 운전방법 2가지는?

[도로상황]
- 편도 2차로 도로에서 2차로로 주행 중
- 전방 2차로에서 공사 차량 정차 및 작업 중
- 후방에 뒤따르는 적색 승용차

① 공사 구간을 피해 우측 보도를 이용하여 통과한다.
② 차체가 작은 이륜차는 공사 구간 안으로 들어가 빠르게 진행한다.
③ 전방 공사 차량이 갑자기 출발할 수 있으므로 공사 차량의 움직임을 살피며 서행한다.
④ 공사관계자들이 비킬 수 있도록 계속 경음기를 울리며 2차로로 진행한다.
⑤ 좌측 방향지시기를 작동하면서 1차로로 안전하게 차로변경한다.

해설 공사 중으로 부득이한 경우에는 나의 운전 행동을 다른 교통 참가자들이 예측할 수 있도록 충분한 의사 표시를 하고 안전하게 진행한다. 또한 정차 중인 공사 차량의 움직임을 살펴야 한다. 차체가 아무리 작아도 공사 구간 안으로 들어가면 안된다.

112 다음 상황에서 가장 안전한 운전방법 2가지는?

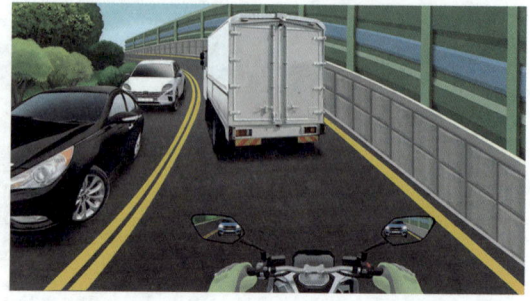

[도로상황]
- 편도 1차로 오르막 도로
- 전방에 서행하고 있는 화물차
- 후방에 뒤따르는 승용차

① 화물차와 충분한 거리를 두고 서행한다.
② 경음기를 연속적으로 사용하여 화물차가 우측에 정차하면 신속하게 통과한다.
③ 후방 승용차가 서행할 수 있도록 비상점멸등을 켠다.
④ 화물차 우측 공간으로 앞지르기한다.
⑤ 중앙선을 넘어 화물차를 앞지르기한다.

해설 반대편에서 내려 오는 차량이 보이지 않으므로 오르막에서는 앞 차량이 서행할 경우라도 절대 앞지르기를 해서는 안 된다. 제22조(앞지르기 금지의 시기 및 장소) ③ 모든 차의 운전자는 다음 각 호의 어느 하나에 해당하는 곳에서 는 다른 차를 앞지르지 못한다.
1. 교차로 2. 터널 안 3. 다리 위 4. 도로의 구부러진 곳, 비탈길의 고갯마루 부근 또는 가파른 비탈길의 내리막 등 시·도경찰청장이 도로에서의 위험을 방지하고 교통의 안전과 원활한 소통을 확보하기 위하여 필요하다고 인정하는 곳으로서 안전표지로 지정한 곳.

정답 111. ③, ⑤ 112. ①, ③

113 다음 상황에서 가장 안전한 운전방법 2가지는?

[도로상황]
- 좌측으로 굽은 편도 1차로 도로
- 전방에 주행 중인 자전거
- 전방 우측 농로에 정차 중인 경운기

① 회전할 때에는 운전자의 몸을 안쪽으로 기울여 린 위드(lean with)를 유지하며 진행하는 것이 좋은 방법이다.
② 자전거 우측 옆 길가장자리 구역을 통하여 주행한다.
③ 경운기가 들어오지 못하게 경음기를 계속 울리며 주행한다.
④ 커브 진입 시 커브의 크기에 맞추어 감속한다.
⑤ 이륜차가 원심력에 의해 도로 밖으로 이탈할 수 있으므로 중앙선을 넘어 주행한다.

해설 굽은 도로에서는 차량이 원심력에 의해 도로 밖으로 이탈할 수 있으므로 속도를 줄이는 것이 안전하다. 회전할 때에는 운전자의 몸을 안쪽으로 기울여 린 위드(lean with)를 유지하며 진행하는 것이 좋은 방법이다.

114 어린이 보호구역을 통과 중이다. 운전자의 적절한 운전행동 2가지는?

[도로상황]
- 초등학교 부근 어린이 보호구역 단일로
- 우측 가장자리 자전거 타고 앞서가는 어린이

① 자전거와 안전한 거리를 두고 뒤따른다.
② 도로 왼쪽 보도를 이용하여 주행한다.
③ 자전거 옆을 지나는 경우 안전한 거리를 두고 서행해야 한다.
④ 자전거를 잠시 멈추게 하고 신속히 통과한다.
⑤ 경음기로 주의를 준 후 빠르게 통과한다.

해설 도로교통법 제27조 ⑥ 모든 차의 운전자는 다음 각 호의 어느 하나에 해당하는 곳에서 보행자의 옆을 지나는 경우에는 안전한 거리를 두고 서행하여야 하며, 보행자의 통행에 방해가 될 때에는 서행하거나 일시정지하여 보행자가 안전하게 통행할 수 있도록 하여야 한다.
1. 보도와 차도가 구분되지 아니한 도로 중 중앙선이 없는 도로
2. 보행자우선도로
3. 도로 외의 곳

정답 113. ①, ④   114. ①, ③

115 다음 상황에서 가장 올바른 운전행동 2가지는?

[도로상황]
- 어린이 보호구역 진행 중
- 횡단보도 보행신호등이 적색등화로 변경된 상황
- 횡단보도로 뛰어가다 넘어지는 어린이

① 넘어진 어린이가 일어나 안전하게 건널 수 있도록 도와준다.
② 경음기를 울려 어린이가 빨리 건널 수 있도록 독촉한다.
③ 차량신호가 녹색신호로 바뀌었으므로 서행으로 진행한다.
④ 신호가 변경되어도 어린이가 안전하게 건널 수 있도록 기다린다.
⑤ 어린이가 중앙선 부근에 있으므로 그대로 진행한다.

해설 도로교통법 제12조(어린이 보호구역의 지정·해제 및 관리) ③ 차마 또는 노면전차의 운전자는 어린이 보호구역에서 제1항에 따른 조치를 준수하고 어린이의 안전에 유의하면서 운행하여야 한다.
횡단보도 등화가 녹색신호에서 적색신호로 바뀌고 차량 진행신호가 들어왔어도 어린이의 안전을 위해 안전하게 도로를 횡단할 수 있도록 기다려준다.

116 다음 장소에서 발생할 수 있는 위험예측과 안전한 운전방법 2가지는?

[도로상황]
- 우측 주차차량
- 주차차량 앞에서 놀고 있는 어린이

① 어린이가 갑자기 도로를 횡단할 수 있다고 생각하고 일시정지 후 진행한다.
② 교통사고 위험성이 없어보이므로 가속하여 통과한다.
③ 어린이가 도로 중간에 나올 수 있다고 생각하고 서행으로 진행한다.
④ 어린이가 교통법규를 더 잘 지키므로 도로로 뛰어들지는 않을 것으로 믿고 그대로 진행한다.
⑤ 어린이가 놀라지 않도록 경음기를 울리면 안 된다고 생각하고 신속하게 통과한다.

해설 주차차량 앞에 서 있는 어린이는 언제든지 도로를 횡단할 우려가 있으므로 서행이나 일시정지 후 안전하게 진행해야 된다.
도로교통법 제27조 ⑥ 모든 차의 운전자는 다음 각 호의 어느 하나에 해당하는 곳에서 보행자의 옆을 지나는 경우에는 안전한 거리를 두고 서행하여야 하며, 보행자의 통행에 방해가 될 때에는 서행하거나 일시정지하여 보행자가 안전하게 통행할 수 있도록 하여야 한다.
1. 보도와 차도가 구분되지 아니한 도로 중 중앙선이 없는 도로
2. 보행자우선도로
3. 도로 외의 곳

정답 115. ①, ④ 116. ①, ③

117 어린이 보호구역으로 접근하고 있다. 올바른 운전방법 2가지는?

[도로상황]
- 주변은 상가지역
- 앞서가는 이륜차
- 뒤따르는 승용차

① 감속하여 서행으로 진행하고 안전거리를 유지하면서 이륜차의 급제동에 주의한다.
② 경음기를 울리면서 신속히 통과한다.
③ 앞서가는 이륜차는 위험하므로 앞질러 진행한다.
④ 규정속도 이내로 감속하고 갑자기 뛰어드는 어린이에 대비한다.
⑤ 뒤차가 앞지르기를 못하도록 도로 중앙 쪽으로 주행한다.

해설 도로교통법 제12조(어린이 보호구역의 지정·해제 및 관리) ③ 차마 또는 노면전차의 운전자는 어린이 보호구역에서 제1항에 따른 조치를 준수하고 어린이의 안전에 유의하면서 운행하여야 한다.
규정된 속도를 준수하고 앞차와 안전거리를 유지하면서 갑자기 뛰어드는 어린이에 대비한다.

118 다음과 같은 도로 상황에서 올바른 운전 행동 2가지는?

[도로상황]
- 좌·우측에 주차차량

① 어린이 보호구역이므로 서행한다.
② 주차된 차량 사이로 어린이가 보이지 않으므로 그대로 주행한다.
③ 주차된 차량 사이에서 어린이가 뛰어나올 수도 있으므로 주의하면서 운전한다.
④ 차가 마주오면 곤란하므로 신속히 진입하여 통과하려고 노력한다.
⑤ 혹시 모를 위험에 대비하여 경음기를 연속적으로 울리면서 주행한다.

해설 도로교통법 제12조(어린이 보호구역의 지정·해제 및 관리) ③ 차마 또는 노면전차의 운전자는 어린이 보호구역에서 제1항에 따른 조치를 준수하고 어린이의 안전에 유의하면서 운행하여야 한다.
좌우에 주차차량이 있는 장소는 어린이가 언제든지 갑자기 뛰어나올 수 있다고 생각하고 서행으로 주의하면서 통과해야 한다.

정답 117. ①, ④ 118. ①, ③

119 도로를 주행 중 어린이가 도로를 횡단하기 위해 횡단보도 앞에 서 있는 것을 발견하였다. 올바른 판단 2가지는?

[도로상황]
- 일반도로 횡단보도
- 신호등 없는 횡단보도

① 보행자 신호등이 없으므로 차량 통행이 우선이라고 생각하였다.
② 어린이가 갑자기 횡단보도로 뛰어갈 수 있다고 생각하였다.
③ 신호등이 없어도 어린이가 횡단하도록 일시정지 해야 한다고 생각하였다.
④ 어린이가 차를 보았기 때문에 횡단보도를 건너지 않을 것이라고 생각하였다.
⑤ 어린이가 대기하고 있는 경우는 경음기를 울리면서 통과하면 된다고 생각하였다.

🟢해설 도로교통법 제27조(보행자의 보호) ① 모든 차 또는 노면전차의 운전자는 보행자(제13조의2제6항에 따라 자전거등에서 내려서 자전거등을 끌거나 들고 통행하는 자전거등의 운전자를 포함한다)가 횡단보도를 통행하고 있거나 통행하려고 하는 때에는 보행자의 횡단을 방해하거나 위험을 주지 아니하도록 그 횡단보도 앞(정지선이 설치되어 있는 곳에서는 그 정지선을 말한다)에서 일시정지하여야 한다.
신호등이 없는 횡단보도에 어린이가 서 있는 경우에는 어린이가 언제든지 갑자기 뛰어갈 수 있다고 생각하고 일시정지 후 어린이가 횡단보도를 횡단 한 후 서행으로 주의하면서 통과해야 한다.

120 다음과 같은 도로상황에서 예측되는 가장 위험한 상황 2가지는?

[도로상황]
- 좌측 도로변에 문방구, 우측도로변에 분식점
- 반대차로에 통행차량 정체 중
- 좌·우측 보도에 있는 어린이
- 원거리에서 뒤따르는 승용차

① 반대차로의 차량 사이로 어린이가 갑자기 뛰어나올 수 있다.
② 우측에 정차한 차량이 후진할 수 있다.
③ 뒤따르는 승용차가 내차를 추돌할 수 있다.
④ 뒤따르는 승용차가 내차의 우측으로 앞지르기 할 수 있다.
⑤ 오른쪽 보도의 어린이들이 도로를 횡단하려고 갑자기 뛰어들 수 있다.

🟢해설 반대차로에 정체된 차량사이로 어린이가 갑자기 뛰어나와 종종 교통사고가 발생하고 있고, 우측보도에 있는 어린이가 갑자기 도로를 횡단하기 위하여 뛰어드는 사례가 있다.

정답 119. ②, ③ 120. ①, ⑤

121 도로를 주행 중 다음과 같은 표지판을 보았다. 맞는 설명과 올바른 운전방법 2가지는?

[도로상황]
- 어린이 보호구역

① 예고표지판이므로 속도를 줄여 주행할 필요 없이 진행하는 속도 그대로 주행한다.
② 표지판으로부터 450미터 구간이 어린이 보호구역이란 뜻이므로 450미터를 매시 30킬로미터 이내로 주행한다.
③ 적색 원 안의 30은 앞차와의 안전거리를 30미터 이상 유지하라는 의미이므로 안전거리를 확보하여 주행한다.
④ 여기부터 어린이 보호구역이 시작되므로 미리 감속하고 제한속도 이내로 주행한다.
⑤ 어린이 보호구역은 해당지역 학교장이 설치·관리하므로 등·하교 시간 이외는 일반도로와 동일하게 주행한다.

해설 도로교통법 시행규칙 별표6(일련번호 324) 어린이보호표지(어린이보호구역안)
해당 안내표지판은 어린이 보호구역이 시작되는 곳에 설치하고 표지판으로부터 450미터가 어린이보호구간을 뜻하며 매시 30킬로미터 이내로 주행하라는 의미이다.

122 어린이의 승하차를 위해 정차 중인 어린이통학버스를 발견하였다. 가장 올바른 운전방법 2가지는?

[도로상황]
- 점멸등을 켠 채 어린이가 승하차 중인 어린이 통학버스
- 뒤따르는 이륜차

① 반대차로에 통행차량이 없으므로 비상등을 켜고 앞지른다.
② 뒤따르는 이륜차가 앞지르지 못하도록 도로 중앙으로 주행한다.
③ 버스의 정차로 주행을 못하므로 경음기를 울려 재촉한다.
④ 버스가 출발할 때까지 버스 뒤에 일시정지한다.
⑤ 앞지르기를 하지 않고 버스가 출발하면 안전거리를 두고 뒤따른다.

해설 도로교통법 제51조(어린이통학버스의 특별보호) ① 어린이통학버스가 도로에 정차하여 어린이나 영유아가 타고 내리는 중임을 표시하는 점멸등 등의 장치를 작동 중일 때에는 어린이통학버스가 정차한 차로와 그 차로의 바로 옆 차로로 통행하는 차의 운전자는 어린이통학버스에 이르기 전에 일시정지하여 안전을 확인한 후 서행하여야 한다.
② 제1항의 경우 중앙선이 설치되지 아니한 도로와 편도 1차로인 도로에서는 반대방향에서 진행하는 차의 운전자도 어린이통학버스에 이르기 전에 일시정지하여 안전을 확인한 후 서행하여야 한다.
③ 모든 차의 운전자는 어린이나 영유아를 태우고 있다는 표시를 한 상태로 도로를 통행하는 어린이통학버스를 앞지르지 못한다.

정답 121. ②, ④ 122. ④, ⑤

123 다음과 같은 도로를 주행 하고자 할 때 올바른 운전방법 2가지는?

[도로상황]
- 어린이 보호구역(오전 11:00경)
- 보행자 없음
- 전방 차량신호 녹색등화

① 주행속도가 매시 50킬로미터로 주행 중이라면 그대로 주행한다.
② 신호가 바뀌기 전 통과할 수 있도록 가속하여 진행한다.
③ 보행자가 없더라도 규정된 속도를 준수하고 안전운전 한다.
④ 어린이 보호구역이 시작되므로 미리 감속하고 서행한다.
⑤ 사고위험에 대비하여 1차로로 차로변경 후 신속히 진행한다.

해설 도로교통법 제12조(어린이 보호구역의 지정·해제 및 관리) ③ 차마 또는 노면전차의 운전자는 어린이 보호구역에서 제1항에 따른 조치를 준수하고 어린이의 안전에 유의하면서 운행하여야 한다.
어린이 보호구역은 보행자가 없더라도 규정된 속도를 준수하고 안전운행 하여야 한다.

124 노인보호구역에 진입하고 있다. 이 상황에서 가장 주의해야 할 위험예측 2가지는?

[도로상황]
- 정차하기 위해 감속하는 시내버스
- 시내버스를 뒤따르는 노인이 운전하는 이륜차
- 버스를 향해 뛰어가는 보행자
- 안전거리 없이 뒤따르는 화물차

① 버스의 무정차 진행
② 앞서가는 이륜차의 급정지
③ 앞서가는 이륜차의 앞지르기
④ 버스를 향해 뛰어가는 보행자
⑤ 뒤따르는 화물차의 내 차 후미 추돌

해설 도로교통법 제12조의2(노인 및 장애인 보호구역의 지정·해제 및 관리) ③ 차마 또는 노면전차의 운전자는 노인보호구역 또는 장애인 보호구역에서 제1항에 따른 조치를 준수하고 노인 또는 장애인의 안전에 유의하면서 운행하여야 한다.
노인보호구역에 진입하기 전에 미리 감속하여 앞 이륜차의 급정지나 뒤따르는 화물차의 추돌에 대비하여 비상점멸등을 켜고 서서히 감속 주행한다.

정답 123. ③, ④ 124. ②, ⑤

125 노인보호구역 내 신호등이 없는 횡단보도에 접근하고 있다. 가장 올바른 운전방법 2가지는?

[도로상황]
- 신호등이 없는 횡단보도를 횡단하는 보행자
- 후사경 속의 이륜차

① 정지선 직전에 일시정지한다.
② 경음기로 주의를 주면서 가속하여 통과한다.
③ 보행자 앞 공간을 이용하여 그대로 통과한다.
④ 보행자의 움직임에 주의하면서 서행으로 통과한다.
⑤ 비상등을 켜 보행자가 횡단하고 있음을 뒤차에게 알린다.

해설 도로교통법 제27조(보행자의 보호) ① 모든 차 또는 노면전차의 운전자는 보행자(제13조의2제6항에 따라 자전거등에서 내려서 자전거등을 끌거나 들고 통행하는 자전거등의 운전자를 포함한다)가 횡단보도를 통행하고 있거나 통행하려고 하는 때에는 보행자의 횡단을 방해하거나 위험을 주지 아니하도록 그 횡단보도 앞(정지선이 설치되어 있는 곳에서는 그 정지선을 말한다)에서 일시정지하여야 한다.

126 야간에 노인보호구역의 횡단보도에 접근하고 있다. 가장 안전한 운전방법 2가지는?

[도로상황]
- 차량 및 보행신호등 없는 횡단보도
- 횡단중인 노인
- 후사경 속의 승용차

① 횡단하는 노인의 뒤쪽을 이용하여 서행으로 진행한다.
② 노인의 횡단이 끝날 때까지 횡단보도 정지선 직전에 정지한다.
③ 뒤차가 접근하고 있으므로 비상점멸등을 켜면서 정지한다.
④ 횡단하는 노인이 있으므로 경음기를 울려 재촉한다.
⑤ 노인이 중앙선 부근에 있으므로 그대로 진행한다.

해설 노인의 횡단이 끝날 때까지 횡단보도 정지선 직전에 정지한다. 도로교통법 제27조(보행자의 보호) ① 모든 차 또는 노면전차의 운전자는 보행자(제13조의2제6항에 따라 자전거등에서 내려서 자전거등을 끌거나 들고 통행하는 자전거등의 운전자를 포함한다)가 횡단보도를 통행하고 있거나 통행하려고 하는 때에는 보행자의 횡단을 방해하거나 위험을 주지 아니하도록 그 횡단보도 앞(정지선이 설치되어 있는 곳에서는 그 정지선을 말한다)에서 일시정지하여야 한다.

정답 **125.** ①, ⑤ **126.** ②, ③

127 앞서가는 경운기를 앞지르려고 한다. 사고발생이 가장 우려되는 상황 2가지는?

[도로상황]
- 좌·우측으로 진입하는 작은 길 있음
- 노인이 운전하는 경운기
- 농촌지역의 한적한 편도 1차로
- 안전거리 없이 뒤따르는 이륜차

① 경운기가 갑자기 좌회전할 수 있다.
② 경운기가 갑자기 도로 우측에 정지할 수 있다.
③ 뒤따르는 이륜차가 앞지르기를 먼저 시도할 수 있다.
④ 경운기가 우회전할 수 있다.
⑤ 뒤따르는 이륜차가 경운기를 추돌할 수 있다.

> **해설** 도로교통법 시행규칙 별표6 (일련번호 501) 경운기가 느리게 주행하므로 황색실선의 중앙선을 넘어 앞지르기하다가 경운기의 갑작스런 좌회전으로 교통사고가 농촌도로에서 많이 발생하고 있다. 또한 안전거리 없이 후속하는 뒤차의 앞지르기로 앞지르기를 시도하는 내 차와 사고우려가 높다.

128 노인이 운전하는 자전거를 뒤따르고 있다. 가장 안전한 운전방법 2가지는?

[도로상황]
- 횡단하기 위해 대기 중인 노인
- 신호등 없는 횡단보도

① 경음기를 울리면서 중앙선을 넘어 앞질러 간다.
② 자전거가 과속방지턱에서 넘어질 수 있으므로 안전거리를 유지한다.
③ 자전거를 뒤따라 서행하다 횡단보도 정지선 직전에 일시정지한다.
④ 경음기를 울려 자전거를 차도 밖으로 주행하도록 유도한다.
⑤ 경음기를 연속적으로 울려 자전거를 위협한다.

> **해설** 노인이 운전하는 자전거를 뒤따르는 경우 안전거리를 유지하고 횡단보도 앞에 일시정지하여 노인의 횡단을 방해하지 않아야 한다.
> 도로교통법 제19조(안전거리 확보 등) ② 자동차등의 운전자는 같은 방향으로 가고 있는 자전거등의 운전자에 주의하여야 하며, 그 옆을 지날 때에는 자전거등과의 충돌을 피할 수 있는 필요한 거리를 확보하여야 한다.
> 제27조(보행자의 보호) ① 모든 차 또는 노면전차의 운전자는 보행자(제13조의2제6항에 따라 자전거등에서 내려서 자전거등을 끌거나 들고 통행하는 자전거등의 운전자를 포함한다)가 횡단보도를 통행하고 있거나 통행하려고 하는 때에는 보행자의 횡단을 방해하거나 위험을 주지 아니하도록 그 횡단보도 앞(정지선이 설치되어 있는 곳에서는 그 정지선을 말한다)에서 일시정지하여야 한다.

정답 127. ①, ③ 128. ②, ③

129 다음과 같은 상황에서 운전방법으로 가장 올바른 2가지는?

[도로상황]
- 노인 횡단 중 횡단보도신호가 녹색에서 적색등화로 변경됨

① 경음기를 울려 노인이 신속하게 횡단하도록 한다.
② 속도를 줄이면서 노인을 피해서 간다.
③ 현혹현상에 주의하고 전방을 잘 살펴 정지선 직전에 정지한다.
④ 노인이 횡단을 마칠 때까지 기다린 후 출발한다.
⑤ 경음기를 울려 노인을 제지한 후 앞쪽으로 신속히 진행한다.

해설 도로교통법 제27조(보행자의 보호) ① 모든 차 또는 노면전차의 운전자는 보행자(제13조의2제6항에 따라 자전거등에서 내려서 자전거등을 끌거나 들고 통행하는 자전거등의 운전자를 포함한다)가 횡단보도를 통행하고 있거나 통행하려고 하는 때에는 보행자의 횡단을 방해하거나 위험을 주지 아니하도록 그 횡단보도 앞(정지선이 설치되어 있는 곳에서는 그 정지선을 말한다)에서 일시정지하여야 한다.

130 폭이 좁은 도로에서 전동휠체어가 도로 중앙으로 주행하고 있다. 이때 안전한 운전방법 2가지는?

[도로상황]
- 장애인 보호구역
- 도로 앞쪽 우측 주차차량

① 좌측 길가장자리를 이용하여 신속히 통과한다.
② 연속적으로 경음기를 울려 휠체어의 진행을 멈추게 한다.
③ 전방 우측도로로 우회하여 진행한다.
④ 전동휠체어와 안전거리를 유지하면서 서행으로 뒤따른다.
⑤ 전동휠체어에게 우측으로 양보하라고 소리를 지른다.

해설 도로교통법 제27조(보행자의 보호) ⑥ 모든 차의 운전자는 다음 각 호의 어느 하나에 해당하는 곳에서 보행자의 옆을 지나는 경우에는 안전한 거리를 두고 서행하여야 하며, 보행자의 통행에 방해가 될 때에는 서행하거나 일시정지하여 보행자가 안전하게 통행할 수 있도록 하여야 한다.
1. 보도와 차도가 구분되지 아니한 도로 중 중앙선이 없는 도로
2. 보행자우선도로
3. 도로 외의 곳

정답 129. ③, ④   130. ③, ④

131 다음 상황에서 가장 안전한 운전방법 2가지는?

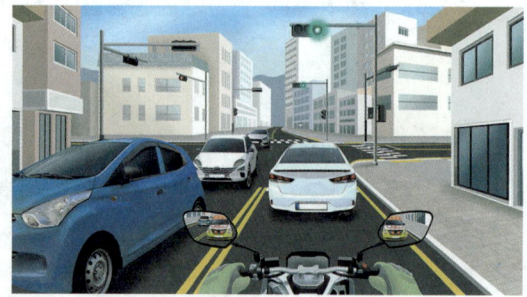

[도로상황]
- 전방 차량신호등 녹색
- 전방에 주행하는 승용차
- 후방에 구급차 긴급출동 상황(경광등, 싸이렌 작동)

① 우측 보도로 이동하여 주행한다.
② 그 자리에 일시정지하여 긴급자동차가 지나갈 때까지 기다린다.
③ 전방에 승용차가 급정지할 수 있으므로 미리 충분히 속도를 감속한다.
④ 긴급자동차의 우선 통행을 위해 교차로를 피하여 일시정지한다.
⑤ 긴급자동차보다 먼저 통과하기 위해 가속하여 교차로를 지나간다.

해설 도로교통법 제29조(긴급자동차의 우선 통행) ④ 교차로나 그 부근에서 긴급자동차가 접근하는 경우에는 차마와 노면전차의 운전자는 교차로를 피하여 일시정지하여야 한다.
⑤ 모든 차와 노면전차의 운전자는 제4항에 따른 곳 외의 곳에서 긴급자동차가 접근한 경우에는 긴급자동차가 우선통행할 수 있도록 진로를 양보하여야 한다.
제13조(차마의 통행) ① 차마의 운전자는 보도와 차도가 구분된 도로에서는 차도로 통행하여야 한다. 다만, 도로외의 곳으로 출입할 때에는 보도를 횡단하여 통행할 수 있다.

132 다음 상황에서 가장 안전한 운전방법 2가지는?

[도로상황]
- 전방에 자전거 2대가 앞뒤로 진행 중
- B자전거 앞바퀴가 왼쪽을 향함

① 자전거와 같은 속도로 안전거리를 유지하며 뒤따른다.
② B자전거가 A자전거를 앞지르기 할 것에 대비한다.
③ 자전거 옆을 지날 땐 자전거와의 거리를 최대한 좁힌다.
④ 좌측 흰색차량 앞으로 빠르게 진로변경하여 진행한다.
⑤ 주유소로 진입하기 위해 자전거의 우측 공간으로 진행한다.

해설 자동차등의 운전자는 같은 방향으로 가고 있는 자전거 등의 운전자에 주의하여야 하며, 그 옆을 지날 때에는 자전거등과의 충돌을 피할 수 있는 필요한 거리를 확보하여야 한다(도로교통법 19조제2항). 모든 차의 진로변경하려는 경우에 그 변경하려는 방향으로 오고 있는 다른 차의 정상적인 통행에 장애를 줄 우려가 있을 때에는 진로를 변경해서는 아니 된다(도로교통법 제19조제3항). ③ 자전거와 안전거리 늘려야 하고,
④ 진로변경할 때는 미리 방향지시등 작동하고 양보를 구한 후에 진로변경 해야 함에 좌측 진행차량 앞으로 진로변경하는 것은 위험한 운전이고,
⑤ 자전거는 도로 가장자리로 진행하게 되어 있음에 자전거 우측으로 진행하는 것은 옳지 않고 매우 위험한 운전이다.

정답 131. ③, ④ 132. ①, ②

133 다음 상황에서 가장 안전한 운전방법 2가지는?

[도로상황]
- 승용차와 화물차가 비상점멸등을 작동 함
- 교통섬에 있는 사람이 손짓하고 있음

① 화물차 뒤에 정지한 후 교통상황을 살핀다.
② 횡단보도에 보행자나 자전거 등이 있음을 예상하고 대비한다.
③ 경음기를 반복적으로 울려 화물차가 출발하도록 한다.
④ 승용차와 화물차 사이로 빠르게 진행한다.
⑤ 우회전 전용차로를 통해 교차로를 통과한다.

해설 차량신호 녹색의 뜻은 직진할 수 있다고 규정되었고(도로교통법 시행규칙 별표2), 지정된 차로로 통행해야 하고(도로교통법 제14조제2항), 교통상황에 따라 안전하여 운전해야 하고(도로교통법 제48조제1항), 우회전 전용차로는 우회전 차량만 이용해야 한다(도로교통법 제25조제1항). ① 횡단보도를 건너지 못한 보행자가 있을 수 있음을 예상하여 앞차 뒤에서 대기해야 한다.
② 차로 사이로 진행하는 것은 위험하다.
④ 우회전 전용차로는 우회전 차량만 이용할 수 있으므로 우회전전용차로를 통해 교차로 진입하는 것은 불법이다.

134 다음 상황에서 가장 안전한 운전방법 2가지는?

[도로상황]
- 황색점멸신호등 작동 중
- 횡단보도 좌측에서 우측으로 자전거가 횡단

① 속도를 줄여 횡단보도 주변의 교통상황을 살핀다.
② 자전거가 안전하게 횡단할 수 있도록 정지선 전에 멈춘다.
③ 자전거 앞을 가로막아 자전거를 멈추게 한 후에 진행한다.
④ 일시정지 할 필요 없이 자전거의 앞이나 뒤로 진행한다.
⑤ 진행하는 차로에는 보행자가 없으므로 신속하게 통과한다.

해설 황색점멸신호등이 설치된 곳에서는 서행해야 하고(도로교통법 시행규칙 별표2), 보행신호가 설치되지 않은 횡단보도에서는 횡단보도 보행자나 횡단보도를 보행하려는 보행자가 있을 땐 일시정지해야 하고(도로교통법 제27조 제1항), 주변의 교통상황을 살피면서 안전하게 운전해야 한다(도로교통법 제48조 제1항).

정답 133. ①, ② 134. ①, ②

135 다음 상황에서 가장 안전한 운전방법 2가지는?

[도로상황]
- 이륜차가 우회전하려는 상황
- 보행신호등 녹색점멸, 보조신호등 없음

① 횡단보도 아닌 곳으로 횡단하는 보행자가 있을 수 있으므로 주의한다.
② 정지선 직전에 일시정지하여 횡단보도와 보도를 살핀다.
③ 일시정지 없이 서행으로 우회전한다.
④ 자전거나 보행자에게 방해가 된다면 보도를 이용하여 우회전한다.
⑤ 자전거가 우회전 차량에게 양보할 것이라고 믿고 그대로 우회전한다.

해설 교통상황을 살펴 안전하게 운전하여야 하고(도로교통법 제48조제1항), 차량신호 적색인 교차로에서는 반드시 정지선 전에 일시정지하여 교통상황을 살피고 안전이 확인될 때 우회전해야 한다(도로교통법 제5조, 제27조제1항).

136 다음 상황에서 전동킥보드가 자전거횡단도를 횡단할 때 가장 안전한 운전방법 2가지는?

[도로상황]
- 자전거횡단도 신호는 녹색
- 승용차 2대가 횡단보도에 멈춰 있음

① 자전거횡단도 신호가 녹색이거나 횡단보도 보행신호가 녹색일때만 횡단한다.
② 정지된 흰색 차 뒤쪽으로 횡단한다.
③ 자전거횡단도를 보행하는 보행자의 뒤를 따라 횡단한다.
④ 자전거횡단도에 보행자가 있으면 횡단보도를 이용한다.
⑤ 자전거횡단도에 보행자가 있으면 교차로 안쪽을 이용한다.

해설 개인형 이동장치는 자전거 횡단도 신호 또는 자전거 횡단도 신호가 없으면 보행신호에 따라 자전거횡단도로 통행해야 한다(도로교통법 시행규칙 별표2).

정답 135. ①, ②   136. ①, ③

137 다음 상황에서 가장 안전한 운전방법 2가지는?

[도로상황]
- 교차로 차량신호등은 녹색
- 보도 우측에 자전거가 차도로 진입 중

① 자전거가 횡단보도에 진입하지 않을 것이라 믿고 그대로 진행한다.
② 속도를 줄이고 자전거의 움직임을 살피면서 진행한다.
③ 횡단보도 전에 일시정지하여 자전거에게 진로 양보한다.
④ 자전거가 진입하지 못하도록 우측으로 붙어 빠르게 진행한다.
⑤ 3차로로 진로변경하여 빠르게 진행한다.

해설 ① 자전거가 횡단보도에 진입할 것을 예상하여 속도를 줄이거나 일시정지하여 사고를 미연에 방지해야 한다. ⑤ 백색실선에서는 진로변경이 제한되어 있다. (도로교통법 시행규칙 별표6 일련번호 503)

138 다음 상황에서 가장 안전한 운전방법 2가지는?

[도로상황]
- 신호등 없는 교차로
- 교차로 건너편에 황색점선 중앙선
- 좌측에서 우회전하는 차
- 맞은편에서 직진하는 차

① 자전거를 밀어 붙이며 비켜줄 것을 요구한다.
② 교차로 진입 전 중앙선 좌측으로 앞지르기 한다.
③ 자전거 우측으로 앞지르기 한다.
④ 중앙선이 황색점선인 구간에서 안전이 확인되면 앞지르기 한다.
⑤ 자전거가 갑자기 중심을 잃거나 좌회전할 것에 대비한다.

해설 자동차등의 운전자는 같은 방향으로 가고 있는 자전거등의 운전자에 주의하여야 하며, 그 옆을 지날 때에는 자동차등과의 충돌을 피할 수 있는 필요한 거리를 확보하여야 한다(도로교통법 제19조제1항 제2항). 교차로에서의 앞지르기는 금지되어 있고(도로교통법 제22조제3항), 커브길이므로 앞차의 뒤를 따라 안전하게 진행해야 하고(도로교통법제14조 제2항, 제48조 제1항), 앞지르기가 가능한 구간에서 안전하게 앞지르기 해야 한다.

정답 137. ②, ③ 138. ④, ⑤

139 다음 상황에서 가장 안전한 운전방법 2가지는?

[도로상황]
- 맞은편에서 진행해 오는 차가 있음
- 흰색승용차가 자전거를 앞지르기 하고 있음

① 승용차와 간격을 좁혀서 나란히 앞지르기 한다.
② 자전거가 양보하더라도 앞지르기 하면 안 된다.
③ 앞지르기 하는 차와 자전거 사이로 빠르게 진행한다.
④ 최대한 자전거에 붙여 앞지르기 한다.
⑤ 자전거가 중심을 잃거나 반대차로로 진행할 것에 대비한다.

해설 ① 황색점선이라도 맞은편 진행차가 있을 경우 앞지르기 하는 것은 위험하다.
② 맞은편에서 직진해 오는 차량이 있으므로 앞지르기 하면 안 된다.
④ 자전거의 옆을 지날 때는 충돌을 피할 수 있는 충분한 거리를 확보해야 한다.

140 다음 상황에서 가장 안전한 운전방법 2가지는?

[도로상황]
- 우로 굽은 도로에 2대 차량이 주차됨
- 반대편에서 내려오는 자전거가 건물에 가림량이 주차됨
- 반대편에서 내려오는 자전거가 건물에 가림

① 시야확보를 위해 중앙선 넘어서 진행한다.
② 주차차량 사이로 보행자가 나올 수 있음에 대비한다.
③ 경음기를 울려 자전거를 멈추게 하고 빠르게 진행한다.
④ 자전거가 진행하지 못하게 자전거에 가까이 붙여 진행한다.
⑤ 미리 속도를 줄여 자전거가 진행할 때까지 양보한다.

해설 ① 중앙선 우측으로 진행해야 한다.
③ 내리막으로 진행해 오는 자전거가 정지하지 못할 수 있어 자전거 앞에서 멈추게 하는 것은 위험하다.
④ 자전거와 간격을 넓혀 진행해야 한다.

정답 139. ②, ⑤ 140. ②, ⑤

141 다음 상황에서 가장 안전한 운전방법 2가지는?

[도로상황]
- 전방 우측에 자전거가 진행하고 있음
- 중앙선 맞은편에 정차된 화물차량이 있음

① 중앙선을 침범하여 빠르게 앞지르기 한다.
② 자전거가 좌측으로 방향전환 할 것에 대비한다.
③ 보도에 있는 어린이가 차도로 나올 것에 대비한다.
④ 경음기를 울리면서 자전거와 최대한 가까이 붙어서 진행한다.
⑤ 정차된 화물차 옆을 통과할 때는 속도를 줄일 필요가 없다.

해설 ① 중앙선실선에서는 앞지르기 하면 안 된다.
④ 경음기를 가볍게 울리는 것은 좋을 수 있으나 자칫 자전거가 놀라서 넘어질 수 있음에 필요한 경우에 경음기를 울리고, 자전거 옆을 지날 때 자전거와 간격을 벌린다.
⑤ 주차된 차량 뒤에서 어린이가 도로를 횡단할 수 있어 속도를 줄이며 안전하게 운전한다.

142 다음 상황에서 좌회전 할 때 가장 안전한 운전방법 2가지는?

[도로상황]
- 황색점멸 신호등이 작동 중
- 흰색 차가 우회전하고 있음
- 우측 보도에 자전거를 탄 어린이가 있음

① 횡단보도에 보행자가 있을 때만 일시정지 한다.
② 횡단보도로 보행하려는 보행자가 있으면 서행한다.
③ 흰색 차 뒤에서 보행하는 보행자가 있음을 예상한다.
④ 자전거는 보호대상이 아니므로 주의할 필요가 없다.
⑤ 자전거가 횡단하지 않더라도 정지선 직전에서 일시정지 한다.

해설 어린이 보호구역에서는 보행자가 없더라도 일시정지 해야 한다. 도로교통법 제27조(보행자의 보호) ⑦ 모든 차 또는 노면전차의 운전자는 제12조제1항에 따른 어린이 보호구역 내에 설치된 횡단보도 중 신호기가 설치되지 아니한 횡단보도 앞(정지선이 설치된 경우에는 그 정지선을 말한다)에서는 보행자의 횡단 여부와 관계없이 일시정지하여야 한다.

정답 141. ②, ③ 142. ③, ⑤

143 다음 상황에서 가장 안전한 운전방법 2가지는?

[도로상황]
- 주차차량과 문구점 앞에 어린이 있음
- 전방 우측에서 자전거가 역방향으로 진행해 오고 있음

① 주차차량을 지날 때는 일시정지나 서행할 필요는 없다.
② 우측통행을 위해 자전거 쪽으로 방향 전환하여 진행한다.
③ 자전거를 지나칠 때 자전거와 가까이 붙어 빠르게 진행한다.
④ 문구점 앞에 있는 어린이와 안전거리를 유지하면서 진행한다.
⑤ 왼쪽 보도의 어린이가 문구점 방향으로 건너갈 수 있음에 대비한다.

해설 ① 주차차량으로 보이지 않는 어린이가 있을 수 있어 서행이나 일시정지하면서 진행해야한다.
② 자전거의 통행에 방해가 되지 않도록 좌측으로 진행해야 한다.
③ 서행으로 자전거의 진행상황을 살피면서 안전하게 교행해야 한다.

144 다음 상황에서 가장 안전한 운전방법 2가지는?

[도로상황]
- 화물차가 비상등을 작동하며 정차되어 있음
- 노란색 옷을 입은 어린이가 운전하는 자전거 역주행 함

① 화물차 운전석 문이 열리지 않을 것이라 확신하고 진행한다.
② 화물차 앞에서 어린이가 나올 수 있음에 대비하며 서행한다.
③ 자전거의 안전을 위해 화물차에 붙어 빠르게 진행한다.
④ 역주행하는 자전거가 계속 진행하지 못하게 빠르게 밀어 붙인다.
⑤ 자전거가 피하거나 제동하지 못할 수 있으므로 속도를 줄이거나 일시정지 한다.

해설 ①, ③ 정차된 차량이므로 운전석에서에 문을 열고 내릴 수 있고, 화물차 뒤에 보이지 않는 보행자 등이 있을 수 있어 서행하면서 진행해야 한다.
④ 자전거 탄 어린이가 제동하거나 피할 수 없으므로 속도를 줄여 자전거의 움직임을 살피며 피하는 등 대비해야 한다.

정답 143. ④, ⑤   144. ②, ⑤

145 다음 상황에서 전동킥보드를 운전할 때 가장 안전한 운전방법 2가지는?

[도로상황]
- 승용차가 자전거전용차로에 멈춰 있음
- 차량 운전자로 보이는 차 뒤에 서 있음

① 승용차를 밀어 붙이며 출발하라고 위협한다.
② 보도로 방향을 바꿔 계속 운전한다.
③ 승용차 우측 좁은 공간으로 빠르게 진행한다.
④ 좌측으로 안전하게 앞지르기 한 후 자전거전용차로로 진행한다.
⑤ 전동킥보도에서 내려 보도로 끌고 간다.

해설 ② 정차된 승용차 때문에 보도로 진행하는 것은 정당하다고 보기 어렵다.
③ 승용차 우측 좁은 공간으로 빠르게 진행하는 것은 위험하다.

146 다음 상황에서 전동킥보드를 운전할 때 가장 안전한 운전방법 2가지는?

[도로상황]
- 자전거 및 보행자 통행구분 도로
- 자전거가 중앙선 넘어 역주행하고 있음

① 자전거 및 보행자 통행구분 도로를 넘나들며 진행한다.
② 역주행 자전거가 피하도록 경음기를 울리면서 밀어 붙인다.
③ 속도를 줄이거나 일시정지 하여 위험 상황 발생에 대비한다.
④ 속도를 높여 우측 보행자 도로로 방향 전환하여 진행한다.
⑤ 자전거가 중심을 잃을 수 있으므로 주의한다.

해설 ① 개인형 이동장치는 자전거전용도로를 통행할 수 있다.
② 역주행하는 자전거와의 사고예방을 위해 속도를 줄이거나 일시정지 하여 자전거와의 충돌을 방지한다.
④ 속도를 높여 보행자 도로로 진행할 경우 역주행 자전거가 보행자 도로로 진행하게 되면서 정면충돌로 이어질 수 있다.

정답 145. ④, ⑤ 146. ③, ⑤

147 다음 상황에서 가장 안전한 운전방법 2가지는?

[도로상황]
- 자전거가 우회전 하고 있음
- 나무에 가려져 자전거가 잘 보이지 않음

① 우측도로에서 자전거가 진입할 수 있음을 예상한다.
② 자전거가 나무나 시설물 등에 가려 보이지 않으므로 잘 살피면서 서행한다.
③ 직진이 우선이므로 가속하여 그대로 진행한다.
④ 자전거가 진입하면 좌측으로 피하면서 빠르게 진행한다.
⑤ 자전거가 우회전한 후 우측으로 빠르게 앞지르기 한다.

해설 ③ 직진이 우선이더라도 교차로에서 서행 및 일시정지 해야 한다.
　　④ 자전거가 진행해 오면 양보해야 한다.
　　⑤ 자전거가 우회전하면 속도를 줄이면서 자전거의 움직임을 살피며 안전거리 유지하면서 서행으로 진행한다.

148 다음 상황에서 가장 안전한 운전방법 2가지는?

[도로상황]
- 경운기가 도로로 진입 중
- 승합차가 속도를 줄이며 서행 중

① 1차로로 안전하게 진로변경 한다.
② 경운기가 끼어들지 못하도록 승합차와 간격을 좁힌다.
③ 속도를 높여 중앙선을 넘어 앞지르기 한다.
④ 경운기의 우측 공간으로 빠르게 앞지르기 한다.
⑤ 경운기가 진입 중이므로 서행이나 일시정지 한다.

해설 ② 경운기가 진입할 수 있도록 승합차와 간격을 넓힌다.
　　③ 속도를 줄여 주변 상황을 살피면서 안전하게 운전해야 하고 중앙선을 넘어 앞지르기 하는 것은 위험하다.
　　④ 경운기의 우측공간으로 빠르게 앞지르기 하는 것은 위험하다.

정답　147. ①, ②　148. ①, ⑤

Chapter 25
동영상형 출제문제

1 다음 영상은 교차로로 진입하려는 상황에서 이륜차 운전자의 운전방법으로 옳지 않은 것은?

① 교통정리를 하고 있지 아니하는 교차로에 들어가려고 하는 차의 운전자는 이미 교차로에 들어가 있는 다른 차가 있을 때에는 그 차에 진로를 양보하여야 한다.
② 교통정리를 하고 있지 아니하는 교차로에 들어가려고 하는 차의 운전자는 그 차가 통행하고 있는 도로의 폭보다 교차하는 도로의 폭이 넓은 경우에는 서행하여야 하며, 폭이 넓은 도로로부터 교차로에 들어가려고 하는 다른 차가 있을 때에는 그 차에 진로를 양보하여야 한다.
③ 교통정리를 하고 있지 아니하는 교차로에 동시에 들어가려고 하는 차의 운전자는 좌측도로의 차에 진로를 양보하여야 한다.
④ 교통정리를 하고 있지 아니하는 교차로에서 좌회전하려고 하는 차의 운전자는 그 교차로에서 직진하거나 우회전하려는 다른 차가 있을 때에는 그 차에 진로를 양보하여야 한다.

> **해설** 교통정리가 없고 교통이 빈번하거나 좌·우 확인이 불가능한 교차로에서는 일시정지 후 안전을 확인하고 운전하여야 하고, 교통정리를 하고 있지 아니하는 교차로는 서행하여야 한다. 영상의 교차로는 교통정리가 없고 교통이 빈번한 교차로이므로 일시정지 후 운전하여야 하며, 교차로의 통행 우선순위(양보운전)에 따라 운전하여야 한다.
> 동시에 교차로에 들어가려고 하는 경우 우측도로의 차에 진로를 양보하여야 한다.

2 다음 영상에서 이륜차 운전자의 안전한 운전행태로 보기 힘든 것은?

① 우측에 정차중인 화물차가 갑자기 출발하는 것에 대비하며 운전
② 도로를 횡단하고 있는 보행자를 보호하기 위하여 일시정지 한 후 운전
③ 우측 정차하여 좌측 방향지시등을 켜고 있는 버스를 주의하며 운전
④ 전방 횡단보도에서 보행자 우측으로 통과하는 운전

> **해설** 우측에 정차중인 화물차가 출발하는 상황을 대비한 운전, 도로를 횡단하는 보행자를 보호하기 위한 일시정지 후 운전, 우측 정차 중인 버스(방향지시기 작동)의 출발을 주시하는 운전은 안전한 운전행태로 볼 수 있으나 전방의 횡단보도의 우측에 주차된 차량으로 인하여 보행자 확인이 불가한 상황이므로 안전함을 확인하기 전까지 서행하거나 보행자를 발견할 경우 일시정지하여 보행자보호를 우선하는 운전행태가 필요하다.

3 다음 영상에서 이륜차 운전자의 안전한 운전행태가 아닌 것은?

① 주행 중 고인물이 튀지 않도록 서행하며 운전
② 1차로 공사현장으로 인하여 1차로에서 2차로 진로변경하는 승용차를 주의하며 운전
③ 우측 길에서 주도로를 진입하려는 승용차를 주의하며 운전
④ 매시 70킬로미터 속도로 주행하며 교차로의 안전을 확인하는 운전

정답 Chapter ㉔ 1. ③   2. ④   3. ④

해설 우천시 도로 우측에는 고인물이 발생할 수 있으며 물이 튀는 것을 막기 위해 서행하는 것이 좋고 이는 미끄럼방지 기능도 함께 하고 있으며, 공사현장 주변을 운전할 때는 갑작스러운 진로변경에 대비하여 운전하면 안전하며, 우측 길에서 주도로를 진입하려는 승용차를 주시하여 사고를 방지할 필요가 있다. 제한속도 60km/h인 경우 우천 시 48km/h 이내로 주행하여야 한다.

4 다음 영상에서 이륜차 운전자가 예상하는 가장 위험한 상황은?

① 우회전하기 전 1차로에서 유턴하는 승용차
② 우회전 하는 중 반대편 1차로에서 좌회전하는 승용차
③ 우회전 한 후 2차로에서 역주행하는 이륜차
④ 2차로에 주차하고 있던 화물차량이 출발하는 차량

해설 영상에서 예측되는 가장 위험한 상황은 우회전을 마치는 순간 2차로 반대방향에서 진행(역주행)하는 이륜차가 가장 위험하다.

5 다음 영상에서 나타난 신호변경 상황에서 가장 안전하게 운전하는 차량은?

① 연두색 승용차　② 주황색 택시
③ 흰색 승용차　④ 파란색 화물차

해설 교차로 진입 전 속도를 줄이고 신호등의 변경 상황을 잘 살펴야 한다. 신호가 바뀌는 순간 더 가속해서 진행하거나 무리하게 진입하는것도 위험한 상황이 발생할 가능성이 크기 때문에 교차로는 진행시 주의하여야 한다. 급정차하지 않고 미리 속도를 줄인 흰색 승용차가 가장 안전하게 운전한 차량이다.

6 다음 영상에서 이륜차 운전자의 운전방법으로 옳지 않은 것은?

① 전방 보행중인 보행자의 안전을 위해 서행한다.
② 좌·우측 주차된 차량 사이에서 도로로 들어오는 보행자가 있을 가능성에 대비하며 운전한다.
③ 교차로 진입 전 서행하며 좌·우의 안전을 확인하고 교차로에 진입한다.
④ 비상점멸등이 켜진 화물차량이 출발하는 상황이 있을 수 있으므로 주의하며 운전한다.

해설 교통정리가 없고 교통이 빈번하거나 좌·우 확인이 불가능한 교차로에서는 일시정지 후 안전을 확인하고 운전하여야 하고, 교통정리를 하고 있지 아니하는 교차로는 서행하여야 한다. 영상의 교차로는 교통정리가 없고 좌·우 확인이 불가능한 교차로이므로 일시정지 후 운전하여야 한다.

7 다음 영상에서 이륜차 운전자의 행동으로 맞지 않은 것은?

① 어린이 보호구역 진입 시 신호등이 없는 횡단보도는 서행하며 통과한다.
② 주차 된 화물차의 문이 열리는 경우를 대비하며 운전한다.
③ 주차된 화물차 앞쪽에서 횡단보도를 횡단하는 보행자가 있으므로 일시정지 후 진행하여야 한다.
④ 어린이 보호구역 내 어린이가 탄 자전거의 경우 위험성이 크기 때문에 더욱 주의하여야 한다.

해설 어린이 보호구역 내 신호등 없는 횡단보도는 보행자의 횡단여부와 관계없이 일시정지 후 안전을 확인하고 진행하여야 한다.

정답　4. ③　5. ③　6. ③　7. ①

8 다음 영상에 나타난 위험요소 중 그 위험이 가장 적은 대상은?

① 우측에 주차된 승용차
② 반대편에서 직진하는 이륜차
③ 주차된 차량을 피하는 자전거
④ 도로를 보행하려는 보행자

해설 좁은 골목길(이면도로)을 주행할 경우 주의해야 할 요소들이 많다. 폭이 좁은 도로이므로 교행하는 이륜차나 자동차 그리고 주차된 차를 피하는 자전거와 도로를 보행중이거나 횡단하려는 보행자를 위험요소로 볼 수 있다. 중앙선이 없는 이면도로의 경우 보행자가 있을 시 서행하고 방해될 우려가 있는 경우 일시정지하여야 한다.

9 다음 영상에서 이륜차 운전자의 바른 운전자세가 아닌 것은?

① 신호등이 없는 횡단보도가 있으므로 일시정지한다.
② 우측 지그재그 노면표시에 따라 서행 운전한다.
③ 도로를 횡단하려는 어린이 보행자를 주의한다.
④ 우로 굽은 도로이므로 주행도로 좌측에 근접하여 운전한다.

해설 어린이 보호구역이므로 도로를 건너려는 어린이의 안전에 유의하며 도로 우측의 지그재그 노면표시에 따라 서행하고, 우로 굽은 도로이므로 안전을 위하여 굽은 지점에서는 주행도로 우측편으로 주행하여야 안전하다.

10 다음 영상에서 확인되는 위험상황과 거리가 먼 것은?

① 진로변경 제한 구간에서 진로변경으로 오른쪽 차와 충돌할 수 있다.
② 다리 위 왼쪽 검은색 승용차가 이륜차의 앞으로 진로변경할 수 있다.
③ 진로변경하려는 차를 확인하고 급제동하는 경우 균형을 잃을 수 있다.
④ 추돌을 피하기 위해 급차로 변경하며 넘어질 수 있다.

해설 방어운전. 위험예측. 이 동영상을 촬영한 이륜차는 과속을 하고 있는 상황이다. 이륜차는 고속으로 주행하는 경우 어떤 위험상황이 확인되면 회피하며 제동을 하는 경우가 있다. 이때 뒤쪽 바퀴의 제동력이 강한 상태가 되면 이륜차의 뒷부분이 미끄러지기 시작하며, 피해가 큰 교통사고를 발생하게 할 가능성이 높다. 동영상에서 나타난 이륜차의 운전자는 빠른 속도로 통행하는 중 앞차와의 안전거리를 확보하지 않고 통행하는 중 앞차와의 추돌사고 가능성이 있었다. 또 이 때 추돌사고를 피해기 위해 오른쪽으로 급진로변경하여 넘어질 수 있었다. 그리고 가장 오른쪽 차로로 진로변경하여 통행하려는 중 보이지 않던 차가 확인되고 이 때 급제동하여 균형을 잃고 넘어 질 수 있었다.

11 다음 영상에서 앞쪽 이륜차 운전자의 잘못된 운전행동이 아닌 것은?

① 안전장구 미착용   ② 지그재그 주행
③ 급차로 변경   ④ 안전거리 미확보

정답 8. ① 9. ④ 10. ① 11. ①

해설 도로교통법 제14조 제2항. 차마의 운전자는 차로가 설치되어 있는 도로에서는 이 법이나 이 법에 따른 명령에 특별한 규정이 있는 경우를 제외하고는 그 차로를 따라 통행하여야 한다. 동영상의 이륜차 운전자는 차로를 통행하여야 하며 차로 사이에 있는 차선, 즉 차로와 차로 사이를 통행하는 것은 잘못된 행동이다. 모든 차의 운전자는 도로교통법에 따라 안전거리를 유지해야 한다. 그리고 교차로에 설치된 등화가 녹색에서 황색으로 변경이 되는 경우 법에 따라 정지하기 위해 감속하는 차를 확인하고 정지하려는 경우 이륜차 운전자는 쉽게 균형을 잃고 넘어질 수 있다.

12 다음 영상에서 이륜차 운전자의 위반행동으로 맞게 짝지어 진 것은?

① 속도위반, 신호위반, 안전지대 침범
② 속도위반, 횡단금지 위반, 안전지대 침범
③ 횡단보도 보행자보호의무위반, 지정차로위반, 횡단금지 위반
④ 횡단보도 보행자보호의무위반, 지정차로위반, 신호위반

해설 도로교통법 제17조, 제27조. 도로교통법 시행규칙 별표 9. 동영상에서 차도를 통행하는 이륜차 운전자는 야간에 한산하다는 이유로 도로구간에 정해진 속도를 위반하고, 횡단보도에서 횡단하고 있는 보행자를 보호하기 위한 일시정지 의무를 위반하고 있으며, 차로에 따른 통행차의 기준상 이륜차가 통행할 수 있는 차로는 오른쪽차로이지만 지속적으로 왼쪽차로를 통행하며 차로를 위반하고 있다. 또 적색점멸 등화의 뜻을 준수하지 않고 있다. 안전지대 침범과 횡단금지 위반은 해당 운전자의 영상에서는 확인할 수 없다.

13 다음 영상에서 나타난 상황 중 가장 위험한 경우는?

① 회전교차로에 진입하는 중 왼쪽 승용차와 충돌
② 오른쪽에서 정차하고 있는 자동차 출발로 인한 충돌
③ 회전교차로에 진입하는 화물차와 충돌
④ 회전하는 중 회전교차로에서 진출하는 차와 충돌

해설 도로교통법 제25조의2. 도로교통법 시행규칙 별표 28. 동영상에서 이륜차 운전자가 통행한 교차로는 회전교차로이다. 제1항 모든 차의 운전자는 회전교차로에서는 반시계방향으로 통행하여야 한다. 제2항 모든 차의 운전자는 회전교차로에 진입하려는 경우에는 서행하거나 일시정지하여야 하며, 이미 진행하고 있는 다른 차가 있는 때에는 그 차에 진로를 양보하여야 한다. 제3항. 제1항 및 제2항에 따라 회전교차로 통행을 위하여 손이나 방향지시기 또는
등화로써 신호를 하는 차가 있는 경우 그 뒤차의 운전자는 신호를 한 앞차의 진행을 방해하여서는 아니 된다.
영상에서 이륜차가 회전교차로의 9시 방향(서쪽 방향)으로 진출하기 위해서 바깥쪽 차로를 이용하여 회전하고 있는 상황에 안쪽 차로에서 12시 방향(북쪽 방향)으로 진출하려는 차와 교통사고가 발생할 수 있었다. 다른 보기 지문의 내용은 영상에서는 확인이 불가하다. 가장 위험했던 상황은 4번 상황에 해당된다.

14 다음 영상에서 이륜차 운전자의 행동으로 가장 맞지 않은 것은?

① 노인보호구역 안에서는 보행자의 도로횡단 여부를 잘 확인하며 주의 운전한다.
② 흰색차가 2차로로 진로변경하므로 이를 주의하여야 한다.
③ 흰색차가 선행하여 정차 중이므로 안전거리를 유지하며 정차한다.
④ 흰색차의 우측공간을 이용하여 우회전 한다.

정답 12. ④ 13. ④ 14. ④

해설 노인보호구역 내는 노인보호에 더 주의하여야 한다. 좌측 흰색차량이 1차로에서 2차로로 진로변경하고 있기 때문에 속도를 줄여 안전하게 진로변경하도록 양보하는 것이 좋으며, 통행가능하다 하더라도 안전을 위해 선행차량이 진행한 후 안전하게 우회전하여야 한다.

15 다음 영상에서 이륜차 운전자의 행동으로 가장 맞지 않은 것은?

① 우회전 시 횡단보도 보행자 신호가 녹색등화로 점등되어 있으므로 특히 노인의 보행에 주의한다.
② 우측의 주차된 차량 사이에서 보행자가 나타날 수 있으므로 서행하며 주의를 살펴 진행한다.
③ 좌회전하는 흰색차량보다 직진하는 이륜차가 우선권이 있으므로 경음기를 울려 흰색차량에 주의를 준다.
④ 뒤늦게 횡단보도에 진입하려는 보행자가 있을 경우 대비하여 주변을 잘 살피고 주의한다.

해설 노인 보호구역 내는 노인보호에 더 주의하여야 한다. 우회전시 보행신호가 녹색등화가 켜있는 경우 보행자의 보행여부를 잘 살펴 보행자가 있는 경우 이를 보호해야하고, 주차된 차량 사이에서 나타나는 보행자가 있을 수 있고 특히 주차된 버스 앞에서 노인의 도로횡단 상황이 발생할 수 있으므로 주의하며 운전한다. 동시에 교차로에 진입하는 경우 좌회전 흰색차량보다 우선권을 직진하는 이륜차가 가지는 것은 맞으나 선행하여 좌회전하는 흰색차량이므로 선진입에 적용을 받아 직진차량 우선권을 인정받을 수 없는 없으며, 영상의 상황에서는 안전하게 좌회전하도록 서행하는 것이 좋다.

16 다음 영상에서 이륜차 운전자의 행동으로 가장 맞지 않은 것은?

① 어린이 보호구역에 진입하였으므로 매시 30킬로미터 이내의 속도로 진행하며 어린이의 안전에 유의한다.
② 중앙선을 넘어 진행하는 자전거가 있으므로 주의하며 운전한다.
③ 보행신호기가 없는 횡단보도가 있으나 보행자가 없으므로 서행하며 안전에 주의하며 그대로 진행한다.
④ 초등학교 맞은편 아파트단지가 있으므로 하교 시 빠르게 도로를 횡단하는 어린이에 주의하며 운전한다.

해설 어린이 보호구역 내 횡단보도의 경우 신호가 있는 경우 그 신호에 따라 진행하며, 신호가 없는 횡단보도의 경우 보행자의 유·무와 관계없이 정지선에 일시정지 후 안전을 확인하고 주행하여야 한다. 또한 영상 속 중앙선을 넘어 진행하는 자전거가 있으므로 이에 주의하고, 하교시간의 경우 아파트단지로 빠르게 도로를 횡단하는 어린이에 주의하여야 한다.

17 영상에서 이륜차 운전자의 행동으로 가장 맞지 않은 것은?

① 도로 좌·우측 주차된 차량 사이에서 어린이가 도로로 진입하는 상황이 발생할 수 있으므로 주의하며 진행한다.
② 도로 끝부분에 어린이통학버스가 주차되어 있으므로 어린이의 통학차량 이용에 주의한다.
③ 어린이통학버스 주변의 보행자가 도로를 횡단할 수 있으므로 서행하며 보행자의 움직임을 잘 살펴 운전한다.
④ 주차된 차량이 출발하는 경우는 없으므로 속도를 높여 신속히 통과한다.

정답 15. ③ 16. ③ 17. ④

해설 주차된 차량이 있을 경우 사이에서 어린이가 갑자기 나타날 수 있으므로 이를 유념하고 주의하며 진행하여야 하고, 어린이통학버스이 있는 경우 하교시간에 탑승하는 어린이가 도로를 횡단할 가능성이 있으므로 안전에 주의하여 운전한다. 맞은 편에서 차량이 진입할 경우 교행이 어려운 것은 사실이나 이 때문에 속도를 높여 운행하는 것은 위험하다.

18 다음 영상에 나타난 차량신호등 및 안전표지의 뜻으로 맞지 않은 것은?

① 도로중앙의 흰색 마름모 표시는 전방에 고원식 교차로가 있다는 노면표시이다.
② 교차로 위에 설치된 황색점멸 신호등은 서행하며 교통안전에 유의하라는 뜻을 지니고 있다.
③ 횡단보도 끝나고 교차로 진입 전 흰색 삼각형 표시는 전방에 오르막경사면이 있다는 노면표시이다.
④ 도로 우측 황색 지그재그 표시는 서행의 의미를 가지고 있는 노면표시이다.

해설 교차로 진입 전 흰색 마름모 노면표시는 전방에 횡단보도가 있다는 안전표지이다.

19 다음 영상에서 긴급자동차를 확인한 운전자가 해야 할 행동으로 맞는 것은?

① 지그재그로 차로를 위반하고 있으므로 지체 없이 경찰관서에 신고한다.
② 긴급자동차가 오른쪽으로 진로변경하는 때에 왼쪽으로 앞지르기 한다.
③ 긴급자동차가 왼쪽으로 진로변경하는 때에 오른쪽으로 앞지르기 한다.
④ 속도를 줄이며 경찰용 이륜차를 뒤따르며 지시에 따른다.

해설 도로교통법 제5조, 도로교통법 제6조, 제63조. 자동차(이륜자동차는 긴급자동차만 해당한다.) 외의 차마의 운전자 또는 보행자는 고속도로등을 통행하거나 횡단하여서는 아니 된다. 도로를 통행하는 보행자, 차마 또는 노면전차의 운전자는 교통안전시설이 표시하는 신호 또는 지시와 다음 각 호의 어느 하나에 해당하는 사람이 하는 신호 또는 지시를 따라야 한다.
1. 교통정리를 하는 경찰공무원(의무경찰을 포함한다. 이하 같다) 및 제주특별자치도의 자치경찰공무원(이하 "자치경찰공무원"이라 한다)
2. 경찰공무원(자치경찰공무원을 포함한다. 이하 같다)을 보조하는 사람으로서 대통령령으로 정하는 사람(이하 "경찰보조자"라 한다)

② 도로를 통행하는 보행자, 차마 또는 노면전차의 운전자는 제1항에 따른 교통안전시설이 표시하는 신호 또는 지시와 교통정리를 하는 경찰공무원 또는 경찰보조자(이하 "경찰공무원등"이라 한다)의 신호 또는 지시가 서로 다른 경우에는 경찰공무원등의 신호 또는 지시에 따라야 한다. 경찰보조자는 모범운전자, 군사 훈련 및 작전에 동원되는 부대의 이동을 유도하는 군사경찰, 본래의 긴급한 용도로 운행하는 소방차·구급차를 유도하는 소방공무원 동영상의 이륜차는 긴급자동차에 해당하는 이륜자동차이므로 고속도로와 자동차전용도로 통행이 가능하며, 앞쪽 교통사고 또는 도로에 위험물이 낙하한 경우 등 후속사고를 방지하기 위해 차로를 지그재그로 통행하며 가상의 정체를 유발하여 2차 사고 등 후속사고를 방지하기 위한 신호와 지시를 하고 있다. 이런 가상정체 기법을 트래픽 브레이크(traffic brake)라고 한다.

20 다음 영상에서 이륜차 운전자의 가장 올바른 운전행동은?

① 직진이 우선이므로 통행속도를 그대로 유지한다.
② 구급차가 차도로 진입하지 못하도록 제지한다.
③ 가속하며 신속하게 왼쪽으로 진로변경하여 진행한다.
④ 속도를 감속하거나 정지하는 등 양보한다.

정답 18. ① 19. ④ 20. ④

해설 도로교통법 제29조(긴급자동차의 우선 통행) ① 긴급자동차는 제13조제3항에도 불구하고 긴급하고 부득이한 경우에는 도로의 중앙이나 좌측 부분을 통행할 수 있다.
② 긴급자동차는 이 법이나 이 법에 따른 명령에 따라 정지하여야 하는 경우에도 불구하고 긴급하고 부득이한 경우에는 정지하지 아니할 수 있다.
③ 긴급자동차의 운전자는 제1항이나 제2항의 경우에 교통안전에 특히 주의하면서 통행하여야 한다.
④ 교차로나 그 부근에서 긴급자동차가 접근하는 경우에는 차마와 노면전차의 운전자는 교차로를 피하여 일시정지하여야 한다.
⑤ 모든 차와 노면전차의 운전자는 제4항에 따른 곳 외의 곳에서 긴급자동차가 접근한 경우에는 긴급자동차가 우선통행할 수 있도록 진로를 양보하여야 한다.
⑥ 제2조제22호 각 목의 자동차 운전자는 해당 자동차를 그 본래의 긴급한 용도로 운행하지 아니하는 경우에는 「자동차관리법」에 따라 설치된 경광등을 켜거나 사이렌을 작동하여서는 아니 된다. 다만, 대통령령으로 정하는 바에 따라 범죄 및 화재 예방 등을 위한 순찰·훈련 등을 실시하는 경우에는 그러하지 아니하다.

21 다음 영상에서 이륜차 운전자가 해야 할 행동으로 맞는 것은?

① 뒤에 있는 긴급자동차가 먼저 통행할 수 있도록 감속하며 진로를 양보한다.
② 뒤에 있는 긴급자동차가 먼저 통행할 수 있도록 왼쪽으로 진로변경한 후, 그 긴급자동차의 뒤로 바싹 붙어 통행한다.
③ 긴급자동차를 뒤따라 신속하게 통행한다.
④ 뒤따라 오는 긴급자동차가 같은 차로에 있지 않으므로 신경쓰지 않고 그대로 통행한다.

해설 도로교통법 제29조 제4항. 교차로나 그 부근에서 긴급자동차가 접근하는 경우에는 차마와 노면전차의 운전자는 교차로를 피하여 일시정지하여야 한다. 제5항 모든 차와 노면전차의 운전자는 제4항에 따른 곳 외의 곳에서 긴급자동차가 접근한 경우에는 긴급자동차가 우선통행할 수 있도록 진로를 양보하여야 한다.
일부 운전자들은 긴급자동차에 진로를 양보한 상태에서 그 긴급자동차에 바싹 붙어 고속으로 통행하거나 긴급자동차의 뒤에서 따라가는 행동을 하는데, 이와 같은 행동은 삼가야 하고 도로교통법에 따라 준법운전하는 태도를 겸비하여야 한다.

22 다음 영상에서 나타난 상황 중 교통사고 가능성이 가장 낮은 것은?

① 교차로 왼쪽에서 진입한 긴급자동차와 충돌사고
② 급진로 변경으로 넘어질 수 있는 전도사고
③ 앞쪽에서 좌회전하려는 승용차와 접촉사고
④ 오른쪽에서 직진하는 자동차와 접촉사고

해설 동영상에서 확인할 수 있었던 위험한 상황은 교차로 왼쪽에서 진입한 긴급자동차에 도로교통법에 따른 양보를 이행하지 않아 교통사고로 연결될 수 있었던 점이다.
도로교통법 제29조(긴급자동차의 우선 통행) ① 긴급자동차는 제13조제3항에도 불구하고 긴급하고 부득이한 경우에는 도로의 중앙이나 좌측 부분을 통행할 수 있다.
② 긴급자동차는 이 법이나 이 법에 따른 명령에 따라 정지하여야 하는 경우에도 불구하고 긴급하고 부득이한 경우에는 정지하지 아니할 수 있다.
③ 긴급자동차의 운전자는 제1항이나 제2항의 경우에 교통안전에 특히 주의하면서 통행하여야 한다.
④ 교차로나 그 부근에서 긴급자동차가 접근하는 경우에는 차마와 노면전차의 운전자는 교차로를 피하여 일시정지하여야 한다. 〈개정 2018. 3. 27.〉
제16조(차로에 따른 통행구분) ① 법 제14조제1항에 따라 차로를 설치한 경우 그 도로의 중앙에서 오른쪽으로 2 이상의 차로(전용차로가 설치되어 운용되고 있는 도로에서는 전용차로를 제외한다)가 설치된 도로 및 일방통행도로에 있어서 그 차로에 따른 통행차의 기준은 별표 9와 같다.
② 모든 차의 운전자는 통행하고 있는 차로에서 느린 속도로 진행하여 다른 차의 정상적인 통행을 방해할 우려가 있는 때에는 그 통행하던 차로의 오른쪽 차로로 통행하여야 한다.
③ 차로의 순위는 도로의 중앙선쪽에 있는 차로부터 1차로로 한다. 다만, 일방통행도로에서는 도로의 왼쪽부터 1차로로 한다.
도로교통법 시행령 제3조(긴급자동차의 준수 사항) ① 긴급자동차(제2조제2항에 따라 긴급자동차로 보는 자동차는 제외한다)는 다음 각 호의 사항을 준수해야 한다. 다만, 법 제17조제3항의 속도에 관한 규정을 위반하는 자동차등(개인형 이동장치는 제외한다) 및 노면전차를 단속하는 긴급자동차와 제2조제1항제5호에 따른 긴급자동차는 그렇지 않다.
1. 「자동차관리법」 제29조에 따른 자동차의 안전 운행에 필요한 기준(이하 "자동차안전기준"이라 한

정답 **21.** ① **22.** ④

다)에서 정한 긴급자동차의 구조를 갖출 것
2. 사이렌을 울리거나 경광등을 켤 것(법 제29조에 따른 우선 통행, 법제30조에 따른 특례 및 그 밖에 법에 규정된 특례를 적용받으려는 경우에만 해당한다)

23 다음 영상에서 나타난 상황 중 교통사고 위험성이 가장 낮은 경우는?

① 오른쪽에 주차된 연두색 차가 갑자기 출발하여 충돌할 수 있다.
② 좌우가 확인되지 않는 교차로에서 다른 자동차가 출현할 수 있다.
③ 오른쪽 보행자가 횡단보도를 진입할 수 있다.
④ 고원식 횡단보도에서 균형을 잃고 넘어질 수 있다.

해설 도로교통법 제27조, 제31조. 도로교통법 시행규칙 별표6. 보도와 차도가 구분되지 아니한 도로 중 중앙선이 없는 도로에서는 보행자의 옆을 지나는 경우에는 안전한 거리를 두고 서행하여야 하며, 보행자의 통행에 방해가 될 때에는 서행하거나 일시정지하여 보행자가 안전하게 통행할 수 있도록 하여야 한다. 일반적으로 보행자는 조급하게 횡단하고자 하는 경우 횡단보도에 대각선으로 진출·입하는 경우 교통사고가 발생하는 사례가 많다. 좌우가 확인되지 않는 교차로에서는 서행 및 일시정지하여 안전을 확인해야 한다. 그리고 동영상의 차로에는 노면표시544 오르막경사면표시가 있는 고원식 횡단보도가 있으므로 미리 속도를 줄이고 낮은 곳에서 높은 곳으로 진행하는 경우 균형을 잃지 않도록 주의할 필요성이 있다. 주차된 연두색 차는 야간에 주차 중이고 등화장치도 켜져 있지 않으므로 갑자기 출발할 가능성이 현저히 낮다.

24 다음 영상에서 발생했던 위험한 상황에 대한 설명으로 맞는 것은?

① 왼쪽차로에 있는 이륜차가 오른쪽으로 진로변경하며 충돌할 수 있었다.
② 오른쪽 보도에서 통행중인 보행자들을 충격할 수 있었다.
③ 교통섬의 오른쪽 횡단보도와 연결된 보도의 보행자를 충격할 수 있었다.
④ 자전거 운전자가 횡단보도로 횡단할 것을 예측하지 않고 그대로 통과하며 교통사고로 연결될 수 있었다.

해설 방어운전. 자전거를 운전하는 운전자가 횡단보도를 이용하여 차도를 횡단하려는 경우에는 자전거에서 내려서 자전거를 끌고 횡단해야만 한다. 그러나 일부 자전거 운전자는 자전거를 타고 횡단보도를 횡단하는 경우가 많고 이런 상황은 갑작스럽거나, 앞쪽에 진행하는 다른 차에 가려져 보이지 않는 경우도 비일비재하다. 따라서 교통섬에서 횡단보도쪽으로 횡단보도를 통행하려는 보행자에 대한 주의와 더불어 진행하는 자전거를 확인하면 횡단을 대비하여 서행하거나 일시정지하여 교통사고를 예방할 필요성이 있다.

25 다음 영상에서 주의해야 하는 운전방법과 거리가 먼 것은?

① 주차된 차들 사이로 보행자가 나타날 수 있으므로 서행해야 한다.
② 앞쪽 전동킥보드와 안전거리를 유지해야 한다.
③ 오른쪽 이륜차가 갑자기 출발할 수 있으므로 주의해야 한다.
④ 서행하는 앞쪽 전동킥보드를 앞지르기 한다.

정답 23. ① 24. ④ 25. ④

해설 영상에서 확인되는 운전장소는 보행자와 차마의 통행이 빈번한 장소이다. 이 장소에서는 보행자는 전구역으로 통행할 수 있으며, 보행자는 차와 차사이에서 언제든 나타날 수 있다. 또 오른쪽에 정차 또는 주차된 상태에서 다른 차의 통행을 확인하지 않거나, 부주의한 상태에서 갑자기 출발할 수 있으므로 주의 필요성이 있다. 영상에서는 이런 행동들이 교통사고로 연결되지 않았으나, 차의 운전자는 운전업무를 수행함에 있어 동영상의 상황들을 주의하며 방어운전을 실시해야 한다.

26 다음 영상에서 나타난 상황 중 교통사고 위험성이 가장 낮은 경우는?

① 1차로에 통행하는 흰색 승용차와 발생하는 추돌사고
② 2차로로 진로변경한 후 주차된 차들과 발생하는 충돌사고
③ 오른쪽 흰색 택시와 충돌하는 교통사고
④ 보행자와 발생하는 교통사고

해설 방어운전. 문제의 동영상에서는 1차로에서 앞서 진행하는 승용차와 추돌가능성은 낮다. 그러나 이륜차 운전자가 1차로에서 2차로로 진로변경 한 후 주정차 위반으로 주차된 차와 충돌 가능성이 있었으며 오른쪽 방향지시기를 작동하고 있는 택시와 충돌 또는 택시에서 문이 열리는 경우 교통사고로 연결될 수 있다. 또 불상의 이유로 차도로 걸어나온 보행자 때문에 앞쪽 차들이 제동하는 상황이 있었다. 이 때 급제동하는 앞쪽 차 또는 차도에 있는 보행자와 충돌할 가능성이 있다.

27 다음 영상에서 나타난 이륜차 운전자의 도로교통법 위반 행위가 아닌 것은?

① 진로변경 금지장소에서의 진로변경
② 지정차로 통행위반
③ 안전지대 침범
④ 신호 및 지시위반

해설 도로교통법 제2조. 도로교통법 제14조. 도로교통법 시행규칙 별표9. 이륜차는 자동차에 해당된다. 차마의 운전자는 백색실선에서 진로를 변경해서는 아니 된다. 개인형 이동장치, 자전거, 전기자전거는 자전거 등에 해당되어 오른쪽 차로가 아니라 가장 오른쪽에 있는 차로로 통행해야 한다. 동영상에서는 왼쪽차로가 2개, 오른쪽 차로가 2개로 운영되는 도로구간이며, 이륜차 운전자는 오른쪽 차로로 통행하여 지정차로 통행은 준수하였으나, 백색실선 진로변경하여 진로변경 금지장소에서 진로변경하였으며, 오른쪽 가장자리에 설치된 안전지대를 침범하여 신호 및 지시위반하였다..

28 다음 영상에서 나타난 상황에서 사고 가능성이 가장 낮은 경우는?

① 급차로 변경으로 이륜차가 전도되는 교통사고
② 자전거 차로에 통행하는 자전거와 추돌사고
③ 횡단보도를 통행하거나 통행하려는 보행자와의 충돌사고
④ 앞쪽 연두색 자동차와 추돌사고

해설 도로교통법 제2조. 제13조. 제14조. 도로교통법 시행규칙 별표9. 자전거 이용 활성화에 관한 법률 제3조. 동영상의 이륜차 운전자가 통행하였던 차로는 도로교통법에 따른 자전거도로 중 자전거 전용차로에 해당된다. 차마(자전거등은 제외한다.)의 운전자는 안전표지로 통행이 허용된 장소를 제외하고는 자전거도로 또는 길가장자리구역으로 통행하여서는 아니 된다. 자전거등이란 자전거와 개인형 이동장치를 말하므로 이륜차와 원동기장치자전거 운전자는 자전거전용차로를 통행할 수 없다.
문제 영상에서는 이륜차 운전자는 앞쪽 연두색 자동차와 안전거리를 충분히 확보하지 않고 자전거전용차로로 급진로변경을 하고 있다. 이 때 추돌사고와 전도사고와 연결될 가능성이 있다. 또 이륜차 운전자는 차로위반을 하는 동시에 앞쪽 자전거 운전자가 신호위반하며 통행하는 모습을 보고 횡단보도에 사람이 없다는 이유로 모방행동을 하고 있다. 이 행동 때문에 횡단하고 있는 보행자를 충돌할 가능성이 있었다.

정답 26. ① 27. ② 28. ②